结构可靠度计算

Structural Reliability Computations

张明 金峰 著

科学出版社

北京

内 容 简 介

本书为系统论述结构可靠度计算方法的专著。书中简要介绍结构随机可靠度的基本概念，详细阐述结构可靠度分析的重要方法，包括一次二阶矩方法、二次二阶矩方法、二次四阶矩方法、渐近积分方法、响应面方法、Monte Carlo 方法，也研究了结构体系的分析方法、基于人工神经网络的结构可靠度分析方法，最后阐述结构模糊随机可靠度分析方法。本书对可靠度理论和方法实施并重，所有方法均给出计算机程序。

本书可供科技工作者、大专院校教师、研究生和高年级本科生使用，也可供工程技术人员参考使用。

图书在版编目(CIP)数据

结构可靠度计算/张明，金峰著. —北京：科学出版社，2015.8

ISBN 978-7-03-044862-0

Ⅰ. ①结… Ⅱ. ①张… ②金… Ⅲ. ①工程结构-结构可靠性-结构计算 Ⅳ. ①TU311.2

中国版本图书馆 CIP 数据核字(2015) 第 126886 号

责任编辑：刘宝莉／责任校对：桂伟利
责任印制：赵　博／封面设计：陈　敬

科学出版社出版
北京东黄城根北街 16 号
邮政编码：100717
http://www.sciencep.com
北京中石油彩色印刷有限责任公司印刷
科学出版社发行　各地新华书店经销
*
2015 年 8 月第 一 版　开本：720×1000 1/16
2022 年 1 月第五次印刷　印张：20
字数：400 000

定价：138.00 元

前　言

结构可靠度计算是结构可靠度理论和应用中的重要内容，可靠性问题很多都归结为可靠度的计算和评估。可靠度计算过程涉及可靠度理论的大部分概念和难点，以可靠度计算作为掌握可靠度理论的突破口，会收到事半功倍之效。

作者的《结构可靠度分析：方法与程序》一书，有别于坊间其他可靠性理论及方法专著的显著特点，就在于在介绍各种方法的同时，还配合计算机程序详细说明方法的细节和实施过程，因而引起众多学者的兴趣和关注，他们的论文和书籍干脆直接引用了书中的章节和程序。

该书承蒙中国科学院院士张楚汉教授作序，自 2009 年出版后不久即已告罄，各方给予了好评，并希望继续出版。作者以该书为基础，及时引入结构可靠性研究的新成果，经过大幅度的修改和补充，终成本书，定名为《结构可靠度计算》。

本书专注于可靠度的计算方法，不强调方法的大而全，对于不断出现的可靠度计算新方法，有所舍取，只包括那些精度高、效率高且行之有效的方法。

本书仍然坚持之前的理念，一以贯之，继续以平实的笔触清晰阐述各种方法，用简短的程序对其辅以说明并方便应用，以期为研究者带来帮助和启发，为工程界提供借鉴和工具。

本书得到国家 863 计划项目 (2012AA06A112)、国家自然科学基金重点项目 (51039003，51239006) 和面上项目 (11172147)，以及水沙科学与水利水电工程国家重点实验室科研课题 (2013-KY-2) 的资助。

由于作者水平有限，难免存在不妥之处，敬请读者批评指正。

张　明

2015 年 1 月于清华园

目　　录

第 1 章　导　　言

本书是一本关于工程结构可靠度分析方法及程序设计的专著，主要讲述各种结构可靠度分析方法，从阐述清楚和应用方便考虑，对所述方法均给出了相应的计算机程序。可靠度分析需要有一定的背景知识，程序的编制和运行也需要一个开发平台和环境，涉及的背景知识和开发环境需要事先予以说明。此外，对于本书的内容梗概及章节安排，以及书中所采取的叙述风格，在此也预先作一交待，以有助于读者对本书内容的整体把握，并方便查阅。

1.1　背 景 知 识

为了突出结构可靠度分析方法的重点，尽早“书归正传”、切入主题，本书将结构可靠度分析有关的背景知识的叙述压缩到最少，除非必要，一般不介绍所涉及的背景知识。

结构随机可靠度分析主要涉及概率计算和统计推断、数值计算方法等方面的背景知识，这些内容在几乎所有有关可靠度的书籍中都可以找到[1–3]，书中对此不作赘述，假设读者已经具备这些方面的基本知识。

数值计算方法和概率统计是结构可靠度计算的基础。其实，在本书中所涉及的概率统计知识，从广度和深度上，都还是比较有限的。本书将数值计算方法作为一项基本技术来使用，因而对于常规的算法及其含义在书中没有叙述。读者如有感到疑惑之处，可以自行查阅有关书籍[4]。

本书以 MATLAB 软件作为说明和实施可靠度计算方法的平台。该软件及其数理统计工具箱自带的帮助文档也是了解上述知识的一条快速途径。数值计算方法和概率统计等方面的背景知识介绍、某一具体方法及其实现函数等，在帮助文档中都有比较详细透彻的叙述。只要查询相关的章节或按索引找到相应的函数，再利用帮助文档给出的众多的超链接，就可以获得比较全面详尽的帮助信息。在附录 B 中列出了本书程序用到的所有函数，可以作为函数的一个快速参考。

本书在给出基于人工神经网络的结构可靠度分析方法时，对人工神经网络也作了简要概述。将人工神经网络应用于求解结构可靠度时，用到了 MATLAB 的神经网络工具箱。因此，读者可以查阅其他文献[5]，或者仿照以上介绍，从神经网络工具箱的帮助文档，来获得更多的相关知识和相应函数的使用说明。

本书在介绍结构模糊随机可靠度的分析方法时，用到了有关模糊数学的基本概念。鉴于模糊数学不像前面提及的数理统计和数值方法那么为读者所熟知，作者对这方面的基础知识作了简单介绍，这对于书中运用到的结构模糊随机可靠度分析已经足够。但如果读者希望了解更多的内容，可以自行查阅相关书籍[6]。由于本书用到的模糊数学比较简单，在求解可靠度问题时，将模糊性转化成了随机性，因而没有必要用到 MATLAB 中的模糊逻辑工具箱。

另外，读者还可以从书后所列的索引快速获得关于某个名词术语或概念的定义帮助，从附录 A 和附录 B 中查阅到程序中的标识符和所用到的 MATLAB 及其工具箱的函数。

1.2 关于程序

本书的一大特点就是给出所有结构可靠度分析方法的计算机程序，用程序来更好地说明方法。在众多的程序设计语言中，就结构可靠度程序设计而言，有很多理由选择 MATLAB。

MATLAB 是一种面向科学和工程计算的高级语言，现已成为国际公认的最优秀的科技界应用软件。它的集成度很高，功能强大，使用方便，适用的计算机平台宽，因而被大家广泛接受。强大的科学计算与可视化功能、简单易用的开放式可扩展环境以及多达 40 多个面向不同领域而扩展的工具箱支持，使得它在许多学科领域中成为计算机辅助设计与分析、算法研究和应用开发的基本工具和首选平台。

MATLAB 最突出的特点就是语言简洁紧凑，使用方便灵活。它用更直观的、符合人们思维习惯的代码，代替了 C 语言和 Fortran 语言的冗长代码，具有很高的编程效率。实际上，作者也曾在可靠度的教学和科研中[7–23]用各种语言编写计算程序，感到 MATLAB 脚本式的语言比较容易掌握，MATLAB 程序也是最简洁和最清晰的。

MATLAB 程序利用丰富的库函数避开繁杂的子程序编程任务，压缩了一切不必要的编程工作，使编程人员从繁琐的程序代码中解放出来。由于库函数都由本领域的专家编写，用户通常不必担心函数的可靠性。MATLAB 提供的运算符丰富，它提供了和 C 语言几乎一样多的运算符。这些都利于快速高效地编写出具有任何复杂功能的程序。

本书正是借助 MATLAB 的强大功能，将 MATLAB 作为编程平台，解决结构可靠度计算问题。这是作者经多年可靠度教学和研究所做的一次尝试，也是尝试之后作者所推荐的一种手段。

如果将可靠度计算方法比作一个结构，搭建这个结构需要大量基本构件，这里指一些常规计算方法，那么，只要选用 MATLAB 的命令、函数作为结构的标准构件，就能以高效精确的算法实现复杂结构，而且结构的可靠性也是很高的。这样可以避免很多重复性的劳动，充分利用现有的数学成果，使我们能够尽快地“站在巨人肩上”开展工作。本书利用 MATLAB 强大的科学计算和符号运算功能，轻松跨越繁琐的公式推导和复杂的编程技巧，获得最佳的学习效率。这种方式的目的是把重点放在每一种结构可靠度的分析方法上，而不去细抠数学计算上的小节，例如不再需要推导针对每种概率分布所用的具体的公式，不用将注意力集中在书中出现的 Gram-Schmidt 正交化过程处理、矩阵特征值问题、矩阵 Cholesky 分解、copula 随机数生成等具体方法及其实现上，并且不易出错。

本书利用富于启发性的例子说明问题，围绕着许多结构可靠度计算实例编写程序，每个例子都提供了建模和计算所需的 MATLAB 脚本。提供这些程序的目的之一是为了充分说明算法，阐明分析过程涉及的各个步骤，化解算法中的各个难点。作者没有去编制包罗各种方法、处理各种情况的通用程序，而是紧密结合所介绍的方法，这样做对于深刻理解方法的细节具有很强的启发性。通过这些源程序的引入，作者希望使读者的主要精力不再耗费在编程上，而放在探究可靠度的分析方法上；另外，读者可以利用这些脚本资源做自己想做的事。

由于将大量常规的计算方法问题交由 MATLAB 完成，本书所附的程序都很简洁。通常一个典型的程序大约有数十行代码，相当于算法伪代码的长度，非常适合小型计算机。本书的程序大多数在整体结构上具有相似性、通用性，作者也注意使程序规范统一，因此，本书的程序易读懂，易改动，易扩充。每个变量名都可望文生义，很容易“猜”出其含义 (程序中使用的标识符可参见附录 A)。这些程序只需稍加改造，就可以灵活方便地用来分析别的问题，所需要注意的只是变量概率分布类型、结构功能函数及其导数等方面。

作者相信，如果利用更为复杂些的 MATLAB 功能，如用符号运算功能来自动完成功能函数求导，还可以使程序更为一般化些，但本书的程序只是为了说明各种方法，仅利用了 MATLAB 的数值运算功能。因此，书中的程序是传统的纯粹数值分析程序，保持了简明性的特点，而且容易移植。

出于说明结构可靠度计算方法的目的，本书程序尽量避免过于详细的输入和输出操作说明，不在可视化和前后处理方面作过多考虑。在此期望读者能用自己编写的程序进行输入数据的前处理和图形化输出操作。本书的程序一般不加注释，仅在有些值得注意之处作简单的点缀式说明，并且之后再次出现时也一律不重复说明。

为了有效地使用本书，读者应该对 MATLAB 软件比较熟悉，包括数据输入、绘图和简单的计算、相关的 MATLAB 的 m 文件等。可能的话，读者可以亲自运行一下书中感兴趣的程序，一定会有所感悟。书中的程序既体现了可靠度分析方法的各个步骤，又包含了全部的计算细节，认真阅读这些程序也是很必要的。

本书所有程序都在最新版本的 MATLAB 上调试通过。

1.3　内 容 安 排

结构可靠度的计算方法很多，书中尽量介绍那些比较成熟、好用的方法。有一些方法[24,25]，因不具有明显优势或缺乏实用性、精度较差等原因，则没有介绍。

以下是本书的具体内容及其简要评述，由此可以了解结构可靠度计算方法的梗概，也可在需要选择某一方法时作为简单参考。

第 1 章作为本书的导言，对书中用到的背景知识作了一个交代，介绍 MATLAB 软件并说明本书利用它解决问题的理由，简述了本书的重要内容安排，并对书中出现的数学记法作了约定。

第 2 章给出了结构随机可靠度的基本概念，主要是为了说明结构可靠度分析的任务和在学科中的地位。分别给出了基本随机变量、结构的极限状态、结构可靠度及可靠指标的概念，并将可靠指标与安全系数作了比较。

第 3 章介绍结构可靠度的一次二阶矩方法，包括中心点方法和设计点方法，在非正态随机变量处理方面介绍了 JC 法、等概率正态变换方法、简化 Paloheimo-Hannus 方法，在随机变量的相关性处理上介绍了 Rosenblatt 变换方法、线性变换方法以及 Nataf 变换方法。通常认为，在求解结构可靠度的一次二阶矩方法中，JC 法并结合 Nataf 变换是应用最广泛的一种方法。

第 4 章围绕结构可靠度的二次二阶矩方法，介绍了 Breitung 方法和 Laplace 渐近方法。对于特定的问题，当结构的功能函数的非线性程度较高，利用一次二阶矩方法计算精度欠佳时，可以考虑采用这种方法。

第 5 章围绕结构可靠度的二次四阶矩方法，给出了最大熵方法和最佳平方逼近方法。这种方法充分利用了基本随机变量的各阶矩的信息，与二次二阶矩方法从不同的理论体系出发，因而是平行的两种算法，目前无法判断孰优孰劣。

第 6 章描述了结构可靠度的渐近积分方法。这是直接从失效概率的积分定义出发，将积分域边界即失效面作 Taylor 级数的替换，计算结构失效概率的渐近积分的方法。

第 7 章介绍结构可靠度分析的响应面方法。响应面方法用假设的简单函数作为结构的功能函数，通过迭代调整函数中的待定参数，一般都能满足实际工程的精度要求，适用于结构的功能函数的解析表达式不明确或很复杂的情形。

第 8 章介绍结构体系可靠度的分析计算方法。对结构体系及其可靠度作了讨论，并给出了体系可靠度的一般计算表达式，主要讨论了串联体系和并联体系的失效概率的计算方法。此外，对于结构体系计算中涉及的多元正态分布函数的计算问题也作了详细阐述。

第 9 章阐述计算结构可靠度的 Monte Carlo 方法。这是结构可靠度分析的一种最基本的方法，通常也是相对比较准确的方法。主要介绍了直接抽样、重要抽样、渐近重要抽样、方向抽样、Latin 超立方抽样等 Monte Carlo 方法。

第 10 章给出了基于人工神经网络的结构可靠度分析方法，包括基于人工神经网络的一次二阶矩方法、二次二阶矩方法和 Monte Carlo 方法。这些方法利用人工神经网络独特的学习能力、适应能力，可以较好地逼近极限状态方程，故适于大型复杂结构功能函数为隐式的情形。

第 11 章引入模糊集的概念，考虑到结构失效准则的不明确性以及结构参数的模糊性，介绍了结构模糊随机可靠度的分析方法。这种方法利用模糊随机事件的概率，将具有模糊失效准则的结构的模糊随机可靠度问题转化成随机可靠度问题，适于结构和结构体系的模糊随机可靠度分析。

本书除了第 1 章和第 2 章为基本内容和基本概念的介绍，其他各章均围绕结构可靠度某一种方法展开讨论，内容相对独立，读者可以按照所需有选择地阅读。

1.4　记法规定

书中采用通用的数学符号和记法，如向量或矩阵用斜黑体字母表示，上标 $\top$ 表示其转置等。特别地，下面的几点规定是需要注意的：

(1) 向量默认为列向量。

向量 $\boldsymbol{X} = (X_1, X_2, \ldots, X_n)^\top$ 表示一个具有 n 个元素 X_i 的列向量，其矩阵形式为 $[X_1 \quad X_2 \quad \cdots \quad X_n]^\top$ 或 $[X_i]_{n\times 1}$。向量 $\boldsymbol{X}$ 的 2-范数简单地记作 $\|\boldsymbol{X}\| = \sqrt{X_1^2 + X_2^2 + \cdots + X_n^2}$。

(2) 函数对所有向量的分量或矩阵的元素的导数，有时采用向量或矩阵的实体符号来表示。

这种表达方式就是按照向量分量或矩阵元素的顺序依次求导，并历遍所有分量或元素。下面说明本书用到的几种表达方式的含义。

设 $\boldsymbol{X}$ 为 n 维向量，$g(\boldsymbol{X})$ 为 $\boldsymbol{X}$ 的标量函数，一阶导数

$$\frac{\partial g}{\partial \boldsymbol{X}} := \left(\frac{\partial g}{\partial X_1}, \frac{\partial g}{\partial X_2}, \cdots, \frac{\partial g}{\partial X_n}\right)^{\top} = \left[\frac{\partial g}{\partial X_i}\right]_{n\times 1} \tag{1.1}$$

是一个列向量,即 $g(\boldsymbol{X})$ 的梯度,可简记为 $\nabla g(\boldsymbol{X})$,这里 nabla 符号 (nabla symbol) 定义为

$$\nabla := \left(\frac{\partial}{\partial X_1}, \frac{\partial}{\partial X_2}, \cdots, \frac{\partial}{\partial X_n}\right)^{\top} = \begin{bmatrix}\frac{\partial}{\partial X_1} & \frac{\partial}{\partial X_2} & \cdots & \frac{\partial}{\partial X_n}\end{bmatrix}^{\top} \tag{1.2}$$

而二阶导数

$$\begin{aligned}\frac{\partial^2 g}{\partial \boldsymbol{X}^2} &:= \begin{bmatrix}\frac{\partial^2 g}{\partial X_1^2} & \frac{\partial^2 g}{\partial X_1 \partial X_2} & \cdots & \frac{\partial^2 g}{\partial X_1 \partial X_n}\\ \frac{\partial^2 g}{\partial X_2 \partial X_1} & \frac{\partial^2 g}{\partial X_2^2} & \cdots & \frac{\partial^2 g}{\partial X_2 \partial X_n}\\ \vdots & \vdots & & \vdots\\ \frac{\partial^2 g}{\partial X_n \partial X_1} & \frac{\partial^2 g}{\partial X_n \partial X_2} & \cdots & \frac{\partial^2 g}{\partial X_n^2}\end{bmatrix}\\ &= \left[\frac{\partial^2 g}{\partial X_i \partial X_j}\right]_{n\times n} = \left[\frac{\partial^2 g}{\partial X_i \partial X_j}\right]_{n}\end{aligned} \tag{1.3}$$

则是一个 n 阶对称矩阵，即 $g(\boldsymbol{X})$ 的 Hesse 矩阵 (Hessian matrix, Hessian)，可简记为 $\nabla^2 g(\boldsymbol{X})$。可以验证 $\nabla^2 g = \nabla[(\nabla g)^{\top}]$。

设 $\boldsymbol{X}$ 为 n 维向量，$\boldsymbol{Y} = \boldsymbol{Y}(\boldsymbol{X})$ 为 m 维向量，一阶导数

$$\frac{\partial \boldsymbol{Y}}{\partial \boldsymbol{X}} := \begin{bmatrix}\frac{\partial Y_1}{\partial X_1} & \frac{\partial Y_1}{\partial X_2} & \cdots & \frac{\partial Y_1}{\partial X_n}\\ \frac{\partial Y_2}{\partial X_1} & \frac{\partial Y_2}{\partial X_2} & \cdots & \frac{\partial Y_2}{\partial X_n}\\ \vdots & \vdots & & \vdots\\ \frac{\partial Y_m}{\partial X_1} & \frac{\partial Y_m}{\partial X_2} & \cdots & \frac{\partial Y_m}{\partial X_n}\end{bmatrix} = \left[\frac{\partial Y_i}{\partial X_j}\right]_{m\times n} \tag{1.4}$$

是一个 m 行 n 列的矩阵，即 Jacobi 矩阵 (Jacobian matrix)，可记作 $\boldsymbol{J}_{YX}$。可

以验证 $\boldsymbol{J}_{YX} = (\nabla \boldsymbol{Y}^{\top})^{\top}$。

设 $\boldsymbol{W} = [W_{ij}]_{l\times m}$ 为 l 行 m 列的矩阵，$e = e(\boldsymbol{W})$ 为 $\boldsymbol{W}$ 的标量函数，一阶导数

$$\frac{\partial e}{\partial \boldsymbol{W}} := \begin{bmatrix} \dfrac{\partial e}{\partial W_{11}} & \dfrac{\partial e}{\partial W_{12}} & \cdots & \dfrac{\partial e}{\partial W_{1m}} \\ \dfrac{\partial e}{\partial W_{21}} & \dfrac{\partial e}{\partial W_{22}} & \cdots & \dfrac{\partial e}{\partial W_{2m}} \\ \vdots & \vdots & & \vdots \\ \dfrac{\partial e}{\partial W_{l1}} & \dfrac{\partial e}{\partial W_{l2}} & \cdots & \dfrac{\partial e}{\partial W_{lm}} \end{bmatrix} = \left[\frac{\partial e}{\partial W_{ij}}\right]_{l\times m} \tag{1.5}$$

是一个 l 行 m 列的矩阵。按照本书的这种记法，有 $(\partial e/\partial \boldsymbol{W})^{\top} = \partial e/\partial \boldsymbol{W}^{\top}$。

设 $\boldsymbol{W} = [W_{ij}]_{l\times m}$ 为 l 行 m 列矩阵，$\boldsymbol{Y} = \boldsymbol{Y}(\boldsymbol{W})$ 为 n 维向量，一阶导数

$$\frac{\partial \boldsymbol{Y}}{\partial \boldsymbol{W}} := \left[\frac{\partial Y_i}{\partial W_{jk}}\right]_{n\times l\times m} \tag{1.6}$$

是 $n \times l \times m$ 个有序数所组成的数组。

(3) 函数一般以小写字母表示，只有累积分布函数例外。有时对函数名加注下标以突出函数的含义，或对同一种类的函数加以区别。

例如，随机向量 $\boldsymbol{X}$ 的联合概率密度函数表示为 $f_X(\boldsymbol{x})$，随机向量为 $\boldsymbol{X}$ 的结构的功能函数表示为 $g_X(\boldsymbol{X})$，函数名中的下标 X 均有强调的作用，明确标示出函数的自变量为 $\boldsymbol{X}$。

上例中如果 $\boldsymbol{X}$ 经过变换成为 $\boldsymbol{Y}$，$\boldsymbol{X} = \boldsymbol{X}(\boldsymbol{Y})$，则 $g_X(\boldsymbol{X}) = g_X[\boldsymbol{X}(\boldsymbol{Y})] = g_Y(\boldsymbol{Y})$，其中函数 $g_X(\cdot)$ 与 $g_Y(\cdot)$ 均表示同一个结构的功能函数，但函数形式却不一定相同。这样既能区别不同的函数形式，又能知晓函数之间的相互关系，这是这种函数表示法的一个好处。

(4) 符号“□”表示诸如定义、证明、注解或例题等逻辑单元的终止，但仅在该单元的终止可能和下文不能明显分清时使用。

第 2 章　结构随机可靠度的基本概念

对结构随机可靠度的基本概念的理解和掌握，无论在各种结构设计实践中，还是在结构可靠度的计算中都是十分重要的。关于结构功能函数或极限状态方程以及其中的基本随机变量的讨论，有助于理解结构概率极限状态设计的必要性。而失效概率或可靠指标的确定及其与结构确定性分析的联系，则可以使我们能够实现结构概率极限状态定量化设计。结构可靠度分析的这些基本概念，形成了可靠度分析的主要内容。

本书的主要工作就是在基本变量概率统计的基础上，寻求建立结构的功能函数或极限状态方程，并且计算可靠度的各种方法和途径。

2.1　基本随机变量

结构可靠度理论是考虑到工程结构设计中存在着诸多不确定性而产生和发展的。不确定性是指出现或发生的结果是不确定的，需要用不确定性理论和方法进行分析和推断。通常将结构设计中影响结构可靠性的不确定性分为随机性、模糊性和知识的不完善性。目前的结构可靠度理论主要讨论的是随机不确定性下的可靠度。

分析结构的可靠度，需要考虑有关的设计参数。结构的设计参数主要分为两大类：一类是施加在结构上的直接作用或引起结构外加变形或约束变形的间接作用，统称**作用** (action)，如结构承受的人群、设备、车辆的重量，以及施加于结构的风荷载、雪荷载、冰荷载、土压力、水压力、温度作用、地震作用等。习惯上将由各种因素产生的直接作用在结构上的各种力称为**荷载** (load)。这些作用引起的结构的内力、变形等称为**作用效应** (effect of action) 或**荷载效应** (effect of load)。另一类则是结构及其材料承受作用效应的能力，称为**抗力** (resistance)，抗力取决于材料强度、截面尺寸、连接条件等。

实际上，各参数的具体数值是未知的，因而可以当作随机变量进行考虑。通常我们可以得到和使用的信息就是随机变量的统计规律。这些统计规律，构成了结构可靠性分析和设计的基本条件和内容。因此，在结构随机可靠性分析和设计中，决定结构设计性能的各参数都是**基本随机变量**（简称**基本变量**）(basic random variable)，表示为向量形式，如 $\boldsymbol{X} = (X_1, X_2, \ldots, X_n)^\top$，其中 X_i $(i = 1, 2, \ldots, n)$ 为第 i 个基本随机变量。一般情况下，变量 X_i 的累积分布函数和概率密度函数通过概率分布的拟合优度检验后，认为是已知的，如正态分布、对数正态分布等。

在进行结构可靠度分析时，也可将若干基本随机变量组合成为一个综合随机变量，如结构的综合作用效应 S 和结构的综合抗力 R。

2.2　结构的极限状态

整个结构或结构的一部分超过某一特定状态，就不能满足设计规定的某一功能要求，此特定状态称为结构的**极限状态** (limit state)。结构极限状态是结构工作可靠与不可靠的临界状态。结构的可靠度分析与设计，以结构是否达到极限状态为依据。

极限状态一般可分为承载能力极限状态和正常使用极限状态两类。

承载能力极限状态 (ultimate limit state) 对应于结构或构件达到最大承载力或不适于继续承载的变形的状态。当结构或构件出现下列状态之一时，即认为超过了承载能力极限状态：

(1) 整个结构或结构的一部分作为刚体失去平衡（如倾覆、滑动等）。

(2) 结构构件或其连接因材料强度被超过而破坏（包括疲劳破坏），或因过度的塑性变形而不适于继续承载。

(3) 结构转变为机动体系。

(4) 结构或结构构件丧失稳定性（如压屈等）。

正常使用极限状态 (serviceability limit state) 对应于结构或构件达到正常使用和耐久性的某项规定限值的状态。当结构或构件出现下列状态之一时，即认为超过了正常使用极限状态：

(1) 影响正常使用或外观的变形。

(2) 影响正常使用或耐久性能的局部损坏（包括裂缝）。

(3) 影响正常使用的振动。

(4) 影响正常使用的其他特定状态。

以上两种极限状态在结构设计中都应分别考虑，以保证结构具有足够的安全性、耐久性和适用性。通常的做法是先用承载能力极限状态进行结构设计，再以正常使用极限状态进行校核。

根据结构的功能要求和相应极限状态的标志，可建立结构的功能函数或极限状态方程。

设 $\boldsymbol{X}=(X_1,X_2,\ldots,X_n)^\top$ 是影响结构功能的 n 个基本随机变量，$\boldsymbol{X}$ 可以是结构的几何尺寸、材料的物理力学参数、结构所受的作用等。称随机函数

$$Z=g(\boldsymbol{X})=g(X_1,X_2,\ldots,X_n) \tag{2.1}$$

为结构的**功能函数** (performance function)、**失效函数** (failure function) 或**极限状态函数** (limit state function)。规定 $Z>0$ 表示结构处于可靠状态，$Z<0$ 表示结构处于失效状态，$Z=0$ 表示结构处于极限状态。这样，对于承载能力极限状态而言，随机变量 $Z>0$ 就表示了结构某一功能的安全裕度。功能函数 $g(\boldsymbol{X})$ 的具体形式可通过力学分析等途径得到。表示同一意义的功能函数，其形式也不是唯一的，如 $g(\boldsymbol{X})$ 可以用应力形式表达，也可以按内力形式写出。

特别地，方程

$$Z=g(\boldsymbol{X})=g(X_1,X_2,\ldots,X_n)=0 \tag{2.2}$$

称为结构的**极限状态方程** (limit state equation)。它表示 n 维基本随机变量空间中的 $n-1$ 维超曲面，称为**极限状态面** (limit state surface) 或**失效面** (failure surface)。

极限状态面将问题定义域 $\varOmega$ 划分成为可靠域 $\varOmega_\mathrm{r}=\{\boldsymbol{x}\mid g(\boldsymbol{x})>0\}$ 和失效域 $\varOmega_\mathrm{f}=\{\boldsymbol{x}\mid g(\boldsymbol{x})\le 0\}$ 两个区域，即

$$Z=g(\boldsymbol{X})>0\Leftrightarrow \boldsymbol{X}\in\varOmega_\mathrm{r} \tag{2.3}$$

$$Z=g(\boldsymbol{X})\le 0\Leftrightarrow \boldsymbol{X}\in\varOmega_\mathrm{f} \tag{2.4}$$

极限状态曲面是 $\varOmega_\mathrm{r}$ 和 $\varOmega_\mathrm{f}$ 的界限，极限状态方程 $Z=g(\boldsymbol{X})=0$ 对应于 $\boldsymbol{X}\in(\varOmega_\mathrm{r}\cap\varOmega_\mathrm{f})$，极限状态无论包含在哪个区域都是可以的。根据对给定问题处理的方便，可以将极限状态的一部分或全部选择为可靠域或失效域。图 2.1 是说明二维的情形。利用式(2.3)和式(2.4)中的等价性，今后在有关的公式中将 $\varOmega_\mathrm{r}$ 和 $\varOmega_\mathrm{f}$ 分别简单地表示成 $Z>0$ 和 $Z\le 0$。

只有两个随机变量 R 和 S 的最简单的功能函数可以表示为

$$Z=g(R,S)=R-S \tag{2.5}$$

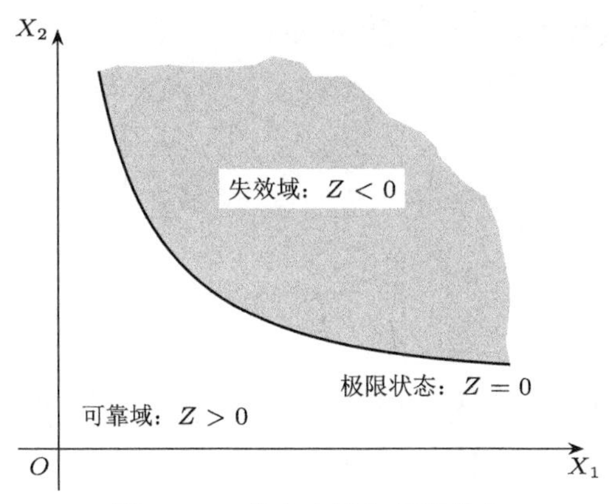

图 2.1　二维定义域和极限状态

相应的极限状态方程为

$$Z = g(R, S) = R - S = 0 \tag{2.6}$$

可注意到 Z 是一个随机变量，式(2.2) ～ 式(2.4)、式(2.6)都是在一定的概率意义下成立的。

2.3　结构的可靠概率和失效概率

结构在规定时间内和规定条件下完成预定功能的能力，称为结构的**可靠性** (reliability)。结构在规定时间内和规定条件下完成预定功能的概率，称为结构的**可靠度** (degree of reliability, reliability)。结构可靠度是结构可靠性的概率度量。这里的“规定时间”指结构的设计基准期，“规定条件”指结构设计预先确定的施工条件和适用条件，“预定功能”指结构需完成的各项功能要求。

结构完成预定功能的概率用**可靠概率** (probability of reliability) p_{r} 或**安全概率** (probability of safety) p_{s} 表示；相反，结构不能完成预定功能的概率用**失效概率** (probability of failure) p_{f} 表示。结构的可靠与失效是两个不相容事件，它们的和事件是必然事件，即存在以下关系：

$$p_{\mathrm{r}} + p_{\mathrm{f}} = 1 \tag{2.7}$$

因此，可靠概率 p_{r} 和失效概率 p_{f} 都可用来表示结构的可靠度，有时因计算和表达上的方便而常用 p_{f}。结构可靠度分析的主要问题就是处理结构的随机信息以确定结构的失效概率。

考虑结构功能函数 Z 为连续随机变量，设 Z 的概率密度函数为 $f_Z(z)$，累积分布函数为 $F_Z(z)$，由可靠概率和失效概率的意义可知

$$p_{\mathrm{r}} = \mathrm{P}(Z > 0) = \int_0^{\infty} f_Z(z)\,\mathrm{d}z = 1 - F_Z(0) \tag{2.8}$$

$$p_{\mathrm{f}} = \mathrm{P}(Z \leq 0) = \int_{-\infty}^{0} f_Z(z)\,\mathrm{d}z = F_Z(0) \tag{2.9}$$

设基本随机变量 $\boldsymbol{X} = (X_1, X_2, \ldots, X_n)^{\top}$ 的联合概率密度函数为 $f_X(\boldsymbol{x}) = f_X(x_1, x_2, \ldots, x_n)$，联合累积分布函数为 $F_X(\boldsymbol{x}) = F_X(x_1, x_2, \ldots, x_n)$，则结构的失效概率可表示为

$$\begin{aligned} p_{\mathrm{f}} &= \int_{Z\leq 0} \mathrm{d}F_X(\boldsymbol{x}) = \int_{Z\leq 0} f_X(\boldsymbol{x})\,\mathrm{d}\boldsymbol{x} \\ &= \int \cdots \int_{Z\leq 0} f_X(x_1, x_2, \ldots, x_n)\,\mathrm{d}x_1\mathrm{d}x_2\cdots\mathrm{d}x_n \end{aligned} \tag{2.10}$$

若各 X_i 相互独立，X_i 的概率密度函数为 $f_{X_i}(x_i)$，则

$$p_{\mathrm{f}} = \int \cdots \int_{Z\leq 0} f_{X_1}(x_1) f_{X_2}(x_2) \cdots f_{X_n}(x_n)\,\mathrm{d}x_1\mathrm{d}x_2\cdots\mathrm{d}x_n \tag{2.11}$$

对于式(2.5)所示结构功能函数 $g(R,S)$，设 R 和 S 的联合概率密度函数为 $f_{RS}(r,s)$，联合累积分布函数为 $F_{RS}(r,s)$，失效域 Ω_{f} 简单地以 $R \leq S$ 表示，则

$$p_{\mathrm{f}} = \mathrm{P}(R \leq S) = \iint_{R\leq S} \mathrm{d}F_{RS}(r,s) = \iint_{R\leq S} f_{RS}(r,s)\,\mathrm{d}r\mathrm{d}s \tag{2.12}$$

若 R 和 S 相互独立，其概率密度函数分别为 $f_R(r)$ 和 $f_S(s)$，累积分布函数分别为 $F_R(r)$ 和 $F_S(s)$，则

$$p_{\mathrm{f}} = \mathrm{P}(R \leq S) = \int_{-\infty}^{\infty} \int_{-\infty}^{s} f_R(r) f_S(s)\,\mathrm{d}r\mathrm{d}s = \int_{-\infty}^{\infty} F_R(s) f_S(s)\,\mathrm{d}s \tag{2.13}$$

或

$$p_{\mathrm{f}} = \int_{-\infty}^{\infty} \int_{r}^{\infty} f_R(r) f_S(s)\,\mathrm{d}r\mathrm{d}s = \int_{-\infty}^{\infty} [1 - F_S(r)] f_R(r)\,\mathrm{d}r \tag{2.14}$$

例 2.1 结构构件正截面强度的功能函数为 $Z = R - S$，其中抗力 R 服从对数正态分布，荷载效应 S 服从极值 I 型分布，其均值和变异系数 $\mu_R = 100\,\mathrm{kN{\cdot}m}$，

$V_R = 0.12$；$\mu_S = 50\,\text{kN·m}$，$V_S = 0.15$。求构件的失效概率 p_f。

解　变量 R 服从对数正态分布 (log-normal distribution)，其概率密度函数和累积分布函数分别为

$$f_{\text{Ln}}(r \mid \xi, \zeta) = \frac{1}{\sqrt{2\pi}\,\zeta r} \exp\left[-\frac{(\ln r - \xi)^2}{2\zeta^2}\right], \quad r > 0 \tag{2.15}$$

$$F_{\text{Ln}}(r \mid \xi, \zeta) = \Phi\left(\frac{\ln r - \xi}{\zeta}\right), \quad r > 0 \tag{2.16}$$

式中，$\Phi(\cdot)$ 表示标准正态分布函数，其定义参见式(2.29)；参数

$$\begin{cases} \xi = \mu_{\ln R} = \ln \dfrac{\mu_R}{\sqrt{1 + V_R^2}} \\ \zeta = \sigma_{\ln R} = \sqrt{\ln(1 + V_R^2)} \end{cases} \tag{2.17}$$

变量 S 服从最大值型的极值 I 型分布 (type I extreme value distribution) 或称 Gumbel 分布 (Gumbel distribution)，其概率密度函数和累积分布函数分别为

$$f_{\text{EvI}}(s \mid u, \alpha) = \alpha \exp\{-\alpha(s - u) - \exp[-\alpha(s - u)]\} \tag{2.18}$$

$$F_{\text{EvI}}(s \mid u, \alpha) = \exp\{-\exp[-\alpha(s - u)]\} \tag{2.19}$$

其中

$$\begin{cases} \alpha = \dfrac{\pi}{\sqrt{6}\,\sigma_S} \\ u = \mu_S - \dfrac{\gamma}{\alpha} \end{cases} \tag{2.20}$$

此处 $\gamma = 0.577\,215\,664\,9\ldots$ 为 Euler 常数，μ_S 和 σ_S 分别表示最大值随机变量 S 的均值和标准差。

将式(2.15) ~ 式(2.20)分别代入式(2.13)和式(2.14)，可以算得该结构构件的失效概率 p_f。计算程序参见清单 2.1。

清单 2.1　例 2.1 利用定义计算失效概率的程序

```
clear; clc; % reset
muX = [100;50]; cvX = [0.12;0.15];
sigmaX = cvX.*muX;
sLn = sqrt(log(1+cvX(1)^2)); mLn = log(muX(1))-sLn^2/2;
```

```
aEv = sqrt(6)*sigmaX(2)/pi;      % reciprocal of alpha
uEv = -psi(1)*aEv-muX(2);        % negative u
fun1 = @(s,r)lognpdf(r,mLn,sLn).*evpdf(-s,uEv,aEv);
pF1 = integral2(fun1,-Inf,Inf,-Inf,@(s)s)
fun2 = @(s)logncdf(s,mLn,sLn).*evpdf(-s,uEv,aEv);
pF2 = integral(fun2,-Inf,Inf)
pF2q = quadgk(fun2,-Inf,Inf)
pF3 = integral2(@(r,s)fun1(s,r),0,Inf,@(r)r,Inf)
fun3 = @(r)evcdf(-r,uEv,aEv).*lognpdf(r,mLn,sLn);
pF4 = integral(fun3,-Inf,Inf)
pF4q = quadgk(fun3,-Inf,Inf)
```

式(2.13)和式(2.14)的程序运行结果均为 $p_{\mathrm{f}} = 5.9851 \times 10^{-4}$。

程序中同时利用二重积分和一重积分计算失效概率，一重积分明显比二重积分计算速度快、精度高而且数值稳定。计算还表明，MATLAB 函数 `integral` 和 `quadgk` 对于一重积分的计算结果完全相同，今后书中只采用 `integral`。

需要指出的是，对于所有的概率密度函数和累积分布函数，都应当理解为其变量能够取全部实数。对数正态分布情形的式(2.15)和式(2.16)只是一种简洁的表示，还应当认为当变量 $r \leq 0$ 时有 $f_{\mathrm{Ln}}(r \mid \xi, \zeta) = 0$ 和 $F_{\mathrm{Ln}}(r \mid \xi, \zeta) = 0$。事实上，MATLAB 就是按照这种方式处理概率密度函数和累积分布函数的。 □

关于本书定义的最大值型的极值 I 型分布的计算，MATLAB 的数理统计工具箱提供了两个途径，即最小值型的极值 I 型分布和广义极值分布。

首先需要指出的是，最大值和最小值分布是由一定的对称条件相互联系的。随机变量 X 的最大值 $X_{\max}$ 和最小值 $X_{\min}$ 均为随机变量，有其概率分布，设其概率密度函数分别为 $f_{X_{\max}}(x)$ 和 $f_{X_{\min}}(x)$，累积分布函数分别为 $F_{X_{\max}}(x)$ 和 $F_{X_{\min}}(x)$，在极值统计学中已证明存在以下对称性原理[1]：

$$f_{X_{\max}}(x) = f_{X_{\min}}(-x) \tag{2.21}$$

$$F_{X_{\max}}(x) = 1 - F_{X_{\min}}(-x) \tag{2.22}$$

通过对称性原理式(2.21)或式(2.22)，某一变量 X 的最大值的概率密度函数或累积分布函数，可以从其负的最小值的概率密度函数，或负的最小值的残存函数 (survival function) 即累积分布函数的补函数得到。

MATLAB 数理统计工具箱提供的最小值型极值 I 型分布的概率密度函数为

$$f(x \mid u', \alpha') = \frac{1}{\alpha'} \exp\left[\frac{x-u'}{\alpha'} - \exp\left(\frac{x-u'}{\alpha'}\right)\right] \tag{2.23}$$

式中，u' 和 $\alpha' > 0$ 为参数。

利用式(2.23)，可推得相应的累积分布函数为

$$F(x \mid u', \alpha) = 1 - \exp\left[-\exp\left(\frac{x-u'}{\alpha'}\right)\right] \tag{2.24}$$

比较式(2.23)与式(2.18)，可知 $\alpha' = 1/\alpha$，$u' = -u$。注意到参数间的这种关系，也很容易验证极值 I 型分布的最大值型和最小值型满足对称性原理。

由以上分析得知，当利用第一种途径时，需应用对称性原理并考虑参数的不同作必要的变换。对于本书的最大值型极值 I 型分布，其概率密度函数为 $f(x \mid u, \alpha)$，累积分布函数为 $F(x \mid u, \alpha)$，则当调用 MATLAB 的最小值型极值 I 型分布相应函数作计算时，须考虑的相应函数分别为 $f(-x \mid -u, 1/\alpha)$ 和 $1 - F(-x \mid -u, 1/\alpha)$。在本书的程序中，已事先分别用变量 `uEv` 表示 $-u$，`aEv` 表示 $1/\alpha$，则只需要正确应用对称性原理就可以了。

MATLAB 数理统计工具箱提供的广义极值分布（参见式(4.30)和式(4.31)），其形状参数 $m_1 = 0$ 的极限情形对应于最大值极值 I 型分布，此时概率密度函数和累积分布函数分别为

$$f(x \mid 0, u_1, \alpha_1) = \frac{1}{\alpha_1} \exp\left\{-\left(\frac{x-u_1}{\alpha_1}\right) - \exp\left[-\left(\frac{x-u_1}{\alpha_1}\right)\right]\right\} \tag{2.25}$$

$$F(x \mid 0, u_1, \alpha_1) = \exp\left\{-\exp\left[-\left(\frac{x-u_1}{\alpha_1}\right)\right]\right\} \tag{2.26}$$

将式(2.25)和式(2.26)分别与式(2.18)和式(2.19)作比较，可知只需注意到 $u_1 = u$ 和 $\alpha_1 = 1/\alpha$，即可直接利用 MATLAB 的广义极值分布的有关函数，如概率密度函数 `gevpdf`、累积分布函数 `gevcdf`、逆累积分布函数 `gevinv` 等作本书定义的极值 I 型分布的计算。

在上述两种途径中，本书采用同为极值 I 型分布的最小值型形式来处理最大值型形式。广义极值分布的重要作用并不在于计算最大值型极值 I 型分布，它将三种不同类型的极值分布用一个表达式统一表示，因此可据以由极值统计数据来自动决定其适合的极值分布类型。

2.4 结构的可靠指标

基本随机变量的联合概率密度函数难以得到，计算多重积分也非易事，因此通常不必按照失效概率的定义用直接积分方法计算失效概率。通过引入与失效概率有对应关系的可靠指标，便是具有足够精度的简便途径。

由式(2.9)知，结构的失效概率 p_{f} 取决于功能函数 Z 的分布形式。不妨假定 Z 服从正态分布，其均值为 μ_Z，标准差为 σ_Z，表示为 $Z \sim \mathrm{N}(\mu_Z, \sigma_Z)$。此时 Z 的概率密度函数 $f_Z(z)$ 为

$$f_{\mathrm{N}}(z \mid \mu_Z, \sigma_Z) = \frac{1}{\sqrt{2\pi}\,\sigma_Z} \exp\left[-\frac{(z-\mu_Z)^2}{2\sigma_Z^2}\right] \tag{2.27}$$

其曲线如图 2.2 所示。p_{f} 为图 2.2 概率密度曲线下 $z<0$ 阴影部分的面积。

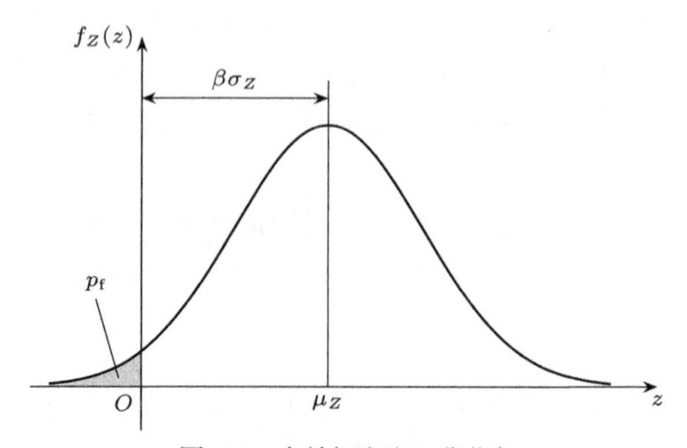

图 2.2 失效概率和可靠指标

通过变换 $Y=(Z-\mu_Z)/\sigma_Z$，可以将 Z 转换为标准正态分布变量 $Y \sim \mathrm{N}(0,1)$，其概率密度函数和累积分布函数分别为

$$\varphi(y) = \frac{1}{\sqrt{2\pi}} \exp\left(-\frac{y^2}{2}\right) \tag{2.28}$$

$$\Phi(y) = \int_{-\infty}^{y} \varphi(y)\,\mathrm{d}y \tag{2.29}$$

利用式(2.28)和式(2.29)，正态分布变量 Z 的概率密度函数和累积分布函数可分别表示为

$$f_{\mathrm{N}}(z \mid \mu_Z, \sigma_Z) = \frac{1}{\sigma_Z}\varphi\left(\frac{Z-\mu_Z}{\sigma_Z}\right) \tag{2.30}$$

$$F_{\mathrm{N}}(z \mid \mu_Z, \sigma_Z) = \Phi\left(\frac{Z - \mu_Z}{\sigma_Z}\right) \tag{2.31}$$

利用式(2.30)和式(2.31)，此时结构的失效概率

$$p_{\mathrm{f}} = F_{\mathrm{N}}(0 \mid \mu_Z, \sigma_Z) = \Phi\left(-\frac{\mu_Z}{\sigma_Z}\right) \tag{2.32}$$

由图 2.2 知，可以用标准差 σ_Z 度量原点 O 到平均值 μ_Z 的距离，即

$$\beta = \frac{\mu_Z}{\sigma_Z} \tag{2.33}$$

β 是一个无量纲数，称为结构的**可靠性指标**，简称**可靠指标** (reliability index)。因此，式(2.32)可表示成

$$p_{\mathrm{f}} = \Phi(-\beta) = 1 - \Phi(\beta) \tag{2.34}$$

图 2.2 和式(2.34)给出了 β 与失效概率 p_{f} 之间的一一对应关系，β 与可靠概率 p_{r} 的关系为

$$p_{\mathrm{r}} = \Phi(\beta) \tag{2.35}$$

在简单情况下，可给出可靠指标的解析表达式。例如，考虑结构的功能函数为 $Z = R - S$，$R \sim \mathrm{N}(\mu_R, \sigma_R)$，$S \sim \mathrm{N}(\mu_S, \sigma_S)$，$R$ 和 S 是相关的，相关系数为 ρ_{RS}。由于 Z 是 R 和 S 的线性函数，Z 也服从正态分布，于是按照式(2.33)，可靠指标为

$$\beta = \frac{\mu_R - \mu_S}{\sqrt{\sigma_R^2 - 2\rho_{RS}\sigma_R\sigma_S + \sigma_S^2}} \tag{2.36}$$

再如，若功能函数的形式为 $Z = \ln R - \ln S$，R 和 S 是相关的，相关系数为 ρ_{RS}，均服从对数正态分布，取对数后服从正态分布，即 $\ln R \sim \mathrm{N}(\mu_{\ln R}, \sigma_{\ln R})$，$\ln S \sim \mathrm{N}(\mu_{\ln S}, \sigma_{\ln S})$，则 Z 也服从正态分布，根据式(2.36)、式(2.17)，以及式(3.75)或式(3.62)，可靠指标为

$$\begin{aligned}\beta &= \frac{\mu_{\ln R} - \mu_{\ln S}}{\sqrt{\sigma_{\ln R}^2 - 2\rho_{\ln R \ln S}\sigma_{\ln R}\sigma_{\ln S} + \sigma_{\ln S}^2}} \\ &= \frac{1}{\sqrt{\ln \dfrac{(1 + V_R^2)(1 + V_S^2)}{(1 + \rho_{RS}V_R V_S)^2}}} \ln\left(\frac{\mu_R}{\mu_S}\sqrt{\frac{1 + V_S^2}{1 + V_R^2}}\right)\end{aligned} \tag{2.37}$$

可靠度从根本上讲是用失效概率或可靠概率来定义和度量的。可靠指标的计算通常较为简便，通过式(2.34)或式(2.35)也能得到对应的失效概率或可靠概率，而且十分重要的是它与现行设计规范有着密切的联系。可靠指标的几何意义很直观（参见 3.2节），计算可靠指标的各种方法通常也能同时求得设计点，便于概率极限状态设计方法的实用设计表达式的建立以及作用和抗力分项系数的确定。

式(2.34)和式(2.35)是在功能函数 Z 服从正态分布的条件下建立的，如果 Z 不服从正态分布，它们不再精确成立，但通常仍能给出比较准确的结果。事实上，当结构的失效概率 p_{f} 较大或可靠指标 β 较小时，如 $p_{\mathrm{f}} \geq 0.001$（或 $\beta \leq 3.0902$）时，p_{f} 或 β 的计算结果对 Z 的分布形式不敏感，因而可以不考虑基本随机变量 $\boldsymbol{X}$ 的实际分布类型，而式(2.34)或式(2.35)能使计算大为简化，又能满足工程上的精度要求。当结构的失效概率较小或可靠指标较大时，例如工程结构的承载能力可靠度要求就比较大[26,27]，在计算结构的可靠度时则必须考虑功能函数的概率分布形式。

2.5 可靠指标与安全系数

早期结构设计所采用的安全系数 f_{s} 定义为一个抗力 r 与一个相应的荷载效应 s 的比值，即

$$f_{\mathrm{s}} = \frac{r}{s} \tag{2.38}$$

当 $f_{\mathrm{s}} > 1$，即 $r > s$，说明结构对应于可靠域内的一个点，而 $f_{\mathrm{s}} \leq 1$ 说明结构对应于失效域内的一个点。这在某种程度上说明 f_{s} 的大小是可靠度的度量。然而，安全系数依赖于抗力 r 的定义，是随 r 的计算公式变化的，如 r 用力或应力时，f_{s} 值就可能不唯一。此外，安全系数没有定量地考虑抗力和荷载效应的随机性，而是靠经验或工程判断的方法取值。

考虑抗力 R 和荷载效应 S 为随机变量，则按式(2.38)定义的

$$F_{\mathrm{s}} = \frac{R}{S} \tag{2.39}$$

是一个随机变量，结构的可靠概率为

$$p_{\mathrm{r}} = \mathrm{P}(F_{\mathrm{s}} > 1) = \mathrm{P}(R > S) \tag{2.40}$$

与安全系数 f_{s} 自身不同，可靠概率 p_{r} 不随 R 的定义而变化。

以式(2.39)为基础，称 R 的均值 μ_R 与 S 的均值 μ_S 之比为**中心安全系数** (central safety factor) f_{cs}，即

$$f_{\mathrm{cs}} = \frac{\mu_R}{\mu_S} \tag{2.41}$$

显然，中心安全系数没有考虑 R 和 S 的离散性。

如果结构的功能函数为 $Z = R - S$，其中 R 和 S 为相关正态分布随机变量，利用式(2.36)和式(2.41)，并注意到变异系数 $V_R = \sigma_R/\mu_R$，$V_S = \sigma_S/\mu_S$，可知结构的可靠指标为

$$\beta = \frac{f_{\mathrm{cs}} - 1}{\sqrt{V_R^2 f_{\mathrm{cs}}^2 - 2\rho_{RS} V_R V_S f_{\mathrm{cs}} + V_S^2}} \tag{2.42}$$

由式(2.42)可以解出中心安全系数为（舍去一无意义的解）:

$$f_{\mathrm{cs}} = \frac{1 - \rho_{RS} V_R V_S \beta^2 + \beta\sqrt{V_R^2 - 2\rho_{RS} V_R V_S + V_S^2 - (1 - \rho_{RS}^2) V_R^2 V_S^2 \beta^2}}{1 - V_R^2 \beta^2} \tag{2.43}$$

注意，式(2.43)成立的条件是 $V_R < 1/\beta$，造成这一限制的原因是正态分布将事件 $R < 0$ 赋予了正的概率。V_R 适当小时，误差不明显，但 V_R 不是远小于 $1/\beta$ 时，R 的正态分布模型会因误差过大不再适用。

如果功能函数为 $Z = \ln R - \ln S$，R 和 S 均为相关对数正态分布变量，利用式(2.37)和式(2.41)，可知

$$\beta = \frac{1}{\sqrt{\ln \dfrac{(1+V_R^2)(1+V_S^2)}{(1+\rho_{RS} V_R V_S)^2}}} \ln\left(f_{\mathrm{cs}} \sqrt{\frac{1+V_S^2}{1+V_R^2}}\right) \tag{2.44}$$

由式(2.44)解得

$$f_{\mathrm{cs}} = \sqrt{\frac{1+V_R^2}{1+V_S^2}} \exp\left[\beta \sqrt{\ln \frac{(1+V_R^2)(1+V_S^2)}{(1+\rho_{RS} V_R V_S)^2}}\right] \tag{2.45}$$

由式(2.43)和式(2.45)可知，对于一定的结构可靠度 β，中心安全系数 f_{cs} 会随 V_R 和 V_S 发生变化。

安全系数设计方法中实际结构的安全系数不得小于某一限值。同样，结构可靠度设计中也规定了相应的**目标可靠度** (target reliability) 或**目标可靠指标** (target reliability index)[26,27]，在设计基准期内结构的可靠度或可靠指标不得低于所设

定的设计目标值。

按照不同的原则确定作用效应和抗力的值，结构安全系数就会有所不同，而现行设计规范[26,27] 规定的概率极限状态设计，即水准 II 的一次二阶矩方法中，可靠指标不会因此发生改变。按照现行的近似概率极限状态设计方法，对结构的不同安全等级和失效模式规定相应的目标可靠指标，设计表达式经过线性化处理，其中的分项系数即与可靠指标有密切的关系，由此也可以看到计算结构可靠指标的意义所在。

第 3 章 结构可靠度的一次二阶矩方法

结构的可靠指标比较直观而且便于实际应用。它是在功能函数服从正态分布的条件下定义的，在此条件下与失效概率有精确的对应关系。对于任意分布的基本随机变量且任意形式的功能函数，功能函数服从正态分布的条件通常不能满足。此时无法直接计算结构的可靠指标，需要研究可靠指标的近似计算方法。

将非线性功能函数展开成 Taylor 级数并取至一次项，并按照可靠指标的定义形成求解方程，就产生了求解可靠度的一次二阶矩方法。这种方法只用到基本随机变量的均值和方差，是计算可靠度的最简单、最常用的方法，其他方法大都以此为基础。掌握一次可靠度方法，能够加深对可靠指标概念的理解，也便于其他可靠度计算方法的研究。

计算可靠度时，基本随机变量的概率分布类型及其相关性需要作适当考虑。一次二阶矩方法可分为中心点方法和设计点方法。中心点方法不考虑变量的概率分布；基本的设计点方法[28] 只处理独立正态随机变量。在本书中，将独立正态变量和相关正态变量的设计点方法[29,30] 同时作为基本的设计点方法，是其他设计点方法的基础。

对于含有不相关的非正态随机变量的情形，需要对非正态变量进行正态化，使之成为正态变量或标准正态变量，便可利用独立正态变量时的设计点方法。正态化方法包括 JC 法[32]、等概率正态变换方法[33]、简化加权分位值方法[34,35] 等。

对于含有相关非正态随机变量的情形，原则上可根据随机变量的联合概率分布，利用 Rosenblatt 变换[31] 变成独立标准正态变量，再利用独立正态变量时的设计点方法。实际上常作近似简化处理，利用变量的边缘概率分布，将其正态化为相关正态变量，再利用相关正态变量时的设计点方法，这其中可以忽略或利用 Nataf 变换计及正态化引起的变量相关系数的改变。

3.1 中心点方法

设结构的基本随机向量为 $\boldsymbol{X} = (X_1, X_2, \ldots, X_n)^\top$，其均值为 $\boldsymbol{\mu}_X = (\mu_{X_1}, \mu_{X_2}, \ldots, \mu_{X_n})^\top$，标准差为 $\boldsymbol{\sigma}_X = (\sigma_{X_1}, \sigma_{X_2}, \ldots, \sigma_{X_n})^\top$，相关系数矩阵为 $\boldsymbol{\rho}_X =$

$[\rho_{X_iX_j}]$。易知变量 $\boldsymbol{X}$ 的协方差矩阵 $\boldsymbol{C}_X = [c_{X_iX_j}] = \mathrm{diag}[\boldsymbol{\sigma}_X]\boldsymbol{\rho}_X\,\mathrm{diag}[\boldsymbol{\sigma}_X]$，协方差 $c_{X_iX_j} = \mathrm{cov}(X_i, X_j) = \rho_{X_iX_j}\sigma_{X_i}\sigma_{X_j}$。

设结构的功能函数具有一般形式，即

$$Z = g_X(\boldsymbol{X}) \tag{3.1}$$

将功能函数 Z 在均值点（或称**中心点** (center point)）$\boldsymbol{\mu}_X$ 处展开成 Taylor 级数并保留至一次项，即

$$\begin{aligned} Z \approx Z_{\mathrm{L}} &= g_X(\boldsymbol{\mu}_X) + \sum_{i=1}^{n} \frac{\partial g_X(\boldsymbol{\mu}_X)}{\partial X_i}(X_i - \mu_{X_i}) \\ &= g_X(\boldsymbol{\mu}_X) + (\boldsymbol{X} - \boldsymbol{\mu}_X)^{\top} \nabla g_X(\boldsymbol{\mu}_X) \end{aligned} \tag{3.2}$$

则 Z 的均值和方差可分别表示为

$$\mu_Z \approx \mu_{Z_{\mathrm{L}}} = g_X(\boldsymbol{\mu}_X) \tag{3.3}$$

$$\begin{aligned} \sigma_Z^2 \approx \sigma_{Z_{\mathrm{L}}}^2 &= \sum_{i=1}^{n}\sum_{j=1}^{n} \frac{\partial g_X(\boldsymbol{\mu}_X)}{\partial X_i}\frac{\partial g_X(\boldsymbol{\mu}_X)}{\partial X_j}\rho_{X_iX_j}\sigma_{X_i}\sigma_{X_j} \\ &= [\nabla g_X(\boldsymbol{\mu}_X)]^{\top} \boldsymbol{C}_X \nabla g_X(\boldsymbol{\mu}_X) \end{aligned} \tag{3.4}$$

将式(3.3)和式(3.4)代入式(2.33)，得到结构的可靠指标 β 近似为

$$\begin{aligned} \beta_{\mathrm{c}} = \frac{\mu_{Z_{\mathrm{L}}}}{\sigma_{Z_{\mathrm{L}}}} &= \frac{g_X(\boldsymbol{\mu}_X)}{\sqrt{\displaystyle\sum_{i=1}^{n}\sum_{j=1}^{n} \frac{\partial g_X(\boldsymbol{\mu}_X)}{\partial X_i}\frac{\partial g_X(\boldsymbol{\mu}_X)}{\partial X_j}\rho_{X_iX_j}\sigma_{X_i}\sigma_{X_j}}} \\ &= \frac{g_X(\boldsymbol{\mu}_X)}{\sqrt{[\nabla g_X(\boldsymbol{\mu}_X)]^{\top} \boldsymbol{C}_X \nabla g_X(\boldsymbol{\mu}_X)}} \end{aligned} \tag{3.5}$$

上述计算非线性功能函数 Z 的近似均值 $\mu_{Z_{\mathrm{L}}}$ 和近似标准差 $\sigma_{Z_{\mathrm{L}}}$ 所用的 Taylor 级数方法通常称为 **delta 方法** (delta method)[37]，工程师通常称式(3.4)为**误差传播公式** (error propagation formula)。这种方法将功能函数 Z 在随机变量 $\boldsymbol{X}$ 的均值点展成 Taylor 级数并取一次项，利用 $\boldsymbol{X}$ 的一阶矩（均值）和二阶矩（方差或协方差）计算 Z 的可靠度，所以称为**均值一次二阶矩方法** (mean value first order second moment (MVFOSM) method) 或**中心点方法** (center point method)。

当已知 $\boldsymbol{X}$ 的均值和方差时，可用此法方便地估计结构可靠指标的近似值 $\beta_{\rm c}$。

中心点方法具有明显的不足。首先，对于相同意义但不同形式的极限状态方程 $Z = g_X(\boldsymbol{X}) = 0$，可能会给出不同的可靠指标 $\beta_{\rm c}$。这是因为中心点 $\boldsymbol{\mu}_X$ 一般不在极限状态面上，在 $\boldsymbol{\mu}_X$ 处作 Taylor 展开后的超曲面（$Z_{\rm L} = 0$ 是超平面）可能会明显偏离原极限状态面。其次，中心点方法没有利用基本随机变量 $\boldsymbol{X}$ 的概率分布，只利用了随机变量的前两阶矩，这也是它明显的不足之处。

中心点方法计算简便，若分析精度要求不太高，仍有一定的实用价值。在选择功能函数时，可尽量选择线性化程度较好的形式，以便减小非线性函数的线性化带来的误差。

例 3.1　圆截面直杆承受轴向拉力 $P = 100\,{\rm kN}$。设杆的材料的屈服极限 $f_{\rm y}$ 和直径 d 为随机变量，其均值和标准差分别为 $\mu_{f_{\rm y}} = 290\,{\rm N/mm^2}$，$\sigma_{f_{\rm y}} = 25\,{\rm N/mm^2}$；$\mu_d = 30\,{\rm mm}$，$\sigma_d = 3\,{\rm mm}$。用中心点方法求杆的可靠指标。

解　此杆以轴力表示的极限状态方程为 $Z = g_{\rm f}(f_{\rm y}, d) = \pi d^2 f_{\rm y}/4 - P = 0$，相应的功能函数的梯度为 $\nabla g_{\rm f}(f_{\rm y}, d) = (\partial g_{\rm f}/\partial f_{\rm y}, \partial g_{\rm f}/\partial d)^\top = (\pi d^2/4, \pi f_{\rm y} d/2)^\top$。利用式(3.5)，得杆的可靠指标

$$
\begin{aligned}
\beta_{\rm c} &= \frac{\pi\mu_d^2\mu_{f_{\rm y}} - 4P}{\pi\mu_d\sqrt{\mu_d^2\sigma_{f_{\rm y}}^2 + 4\mu_{f_{\rm y}}^2\sigma_d^2}} \\
&= \frac{\pi \times 30^2 \times 290 - 4 \times 100 \times 10^3}{\pi \times 30\sqrt{30^2 \times 25^2 + 4 \times 290^2 \times 3^2}} = 2.3517
\end{aligned}
$$

此杆以应力表示的极限状态方程为 $Z = g_{\rm s}(f_{\rm y}, d) = f_{\rm y} - 4P/(\pi d^2) = 0$，相应地，$\nabla g_{\rm s}(f_{\rm y}, d) = (1, 8P/(\pi d^3))^\top$。利用式(3.5)，得杆的可靠指标

$$
\begin{aligned}
\beta_{\rm c} &= \frac{\pi\mu_{f_{\rm y}}\mu_d^3 - 4P\mu_d}{\sqrt{\pi^2\sigma_{f_{\rm y}}^2\mu_d^6 + 64P^2\sigma_d^2}} \\
&= \frac{\pi \times 290 \times 30^3 - 4 \times 100 \times 10^3 \times 30}{\sqrt{\pi^2 \times 25^2 \times 30^6 + 64 \times 100^2 \times 10^6 \times 3^2}} = 3.9339
\end{aligned}
$$

对同一问题，采用不同的功能函数表达式，中心点方法两次计算所得的可靠指标值相差很大。但是，中心点方法相对很简单，它的计算机程序则更为简单，甚至无需计算机程序亦可作计算。为了用程序说明算法的完整性，也为了循序渐进地说明 MATLAB 程序的编制和使用，这里还是给出中心点方法的计算程序，见清单 3.1。

清单 3.1　例 3.1 的均值一次二阶矩方法程序

```
clear; clc;
muX = [290;30]; sigmaX = [25;3];
g = pi/4*muX(2)^2*muX(1)-1e5;
gX = pi/4*muX(2)*[muX(2);2*muX(1)];
bbetaC1 = g/norm(gX.*sigmaX)
g = muX(1)-4/pi*1e5/muX(2)^2;
gX = [1;8*1e5/pi/muX(2)^3];
bbetaC2 = g/norm(gX.*sigmaX)
```

在计算机程序中，除了功能函数 $Z=g(\boldsymbol{X})$ 的表达式外，功能函数的梯度 $\nabla g(\boldsymbol{X})$ 的表达式可能也要经常使用。如果利用 MATLAB 软件的符号运算功能，则 $\nabla g(\boldsymbol{X})$ 的显式形式是不必要的，但如 1.2节所述，本书不准备这样做。

3.2　正态变量时的设计点方法

设计点方法 (design point method) 将功能函数的线性化 Taylor 展开点选在失效面上，同时又能考虑基本随机变量的实际分布和相关性。它从根本上解决了中心点方法存在的问题，故又称为**改进一次二阶矩方法** (advanced first order second moment (AFOSM) method)。一次二阶矩方法在多数情况下就是指设计点方法。

设结构的极限状态方程为

$$Z=g_X(\boldsymbol{X})=0 \tag{3.6}$$

再设 $\boldsymbol{x}^*=(x_1^*,x_2^*,\ldots,x_n^*)^\top$ 为极限状态面上的一点，即

$$g_X(\boldsymbol{x}^*)=0 \tag{3.7}$$

在点 $\boldsymbol{x}^*$ 处将功能函数 Z 按 Taylor 级数展开并取至一次项，有

$$Z_{\mathrm{L}}=g_X(\boldsymbol{x}^*)+\sum_{i=1}^{n}\frac{\partial g_X(\boldsymbol{x}^*)}{\partial X_i}(X_i-x_i^*)=g_X(\boldsymbol{x}^*)+(\boldsymbol{X}-\boldsymbol{x}^*)^\top\nabla g_X(\boldsymbol{x}^*) \tag{3.8}$$

在随机变量 $\boldsymbol{X}$ 空间，方程 $Z_{\mathrm{L}}=0$ 表示过点 $\boldsymbol{x}^*$ 处的极限状态面式(3.6)的切

平面。线性函数 Z_{L} 的均值为

$$\mu_{Z_{\mathrm{L}}} = g_X(\boldsymbol{x}^*) + \sum_{i=1}^{n} \frac{\partial g_X(\boldsymbol{x}^*)}{\partial X_i}(\mu_{X_i} - x_i^*) = g_X(\boldsymbol{x}^*) + (\boldsymbol{\mu}_X - \boldsymbol{x}^*)^{\top} \nabla g_X(\boldsymbol{x}^*) \tag{3.9}$$

利用式(3.9)，式(3.8)又可以写成

$$Z_{\mathrm{L}} = \mu_{Z_{\mathrm{L}}} + \sum_{i=1}^{n} \frac{\partial g_X(\boldsymbol{x}^*)}{\partial X_i}(X_i - \mu_{X_i}) = \mu_{Z_{\mathrm{L}}} + (\boldsymbol{X} - \boldsymbol{\mu}_X)^{\top} \nabla g_X(\boldsymbol{x}^*) \tag{3.10}$$

引入**灵敏度** (sensitivity) 向量 $\boldsymbol{\alpha}_X$，其分量 α_{X_i} $(i = 1, 2, \ldots, n)$ 可称为**灵敏系数** (sensitivity coefficient)，为将函数 Z_{L} 的标准差 $\sigma_{Z_{\mathrm{L}}}$ 表示成 $\sigma_{X_i} \partial g_X(\boldsymbol{x}^*)/\partial X_i$ 的线性组合时系数的负数，即

$$\sigma_{Z_{\mathrm{L}}} = -\sum_{i=1}^{n} \alpha_{X_i} \frac{\partial g_X(\boldsymbol{x}^*)}{\partial X_i} \sigma_{X_i} = -\boldsymbol{\alpha}_X^{\top} \operatorname{diag}[\boldsymbol{\sigma}_X] \nabla g_X(\boldsymbol{x}^*) \tag{3.11}$$

灵敏系数 α_{X_i} 反映了线性函数 Z_{L} 与变量 X_i 之间的线性相关性。

当 $\boldsymbol{X}$ 为独立正态随机变量时，利用变量线性组合的方差的性质，Z_{L} 的标准差为

$$\sigma_{Z_{\mathrm{L}}} = \sqrt{\sum_{i=1}^{n} \left[\frac{\partial g_X(\boldsymbol{x}^*)}{\partial X_i}\right]^2 \sigma_{X_i}^2} = \| \operatorname{diag}[\boldsymbol{\sigma}_X] \nabla g_X(\boldsymbol{x}^*) \| \tag{3.12}$$

对比式(3.12)和式(3.11)，可知此时灵敏系数为

$$\alpha_{X_i} = -\frac{\dfrac{\partial g_X(\boldsymbol{x}^*)}{\partial X_i} \sigma_{X_i}}{\sqrt{\displaystyle\sum_{i=1}^{n} \left[\frac{\partial g_X(\boldsymbol{x}^*)}{\partial X_i}\right]^2 \sigma_{X_i}^2}}, \quad i = 1, 2, \ldots, n \tag{3.13}$$

利用相互独立正态分布随机变量线性组合仍服从正态分布的性质，知函数 Z_{L} 服从正态分布。将式(3.9)和式(3.12)代入式(2.33)，可得结构的可靠指标

$$\beta = \frac{\mu_{Z_{\mathrm{L}}}}{\sigma_{Z_{\mathrm{L}}}} = \frac{g_X(\boldsymbol{x}^*) + \displaystyle\sum_{i=1}^{n} \frac{\partial g_X(\boldsymbol{x}^*)}{\partial X_i}(\mu_{X_i} - x_i^*)}{\sqrt{\displaystyle\sum_{i=1}^{n} \left[\frac{\partial g_X(\boldsymbol{x}^*)}{\partial X_i}\right]^2 \sigma_{X_i}^2}}$$

$$= \frac{g_X(\boldsymbol{x}^*) + (\boldsymbol{\mu}_X - \boldsymbol{x}^*)^\top \nabla g_X(\boldsymbol{x}^*)}{\|\operatorname{diag}[\boldsymbol{\sigma}_X]\nabla g_X(\boldsymbol{x}^*)\|} \tag{3.14}$$

做变换 $X_i = \sigma_{X_i} Y_i + \mu_{X_i}$，$Y_i$ 是标准正态变量，代入到式(3.10)中，再利用式(3.12)和式(3.14)，切超平面方程 $Z_\mathrm{L}/\sigma_{Z_\mathrm{L}} = 0$ 可写成

$$\sum_{i=1}^{n} \alpha_{Y_i} Y_i - \beta = \boldsymbol{\alpha}_Y^\top \boldsymbol{Y} - \beta = 0 \tag{3.15}$$

由式(3.13)可知，变量 Y_i 的系数 $\alpha_{Y_i} = \alpha_{X_i}$。

式(3.15)表示在独立标准正态随机变量 $\boldsymbol{Y}$ 空间的法线式超平面方程，法线就是极限状态面上的点 p^*（在 $\boldsymbol{X}$ 空间中的坐标为 $\boldsymbol{x}^*$，在 $\boldsymbol{Y}$ 空间的坐标为 $\boldsymbol{y}^*$）到标准正态空间中原点 O（在 $\boldsymbol{X}$ 空间的坐标为 $\boldsymbol{\mu}_X$）的连线，其方向余弦为 $\alpha_{Y_i} = \cos\theta_{Y_i}$、长度为 β。因此，可靠指标 β 就是标准化正态空间中坐标原点到极限状态面的最短距离，与此相对应的极限状态面上的点 p^* 就称为**设计验算点** (design point)，常简称为**设计点**或**验算点**。图 3.1 给出了二维情形下可靠指标和设计点的几何意义。

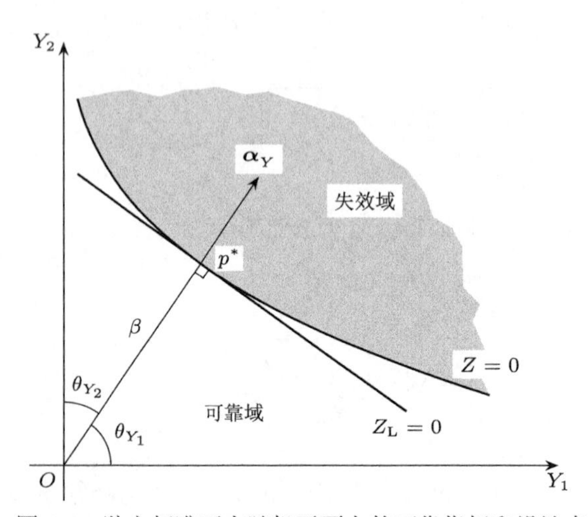

图 3.1　独立标准正态随机平面上的可靠指标和设计点

设计点 p^* 在标准化正态变量 $\boldsymbol{Y}$ 空间中的坐标为

$$y_i^* = \beta\alpha_{Y_i}, \quad i = 1, 2, \ldots, n \tag{3.16}$$

在原始 $\boldsymbol{X}$ 空间中的坐标为

$$x_i^* = \mu_{X_i} + \beta\sigma_{X_i}\alpha_{X_i}, \quad i = 1, 2, \ldots, n \tag{3.17}$$

将式(3.7)、式(3.13)、式(3.14)和式(3.17)联立可求解 β 和 $\boldsymbol{x}^*$。用迭代求解方法可以避免求解方程(3.7)，通用性较强。迭代过程中方程(3.7)不一定成立，式(3.14)中的 $g_X(\boldsymbol{x}^*)$ 须予以保留。

基本随机变量为独立正态变量时，基本设计点方法的迭代计算步骤如下：

(1) 假定初始设计点 $\boldsymbol{x}^*$，一般可设 $\boldsymbol{x}^* = \boldsymbol{\mu}_X$。
(2) 计算 α_{X_i}，利用式(3.13)。
(3) 计算 β，利用式(3.14)。
(4) 计算新的 $\boldsymbol{x}^*$，利用式(3.17)。
(5) 若满足迭代终止条件，终止迭代。否则，以新的 $\boldsymbol{x}^*$ 重复步骤 (2) ~ 步骤 (4)。

对于可靠度的迭代求解，可以认为当前后两次迭代的某个收敛指标充分接近时，迭代终止。因此，迭代的**终止准则** (stopping criterion, termination criterion) 可用某个变量在前、后两次迭代点 $\boldsymbol{x}_1^*$、$\boldsymbol{x}_2^*$ 处的值之差来表示，如 $|v(\boldsymbol{x}_2^*) - v(\boldsymbol{x}_1^*)| \leq \varepsilon$ 或 $\|\boldsymbol{v}(\boldsymbol{x}_2^*) - \boldsymbol{v}(\boldsymbol{x}_1^*)\| \leq \varepsilon$，其中 $\varepsilon > 0$ 为指定的收敛精度。若 $\boldsymbol{v}(\boldsymbol{x}^*)$ 取作 $\boldsymbol{x}^*$，则为点距准则。若 $v(\boldsymbol{x}^*)$ 取功能函数 $g_X(\boldsymbol{x}^*)$ 或可靠指标 $\beta(\boldsymbol{x}^*)$，则为值差准则。若 $\boldsymbol{v}(\boldsymbol{x}^*)$ 取功能函数的梯度 $\nabla g_X(\boldsymbol{x}^*)$ 或灵敏度 $\boldsymbol{\alpha}_X(\boldsymbol{x}^*)$，则为梯度差准则。对于某些情况，如前后两次迭代中的迭代点不充分接近，函数值也不充分接近，可将点距准则和值差准则一起使用，以保证得到真正的近似解 $\boldsymbol{x}^*$ 和 β。

这里的迭代计算步骤是一次二阶矩方法所必需的，其他很多可靠度计算方法都包含这些基本步骤，都是对这些基本迭代方法所做的改进。

利用可靠指标的几何意义，可将可靠指标的求解归结为以下约束优化问题：

$$\begin{aligned} \min \quad & \beta = \|\boldsymbol{y}\| = \sqrt{\sum_{i=1}^{n} y_i^2} \\ \text{s.t.} \quad & g_X(\boldsymbol{x}) = g_Y(\boldsymbol{y}) = 0 \end{aligned} \tag{3.18}$$

由此可建立迭代计算公式，其好处是对于通常迭代求解不收敛的问题比较有效。

例 3.2　已知结构的极限状态方程为 $Z = fW - 1140 = 0$，f 和 W 均服从正态分布，其均值和标准差分别为 $\mu_f = 38$，$\sigma_f = 3.8$；$\mu_W = 54$，$\sigma_W = 2.7$，求可靠指标 β 及设计点的值 f^* 和 w^*。

解 功能函数的梯度为 $\nabla g(f,W)=(W,f)^{\top}$。

按照上述计算步骤编制程序进行求解，计算程序见清单 3.2。

清单 3.2 例 3.2 的设计点方法程序

```
clear; clc;
muX = [38;54]; sigmaX = [3.8;2.7];
x = muX; x0 = repmat(eps,length(muX),1);
while norm(x-x0)/norm(x0) > 1e-6
    x0 = x;
    g = x(1)*x(2)-1140; % g: performance function
    gX = [x(2);x(1)]; % gX: gradient of the performance function
    gs = gX.*sigmaX; alphaX = -gs/norm(gs);
    bbeta = (g+gX.'*(muX-x))/norm(gs)
    x = muX+bbeta*sigmaX.*alphaX
end
```

程序运行结果为：可靠指标 $\beta=4.2614$；设计点坐标 $f^*=22.5655$，$w^*=50.5195$。 □

例 3.3 受永久荷载作用的薄壁型钢梁，$Z=Wf-M=0$。已知截面抵抗矩 W 的均值 $\mu_W=54.72$，变异系数 $V_W=0.05$；钢材强度 f 的均值 $\mu_f=3800$，变异系数 $V_f=0.08$；弯矩 M 的均值 $\mu_M=1.3\times10^5$，变异系数 $V_M=0.07$。所有变量均服从正态分布。求钢梁的失效概率 p_{f}。

解 功能函数的梯度为 $\nabla g(W,f,M)=(f,W,-1)^{\top}$。

计算程序见清单 3.3。

清单 3.3 例 3.3 的设计点方法程序

```
clear; clc;
muX = [54.72;3800;1.3e5]; cvX = [5;8;7]/100;
sigmaX = cvX.*muX;
x = muX; x0 = repmat(eps,length(muX),1);
while norm(x-x0)/norm(x0) > 1e-6
    x0 = x;
    g = x(1)*x(2)-x(3);
    gX = [x(2);x(1);-1];
```

```
    gs = gX.*sigmaX; alphaX = -gs/norm(gs);
    bbeta = (g+gX.'*(muX-x))/norm(gs);
    x = muX+bbeta*sigmaX.*alphaX;
end
pF = normcdf(-bbeta)
```

程序运行结果为：失效概率 $p_\mathrm{f} = 7.3534 \times 10^{-5}$。 □

设基本随机变量 $\boldsymbol{X}$ 的各分量均服从正态分布，具有相关性，其协方差矩阵为 $\boldsymbol{C}_X = [c_{X_iX_j}]$，其中非对角元为变量 X_i 和 X_j 的协方差 $\mathrm{cov}(X_i, X_j)$，对角元为 X_i 的方差 $\sigma_{X_i}^2$；其相关系数矩阵为 $\boldsymbol{\rho}_X = [\rho_{X_iX_j}]$，其中非对角元为变量 X_i 与 X_j 的相关系数 $\rho_{X_iX_j}$，主对角元为 1。

利用变量线性组合的方差的性质，此时式(3.12)成为

$$\begin{aligned}\sigma_{Z_\mathrm{L}} &= \sqrt{\sum_{i=1}^{n}\sum_{j=1}^{n}\rho_{X_iX_j}\frac{\partial g_X(\boldsymbol{x}^*)}{\partial X_i}\frac{\partial g_X(\boldsymbol{x}^*)}{\partial X_j}\sigma_{X_i}\sigma_{X_j}} \\ &= \sqrt{[\nabla g_X(\boldsymbol{x}^*)]^\top \boldsymbol{C}_X \nabla g_X(\boldsymbol{x}^*)}\end{aligned} \tag{3.19}$$

对比式(3.19)和式(3.11)，得到此时灵敏系数为

$$\alpha_{X_i} = -\frac{\displaystyle\sum_{j=1}^{n}\frac{\partial g_X(\boldsymbol{x}^*)}{\partial X_j}\rho_{X_iX_j}\sigma_{X_j}}{\sqrt{\displaystyle\sum_{i=1}^{n}\sum_{j=1}^{n}\frac{\partial g_X(\boldsymbol{x}^*)}{\partial X_i}\frac{\partial g_X(\boldsymbol{x}^*)}{\partial X_j}\rho_{X_iX_j}\sigma_{X_i}\sigma_{X_j}}} \tag{3.20}$$

联合正态分布变量的任意非零线性组合也服从正态分布，因此函数 Z_L 服从正态分布。将式(3.9)和式(3.19)代入式(2.33)，可得结构的可靠指标

$$\begin{aligned}\beta = \frac{\mu_{Z_\mathrm{L}}}{\sigma_{Z_\mathrm{L}}} &= \frac{g_X(\boldsymbol{x}^*) + \displaystyle\sum_{i=1}^{n}\frac{\partial g_X(\boldsymbol{x}^*)}{\partial X_i}(\mu_{X_i} - x_i^*)}{\sqrt{\displaystyle\sum_{i=1}^{n}\sum_{j=1}^{n}\rho_{X_iX_j}\frac{\partial g_X(\boldsymbol{x}^*)}{\partial X_i}\frac{\partial g_X(\boldsymbol{x}^*)}{\partial X_j}\sigma_{X_i}\sigma_{X_j}}} \\ &= \frac{g_X(\boldsymbol{x}^*) + (\boldsymbol{\mu}_X - \boldsymbol{x}^*)^\top \nabla g_X(\boldsymbol{x}^*)}{\sqrt{[\nabla g_X(\boldsymbol{x}^*)]^\top \boldsymbol{C}_X \nabla g_X(\boldsymbol{x}^*)}}\end{aligned} \tag{3.21}$$

协方差矩阵 $\boldsymbol{C}_X$ 为对称正定矩阵，将其作 Cholesky 分解，即 $\boldsymbol{C}_X = \boldsymbol{L}\boldsymbol{L}^{\top}$，其中 $\boldsymbol{L}$ 为下三角矩阵，则 $\boldsymbol{X}$ 与独立标准正态分布变量 $\boldsymbol{Y}$ 的关系为（证明见 3.8节）

$$\boldsymbol{X} = \boldsymbol{L}\boldsymbol{Y} + \boldsymbol{\mu}_X \tag{3.22}$$

相关系数矩阵 $\boldsymbol{\rho}_X$ 也对称正定，将其作 Cholesky 分解，即 $\boldsymbol{\rho}_X = \boldsymbol{L}'\boldsymbol{L}'^{\top}$，其中 $\boldsymbol{L}'$ 为下三角矩阵。因 $\boldsymbol{C}_X = \mathrm{diag}[\boldsymbol{\sigma}_X]\boldsymbol{\rho}_X\,\mathrm{diag}[\boldsymbol{\sigma}_X]$，则有

$$\boldsymbol{X} = \mathrm{diag}[\boldsymbol{\sigma}_X]\boldsymbol{L}'\boldsymbol{Y} + \boldsymbol{\mu}_X \tag{3.23}$$

将式(3.22)代入式(3.10)，再利用式(3.19)和式(3.21)，切超平面方程 $Z_{\mathrm{L}}/\sigma_{Z_{\mathrm{L}}} = 0$ 仍可写成式(3.15)，其中 $\boldsymbol{\alpha}_Y = (\alpha_{Y_1}, \alpha_{Y_2}, \ldots, \alpha_{Y_n})^{\top}$ 为

$$\boldsymbol{\alpha}_Y = \frac{-\boldsymbol{L}^{\top}\nabla g_X(\boldsymbol{x}^*)}{\sqrt{[\nabla g_X(\boldsymbol{x}^*)]^{\top}\boldsymbol{C}_X\nabla g_X(\boldsymbol{x}^*)}} \tag{3.24}$$

因此，这里的 β 和 $\boldsymbol{y}^*$ 正是结构的可靠指标和设计点坐标。坐标 $\boldsymbol{y}^*$ 仍可用式(3.16)计算。

将式(3.16)代入式(3.23)，与式(3.17)比较，并考虑到式(3.24)及 $\boldsymbol{L} = \mathrm{diag}[\boldsymbol{\sigma}_X]\boldsymbol{L}'$，可得

$$\boldsymbol{\alpha}_X = \boldsymbol{L}'\boldsymbol{\alpha}_Y = \frac{-\,\mathrm{diag}[\boldsymbol{\sigma}_X]\boldsymbol{\rho}_X\nabla g_X(\boldsymbol{x}^*)}{\sqrt{[\nabla g_X(\boldsymbol{x}^*)]^{\top}\boldsymbol{C}_X\nabla g_X(\boldsymbol{x}^*)}} \tag{3.25}$$

式(3.25)即式(3.20)，说明如果灵敏系数如式(3.20)定义，可靠指标用式(3.21)计算，就能按照式(3.17)计算相关正态变量 $\boldsymbol{X}$ 空间中的设计点坐标 $\boldsymbol{x}^*$。

基本随机变量为相关正态变量时，基本设计点方法的迭代计算步骤为：

(1) 假定初始设计点 $\boldsymbol{x}^*$，一般可设 $\boldsymbol{x}^* = \boldsymbol{\mu}_X$。
(2) 计算 α_{X_i}，利用式(3.20)。
(3) 计算 β，利用式(3.21)。
(4) 计算新的 $\boldsymbol{x}^*$，利用式(3.17)。
(5) 以新的 $\boldsymbol{x}^*$ 重复步骤 (2) ~ 步骤 (4)，直到满足迭代终止条件为止。

对比可知，基本随机变量不相关或相关时的设计点方法的可靠度计算步骤是一致的，差别仅在于计算灵敏度 $\boldsymbol{\alpha}_X$ 和可靠指标 β 所用的公式有所不同。

例 3.4 设结构的极限状态方程为 $Z = X_1 - X_2 - X_3 = 0$。X_1, X_2 和 X_3 均服从正态分布，其均值和标准差分别为 $\mu_{X_1} = 21.6788$，$\sigma_{X_1} = 2.6014$；$\mu_{X_2} = 10.4$，

$\sigma_{X_2} = 0.8944$；$\mu_{X_3} = 2.1325$，$\sigma_{X_3} = 0.5502$。相关系数分别为 $\rho_{X_1X_2} = 0.8$，$\rho_{X_1X_3} = 0.6$，$\rho_{X_2X_3} = 0.9$。试求可靠指标。

解　功能函数的梯度为 $\nabla g_X(\boldsymbol{X}) = (1, -1, -1)^\top$。

计算程序见清单 3.4。

清单 3.4　例 3.4 的设计点方法程序

```
clear; clc;
muX = [21.6788;10.4;2.1325]; sigmaX = [2.6014;0.8944;0.5502];
rhoX = [1,0.8,0.6;0.8,1,0.9;0.6,0.9,1];
x = muX; x0 = repmat(eps,length(muX),1);
while norm(x-x0)/norm(x0) > 1e-6
    x0 = x;
    g = x(1)-x(2)-x(3);
    gX = [1;-1;-1];
    gs = gX.*sigmaX;
    alphaX = -rhoX*gs/sqrt(gs.'*rhoX*gs);
    bbeta = (g+gX.'*(muX-x))/sqrt(gs.'*rhoX*gs)
    x = muX+bbeta*sigmaX.*alphaX;
end
```

程序运行结果为：可靠指标 $\beta = 5.0231$。

由于功能函数 Z 是线性的，第 1 次迭代其实就已得到了正确结果。　□

例 3.5　设结构的极限状态方程为 $Z = X_1X_2 - 130 = 0$，其中 X_1 和 X_2 均服从正态分布，其均值和标准差分别为 $\mu_{X_1} = 38$，$\sigma_{X_1} = 3.8$；$\mu_{X_2} = 7$，$\sigma_{X_2} = 1.05$。当相关系数为 $\rho_{X_1X_2} = 0.9, 0.5, 0.2, 0.0, -0.2, -0.5, -0.9$ 时，试求结构的可靠指标和设计点。

解　功能函数的梯度为 $\nabla g_X(\boldsymbol{X}) = (X_2, X_1)^\top$。

计算程序见清单 3.5。

清单 3.5　例 3.5 的设计点方法程序

```
clear; clc;
muX = [38;7]; sigmaX = [3.8;1.05]; rhoX = [1,0.9;0.9,1];
x = muX; x0 = repmat(eps,length(muX),1);
while norm(x-x0)/norm(x0) > 1e-6
```

```
    x0 = x;
    g = x(1)*x(2)-130;
    gX = [x(2);x(1)];
    gs = gX.*sigmaX;
    alphaX = -rhoX*gs/sqrt(gs.'*rhoX*gs);
    bbeta = (g+gX.'*(muX-x))/sqrt(gs.'*rhoX*gs)
    x = muX+bbeta*sigmaX.*alphaX
end
```

程序中 $\rho_{X_1X_2}=0.9$，运行结果为：可靠指标 $\beta=2.4438$；设计点坐标 $x_1^*=29.1038$，$x_2^*=4.4668$。

改变 $\rho_{X_1X_2}$ 的输入值，重复运行程序，可以得到相应的计算结果。可靠指标的计算成果列于表 3.1。

表 3.1　极限状态方程 $Z=X_1X_2-130=0$ 的可靠指标

$\rho_{X_1X_2}$	X_1 和 X_2 均服从正态分布	X_1 服从对数正态分布，X_2 服从正态分布	
		JC 法和等概率正态变换方法	简化加权分位值方法
0.9	2.4438	2.5283	2.5340
0.5	2.7162	2.7777	2.8090
0.2	2.9826	3.0158	3.0641
0.0	3.1975	3.2071	3.2579
−0.2	3.4417	3.4300	3.4655
−0.5	3.8332	3.8292	3.7823
−0.9	4.3040	4.4435	4.1661

3.3　JC　法

当基本变量 $\boldsymbol{X}$ 中含有非正态随机变量时，运用设计点方法须事先设法处理这些非正态随机变量。在对非正态变量作当量正态化处理的方法中，**Rackwitz-Fiessler 方法** (Rackwitz-Fiessler method) 最为重要，它也被结构安全度联合委员会 (Joint Committee on Structural Safety, JCSS) 所推荐使用，又可称为 **JC 法** (JC method)。

设 $\boldsymbol{X}$ 中的某个变量如 X_i 为非正态分布变量，其均值为 μ_{X_i}，标准差为 σ_{X_i}，概率密度函数为 $f_{X_i}(x_i)$，累积分布函数为 $F_{X_i}(x_i)$；与 X_i 相应的当量正态化变量为 X_i'，其均值为 $\mu_{X_i'}$，标准差为 $\sigma_{X_i'}$，概率密度函数为 $f_{X_i'}(x_i')$，累积分布函数

为 $F_{X_i'}(x_i')$。JC 法的当量正态化条件要求在设计点坐标 x_i^* 处 X_i' 和 X_i 的累积分布函数和概率密度函数分别对应相等（参见图 3.2），即

$$F_{X_i'}(x_i^*) = \Phi\left(\frac{x_i^* - \mu_{X_i'}}{\sigma_{X_i'}}\right) = F_{X_i}(x_i^*) \tag{3.26}$$

$$f_{X_i'}(x_i^*) = \frac{1}{\sigma_{X_i'}}\varphi\left(\frac{x_i^* - \mu_{X_i'}}{\sigma_{X_i'}}\right) = f_{X_i}(x_i^*) \tag{3.27}$$

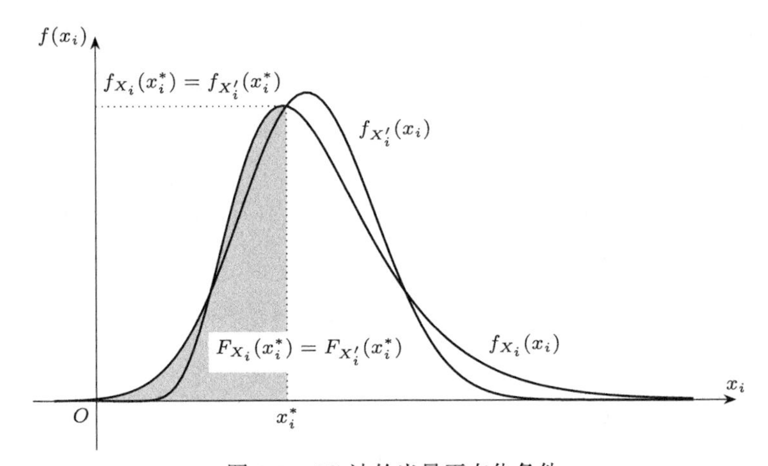

图 3.2　JC 法的当量正态化条件

根据当量正态化条件，可得到当量正态化变量的均值和标准差。由式(3.26)和式(3.27)解得

$$\mu_{X_i'} = x_i^* - \Phi^{-1}\left[F_{X_i}(x_i^*)\right]\sigma_{X_i'} \tag{3.28}$$

$$\sigma_{X_i'} = \frac{\varphi\left\{\Phi^{-1}\left[F_{X_i}(x_i^*)\right]\right\}}{f_{X_i}(x_i^*)} \tag{3.29}$$

对于如对数正态分布、Weibull 分布、极值 I 型分布等常用的分布类型，因其概率密度函数和累积分布函数的具体形式已知，均可由式(3.28)和式(3.29)得到所需的当量正态变量的均值和标准差，在现有的书籍中都可查到。不过在数值计算中，有时并不需要针对其具体分布推导出均值和标准差的显式表达式。

JC 法是采用当量正态化的设计点方法。参照独立正态分布变量的设计点方法的迭代步骤，可以建立 JC 法的迭代计算步骤。两者的整体架构是相似的，不同点仅在于迭代中增加了非正态变量的当量正态化过程。

JC 法的迭代计算步骤如下：

(1) 假定初始设计点 $\boldsymbol{x}^*$，一般可取 $\boldsymbol{x}^* = \boldsymbol{\mu}_X$。
(2) 对非正态分布变量 X_i,计算 $\sigma_{X_i'}$ 和 $\mu_{X_i'}$,分别利用式(3.29)和式(3.28);用 $\mu_{X_i'}$ 替换 μ_{X_i}，用 $\sigma_{X_i'}$ 替换 σ_{X_i}。
(3) 计算 α_{X_i}，利用式(3.13)。
(4) 计算 β，利用式(3.14)。
(5) 计算新的 $\boldsymbol{x}^*$，利用式(3.17)。
(6) 以新的 $\boldsymbol{x}^*$ 重复步骤 (2) $\sim$ 步骤 (5)，直到满足迭代终止条件为止。

例 3.6 一承载力为 R 的轴压短柱,承受永久荷载 G 和可变荷载 Q 作用。已知 R 服从对数正态分布，$\mu_R = 22\,\text{kN}$，$\sigma_R = 2\,\text{kN}$；G 服从正态分布，$\mu_G = 10\,\text{kN}$，$\sigma_G = 0.9\,\text{kN}$；$Q$ 服从极值 I 型分布，$\mu_Q = 2\,\text{kN}$，$\sigma_Q = 0.6\,\text{kN}$。$R$、$G$ 和 Q 相互独立。用 JC 法确定其受压承载能力的可靠指标。

解 柱的功能函数为 $Z = R-G-Q$, 其梯度为 $\nabla g(R,G,Q) = (1,-1,-1)^\top$。

计算程序见清单 3.6。

清单 3.6 例 3.6 的 JC 法程序

```
clear; clc;
muX = [22;10;2]; sigmaX = [2;0.9;0.6];
sLn = sqrt(log(1+(sigmaX(1)/muX(1))^2)); mLn = log(muX(1))-sLn^2/2;
aEv = sqrt(6)*sigmaX(3)/pi; uEv = -psi(1)*aEv-muX(3);
muX1 = muX; sigmaX1 = sigmaX; % X1:equivalent normalized variable
x = muX; x0 = repmat(eps,length(muX),1);
while norm(x-x0)/norm(x0) > 1e-6
    x0 = x;
    g = x(1)-x(2)-x(3);
    gX = [1;-1;-1];
    cdfX = [logncdf(x(1),mLn,sLn);1-evcdf(-x(3),uEv,aEv)];
    pdfX = [lognpdf(x(1),mLn,sLn);evpdf(-x(3),uEv,aEv)];
    nc = norminv(cdfX);
    sigmaX1(1:2:3) = normpdf(nc)./pdfX;
    muX1(1:2:3) = x(1:2:3)-nc.*sigmaX1(1:2:3);
    gs = gX.*sigmaX1; alphaX = -gs/norm(gs);
    bbeta = (g+gX.'*(muX1-x))/norm(gs)
```

```
    x = muX1+bbeta*sigmaX1.*alphaX;
end
```

程序运行结果为：可靠指标 $\beta = 4.7130$。

基本随机变量 $\boldsymbol{X}$ 的均值 $\boldsymbol{\mu}_X$ 和标准差 $\boldsymbol{\sigma}_X$ 都是问题的原始数据，应当予以保留，在迭代运算中不应改动其值，故在 JC 法程序中首先对它们作了备份。

当量正态化变量 X_i' 的均值 $\mu_{X_i'}$ 和标准差 $\sigma_{X_i'}$ 均定义在设计点坐标 x_i^* 处，在迭代过程中是随着迭代点 x_i^* 的不同而变化的，其计算甚至可能出现异常。当 X_i 的概率密度函数 $f_{X_i}(x_i^*) = 0$ 时，由式(3.29)知 $\sigma_{X_i'}$ 是正不定的。若 X_i 的累积分布函数 $F_{X_i}(x_i^*) = 0$ 或 1，则 $\Phi^{-1}[F_{X_i}(x_i^*)] = \mp\infty$，由式(3.28)知 $\mu_{X_i'} = \pm\infty$。

例 2.1 已指出，任何变量 X 的概率密度函数 $f_X(x)$ 和累积分布函数 $F_X(x)$ 都是按 X 取全部实数进行理解和程序处理的，对有些分布，如均匀分布等就有可能出现上述问题（参见例 11.2），在程序中要有应对措施，以使计算能够继续。譬如，对于变量 X_i，当 $f_{X_i}(x_i^*) = 0$ 时，可令 $\sigma_{X_i'} = \sigma_{X_i}$ 或其他正的常数；当 $F_{X_i}(x_i^*) = 0$ 或 1 时，可令 $F_{X_i}(x_i^*) = 0.001$ 或 0.999。

本书的程序旨在说明可靠度计算方法，为使程序简洁，不强调其鲁棒性。程序中不过多地设置异常处理机制，只是在出现异常后再采取相应的处理措施。□

例 3.7　已知非线性极限状态方程为 $567fr - 0.5H^2 = 0$。变量 f 服从正态分布，$\mu_f = 0.6$，$V_f = 0.131$；r 服从正态分布，$\mu_r = 2.18$，$V_r = 0.03$；H 服从对数正态分布，$\mu_H = 32.8$，$V_H = 0.03$。用 JC 法求可靠指标 β 及设计点坐标 f^*、r^* 和 h^* 的值。

解　功能函数的梯度为 $\nabla g(f, r, H) = (567r, 567f, -H)^\top$。

计算程序见清单 3.7。

清单 3.7　例 3.7 的 JC 法程序

```
clear; clc;
muX = [0.6;2.18;32.8]; cvX = [13.1;3;3]/100;
sigmaX = cvX.*muX;
sLn = sqrt(log(1+cvX(3)^2)); mLn = log(muX(3))-sLn^2/2;
muX1 = muX; sigmaX1 = sigmaX;
x = muX; x0 = repmat(eps,length(muX),1);
while norm(x-x0)/norm(x0) > 1e-6
    x0 = x;
    g = 567*x(1)*x(2)-x(3)^2/2;
```

```
    gX = [567*x(2);567*x(1);-x(3)];
    cdfX = logncdf(x(3),mLn,sLn);
    pdfX = lognpdf(x(3),mLn,sLn);
    nc = norminv(cdfX);
    sigmaX1(3) = normpdf(nc)/pdfX;
    muX1(3) = x(3)-nc*sigmaX1(3);
    gs = gX.*sigmaX1; alphaX=-gs/norm(gs);
    bbeta = (g+gX.'*(muX1-x))/norm(gs)
    x = muX1+bbeta*sigmaX1.*alphaX
end
```

程序运行结果为：可靠指标 $\beta=1.9645$；设计点坐标 $f^*=0.4561$，$r^*=2.1590$，$h^*=33.4178$。 □

例 3.8　一混凝土重力坝坝段，其基本随机变量的统计量 (μ,V) 及概率分布分别为：混凝土容重 γ_{c} 为 $(24\,\mathrm{kN/m^3}, 0.02)$，正态分布；上游水位 H_{u} 为 $(120\,\mathrm{m}, 0.06)$，正态分布；下游水位 H_{d} 为 $(24\,\mathrm{m}, 0.06)$，正态分布；扬压力系数 α 为 $(0.35, 0.15)$，极值 I 型分布；摩擦系数 f 为 $(0.8, 0.25)$，对数正态分布；黏聚力 c 为 $(500\,\mathrm{kN}, 0.5)$，极值 I 型分布；混凝土抗压强度 f_{c} 为 $(9\,960\,\mathrm{kN/m^2}, 0.23)$，对数正态分布。经推导，坝段抗滑稳定的极限状态方程为

$$\begin{aligned}Z_1=&[7100.733\gamma_{\mathrm{c}}+H_{\mathrm{u}}^2+3.25H_{\mathrm{d}}^2-50H_{\mathrm{u}}-1046.5H_{\mathrm{d}}-548.25\alpha(H_{\mathrm{u}}-H_{\mathrm{d}})]f\\&+109.65c-5H_{\mathrm{u}}^2+5H_{\mathrm{d}}^2=0\end{aligned}$$

抗压强度的极限状态方程为

$$\begin{aligned}Z_2=&f_{\mathrm{c}}-30.597\gamma_{\mathrm{c}}-0.000865H_{\mathrm{u}}^3+0.0012H_{\mathrm{d}}^3+0.0183H_{\mathrm{u}}^2-0.0377H_{\mathrm{d}}^2\\&+0.912\alpha(H_{\mathrm{u}}-H_{\mathrm{d}})-0.829H_{\mathrm{u}}+10.82H_{\mathrm{d}}=0\end{aligned}$$

考虑 $H_{\mathrm{u}}\le H_{\mathrm{up}}=129\,\mathrm{m}$，$f\ge f_{\mathrm{p}}=0.2$，$c\ge c_{\mathrm{p}}=50\,\mathrm{kN/m^2}$。用 JC 法计算该坝段的可靠指标。

解　对于这种既有结构 (existing structure)，可将其使用期曾经承受过的最大荷载作为验证荷载 (proof load)，或进行某一水平的验证荷载试验，从而认为既有结构的抗力服从某一截尾分布。

截尾分布 (truncated distribution) 是将原概率分布的尾部截去后的一种条件

分布。截尾分布起因于在实际统计中，有些事件实际上或者可以预料到变量的取值是受限的，即高于或低于所给定的阈值，或处在指定的范围之内。例如，工程结构的抗力不能取负值、荷载存在最大值、水库水位最小值和最大值分别为库底高程和坝顶高程，当采用某些理论分布如正态分布时，截去其左尾部、右尾部或左右都截尾是比较合适的。

设随机变量 X 的概率密度函数为 $f_X(x)$，累积分布函数为 $F_X(x)$，限定其取值区间为 $(x_1, x_2]$ 后，x_1 即左截尾点，x_2 即右截尾点，X 的截尾概率密度函数和累积分布函数分别为

$$f_{X\mathrm{t}}(x) = \frac{f_X(x)}{F_X(x_2) - F_X(x_1)}, \quad x_1 < x \leq x_2 \tag{3.30}$$

$$F_{X\mathrm{t}}(x) = \frac{F_X(x) - F_X(x_1)}{F_X(x_2) - F_X(x_1)}, \quad x_1 < x \leq x_2 \tag{3.31}$$

当 $x_1 \to -\infty$ 或 $x_2 \to \infty$ 时，为右截尾或左截尾的情形。具体地，左截尾的概率密度函数和累积分布函数分别为

$$f_{X\mathrm{tl}}(x) = \frac{f_X(x)}{1 - F_X(x_1)}, \quad x > x_1 \tag{3.32}$$

$$F_{X\mathrm{tl}}(x) = \frac{F_X(x) - F_X(x_1)}{1 - F_X(x_1)}, \quad x > x_1 \tag{3.33}$$

右截尾的概率密度函数和累积分布函数分别为

$$f_{X\mathrm{tr}}(x) = \frac{f_X(x)}{F_X(x_2)}, \quad x \leq x_2 \tag{3.34}$$

$$F_{X\mathrm{tr}}(x) = \frac{F_X(x)}{F_X(x_2)}, \quad x \leq x_2 \tag{3.35}$$

截尾分布的概率密度函数仅是将原分布的概率密度函数放大了一定的比例，但需留意截尾分布与原概率分布的定义域是不同的。如果点 x 位于截尾后删掉的区间时，截尾累积分布函数为 0 或 1。原概率分布的函数 $f_X(x)$ 和 $F_X(x)$ 在截尾后保留的区间中也可能是分段函数。

例 3.8 中，上游水位 H_u 为右截尾，摩擦系数 f 和黏聚力 c 为左截尾。

设计点方法要求随机变量有完整的分布，因为在迭代过程中设计点可能会处于任何位置。但是，对于某截尾分布变量 X_i，在迭代中设计点坐标 x_i^* 落在被删

失掉的区间是不允许的。此时，截尾分布的概率密度函数和累积分布函数可按分段函数处理，也可从实际考虑，就近拉回到允许的区间里。后一做法的效果比前者好，也更简单。

坝段的抗滑稳定问题功能函数 Z_1 的梯度为

$$\nabla g_1(H_\mathrm{u}, f, c, \alpha, \gamma_\mathrm{c}, H_\mathrm{d}) = (a_1, a_2, \ldots, a_6)^\top$$

式中，$a_1 = (2H_\mathrm{u} - 50 - 548.25\alpha)f - 10H_\mathrm{u}$，$a_2 = 7100.733\gamma_\mathrm{c} + H_\mathrm{u}^2 + 3.25H_\mathrm{d}^2 - 50H_\mathrm{u} - 1046.5H_\mathrm{d} - 548.25\alpha(H_\mathrm{u} - H_\mathrm{d})$，$a_3 = 109.65$，$a_4 = 548.25(H_\mathrm{d} - H_\mathrm{u})f$，$a_5 = 7100.733f$，$a_6 = (6.5H_\mathrm{d} - 1046.5 + 548.25\alpha)f + 10H_\mathrm{d}$。

计算坝段抗滑稳定可靠指标的程序见清单 3.8。

清单 3.8　例 3.8 坝段抗滑稳定问题 JC 法程序

```
clear; clc;
muX = [120;0.8;500;0.35;24;24]; cvX = [6;25;50;15;2;6]/100;
sigmaX = cvX.*muX;
sLn = sqrt(log(1+cvX(2)^2)); mLn = log(muX(2))-sLn^2/2;
aEv = sqrt(6)*sigmaX(3:4)/pi; uEv = -psi(1)*aEv-muX(3:4);
muX1 = muX; sigmaX1 = sigmaX;
x = muX; x0 = repmat(eps,length(muX),1);
xP = [129;0.2;50]; % not truncated, xP = [Inf;-Inf;-Inf];
cdfP = [normcdf(xP(1),muX(1),sigmaX(1));logncdf(xP(2),mLn,sLn);...
    1-evcdf(-xP(3),uEv(1),aEv(1))];
while norm(x-x0)/norm(x0) > 1e-6
    x0 = x;
    g = x(2)*(7100.733*x(5)+x(1)^2+3.25*x(6)^2-50*x(1)-...
        1046.5*x(6)-548.25*x(4)*(x(1)-x(6)))+109.65*x(3)-...
        5*x(1)^2+5*x(6)^2;
    gX = [x(2)*(2*x(1)-50-548.25*x(4))-10*x(1);...
        (g-109.65*x(3)+5*x(1)^2-5*x(6)^2)/x(2);109.65;...
        548.25*x(2)*(x(6)-x(1));7100.733*x(2);...
        x(2)*(6.5*x(6)-1046.5+548.25*x(4))+10*x(6)];
    cdfX = [normcdf(x(1),muX(1),sigmaX(1))/cdfP(1);...
        ([logncdf(x(2),mLn,sLn);1-evcdf(-x(3),uEv(1),aEv(1))]-...
```

```
        cdfP(2:3))./(1-cdfP(2:3));1-evcdf(-x(4),uEv(2),aEv(2))];
    pdfX = [normpdf(x(1),muX(1),sigmaX(1))/cdfP(1);...
        [lognpdf(x(2),mLn,sLn);evpdf(-x(3),uEv(1),aEv(1))]./...
        (1-cdfP(2:3));evpdf(-x(4),uEv(2),aEv(2))];
    nc = norminv(cdfX); sigmaX1(1:4) = normpdf(nc)./pdfX;
    muX1(1:4) = x(1:4)-nc.*sigmaX1(1:4);
    gs = gX.*sigmaX1; alphaX = -gs/norm(gs);
    bbeta = (g+gX.'*(muX1-x))/norm(gs)
    x = muX1+bbeta*sigmaX1.*alphaX;
    if x(1) >= xP(1), x(1) = xP(1)-abs(xP(1))/50; end
    if x(2) <= xP(2), x(2) = xP(2)+abs(xP(2))/50; end
    if x(3) <= xP(3), x(3) = xP(3)+abs(xP(3))/50; end
end
```

清单 3.8 程序的运行结果为：当考虑变量 $H_{\rm u}$、f 和 c 截尾时，可靠指标 $\beta=3.2104$，不考虑截尾时，可靠指标 $\beta=3.0313$。

坝段的抗压强度问题功能函数 Z_2 的梯度为

$$\nabla g_2(H_{\rm u},f_{\rm c},\alpha,\gamma_{\rm c},H_{\rm d})=(b_1,b_2,\ldots,b_5)^{\top}$$

式中，$b_1=0.0366H_{\rm u}-0.002595H_{\rm u}^2+0.912\alpha-0.829$，$b_2=1$，$b_3=0.912(H_{\rm u}-H_{\rm d})$，$b_4=-30.597$，$b_5=0.0036H_{\rm d}^2-0.0754H_{\rm d}-0.912\alpha+10.82$。

计算坝段抗压强度可靠指标的程序见清单 3.9。

清单 3.9 例 3.8 坝段抗压强度问题 JC 法程序

```
clear; clc;
muX = [120;9960;0.35;24;24]; cvX = [6;23;15;2;6]/100;
sigmaX = cvX.*muX;
sLn = sqrt(log(1+cvX(2)^2)); mLn = log(muX(2))-sLn^2/2;
aEv = sqrt(6)*sigmaX(3)/pi; uEv = -psi(1)*aEv-muX(3);
muX1 = muX; sigmaX1 = sigmaX;
x = muX; x0 = repmat(eps,length(muX),1);
xP = 129; % not truncated, xP = Inf;
cdfP = normcdf(xP,muX(1),sigmaX(1));
```

```
while norm(x-x0)/norm(x0) > 1e-6
    x0 = x;
    g = x(2)-30.597*x(4)-865e-6*x(1)^3+12e-4*x(5)^3+...
        0.0183*x(1)^2-0.0377*x(5)^2+0.912*x(3)*(x(1)-x(5))-...
        0.829*x(1)+10.82*x(5);
    gX = [0.0366*x(1)-2595e-6*x(1)^2+0.912*x(3)-0.829;1;...
        0.912*(x(1)-x(5));-30.597;...
        36e-4*x(5)^2-0.0754*x(5)-0.912*x(3)+10.82];
    cdfX = [normcdf(x(1),muX(1),sigmaX(1))/cdfP;...
        logncdf(x(2),mLn,sLn);1-evcdf(-x(3),uEv,aEv)];
    pdfX = [normpdf(x(1),muX(1),sigmaX(1))/cdfP;...
        lognpdf(x(2),mLn,sLn);evpdf(-x(3),uEv,aEv)];
    nc = norminv(cdfX); sigmaX1(1:3) = normpdf(nc)./pdfX;
    muX1(1:3) = x(1:3)-nc.*sigmaX1(1:3);
    gs = gX.*sigmaX1; alphaX = -gs/norm(gs);
    bbeta = (g+gX.'*(muX1-x))/norm(gs)
    x = muX1+bbeta*sigmaX1.*alphaX;
    if x(1) >= xP, x(1) = xP-abs(xP)/50; end
end
```

清单 3.9 程序的运行结果为：当考虑变量 H_{u} 截尾时，可靠指标 $\beta = 7.0176$；不考虑截尾时，可靠指标 $\beta = 6.4516$。

计算结果与预想的一样，例 3.8 中考虑的截尾情况都是有利于坝段可靠度提高的，因为截尾分布对于那些截尾后删失掉的超高库水位及偏低的强度参数不再如截尾前那样对其关于结构失效赋予一定的概率。 □

相关非正态变量时的 JC 法，与独立非正态变量的 JC 法的计算步骤大体相同，只是在步骤 (3) 要改用式(3.20)，步骤 (4) 要改用式(3.21)，其中的相关系数 $\rho_{X_iX_j}$ 也有不同的处理。可以简单地认为非正态变量的正态化基本上不改变变量间的相关性，正态变量间的相关系数 $\rho_{X_i'X_j'}$ 就是原非正态变量间的相关系数 $\rho_{X_iX_j}$；或者根据问题的要求，通过 3.6节的 Nataf 变换利用式(3.58)重新计算变换之后的相关系数 $\rho_{X_i'X_j'}$。

相关变量的 JC 法的计算步骤为：

(1) 假定初始设计点 $\boldsymbol{x}^*$，一般可取 $\boldsymbol{x}^* = \boldsymbol{\mu}_X$。
(2) 计算 $\boldsymbol{\rho}_X$，直接取作 $\boldsymbol{\rho}_X$，或利用式(3.58)计算与非正态变量有关的相关系数。
(3) 对非正态分布变量 X_i,计算 $\sigma_{X_i'}$ 和 $\mu_{X_i'}$,分别利用式(3.29)和式(3.28)；用 $\mu_{X_i'}$ 替换 μ_{X_i}，用 $\sigma_{X_i'}$ 替换 σ_{X_i}。
(4) 计算 α_{X_i}，利用式(3.20)。
(5) 计算 β，利用式(3.21)。
(6) 计算新的 $\boldsymbol{x}^*$，利用式(3.17)。
(7) 以新的 $\boldsymbol{x}^*$ 重复步骤 (3) ~ 步骤 (6)，直到满足迭代终止条件为止。

例 3.9　某构件正截面强度的极限状态方程为 $Z = R - S = 0$。已知 R 服从对数正态分布，S 服从正态分布，其均值和变异系数分别为 $\mu_R = 100$，$V_R = 0.12$；$\mu_S = 50$，$V_S = 0.15$。用 JC 法计算相关系数 $\rho_{RS} = 0.5, 0.2, 0.0, -0.2, -0.5, -0.9$ 时结构的可靠指标和失效概率。

解　功能函数的梯度 $\nabla g(R,S) = (1,-1)^\top$。

计算程序见清单 3.10。

清单 3.10　例 3.9 的 JC 法程序

```
clear; clc;
muX = [100;50]; cvX = [0.12;0.15]; rhoX = [1,0.5;0.5,1];
sigmaX = cvX.*muX;
sLn = sqrt(log(1+cvX(1)^2)); mLn = log(muX(1))-sLn^2/2;
muX1 = muX; sigmaX1 = sigmaX;
x = muX; x0 = repmat(eps,length(muX),1);
while norm(x-x0)/norm(x0) > 1e-6
    x0 = x;
    g = x(1)-x(2);
    gX = [1;-1];
    cdfX = logncdf(x(1),mLn,sLn); pdfX = lognpdf(x(1),mLn,sLn);
    nc = norminv(cdfX);
    sigmaX1(1) = normpdf(nc)/pdfX;
    muX1(1) = x(1)-nc*sigmaX1(1);
    gs = gX.*sigmaX1;
```

```
    alphaX = -rhoX*gs/sqrt(gs.'*rhoX*gs);
    bbeta = (g+gX.'*(muX1-x))/sqrt(gs.'*rhoX*gs)
    x = muX1+bbeta*sigmaX1.*alphaX;
end
pF = normcdf(-bbeta)
```

程序是针对 $\rho_{RS}=0.5$ 的情况，运行结果为：可靠指标 $\beta=5.5829$，失效概率 $p_{\rm f}=1.1824\times10^{-8}$。

改变 ρ_{RS} 的输入值，重复计算，可以得到所要求的所有结果，如表 3.2 所示。

表 3.2 例 3.9 结构的可靠指标和失效概率

相关系数 ρ_{RS}	可靠指标 β	失效概率 $p_{\rm f}$
0.5	5.5829	1.1824×10^{-8}
0.2	4.4207	4.9195×10^{-6}
0.0	3.9566	3.8008×10^{-5}
−0.2	3.6137	1.5093×10^{-4}
−0.5	3.2340	6.1041×10^{-4}
−0.9	2.8749	2.0207×10^{-3}

例 3.10 设极限状态方程为 $Z=X_1X_2-130=0$，其中 X_1 服从对数正态分布，X_2 服从正态分布，$\mu_{X_1}=38.0$，$\sigma_{X_1}=3.8$；$\mu_{X_2}=7.0$，$\sigma_{X_2}=1.05$。用 JC 法计算 $\rho_{X_1X_2}=0.9, 0.5, 0.2, 0.0, -0.2, -0.5, -0.9$ 时结构的可靠指标和设计点。

解 功能函数的梯度为 $\nabla g_X(\boldsymbol{X})=(X_2,X_1)^{\top}$。

计算程序见清单 3.11。

清单 3.11 例 3.10 的 JC 法程序

```
clear; clc;
muX = [38;7]; sigmaX = [3.8;1.05]; rhoX = [1,0.9;0.9,1];
sLn = sqrt(log(1+(sigmaX(1)/muX(1))^2)); mLn = log(muX(1))-sLn^2/2;
muX1 = muX; sigmaX1 = sigmaX;
x = muX; x0 = repmat(eps,length(muX),1);
while norm(x-x0)/norm(x0) > 1e-6
    x0 = x;
    g = x(1)*x(2)-130;
    gX = [x(2);x(1)];
    cdfX = logncdf(x(1),mLn,sLn); pdfX = lognpdf(x(1),mLn,sLn);
```

```
    nc = norminv(cdfX);
    sigmaX1(1) = normpdf(nc)/pdfX;
    muX1(1) = x(1)-nc*sigmaX1(1);
    gs = gX.*sigmaX1;
    alphaX = -rhoX*gs/sqrt(gs.'*rhoX*gs);
    bbeta = (g+gX.'*(muX1-x))/sqrt(gs.'*rhoX*gs)
    x = muX1+bbeta*sigmaX1.*alphaX
end
```

程序中 $\rho_{X_1X_2} = 0.9$，运行结果为：可靠指标 $\beta = 2.5283$，设计点 $\boldsymbol{x}^* = (29.7617, 4.3680)^\top$。

改变 $\rho_{X_1X_2}$ 的值重复运行程序，可得到全部所要求的结果，其中可靠指标的计算结果列于表 3.1。

3.4　等概率正态变换方法

利用累积分布函数值相等的映射，可将非正态分布随机变量变换为正态分布随机变量。

设结构的基本随机变量 $\boldsymbol{X} = (X_1, X_2, \ldots, X_n)^\top$ 中的各个分量相互独立，X_i $(i = 1, 2, \ldots, n)$ 的概率密度函数为 $f_{X_i}(x_i)$，累积分布函数为 $F_{X_i}(x_i)$。结构的功能函数为式(3.1)。对每一个变量 X_i 作下列变换以将 $\boldsymbol{X}$ 映射成标准正态变量 $\boldsymbol{Y}$：

$$F_{X_i}(X_i) = \varPhi(Y_i) \tag{3.36}$$

其向前映射与向后映射分别为

$$Y_i = \varPhi^{-1}\left[F_{X_i}(X_i)\right] \tag{3.37}$$

$$X_i = F_{X_i}^{-1}\left[\varPhi(Y_i)\right] \tag{3.38}$$

这里的等概率正态变换式(3.36)为全空间的独立同分布 (independent and identically distributed) 映射。特别地，当 X_i 为标准正态变量时为恒等变换 $X_i = Y_i$，当 X_i 为正态变量时为线性变换 $X_i = \sigma_{X_i}Y_i + \mu_{X_i}$。这样，对于任何随机变量，均可统一在标准正态变量空间讨论分析。

将式(3.38)代入式(3.1)，得到以变量 $\boldsymbol{Y}$ 表达的功能函数为

$$Z=g_X(\boldsymbol{X})=g_X\left\{F_{X_1}^{-1}\left[\Phi(Y_1)\right],F_{X_2}^{-1}\left[\Phi(Y_2)\right],\ldots,F_{X_n}^{-1}\left[\Phi(Y_n)\right]\right\}=g_Y(\boldsymbol{Y}) \tag{3.39}$$

由式(3.39)出发，就可用前述关于独立正态分布随机变量的设计点方法求解结构的可靠度问题。注意到 $\boldsymbol{Y}$ 是标准正态向量，每一个元素 $Y_i\sim \mathrm{N}(0,1)$，式(3.13)、式(3.14)和式(3.17)分别成为

$$\alpha_{Y_i}=-\frac{\dfrac{\partial g_Y(\boldsymbol{y}^*)}{\partial Y_i}}{\sqrt{\displaystyle\sum_{i=1}^{n}\left[\frac{\partial g_Y(\boldsymbol{y}^*)}{\partial Y_i}\right]^2}},\quad i=1,2,\ldots,n \tag{3.40}$$

$$\beta=\frac{g_X(\boldsymbol{x}^*)-\displaystyle\sum_{i=1}^{n}\frac{\partial g_Y(\boldsymbol{y}^*)}{\partial Y_i}y_i^*}{\sqrt{\displaystyle\sum_{i=1}^{n}\left[\frac{\partial g_Y(\boldsymbol{y}^*)}{\partial Y_i}\right]^2}}=\frac{g_X(\boldsymbol{x}^*)-\boldsymbol{y}^{*\top}\nabla g_Y(\boldsymbol{y}^*)}{\|\nabla g_Y(\boldsymbol{y}^*)\|} \tag{3.41}$$

$$y_i^*=\beta\alpha_{Y_i},\quad i=1,2,\ldots,n \tag{3.42}$$

式中，

$$\frac{\partial g_Y(\boldsymbol{y}^*)}{\partial Y_i}=\frac{\partial g_X(\boldsymbol{x}^*)}{\partial X_i}\frac{\mathrm{d}X_i}{\mathrm{d}Y_i}\bigg|_{\boldsymbol{y}^*} \tag{3.43}$$

式(3.43)中已注意到变换(3.36)是一一对应的，$\partial X_i/\partial Y_i=\mathrm{d}X_i/\mathrm{d}Y_i$。

对于常用分布，如正态分布、对数正态分布、极值 I 型分布和 Weibull 分布等，由式(3.38)可以导得计算 $\boldsymbol{x}^*$ 和 $(\mathrm{d}X_i/\mathrm{d}Y_i)_{\boldsymbol{y}^*}$ 的具体表达式，在一般的可靠度分析书籍都可查到。其实对于用计算机程序进行的数值计算，利用具有一般形式的式(3.38)计算 $\boldsymbol{x}^*$ 也是可以的。在此给出计算的一般表达式。

对式(3.36)两边进行微分，得

$$f_{X_i}(X_i)\,\mathrm{d}X_i=\varphi(Y_i)\,\mathrm{d}Y_i \tag{3.44}$$

非线性变换(3.36)既保持变换前后概率相等，由式(3.44)可知，也保持变换前后概率微元相等，因此是一种**等概率变换** (isoprobabilistic transformation)。

由式(3.44)得到

$$\left.\frac{\mathrm{d}X_i}{\mathrm{d}Y_i}\right|_{\boldsymbol{y}^*}=\frac{\varphi(y_i^*)}{f_{X_i}(x_i^*)} \tag{3.45}$$

此式避免了计算导数的麻烦，应用时更为方便。

等概率正态变换方法中仍然可采用独立正态分布变量的设计点方法的迭代过程，只是还需要增加等概率正态变换过程以及计算 $\boldsymbol{y}^*$ 和 $(\mathrm{d}X_i/\mathrm{d}Y_i)_{\boldsymbol{y}^*}$ 的步骤。

等概率正态变换方法的迭代计算步骤如下：

(1) 假定初始设计点 $\boldsymbol{x}^*$，一般可取 $\boldsymbol{x}^*=\boldsymbol{\mu}_X$。
(2) 根据 $\boldsymbol{x}^*$ 计算 $\boldsymbol{y}^*$ 的初始值，利用式(3.37)。
(3) 计算 α_{Y_i}，利用式(3.40)、式(3.43)和式(3.45)。
(4) 计算 β，利用式(3.41)、式(3.43)和式(3.45)。
(5) 计算 $\boldsymbol{y}^*$，利用式(3.42)。
(6) 计算 $\boldsymbol{x}^*$，利用式(3.38)。
(7) 以新的 $\boldsymbol{x}^*$ 重复步骤 (3) ~ 步骤 (6)，直到满足迭代终止条件为止。

将式(3.37)在设计点处展成 Taylor 级数并保留至线性项，并注意到式(3.45)，可得

$$\begin{aligned}Y_i&\approx y_i^*+\left.\frac{\mathrm{d}Y_i}{\mathrm{d}X_i}\right|_{\boldsymbol{x}^*}(X_i-x_i^*)\\&=\varPhi^{-1}[F_{X_i}(x_i^*)]+\frac{f_{X_i}(x_i^*)}{\varphi\{\varPhi^{-1}[F_{X_i}(x_i^*)]\}}(X_i-x_i^*)=\frac{X_i-\mu_{X_i'}}{\sigma_{X_i'}}\end{aligned} \tag{3.46}$$

式中，$\mu_{X_i'}$ 和 $\sigma_{X_i'}$ 分别由式(3.28)和式(3.29)给出。

式(3.46)说明，JC 法的当量正态化条件式(3.26)和式(3.27)与等概率边缘变换(3.36)的线性近似是等价的。等概率正态变换是精确的非线性正态变换，在标准正态空间可能增加功能函数的非线性程度，而 JC 法只是在随机变量的尾部进行正态尾部近似[38]，不改变功能函数的形式，因此得到非常广泛的应用。

例 3.11　某结构构件正截面强度的极限状态方程为 $Z=R-S=0$，其中 R 和 S 的均值和变异系数分别为 $\mu_R=100$，$V_R=0.12$；$\mu_S=50$，$V_S=0.15$。用等概率正态变换方法计算下列情况的可靠指标 β 及设计点值 r^* 和 s^*：(1) R 服从对数正态分布，S 服从正态分布；(2) R 服从对数正态分布，S 服从极值 I 型分布。

解　功能函数的梯度为 $\nabla g(R,S)=(1,-1)^{\top}$。

(1) 计算程序见清单 3.12。

清单 3.12　例 3.11(1) 的等概率正态变换方法程序

```
clear; clc;
muX = [100;50]; cvX = [0.12;0.15];
sigmaX = cvX.*muX;
sLn = sqrt(log(1+cvX(1)^2)); mLn = log(muX(1))-sLn^2/2;
x = muX; x0 = repmat(eps,length(muX),1);
cdfX = [logncdf(x(1),mLn,sLn);normcdf(x(2),muX(2),sigmaX(2))];
y = norminv(cdfX);
while norm(x-x0)/norm(x0) > 1e-6
    x0 = x;
    g = x(1)-x(2);
    gX = [1;-1];
    pdfX = [lognpdf(x(1),mLn,sLn);normpdf(x(2),muX(2),sigmaX(2))];
    gY = gX.*normpdf(y)./pdfX;
    alphaY = -gY/norm(gY);
    bbeta = (g-gY.'*y)/norm(gY)
    y = bbeta*alphaY;
    cdfY = normcdf(y);
    x = [logninv(cdfY(1),mLn,sLn);...
        norminv(cdfY(2),muX(2),sigmaX(2))]
end
```

程序运行结果为：可靠指标 $\beta = 3.9566$；设计点坐标 $r^* = 69.8299$，$s^* = 69.8299$。

(2) 计算程序见清单 3.13。

清单 3.13　例 3.11(2) 的等概率正态变换方法程序

```
clear; clc;
muX = [100;50]; cvX = [0.12;0.15];
sigmaX = cvX.*muX;
sLn = sqrt(log(1+cvX(1)^2)); mLn = log(muX(1))-sLn^2/2;
aEv = sqrt(6)*sigmaX(2)/pi; uEv = -psi(1)*aEv-muX(2);
x = muX; x0 = repmat(eps,length(muX),1);
```

```
cdfX = [logncdf(x(1),mLn,sLn);1-evcdf(-x(2),uEv,aEv)];
y = norminv(cdfX);
while norm(x-x0)/norm(x0) > 1e-6
    x0 = x;
    g = x(1)-x(2);
    gX = [1;-1];
    pdfX = [lognpdf(x(1),mLn,sLn);evpdf(-x(2),uEv,aEv)];
    gY = gX.*normpdf(y)./pdfX;
    alphaY = -gY/norm(gY);
    bbeta = (g-gY.'*y)/norm(gY)
    y = bbeta*alphaY;
    cdfY = normcdf(y);
    x = [logninv(cdfY(1),mLn,sLn);-evinv(1-cdfY(2),uEv,aEv)]
end
```

程序运行结果为：可靠指标 $\beta = 3.2466$；设计点坐标 $r^* = 82.6706$，$s^* = 82.6706$。 □

相关非正态变量的等概率正态变换方法的计算与独立非正态变量的等概率正态变换方法一致，只是根据式(3.20)和式(3.21)，其中的式(3.40)和式(3.41)要分别换为以下公式：

$$\alpha_{Y_i} = -\frac{\sum_{j=1}^{n} \rho_{Y_iY_j} \frac{\partial g_Y(\boldsymbol{y}^*)}{\partial Y_j}}{\sqrt{\sum_{i=1}^{n}\sum_{j=1}^{n} \rho_{Y_iY_j} \frac{\partial g_Y(\boldsymbol{y}^*)}{\partial Y_i}\frac{\partial g_Y(\boldsymbol{y}^*)}{\partial Y_j}}}, \quad i = 1, 2, \ldots, n \tag{3.47}$$

$$\beta = \frac{g_X(\boldsymbol{x}^*) - \sum_{i=1}^{n} \frac{\partial g_Y(\boldsymbol{y}^*)}{\partial Y_i} y_i^*}{\sqrt{\sum_{i=1}^{n}\sum_{j=1}^{n} \rho_{Y_iY_j} \frac{\partial g_Y(\boldsymbol{y}^*)}{\partial Y_i}\frac{\partial g_Y(\boldsymbol{y}^*)}{\partial Y_j}}} = \frac{g_X(\boldsymbol{x}^*) - \boldsymbol{y}^{*\top}\nabla g_Y(\boldsymbol{y}^*)}{\sqrt{[\nabla g_Y(\boldsymbol{y}^*)]^\top \boldsymbol{\rho}_Y \nabla g_Y(\boldsymbol{y}^*)}} \tag{3.48}$$

式(3.47)和式(3.48)中的相关系数 $\rho_{Y_iY_j}$，可近似认为就是原变量的相关系数 $\rho_{X_iX_j}$，也可用 Nataf 变换的式(3.58)计算得到。

相关变量的等概率正态变换方法的计算过程为:

(1) 假定初始设计点 $\boldsymbol{x}^*$，一般可取 $\boldsymbol{x}^* = \boldsymbol{\mu}_X$。
(2) 计算 $\boldsymbol{y}^*$ 的初始值，利用式(3.37)。
(3) 计算 $\boldsymbol{\rho}_Y$，取作 $\boldsymbol{\rho}_X$，或通过 Nataf 变换利用式(3.58)求解。
(4) 计算 α_{Y_i}，利用式(3.47)、式(3.43)和式(3.45)。
(5) 计算 β，利用式(3.48)、式(3.43)和式(3.45)。
(6) 计算 $\boldsymbol{y}^*$，利用式(3.42)。
(7) 计算 $\boldsymbol{x}^*$，利用式(3.38)。
(8) 以新的 $\boldsymbol{x}^*$ 重复步骤 (3) ~ 步骤 (7)，直到满足迭代终止条件为止。

例 3.12 用等概率正态变换方法计算例 3.9 的结构的可靠指标和失效概率。

解 计算程序见清单 3.14。

清单 3.14 例 3.12 的等概率正态变换方法程序

```
clear; clc;
muX = [100;50]; cvX = [0.12;0.15]; rhoX = [1,0.5;0.5,1];
sigmaX = cvX.*muX;
sLn = sqrt(log(1+cvX(1)^2)); mLn = log(muX(1))-sLn^2/2;
x = muX; x0 = repmat(eps,length(muX),1);
cdfX = [logncdf(x(1),mLn,sLn);0.5];
y = norminv(cdfX);
rhoY = rhoX;
while norm(x-x0)/norm(x0) > 1e-6
    x0 = x;
    g = x(1)-x(2);
    gX = [1;-1];
    pdfX = [lognpdf(x(1),mLn,sLn);normpdf(x(2),muX(2),sigmaX(2))];
    gY = gX.*normpdf(y)./pdfX;
    alphaY = -rhoY*gY/sqrt(gY.'*rhoY*gY);
    bbeta = (g-gY.'*y)/sqrt(gY.'*rhoY*gY)
    y = bbeta*alphaY;
    yn = normcdf(y);
    x = [logninv(yn(1),mLn,sLn);norminv(yn(2),muX(2),sigmaX(2))];
```

```
end
pF = normcdf(-bbeta)
```

程序中 $\rho_{RS}=0.5$，运行结果为：可靠指标 $\beta=5.5829$，失效概率 $p_{\mathrm{f}}=1.1824\times10^{-8}$。

改变 ρ_{RS} 的值重复运行程序，可以得到全部要求的结果，其中可靠指标的计算结果列于表 3.2。□

例 3.13　用等概率正态变换方法计算例 3.10 的结构的可靠指标和设计点。

解　计算程序见清单 3.15。

清单 3.15　例 3.13 的等概率正态变换方法程序

```
clear; clc;
muX = [38;7]; sigmaX = [3.8;1.05];
rhoX = [1,0.9;0.9,1];
sLn = sqrt(log(1+(sigmaX(1)/muX(1))^2)); mLn = log(muX(1))-sLn^2/2;
x = muX; x0 = repmat(eps,length(muX),1);
cdfX = [logncdf(muX(1),mLn,sLn);0.5];
y = norminv(cdfX);
rhoY = rhoX;
while norm(x-x0)/norm(x0) > 1e-6
    x0 = x;
    g = x(1)*x(2)-130;
    gX = [x(2);x(1)];
    pdfX = [lognpdf(x(1),mLn,sLn);normpdf(x(2),muX(2),sigmaX(2))];
    gY = gX.*normpdf(y)./pdfX;
    alphaY = -rhoY*gY/sqrt(gY.'*rhoY*gY);
    bbeta = (g-gY.'*y)/sqrt(gY.'*rhoY*gY)
    y = bbeta*alphaY; yn = normcdf(y);
    x = [logninv(yn(1),mLn,sLn);norminv(yn(2),muX(2),sigmaX(2))]
end
```

程序中 $\rho_{X_1X_2}=0.9$，运行结果为：可靠指标 $\beta=2.5283$，设计点 $\boldsymbol{x}^*=(29.7617,4.3680)^{\top}$。

改变 $\rho_{X_1X_2}$ 的值重新计算，可得到所要求的其他结果，其中可靠指标的计算结果见表 3.1。

3.5 简化加权分位值方法

简化加权分位值方法 (simplified weighted quantile method) 是对 Paloheimo 和 Hannus 的加权分位值方法的简单实用化。这种方法计算精度不如 JC 法和等概率正态变换方法，从计算方法内容全面的角度考虑，在此也予以介绍。

这种方法对基本随机变量 $\boldsymbol{X}$ 中的非正态分布变量 X_i，按设计点 $\boldsymbol{x}^*$ 处对应于概率 p_{f} 或 $1-p_{\mathrm{f}}$ 有相同分位值 $x_{i\mathrm{q}}$ 的条件，代之以当量正态分布变量 X_i'，并要求 X_i' 和 X_i 的均值相等。

对于某一非正态分布变量 X_i，如图 3.3 所示，当 $\partial g_X(\boldsymbol{x}^*)/\partial X_i>0$ 时，即点 $\boldsymbol{x}^*$ 取在 X_i 的概率密度曲线 $f_{X_i}(x_i)$ 的上升段时，有

$$F_{X_i}(x_{i\mathrm{q}})=F_{X_i'}(x_{i\mathrm{q}})=p_{\mathrm{f}} \tag{3.49}$$

即

$$F_{X_i}(\mu_{X_i}-\beta_i^-\sigma_{X_i})=F_{X_i'}(\mu_{X_i'}-\beta\sigma_{X_i'})=p_{\mathrm{f}} \tag{3.50}$$

式中，p_{f} 和 β 分别为结构的失效概率和可靠指标，β_i^- 的意义见图 3.3(a)。此时 X_i 相当于功能函数 $Z=R-S$ 中的 R。

当 $\partial g_X(\boldsymbol{x}^*)/\partial X_i<0$，即点 $\boldsymbol{x}^*$ 取在 $f_{X_i}(x_i)$ 的下降段时，有

$$F_{X_i}(x_{i\mathrm{q}})=F_{X_i'}(x_{i\mathrm{q}})=1-p_{\mathrm{f}} \tag{3.51}$$

即

$$F_{X_i}(\mu_{X_i}+\beta_i^+\sigma_{X_i})=F_{X_i'}(\mu_{X_i'}+\beta\sigma_{X_i'})=1-p_{\mathrm{f}} \tag{3.52}$$

式中，β_i^+ 的意义见图 3.3(b)。此时 X_i 相当于功能函数 $Z=R-S$ 中的 S。

正态当量化除上述条件外，还要求变量 X_i' 和变量 X_i 有相等的均值，即

$$\mu_{X_i'}=\mu_{X_i} \tag{3.53}$$

利用式(3.50)、式(3.52)和式(3.53)，可知正态当量化对 X_i' 和 X_i 的标准差的要求为

$$\sigma_{X_i'}=\frac{\beta_i\sigma_{X_i}}{\beta} \tag{3.54}$$

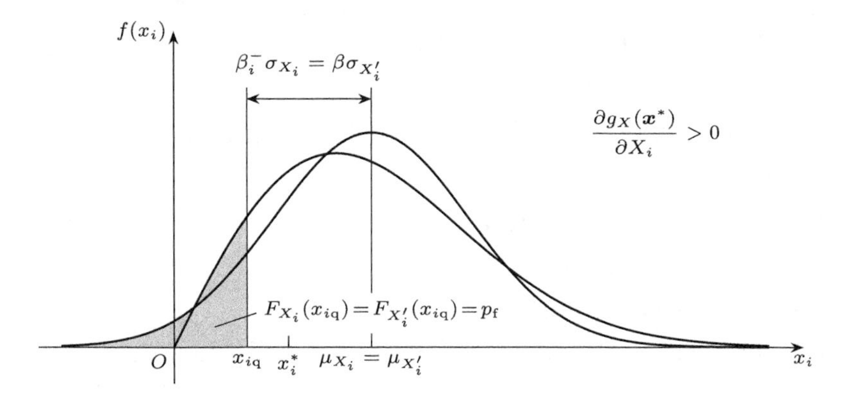

(a) 简化加权分位值方法的辅助变量 β_i^-

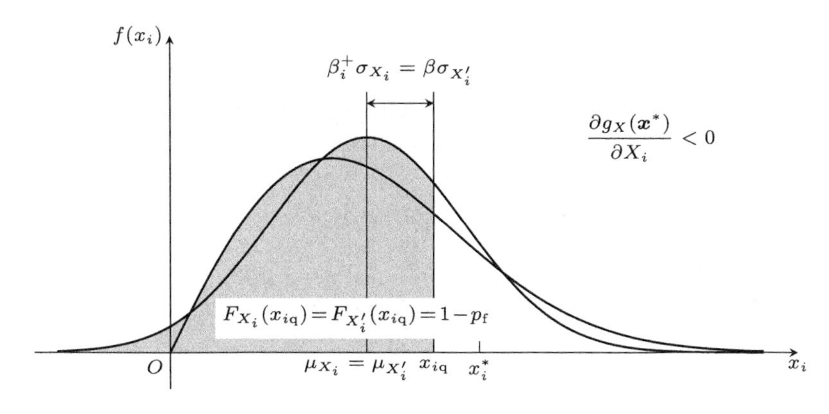

(b) 简化加权分位值方法的辅助变量 β_i^+

图 3.3　简化加权分位值方法中辅助变量 β_i^- 和 β_i^+ 的定义

式中，

$$\beta_i = \begin{cases} \dfrac{\mu_{X_i} - F_{X_i}^{-1}(p_f)}{\sigma_{X_i}}, & \dfrac{\partial g_X(\boldsymbol{x}^*)}{\partial X_i} > 0 \\ -\dfrac{\mu_{X_i} - F_{X_i}^{-1}(1 - p_f)}{\sigma_{X_i}}, & \dfrac{\partial g_X(\boldsymbol{x}^*)}{\partial X_i} < 0 \end{cases} \tag{3.55}$$

因此，只要将非正态变量 X_i 的标准差 σ_{X_i} 按式(3.54)换以 $\sigma_{X_i'}$，就可利用前述设计点方法的公式进行计算了。

对于常用的一些概率分布，也可推导出式(3.55)的具体表达式，可参见有关书籍。在采用数值计算时，也可不必如此。

简化加权分位值方法的迭代步骤可表述如下：

(1) 假定初始设计点 $\boldsymbol{x}^*$ 和初始可靠指标 β，一般可设 $\boldsymbol{x}^* = \boldsymbol{\mu}_X, \beta = 3$。
(2) 计算 p_{f}，利用式(2.34)。
(3) 对非正态变量 X_i，计算 $\sigma_{X_i'}$，利用式(3.55)和式(3.54)。用 $\sigma_{X_i'}$ 替换 σ_{X_i}。
(4) 计算 α_{X_i}，利用式(3.13)。
(5) 计算 β，利用式(3.14)。
(6) 计算新的 $\boldsymbol{x}^*$，利用式(3.17)。
(7) 以新的 $\boldsymbol{x}^*$ 重复步骤 (2) ~ 步骤 (6)，直到满足迭代终止条件为止。

例 3.14　用简化加权分位值方法计算例 3.11 中结构构件的可靠指标和设计点坐标值。

解　(1) 计算程序见清单 3.16。

清单 3.16　例 3.14(1) 的简化加权分位值方法程序

```
clear; clc;
muX = [100;50]; cvX = [0.12;0.15];
sigmaX = cvX.*muX;
sLn = sqrt(log(1+cvX(1)^2)); mLn = log(muX(1))-sLn^2/2;
sigmaX1 = sigmaX;
x = muX; bbeta = 3; x0 = repmat(eps,length(muX),1);
while norm(x-x0)/norm(x0) > 1e-6
    x0 = x;
    g = x(1)-x(2);
    gX = [1;-1];
    pF = normcdf(-bbeta);
    sgn = sign(gX); f = (1-sgn)/2+sgn*pF;
    p = [logninv(f(1),mLn,sLn);norminv(f(2),muX(2),sigmaX(2))];
    b = sgn.*(muX-p)./sigmaX;
    sigmaX1 = b/bbeta.*sigmaX;
    gs = gX.*sigmaX1; alphaX = -gs/norm(gs);
    bbeta = (g+gX.'*(muX-x))/norm(gs)
    x = muX+bbeta*sigmaX1.*alphaX
end
```

程序运行结果为：可靠指标 $\beta = 4.1181$；设计点坐标 $r^* = 69.0787$，$s^* = 69.0787$。

(2) 计算程序见清单 3.17。

清单 3.17　例 3.14(2) 的简化加权分位值方法程序

```
clear; clc;
muX = [100;50]; cvX = [0.12;0.15];
sigmaX = cvX.*muX;
sLn = sqrt(log(1+cvX(1)^2)); mLn = log(muX(1))-sLn^2/2;
aEv = sqrt(6)*sigmaX(2)/pi; uEv = -psi(1)*aEv-muX(2);
sigmaX1 = sigmaX;
x = muX; bbeta = 3; x0 = repmat(eps,length(muX),1);
while norm(x-x0)/norm(x0) > 1e-6
    x0 = x;
    g = x(1)-x(2);
    gX = [1;-1];
    pF = normcdf(-bbeta);
    sgn = sign(gX); f = (1-sgn)/2+sgn*pF;
    p = [logninv(f(1),mLn,sLn);-evinv(1-f(2),uEv,aEv)];
    b = sgn.*(muX-p)./sigmaX;
    sigmaX1 = b/bbeta.*sigmaX;
    gs = gX.*sigmaX1; alphaX = -gs/norm(gs);
    bbeta = (g+gX.'*(muX-x))/norm(gs)
    x = muX+bbeta*sigmaX1.*alphaX
end
```

程序运行结果为：可靠指标 $\beta = 3.1620$；设计点坐标 $r^* = 79.5578$，$s^* = 79.5578$。□

例 3.15　用简化加权分位值方法计算例 3.7 中极限状态所对应的可靠指标和设计点坐标值。

解　计算程序见清单 3.18。

清单 3.18　例 3.15 的简化加权分位值方法程序

```
clear; clc;
```

```
muX = [0.6;2.18;32.8]; cvX = [13.1;3;3]/100;
sigmaX = cvX.*muX;
sLn = sqrt(log(1+cvX(3)^2)); mLn = log(muX(3))-sLn^2/2;
sigmaX1 = sigmaX;
x = muX; bbeta = 3; x0 = repmat(eps,length(muX),1);
while norm(x-x0)/norm(x0) > 1e-6
    x0 = x;
    g = 567*x(1)*x(2)-x(3)^2/2;
    gX = [567*x(2);567*x(1);-x(3)];
    pF = normcdf(-bbeta);
    sgn = sign(gX); f = (1-sgn)/2+sgn*pF;
    p = [norminv(f(1:2),muX(1:2),sigmaX(1:2));...
        logninv(f(3),mLn,sLn)];
    b = sgn.*(muX-p)./sigmaX;
    sigmaX1 = b/bbeta.*sigmaX;
    gs = gX.*sigmaX1; alphaX = -gs/norm(gs);
    bbeta = (g+gX.'*(muX-x))/norm(gs)
    x = muX+bbeta*sigmaX1.*alphaX
end
```

程序运行结果为：可靠指标 $\beta = 1.9572$；设计点坐标 $f^* = 0.4567$，$r^* = 2.1590$，$h^* = 33.4401$。 □

简化加权分位值方法在相关非正态变量时，与独立非正态变量时相比，计算步骤都差不多。只是注意灵敏系数 $\boldsymbol{\alpha}_X$ 和可靠指标 β 要分别用式(3.20)和式(3.21)计算，并且其中的相关系数 $\rho_{X_iX_j}$ 应做相应处理，或近似认为当量正态化后没有改变，或利用 Nataf 变换的式(3.58)计算当量正态化后变量的相关系数 $\rho_{X_i'X_j'}$ 予以替换。

相关变量的简化加权分位值方法的计算过程为：

(1) 假定初始设计点 $\boldsymbol{x}^*$ 和初始可靠指标 β，一般可设 $\boldsymbol{x}^* = \boldsymbol{\mu}_X$，$\beta = 3$。

(2) 计算 $\boldsymbol{\rho}_X$，直接取作 $\boldsymbol{\rho}_X$，或利用式(3.58)计算与非正态变量有关的相关系数。

(3) 计算 p_{f}，利用式(2.34)。

(4) 对非正态变量 X_i，计算 $\sigma_{X_i'}$，利用式(3.55)和式(3.54)。用 $\sigma_{X_i'}$ 替换 σ_{X_i}。

(5) 计算 α_{X_i}，利用式(3.20)。

(6) 计算 β，利用式(3.21)。

(7) 更新 $\boldsymbol{x}^*$，利用式(3.17)。

(8) 以新的 $\boldsymbol{x}^*$ 重复步骤 (3) ~ 步骤 (7)，直到满足迭代终止条件为止。

例 3.16　用简化加权分位值方法计算例 3.10 中结构的可靠指标和设计点。

解　计算程序见清单 3.19。

清单 3.19　例 3.16 的简化加权分位值方法程序

```
clear; clc;
muX = [38;7]; sigmaX = [3.8;1.05]; rhoX = [1,0.9;0.9,1];
sLn = sqrt(log(1+(sigmaX(1)/muX(1))^2)); mLn = log(muX(1))-sLn^2/2;
sigmaX1 = sigmaX;
x = muX; bbeta = 3; x0 = repmat(eps,length(muX),1);
while norm(x-x0)/norm(x0) > 1e-6
    x0 = x;
    g = x(1)*x(2)-130;
    gX = [x(2);x(1)];
    pF = normcdf(-bbeta);
    sgn = sign(gX); f = (1-sgn)/2+sgn*pF;
    p = [logninv(f(1),mLn,sLn);norminv(f(2),muX(2),sigmaX(2))];
    b = sgn.*(muX-p)./sigmaX;
    sigmaX1 = b/bbeta.*sigmaX;
    gs = gX.*sigmaX1;
    alphaX = -rhoX*gs/sqrt(gs.'*rhoX*gs);
    bbeta = (g+gX.'*(muX-x))/sqrt(gs.'*rhoX*gs)
    x = muX+bbeta*sigmaX1.*alphaX
end
```

程序中 $\rho_{X_1X_2} = 0.9$，运行结果为：可靠指标 $\beta = 2.5340$，设计点 $\boldsymbol{x}^* = (29.7692, 4.3669)^\top$。

改换题中的 $\rho_{X_1X_2}$ 值重复运行程序，能得出所有的解答，其中可靠指标的计算结果列于表 3.1。

3.6 考虑 Nataf 变换的一次二阶矩方法

当基本随机变量 $\boldsymbol{X}$ 为统计相关且非正态分布时，Rosenblatt 变换方法（见3.7节）是最具一般性的精确变换方法，但需要已知 $\boldsymbol{X}$ 的联合累积分布函数，而这通常是很困难的。相关随机变量的 JC 法、等概率正态变换方法和简化加权分位值方法等，都仅利用变量的边缘分布进行当量正态化，比之简单了许多，但这些变换也引起了变量相关性的变化，这在之前的例子中都没有加以考虑，然而对有些分布类型则是不能忽略的。

设已知相关随机变量 $\boldsymbol{X}$ 的相关系数矩阵为 $\boldsymbol{\rho}_X=[\rho_{X_iX_j}]_{n\times n}$，其边缘概率密度函数为 $f_{X_i}(x_i)$，边缘累积分布函数 $F_{X_i}(x_i)$ 是连续递增函数，经过等概率边缘变换(3.36)后，得到相关标准正态随机变量 $\boldsymbol{Y}$，其相关系数矩阵为 $\boldsymbol{\rho}_Y=[\rho_{Y_iY_j}]_{n\times n}$，此时 $\boldsymbol{X}$ 的联合概率密度函数可写成

$$f_X(\boldsymbol{x})=\det\boldsymbol{J}_{YX}\,\varphi_n(\boldsymbol{y}\mid\boldsymbol{\rho}_Y) \tag{3.56}$$

式中，$\det\boldsymbol{J}_{YX}$ 为变换式(3.37)的 Jacobi 行列式。根据式(3.45)，得

$$\det\boldsymbol{J}_{YX}=\prod_{i=1}^{n}\frac{f_{X_i}(x_i)}{\varphi(y_i)} \tag{3.57}$$

而 $\boldsymbol{X}$ 的相关系数可表示成

$$\rho_{X_iX_j}=\int_{-\infty}^{\infty}\int_{-\infty}^{\infty}\frac{x_i-\mu_{X_i}}{\sigma_{X_i}}\frac{x_j-\mu_{X_j}}{\sigma_{X_j}}\varphi_2(y_i,y_j\mid\rho_{Y_iY_j})\,\mathrm{d}y_i\mathrm{d}y_j \tag{3.58}$$

式中，x_i 与 y_i 的关系由式(3.38)确定。

可以证明[36]，在通常情况下，有

$$|\rho_{Y_iY_j}|\geq|\rho_{X_iX_j}| \tag{3.59}$$

特别地，当 $\rho_{X_iX_j}=0$ 或者 X_i 和 X_j 的边缘分布都是正态分布时，$\rho_{Y_iY_j}=\rho_{X_iX_j}$。

对于一些概率分布，利用式(3.58)可以得到 $\rho_{Y_iY_j}$ 的解析公式[39]。例如，当 X_i 和 X_j 均服从均匀分布时，有

$$\rho_{Y_iY_j} = 2\sin\left(\frac{\pi}{6}\rho_{X_iX_j}\right) \tag{3.60}$$

当 X_i 服从正态分布，X_j 服从对数正态分布时，有

$$\rho_{Y_iY_j} = \frac{V_{X_j}}{\sqrt{\ln(1+V_{X_j}^2)}}\rho_{X_iX_j} \tag{3.61}$$

当 X_i 和 X_j 均服从对数正态分布时，有

$$\rho_{Y_iY_j} = \frac{\ln(1+\rho_{X_iX_j}V_{X_i}V_{X_j})}{\sqrt{\ln(1+V_{X_i}^2)\ln(1+V_{X_j}^2)}} \tag{3.62}$$

给定相关系数 $\rho_{X_iX_j}$，从式(3.58)能够确定相关系数 $\rho_{Y_iY_j}$。但如果 $\rho_{X_iX_j}$ 很接近 1 或 −1，$\rho_{Y_iY_j}$ 就有可能无解。有时为了避免求解式(3.58)，对于常见的边缘累积分布函数，已建立了一些半经验的近似公式[36]，例如极值 I 型变量与对数正态变量的式(3.63)、两极值 I 型变量的式(9.18)等。

在确定了相关系数矩阵 $\boldsymbol{\rho}_Y$ 之后，即可利用前述线性变换方法将相关正态变量 $\boldsymbol{Y}$ 变换为独立标准正态变量，或者采用直接利用相关变量的一次二阶矩方法计算结构的可靠度。

式(3.56)及其式(3.57)称为 **Nataf 分布** (Nataf distribution)。等概率边缘变换式(3.36)能够将变量 $\boldsymbol{X}$ 变换成标准正态变量 $\boldsymbol{Y}$，并且能够用式(3.58)确定 $\boldsymbol{Y}$ 的相关系数矩阵。这种边缘变换考虑了变换引起的变量相关性的改变，称为 **Nataf 变换** (Nataf transformation)。

前述对于相关变量的一次二阶矩方法，均认为当量正态化变量 X_i' 和 X_j' 的相关系数 $\rho_{X_i'X_j'} \approx \rho_{X_iX_j}$；或者标准正态化变量 Y_i 和 Y_j 的相关系数 $\rho_{Y_iY_j} \approx \rho_{X_iX_j}$。采用 Nataf 变换的一次二阶矩方法不改变前述相关随机变量的一次二阶矩方法的计算步骤,可以利用 Nataf 变换由式(3.58)重新确定 $\rho_{X_i'X_j'}$ 或 $\rho_{Y_iY_j}$,因为式(3.46)已表明当量正态化与等概率边缘正态变换是等价的。

例 3.17　已知功能函数为 $Z = X_2^2 - 2X_1$，其中 X_1 服从极值 I 型分布，X_2 服从对数正态分布，其相关系数为 $\rho_{X_1X_2} = 0.5$，均值和变异系数分别为 $\mu_{X_1} = 20$，$V_{X_1} = 0.25$；$\mu_{X_2} = 10$，$V_{X_2} = 0.2$。用考虑 Nataf 变换的一次二阶矩方法计算结构的可靠指标。

解　当 X_i 和 X_j 的边缘分布分别为极值 I 型和对数正态时，正态化后变量 Y_i 和 Y_j 的相关系数 $\rho_{Y_iY_j}$ 可用以下近似公式（最大误差为 0.3%）[36,38] 计算：

$$R = \frac{\rho_{Y_iY_j}}{\rho_{X_iX_j}} \approx 1.029 + 0.001\rho_{X_iX_j} + 0.004\rho_{X_iX_j}^2 + 0.014V_{X_j} + 0.233V_{X_j}^2 - 0.197\rho_{X_iX_j}V_{X_j} \tag{3.63}$$

相关系数 $\rho_{Y_iY_j}$ 也可以通过直接数值求解积分方程式(3.58)得到。当 X_1 和 X_2 分别服从极值 I 型分布和对数正态分布时，计算所用的自定义函数 rhoevilogn 见清单 3.20。

清单 3.20　极值 I 型变量和对数正态变量 Nataf 变换相关系数计算程序

```
function rhoYij = rhoevilogn(muX,sigmaX,rhoX12)
aEv = sqrt(6)*sigmaX(1)/pi; uEv = -psi(1)*aEv-muX(1);
sLn = sqrt(log(1+(sigmaX(2)/muX(2))^2));
mLn = log(muX(2))-sLn.^2/2;
f = @(r)integral2(@(yi,yj)1./sqrt(1-r.^2)/2/pi.*...
    exp(-(yi.^2-2*r.*yi.*yj+yj.^2)./(1-r.^2)/2).*...
    (-evinv(1-normcdf(yi),uEv,aEv)-muX(1))/sigmaX(1).*...
    (logninv(normcdf(yj),mLn,sLn)-muX(2))/sigmaX(2),...
    -5,5,-5,5);
rhoYij = fzero(@(r)f(r)-rhoX12,rhoX12);
```

功能函数的梯度为 $\nabla g_X(\boldsymbol{X}) = (-2, 2X_2)^\top$。

考虑 Nataf 变换的 JC 法的计算程序见清单 3.21，其中需调用清单 3.20 中给出的自定义函数 rhoevilogn。

清单 3.21　例 3.17 的考虑 Nataf 变换的 JC 法程序

```
clear; clc;
muX = [20;10]; cvX = [0.25;0.2]; rhoX = [1,0.5;0.5,1];
sigmaX = cvX.*muX;
aEv = sqrt(6)*sigmaX(1)/pi; uEv = -psi(1)*aEv-muX(1);
sLn = sqrt(log(1+cvX(2)^2)); mLn = log(muX(2))-sLn^2/2;
muX1 = muX; sigmaX1 = sigmaX;
% s = rhoX(1,2); t = cvX(2);
% r = 1.029+0.001*s+0.004*s^2+0.014*t+0.233*t^2-0.197*s*t;
% r12 = r*rhoX(1,2);
r12 = rhoevilogn(muX,sigmaX,rhoX(1,2));
```

```
rhoX1 = [1,r12;r12,1];
x = muX; x0 = repmat(eps,length(muX),1);
while norm(x-x0)/norm(x0) > 1e-6
    x0 = x;
    g = x(2)^2-2*x(1);
    gX = [-2;2*x(2)];
    cdfX = [1-evcdf(-x(1),uEv,aEv);logncdf(x(2),mLn,sLn)];
    pdfX = [evpdf(-x(1),uEv,aEv);lognpdf(x(2),mLn,sLn)];
    nc = norminv(cdfX);
    sigmaX1 = normpdf(nc)./pdfX;
    muX1 = x-nc.*sigmaX1;
    gs = gX.*sigmaX1;
    alphaX = -rhoX1*gs/sqrt(gs.'*rhoX1*gs);
    bbeta = (g+gX.'*(muX1-x))/sqrt(gs.'*rhoX1*gs)
    x = muX1+bbeta*sigmaX1.*alphaX;
end
```

考虑 Nataf 变换的等概率正态变换方法的计算程序见清单 3.22，其中需调用清单 3.20 中给出的自定义函数 rhoevilogn。

清单 3.22　例 3.17 的考虑 Nataf 变换的等概率正态变换方法程序

```
clear; clc;
muX = [20;10]; cvX = [0.25;0.2];
rhoX = [1,0.5;0.5,1];
sigmaX = cvX.*muX;
aEv = sqrt(6)*sigmaX(1)/pi; uEv = -psi(1)*aEv-muX(1);
sLn = sqrt(log(1+cvX(2)^2)); mLn = log(muX(2))-sLn^2/2;
muX1 = muX; sigmaX1 = sigmaX;
x = muX; x0 = repmat(eps,length(muX),1);
cdfX = [1-evcdf(-x(1),uEv,aEv);logncdf(x(2),mLn,sLn)];
y = norminv(cdfX);
% s = rhoX(1,2); t = cvX(2);
% r = 1.029+0.001*s+0.004*s^2+0.014*t+0.233*t^2-0.197*s*t;
% r12 = r*rhoX(1,2);
```

```
r12 = rhoevilogn(muX,sigmaX,rhoX(1,2));
rhoY = [1,r12;r12,1];
while norm(x-x0)/norm(x0) > 1e-6
    x0 = x;
    g = x(2)^2-2*x(1);
    gX = [-2;2*x(2)];
    pdfX = [evpdf(-x(1),uEv,aEv);lognpdf(x(2),mLn,sLn)];
    gY = gX.*normpdf(y)./pdfX;
    alphaY = -rhoY*gY/sqrt(gY.'*rhoY*gY);
    bbeta = (g-gY.'*y)/sqrt(gY.'*rhoY*gY)
    y = bbeta*alphaY;
    yn = normcdf(y);
    x = [-evinv(1-yn(1),uEv,aEv);logninv(yn(2),mLn,sLn)];
end
```

考虑 Nataf 变换的简化加权分位值方法的计算程序见清单 3.23，其中需调用清单 3.20 中给出的自定义函数 rhoevilogn。

清单 3.23　例 3.17 的考虑 Nataf 变换的简化加权分位值方法程序

```
clear; clc;
muX = [20;10]; cvX = [0.25;0.2];
rhoX = [1,0.5;0.5,1];
sigmaX = cvX.*muX;
aEv = sqrt(6)*sigmaX(1)/pi; uEv = -psi(1)*aEv-muX(1);
sLn = sqrt(log(1+cvX(2)^2)); mLn = log(muX(2))-sLn^2/2;
% s = rhoX(1,2); t = cvX(2);
% r = 1.029+0.001*s+0.004*s^2+0.014*t+0.233*t^2-0.197*s*t;
% r12 = r*rhoX(1,2);
r12 = rhoevilogn(muX,sigmaX,rhoX(1,2));
rhoX1 = [1,r12;r12,1];
sigmaX1 = sigmaX;
x = muX; bbeta = 3; x0 = repmat(eps,length(muX),1);
while norm(x-x0)/norm(x0) > 1e-6
    x0 = x;
```

```
    g = x(2)^2-2*x(1);
    gX = [-2;2*x(2)];
    pF = normcdf(-bbeta);
    sgn = sign(gX); f = (1-sgn)/2+sgn*pF;
    p = [-evinv(1-f(1),uEv,aEv);logninv(f(2),mLn,sLn)];
    b = sgn.*(muX-p)./sigmaX;
    sigmaX1 = b/bbeta.*sigmaX;
    gs = gX.*sigmaX1;
    alphaX = -rhoX1*gs/sqrt(gs.'*rhoX1*gs);
    bbeta = (g+gX.'*(muX-x))/sqrt(gs.'*rhoX1*gs)
    x = muX+bbeta*sigmaX1.*alphaX;
end
```

例 3.17 中经正态变换之后变量的相关系数，用清单 3.20 程序计算为 0.5117，用式(3.63)计算为 0.5115。相应于此不同的两个相关系数，清单 3.21 程序和清单 3.22 程序的计算精度相同，可靠指标 β 分别为 2.6860 和 2.6854；清单 3.23 程序给出可靠指标 β 的运行结果分别为 2.6400 和 2.6393。

不考虑正态变换对变量相关性的影响，结构的可靠指标 $\beta = 2.6605$，清单 3.24 为计算所用的 JC 法程序。

清单 3.24　例 3.17 的 JC 法程序

```
clear; clc;
muX = [20;10]; cvX = [0.25;0.2];
rhoX = [1,0.5;0.5,1];
sigmaX = cvX.*muX;
aEv = sqrt(6)*sigmaX(1)/pi; uEv = -psi(1)*aEv-muX(1);
sLn = sqrt(log(1+cvX(2)^2)); mLn = log(muX(2))-sLn^2/2;
muX1 = muX; sigmaX1 = sigmaX;
x = muX; x0 = repmat(eps,length(muX),1);
cdfX = [1-evcdf(-x(1),uEv,aEv);logncdf(x(2),mLn,sLn)];
y = norminv(cdfX);
rhoY = rhoX;
while norm(x-x0)/norm(x0) > 1e-6
    x0 = x;
```

```
    g = x(2)^2-2*x(1);
    gX = [-2;2*x(2)];
    pdfX = [evpdf(-x(1),uEv,aEv);lognpdf(x(2),mLn,sLn)];
    gY = gX.*normpdf(y)./pdfX;
    alphaY = -rhoY*gY/sqrt(gY.'*rhoY*gY);
    bbeta = (g-gY.'*y)/sqrt(gY.'*rhoY*gY)
    y = bbeta*alphaY;
    yn = normcdf(y);
    x = [-evinv(1-yn(1),uEv,aEv);logninv(yn(2),mLn,sLn)];
end
```

3.7 利用 Rosenblatt 变换的一次二阶矩方法

Rosenblatt 变换是将一组非正态随机变量变换成为一组等效的独立正态随机变量的通用方法。3.4节中对于独立随机变量的等概率正态变换是其特例。

已知非正态分布随机变量 $\boldsymbol{X} = (X_1, X_2, \ldots, X_n)^\top$ 的联合累积分布函数为 $F_X(\boldsymbol{x})$，一组相互独立的标准正态变量 $\boldsymbol{Y} = (Y_1, Y_2, \ldots, Y_n)^\top$ 可以通过以下方程获得：

$$\begin{cases} \Phi(Y_1) = F_{X_1}(X_1) \\ \Phi(Y_2) = F_{X_2|X_1}(X_2 \mid X_1) \\ \qquad \vdots \\ \Phi(Y_n) = F_{X_n|X_1,X_2,\ldots,X_{n-1}}(X_n \mid X_1, X_2, \ldots, X_{n-1}) \end{cases} \tag{3.64}$$

对式(3.64)求逆，就可得到期望的独立标准正态变量 $\boldsymbol{Y}$，即

$$\begin{cases} Y_1 = \Phi^{-1}\left[F_{X_1}(X_1)\right] \\ Y_2 = \Phi^{-1}\left[F_{X_2|X_1}(X_2| X_1)\right] \\ \quad \vdots \\ Y_n = \Phi^{-1}\left[F_{X_n|X_1,X_2,\ldots,X_{n-1}}(X_n \mid X_1, X_2, \ldots, X_{n-1})\right] \end{cases} \tag{3.65}$$

等概率变换式(3.65)称为 **Rosenblatt 变换** (Rosenblatt transformation)，其

逆变换为

$$\begin{cases} X_1 = F_{X_1}^{-1}\left[\Phi(Y_1)\right] \\ X_2 = F_{X_2|X_1}^{-1}\left[\Phi(Y_2) \mid X_1\right] \\ \quad\vdots \\ X_n = F_{X_n|X_1,X_2,\ldots,X_{n-1}}^{-1}\left[\Phi(Y_n) \mid X_1, X_2, \ldots, X_{n-1}\right] \end{cases} \tag{3.66}$$

式(3.64) ~ 式(3.66)中的条件累积分布函数可以利用 $\boldsymbol{X}$ 的联合概率密度函数 $f_X(\boldsymbol{x})$ 得到。因为

$$f_{X_i|X_1,X_2,\ldots,X_{i-1}}\left(x_i \mid x_1, x_2, \ldots, x_{i-1}\right) = \frac{f_{X_1X_2\ldots X_i}(x_1, x_2, \ldots, x_i)}{f_{X_1X_2\ldots X_{i-1}}(x_1, x_2, \ldots, x_{i-1})} \tag{3.67}$$

变量 X_i 的条件累积分布函数为

$$\begin{aligned} &F_{X_i|X_1,X_2,\ldots,X_{i-1}}\left(x_i \mid x_1, x_2, \ldots, x_{i-1}\right) \\ =& \frac{1}{f_{X_1X_2\ldots X_{i-1}}(x_1, x_2, \ldots, x_{i-1})} \int_{-\infty}^{x_i} f_{X_1X_2\ldots X_i}(x_1, x_2, \ldots, x_{i-1}, x_i)\, \mathrm{d}x_i \end{aligned} \tag{3.68}$$

或

$$\begin{aligned} &F_{X_i|X_1,X_2,\ldots,X_{i-1}}\left(x_i \mid x_1, x_2, \ldots, x_{i-1}\right) \\ =& \frac{1}{f_{X_1X_2\ldots X_{i-1}}(x_1, x_2, \ldots, x_{i-1})} \frac{\partial^{(i-1)} F_{X_1X_2\ldots X_i}(x_1, x_2, \ldots, x_i)}{\partial x_1 \partial x_2 \ldots \partial x_{i-1}} \end{aligned} \tag{3.69}$$

通过 Rosenblatt 变换，可以将可靠度计算由原空间转到独立正态变量空间进行。如对式(3.64)两端求微分，得到

$$\begin{cases} \varphi(Y_1)\mathrm{d}Y_1 = f_{X_1}(X_1)\mathrm{d}X_1 \\ \varphi(Y_2)\mathrm{d}Y_2 = f_{X_2|X_1}(X_2 \mid X_1)\mathrm{d}X_2 \\ \qquad\qquad\vdots \\ \varphi(Y_n)\mathrm{d}Y_n = f_{X_n|X_1,X_2,\ldots,X_{n-1}}(X_n \mid X_1, X_2, \ldots, X_{n-1})\mathrm{d}X_n \end{cases} \tag{3.70}$$

可见，Rosenblatt 变换保持变换前后的概率和概率微元相等。

经过式(3.66)的 Rosenblatt 逆变换后，结构的功能函数为 $Z = g_X(\boldsymbol{X}) =$

$g_Y(\boldsymbol{Y})$。由式(2.9)和式(3.70)，结构的失效概率为

$$
\begin{aligned}
p_{\mathrm{f}} &= \int_{g_X(\boldsymbol{x})\leq 0} f_X(\boldsymbol{x})\,\mathrm{d}\boldsymbol{x} \\
&= \int \cdots \int_{g_X(\boldsymbol{x})\leq 0} f_{X_1}(x_1) f_{X_2|X_1}(x_2 \mid x_1) \cdots \\
&\quad f_{X_n|X_1,X_2,\ldots,X_{n-1}}(x_n \mid x_1, x_2, \ldots, x_{n-1})\,\mathrm{d}x_1\mathrm{d}x_2\cdots\mathrm{d}x_n \\
&= \int \cdots \int_{g_Y(\boldsymbol{y})\leq 0} \prod_{i=1}^{n} \varphi(y_i)\,\mathrm{d}y_1\mathrm{d}y_2\cdots\mathrm{d}y_n \\
&= \int_{g_Y(\boldsymbol{y})\leq 0} \varphi_n(\boldsymbol{y})\,\mathrm{d}\boldsymbol{y}
\end{aligned}
\tag{3.71}
$$

式中，$\varphi_n(\boldsymbol{y}) = \prod_{i=1}^{n} \varphi(y_i)$ 为 n 维独立标准正态变量的概率密度函数。

在标准正态空间内，仍可应用前述各种设计点方法计算可靠指标，其中功能函数 $g_Y(\boldsymbol{Y})$ 的梯度向量为

$$
\nabla g_Y(\boldsymbol{Y}) = \boldsymbol{J}_{XY}^{\top} \nabla g_X(\boldsymbol{X}) \tag{3.72}
$$

式中，矩阵 $\boldsymbol{J}_{XY} = [\partial X_i/\partial Y_j]_{n\times n}$ 为变换(3.66)的 Jacobi 矩阵，直接计算十分繁复，其逆矩阵 $\boldsymbol{J}_{YX} = \boldsymbol{J}_{XY}^{-1}$ 的推导则要简单得多。

由式(3.70)，可知 $\boldsymbol{J}_{YX} = [\partial Y_i/\partial X_j]_{n\times n}$ 的元素为

$$
\frac{\partial Y_i}{\partial X_j} = \begin{cases}
\dfrac{1}{\varphi(Y_j)} \dfrac{\partial F_{X_j|X_1,X_2,\ldots,X_{j-1}}(X_j \mid X_1, X_2, \ldots, X_{j-1})}{\partial X_i}, & i < j \\
\dfrac{1}{\varphi(Y_i)} f_{X_i|X_1,X_2,\ldots,X_{i-1}}(X_i \mid X_1, X_2, \ldots, X_{i-1}), & i = j \\
0, & i > j
\end{cases} \tag{3.73}
$$

从式(3.73)可知，计算 $\boldsymbol{J}_{YX}$ 需要计算一系列条件累积分布函数的导数，这给编制通用性的计算机程序造成了困难。

利用 Rosenblatt 变换，相关非正态随机变量一次二阶矩方法的计算步骤为：

(1) 假定初始设计点 $\boldsymbol{x}^*$，一般可设 $\boldsymbol{x}^* = \boldsymbol{\mu}_X$。

(2) 计算初始设计点 $\boldsymbol{y}^*$，利用式(3.65)。

(3) 计算 $\boldsymbol{J}_{YX}$，利用式(3.73)。求其逆矩阵 $\boldsymbol{J}_{XY} = \boldsymbol{J}_{YX}^{-1}$。

(4) 计算 $\nabla g_Y(\boldsymbol{y}^*)$，利用式(3.72)。
(5) 计算 $\boldsymbol{\alpha}_Y$，利用式(3.40)。
(6) 计算 β，利用式(3.41)。
(7) 计算新的 $\boldsymbol{y}^*$，利用式(3.42)。
(8) 计算新的 $\boldsymbol{x}^*$，利用式(3.66)。
(9) 以新的 $\boldsymbol{x}^*$ 重复步骤 (3) $\sim$ 步骤 (8)，直到满足迭代终止条件为止。

例 3.18　某钢梁截面的塑性弯曲承载力极限状态方程为 $Z = fW - M = 0$。已知钢材的强度 f 服从对数正态分布，其均值 $\mu_f = 275.8\,\mathrm{N/mm^2}$，变异系数 $V_f = 0.125$；梁截面抵抗矩 W 服从对数正态分布，其均值 $\mu_W = 819\,350\,\mathrm{mm^3}$，变异系数 $V_W = 0.05$；弯矩 M 服从极值 I 型分布，其均值 $\mu_M = 113\,\mathrm{kN{\cdot}m}$，变异系数 $V_M = 0.20$。f 与 W 的相关系数 $\rho_{fW} = 0.4$。用利用 Rosenblatt 变换的一次二阶矩方法计算钢梁的可靠指标。

解　变量 f 和 W 的边缘概率分布均为对数正态分布，它们的联合对数正态分布，即二元对数正态分布 (bivariate lognormal distribution) 的概率密度函数为

$$
\begin{aligned}
& f_{fW}(f, w \mid \mu_{\ln f}, \mu_{\ln W}, \sigma_{\ln f}, \sigma_{\ln W}, r) \\
&= \frac{1}{2\pi f w \sigma_{\ln f}\sigma_{\ln W}\sqrt{1-r^2}} \exp\left\{ \frac{-1}{2(1-r^2)} \left[\frac{(\ln f - \mu_{\ln f})^2}{\sigma_{\ln f}^2} \right.\right. \\
&\quad \left.\left. - 2r\frac{(\ln f - \mu_{\ln f})(\ln w - \mu_{\ln W})}{\sigma_{\ln f}\sigma_{\ln W}} + \frac{(\ln w - \mu_{\ln W})^2}{\sigma_{\ln W}^2} \right] \right\}, \quad f > 0,\ w > 0 \qquad (3.74)
\end{aligned}
$$

式中，

$$
r = \frac{\ln(1 + \rho_{fW} V_f V_W)}{\sigma_{\ln f}\sigma_{\ln W}} = \frac{\ln(1 + \rho_{fW} V_f V_W)}{\sqrt{\ln(1 + V_f^2)\ln(1 + V_W^2)}} \qquad (3.75)
$$

设 $\boldsymbol{X} = (f, W, M)^\top$，根据式(3.64)，Rosenblatt 变换为

$$
\begin{cases}
\varPhi(Y_1) &= F_f(f) = \varPhi\left(\dfrac{\ln f - \mu_{\ln f}}{\sigma_{\ln f}}\right) \\
\varPhi(Y_2) &= F_{W|f}(W \mid f) = \displaystyle\int_{-\infty}^{W} f_{W|f}(W \mid f)\,\mathrm{d}W = \int_{-\infty}^{W} \frac{f_{fW}(f, W)}{f_f(f)}\,\mathrm{d}W \\
&= \varPhi\left[\dfrac{\ln W - \mu_{\ln W} - r\,(\sigma_{\ln W}/\sigma_{\ln f})\,(\ln f - \mu_{\ln f})}{\sigma_{\ln W}\sqrt{1 - r^2}}\right] \\
\varPhi(Y_3) &= F_M(M)
\end{cases}
$$

根据式(3.73)，可以得到 Jacobi 矩阵 $\boldsymbol{J}_{YX}=[\partial Y_i/\partial X_j]_{3\times 3}$，其中，

$$\frac{\partial Y_1}{\partial X_1}=\frac{f_f(f)}{\varphi(Y_1)}=\frac{1}{f\sigma_{\ln f}},\quad \frac{\partial Y_2}{\partial X_1}=\frac{1}{\varphi(Y_2)}\frac{\partial F_{W|f}(W\mid f)}{\partial f}=\frac{-r}{f\sigma_{\ln f}\sqrt{1-r^2}},$$

$$\frac{\partial Y_2}{\partial X_2}=\frac{f_{M|f}(M\mid f)}{\varphi(Y_2)}=\frac{1}{W\sigma_{\ln W}\sqrt{1-r^2}},\quad \frac{\partial Y_3}{\partial X_3}=\frac{f_M(M)}{\varphi(Y_3)},$$

其余元素均为 0。由此也可以进而得到 Jacobi 矩阵 $\boldsymbol{J}_{XY}=\boldsymbol{J}_{YX}^{-1}$ 的显式表达式，但这样做就失去了一般性。其实只要得到 $\boldsymbol{J}_{YX}$ 的表达式，利用计算机程序对其作求逆运算，也是十分简便的。

功能函数的梯度为 $\nabla g(\boldsymbol{X})=(W,f,-1)^{\top}$。

至此，就可以按照上述迭代求解步骤计算可靠指标了。

计算程序见清单 3.25。

清单 3.25　例 3.18 的利用 Rosenblatt 变换的一次二阶矩方法程序

```
clear; clc;
muX = [275.8;819350;113e6]; cvX = [0.125;0.05;0.2]; rhoX12 = 0.4;
sigmaX = cvX.*muX;
sLn = sqrt(log(1+cvX(1:2).^2)); mLn = log(muX(1:2))-sLn.^2/2;
aEv = sqrt(6)*sigmaX(3)/pi; uEv = -psi(1)*aEv-muX(3);
r = log(rhoX12*cvX(1)*cvX(2)+1)/sLn(1)/sLn(2); rs = sqrt(1-r^2);
x = muX; x0 = repmat(eps,length(muX),1);
y = [norminv(logncdf(x(1),mLn(1),sLn(1)));...
    [-r*sLn(2)/sLn(1),1]*(log(x(1:2))-mLn)/sLn(2)/rs;...
    norminv(1-evcdf(-x(3),uEv,aEv))];
while norm(x-x0)/norm(x0) > 1e-6
    x0 = x;
    g = x(1)*x(2)-x(3);
    gX = [x(2);x(1);-1];
    jYX = [1/x(1)/sLn(1),0,0;...
        -r/x(1)/sLn(1)/rs,1/x(2)/sLn(2)/rs,0;...
        0,0,evpdf(-x(3),uEv,aEv)/normpdf(y(3))];
    jXY = inv(jYX);
    gY = jXY'*gX; alphaY = -gY/norm(gY);
```

```
    bbeta = (g-gY.'*y)/norm(gY)
    y = bbeta*alphaY;
    x(1) = logninv(normcdf(y(1)),mLn(1),sLn(1));
    x(2) = exp(mLn(2)+sLn(2)*(r*y(1)+rs*y(2)));
    x(3) = -evinv(1-normcdf(y(3)),uEv,aEv);
end
```

程序运行结果为：可靠指标 $\beta = 2.6640$。□

例 3.19 某三层钢筋混凝土结构底层柱的轴向承载力的功能函数为 $Z = g_X(\boldsymbol{X}) = R - S_G - S_{Q1} - S_{Q2} - S_{Q3}$，其中 R 为柱的抗力，服从对数正态分布；S_G 为底层柱上的全部永久荷载效应，服从正态分布；S_{Q1}、S_{Q2} 和 S_{Q3} 为一层、二层和屋面可变荷载在底层柱产生的荷载效应，均服从极值 I 型分布。设 $\boldsymbol{X} = (R, S_G, S_{Q1}, S_{Q2}, S_{Q3})^\top$，其均值为 $\boldsymbol{\mu}_X = (8.5, 2.3, 0.8, 0.6, 0.5)^\top S_{\mathrm{k}}$，变异系数为 $\boldsymbol{V}_X = (0.15, 0.05, 0.415, 0.415, 0.29)^\top$。$S_{Q1}$ 与 S_{Q2} 的相关系数为 $\rho_{S_{Q1}S_{Q2}} = 0.7$。用利用 Rosenblatt 变换的一次二阶矩方法计算此柱的可靠指标和设计点值。

解 变量 S_{Q1} 与 S_{Q2} 的边缘分布均为极值 I 型分布，它们的联合分布为二元极值 I 型分布 (bivariate type I extreme distribution)，其累积分布函数为

$$\begin{aligned}&F_{S_{Q1}S_{Q2}}(s_{Q1}, s_{Q1} \mid u_1, u_2, \alpha_1, \alpha_2, \rho_{S_{Q1}S_{Q2}})\\&= \exp\left\{-\left\{\exp\left[-\alpha_1 m(s_{Q1} - u_1)\right] + \exp\left[-\alpha_2 m(s_{Q2} - u_2)\right]\right\}^{1/m}\right\}\end{aligned} \tag{3.76}$$

式中，α_1 和 u_1、α_2 和 u_2 分别为 S_{Q1} 与 S_{Q2} 的边缘分布的参数，其表达式可参照式(2.20)写出，而

$$m = \frac{1}{\sqrt{1 - \rho_{S_{Q1}S_{Q2}}}} \tag{3.77}$$

将式(3.76)代入式(3.69)，并利用式(2.18)，得

$$\begin{aligned}&F_{S_{Q2}|S_{Q1}}(s_{Q2} \mid s_{Q1})\\&= \frac{1}{f_{S_{Q1}}(s_{Q1})} \frac{\partial F_{S_{Q1}S_{Q2}}(s_{Q1}, s_{Q2} \mid u_1, u_2, \alpha_1, \alpha_2, \rho_{S_{Q1}S_{Q2}})}{\partial s_{Q1}}\\&= \left[\exp(-ms_1) + \exp(-ms_2)\right]^{1/m-1}\\&\quad \cdot \exp\left\{\exp(-s_1) - \left[\exp(-ms_1) + \exp(-ms_2)\right]^{1/m} - (m-1)s_1\right\}\end{aligned} \tag{a}$$

式中，$s_1 = \alpha_1 (s_{Q1} - u_1)$ 和 $s_2 = \alpha_2 (s_{Q2} - u_2)$ 为标准化极大值随机变量。

应用式(3.64)，对各变量进行独立标准正态化的 Rosenblatt 变换，得

$$\begin{cases}\Phi(Y_1)=F_R(R)\\ \Phi(Y_2)=F_{S_G}(S_G)\\ \Phi(Y_3)=F_{S_{Q1}}(S_{Q1})\\ \Phi(Y_4)=F_{S_{Q2}|S_{Q1}}(S_{Q2}\mid S_{Q1})\\ \Phi(Y_5)=F_{S_{Q3}}(S_{Q3})\end{cases}\tag{b}$$

令 $\boldsymbol{X}=(R,S_G,S_{Q1},S_{Q2},S_{Q3})^{\top}$，将式 (b) 代入式(3.73)并注意到式 (a)，可以得到 Jacobi 矩阵 $\boldsymbol{J}_{YX}=[\partial Y_i/\partial X_j]_{5\times5}$，其中除了以下元素之外，其余元素均为 0：

$$\frac{\partial Y_1}{\partial X_1}=\frac{f_R(R)}{\varphi(Y_1)},\quad \frac{\partial Y_2}{\partial X_2}=\frac{f_{S_G}(S_G)}{\varphi(Y_2)},\quad \frac{\partial Y_3}{\partial X_3}=\frac{f_{S_{Q1}}(S_{Q1})}{\varphi(Y_3)},$$
$$\frac{\partial Y_4}{\partial X_1}=\frac{1}{\varphi(Y_4)}\frac{\partial F_{S_{Q2}|S_{Q1}}(S_{Q2}\mid S_{Q1})}{\partial S_{Q1}},\quad \frac{\partial Y_4}{\partial X_4}=\frac{f_{S_{Q2}|S_{Q1}}(S_{Q2}\mid S_{Q1})}{\varphi(Y_4)},$$
$$\frac{\partial Y_5}{\partial X_5}=\frac{f_{S_{Q3}}(S_{Q3})}{\varphi(Y_5)}$$

而

$$\begin{aligned}&f_{S_{Q2}|S_{Q1}}(s_{Q2}\mid s_{Q1})\\ =&\,\alpha_2\left[\exp(-ms_1)+\exp(-ms_2)\right]^{1/m-2}\\ &\cdot\exp\left\{\exp(-s_1)-[\exp(-ms_1)+\exp(-ms_2)]^{1/m}-(m-1)s_1-ms_2\right\}\\ &\cdot\left\{m-1+[\exp(-ms_1)+\exp(-ms_2)]^{1/m}\right\}\end{aligned}$$

$$\begin{aligned}&\frac{\partial F_{S_{Q2}|S_{Q1}}(s_{Q2}\mid s_{Q1})}{\partial S_{Q1}}\\ =&-\alpha_1\left[\exp(-ms_1)+\exp(-ms_2)\right]^{1/m-2}\\ &\cdot\exp\left\{\exp(-s_1)-[\exp(-ms_1)+\exp(-ms_2)]^{1/m}-(m-1)s_1\right\}\\ &\cdot\left\{\exp[-(m+1)s_1]-\exp(-ms_1)\left[\exp(-ms_1)+\exp(-ms_2)\right]^{1/m}\right.\\ &\left.+\exp(-ms_2)\left[m-1+\exp(-s_1)\right]\right\}\end{aligned}$$

功能函数的梯度为 $\nabla g_X(\boldsymbol{X})=-(-1,1,1,1,1)^{\top}$。

计算程序见清单 3.26。

清单 3.26　例 3.19 的利用 Rosenblatt 变换的一次二阶矩方法程序

```
clear; clc;
muX = [85;23;8;6;5]/10; cvX = [15;5;41.5;41.5;29]/100; rho34 = 0.7;
sigmaX = cvX.*muX;
sLn = sqrt(log(1+cvX(1)^2)); mLn = log(muX(1))-sLn^2/2;
aEv = sqrt(6)*sigmaX(3:5)/pi; uEv = -psi(1)*aEv-muX(3:5);
x = muX; x0 = repmat(eps,length(muX),1);
m = 1/sqrt(1-rho34); m1 = 1/m;
s = (x(3:4)+uEv(1:2))./aEv(1:2); sm = sum(exp(-m*s));
cdfX = [logncdf(x(1),mLn,sLn);0.5;...
    1-evcdf(-x(3),uEv(1),aEv(1));...
    sm^(m1-1)*exp(exp(-s(1))-sm^m1-(m-1)*s(1));...
    1-evcdf(-x(5),uEv(3),aEv(3))];
y = norminv(cdfX);
while norm(x-x0)/norm(x0) > 1e-6
    x0 = x;
    g = x(1)-sum(x(2:5));
    gX = [1;-ones(4,1)];
    pdfY = normpdf(y);
    s = (x(3:4)+uEv(1:2))./aEv(1:2); sm = sum(exp(-m*s));
    pdfX = [lognpdf(x(1),mLn,sLn);...
        normpdf(x(2),muX(2),sigmaX(2));...
        evpdf(-x(3),uEv(1),aEv(1));sm^(m1-2)/aEv(2)*...
        exp(exp(-s(1))-sm^m1-(m-1)*s(1)-m*s(2))*(m-1+sm^m1);...
        evpdf(-x(5),uEv(3),aEv(3))];
    jYX = diag(pdfX./pdfY);
    jYX(4,3) = -sm^(m1-2)/aEv(1)*...
        exp(exp(-s(1))-sm^m1-(m-1)*s(1))*...
        (exp(-(m+1)*s(1))-exp(-m*s(1))*sm^m1+...
        exp(-m*s(2))*(m-1+exp(-s(1))))/pdfY(4);
    jXY = inv(jYX);
```

```
    gY = jXY'*gX; alphaY = -gY/norm(gY);
    bbeta = (g-gY.'*y)/norm(gY)
    y = bbeta*alphaY;
    cdfY = normcdf(y);
    x([1:3,5]) = [logninv(cdfY(1),mLn,sLn);...
        muX(2)+sigmaX(2)*y(2);...
        -evinv(1-normcdf(y(3:2:5)),uEv(1:2:3),aEv(1:2:3))];
    q = fsolve(@(q)normcdf(y(4))-q^(m1-1)*...
        exp(exp(-s(1))-q^m1-(m-1)*s(1)),sm);
    x(4) = -log(q-exp(-m*s(1)))/m*aEv(2)-uEv(2);
end
```

程序运行结果为：可靠指标 $\beta = 3.2444$，设计点 $\boldsymbol{x}^* = (6.3613, 2.3260,2.0342, 1.4860, 5.1504 \times 10^{-1})^\top S_\mathrm{k}$。

由式 (a) 可知，变量 S_{Q2} 无法从式 (b) 的第 4 式经简单运算得到，程序中采用了求解非线性方程的数值解的手段。先利用 MATLAB 的 `fsolve` 函数按式 (b) 第 4 式求解 $\exp(-ms_1) + \exp(-ms_2)$，再从中得到 S_{Q2}。

3.8 结合正交变换的一次二阶矩方法

对于相关正态随机变量的结构可靠度分析，也可利用**正交变换方法** (orthogonal transformation method)，即利用正交线性变换将相关正态随机变量变为独立正态随机变量，再用最为基本的设计点方法计算可靠度。这是把独立正态随机变量的设计点方法作为基础，而不是像之前将正态随机变量的设计点方法作为基础，其理论基础也是清晰牢固的。这种方法比较直观形象，可加深理解不同变量空间的特点和相互关系，不足之处是比较繁琐。在二次二阶矩方法等可靠度计算方法中也需要利用正交变换来处理随机变量的相关性。

设结构的功能函数为式(3.1)，基本随机变量 $\boldsymbol{X} = (X_1, X_2, \ldots, X_n)^\top$ 的分量为相关正态分布随机变量，均值为 $\boldsymbol{\mu}_X$，其协方差矩阵为 $\boldsymbol{C}_X$。$\boldsymbol{C}_X$ 为 n 阶实对称正定方阵，存在 n 个实特征值和 n 个线性无关且正交的特征向量。

设矩阵 $\boldsymbol{P}$ 的各列为 $\boldsymbol{C}_X$ 的规则化特征向量所组成，作正交变换

$$\boldsymbol{X} = \boldsymbol{P}\boldsymbol{Y} + \boldsymbol{\mu}_X \tag{3.78}$$

可将向量 $\boldsymbol{X}$ 变成均值为 $\mathbf{0}$ 的线性无关的向量 $\boldsymbol{Y}$。正态随机变量的线性组合仍为正态随机变量，正态随机变量不相关与独立等价，故 $\boldsymbol{Y}$ 为独立正态随机变量。

因 $\boldsymbol{P}^{-1}=\boldsymbol{P}^{\top}$，式(3.78)又可写成

$$\boldsymbol{Y}=\boldsymbol{P}^{\top}(\boldsymbol{X}-\boldsymbol{\mu}_X) \tag{3.79}$$

变换式(3.78)的 Jacobi 矩阵为

$$\boldsymbol{J}_{XY}=\boldsymbol{P} \tag{3.80}$$

据式(3.79)，$\boldsymbol{Y}$ 的方差矩阵为

$$\boldsymbol{D}_Y=\mathrm{diag}[\sigma_{Y_i}^2]=\boldsymbol{P}^{\top}\boldsymbol{C}_X\boldsymbol{P} \tag{3.81}$$

由式(3.81)知，方差 $\sigma_{Y_i}^2$ $(i=1,2,\ldots,n)$ 即 $\boldsymbol{C}_X$ 的特征值。

当功能函数含有相关正态随机变量时，利用正交变换的设计点方法的计算步骤为：

(1) 求 $\boldsymbol{\sigma}_Y$ 和 $\boldsymbol{P}$，通过解 $\boldsymbol{C}_X$ 的特征值问题（$\boldsymbol{\sigma}_Y$ 也可利用式(3.81)计算）。
(2) 假定初始设计点 $\boldsymbol{x}^*$，一般可设 $\boldsymbol{x}^*=\boldsymbol{\mu}_X$。
(3) 计算 $\boldsymbol{y}^*$ 的初始值，利用式(3.79)。
(4) 计算 $\nabla g_Y(\boldsymbol{y}^*)$，利用式(3.72)和式(3.80)。
(5) 计算 $\boldsymbol{\alpha}_Y$，利用式(3.13) $(X\to Y)$。
(6) 计算 β，利用式(3.14) $(\mu_{X_i}=0,\ X\to Y)$。
(7) 计算新的 $\boldsymbol{y}^*$，利用式(3.17) $(\mu_{X_i}=0,\ X\to Y)$。
(8) 计算新的 $\boldsymbol{x}^*$，利用式(3.78)。
(9) 以新的 $\boldsymbol{x}^*$ 重复步骤 (4) $\sim$ 步骤 (8)，直到满足迭代终止条件为止。

注意，在计算步骤说明中，公式引用编号后紧随的圆括弧用来补充说明应用该式的前提条件，并以箭头表示变量代换。如上述步骤 (5) 中“利用式(3.13) $(X\to Y)$”表示在式(3.13)中将 X 改为 Y 再应用该式。有关计算步骤的表述都采用这种表述方式，以后不再赘述。

例 3.20　用结合正交变换的一次二阶矩方法求例 3.4 中结构的可靠指标。

解　功能函数的梯度 $\nabla g_X(\boldsymbol{X})=(1,-1,-1)^{\top}$。

计算程序见清单 3.27。

清单 3.27 例 3.20 的利用正交变换的一次二阶矩方法程序

```
clear; clc;
muX = [21.6788;10.4;2.1325]; sigmaX = [2.6014;0.8944;0.5502];
rhoX = [1,0.8,0.6;0.8,1,0.9;0.6,0.9,1];
covX = diag(sigmaX)*rhoX*diag(sigmaX);
[a,d] = eig(covX);
sigmaY = sqrt(diag(d));
x = muX; y = a.'*(x-muX); x0 = repmat(eps,length(muX),1);
while norm(x-x0)/norm(x0) > 1e-6
    x0 = x;
    g = x(1)-x(2)-x(3);
    gX = [1;-1;-1];
    gY = a.'*gX;
    gs = gY.*sigmaY; alphaY = -gs/norm(gs);
    bbeta = (g-gY.'*y)/norm(gs)
    y = bbeta*sigmaY.*alphaY;
    x = a*y+muX;
end
```

程序运行结果为：可靠指标 $\beta = 5.0231$。

由于功能函数 Z 是线性的，第 1 次迭代其实就已得到了正确结果。 □

由式(3.81)知，变量 $\boldsymbol{X}$ 的协方差矩阵

$$\boldsymbol{C}_X = \boldsymbol{P}\boldsymbol{D}_Y\boldsymbol{P}^\top = \boldsymbol{P}\,\mathrm{diag}[\boldsymbol{\sigma}_Y]\,\mathrm{diag}[\boldsymbol{\sigma}_Y]\boldsymbol{P}^\top = \boldsymbol{P}\,\mathrm{diag}[\boldsymbol{\sigma}_Y](\boldsymbol{P}\,\mathrm{diag}[\boldsymbol{\sigma}_Y])^\top$$

因此，正交变换问题可归结为寻求矩阵 $\boldsymbol{L}$ ($= \boldsymbol{P}\,\mathrm{diag}[\boldsymbol{\sigma}_Y]$)，使得对称正定矩阵 $\boldsymbol{C}_X = \boldsymbol{L}\boldsymbol{L}^\top$。

于是，可将相关正态随机变量 $\boldsymbol{X}$ 的协方差矩阵 $\boldsymbol{C}_X$ 或相关系数矩阵 $\boldsymbol{\rho}_X$ 作 Cholesky 分解，利用变换式(3.22)或式(3.23)即可得到独立标准正态随机变量 $\boldsymbol{Y}$。这其实还是正交变换方法，Cholesky 分解比求解矩阵特征值问题的计算量少，计算的中间环节也少，并不需要同时求解 $\boldsymbol{C}_X$ 的特征值和特征向量，故以下都采用 Cholesky 分解的正交变换方法。

对于功能函数 $Z = g_X(\boldsymbol{X}) = g_Y(\boldsymbol{Y})$，利用复合函数求导的链式法则，由式(3.22)可得

$$\nabla g_Y(\boldsymbol{Y}) = \boldsymbol{L}^\top \nabla g_X(\boldsymbol{X}) \tag{3.82}$$

由式(3.23)可得

$$\nabla g_Y(\boldsymbol{Y}) = \boldsymbol{L}'^\top \operatorname{diag}[\boldsymbol{\sigma}_X] \nabla g_X(\boldsymbol{X}) \tag{3.83}$$

利用 Cholesky 分解和正交变换的设计点方法的计算步骤为:

(1) 求 $\boldsymbol{L}$ 或 $\boldsymbol{L}'$，通过 $\boldsymbol{C}_X$ 或 $\boldsymbol{\rho}_X$ 的 Cholesky 分解。
(2) 假定初始设计点 $\boldsymbol{x}^*$，一般可设 $\boldsymbol{x}^* = \boldsymbol{\mu}_X$。
(3) 令初始值 $\boldsymbol{y}^* = \boldsymbol{0}$。
(4) 计算 $\nabla g_Y(\boldsymbol{y}^*)$，利用式(3.82)（$\boldsymbol{C}_X$ 分解）或式(3.83)（$\boldsymbol{\rho}_X$ 分解）。
(5) 计算 $\boldsymbol{\alpha}_Y$，利用式(3.40)。
(6) 计算 β，利用式(3.41)。
(7) 计算新的 $\boldsymbol{y}^*$，利用式(3.42)。
(8) 计算新的 $\boldsymbol{x}^*$，利用式(3.22)。
(9) 以新的 $\boldsymbol{x}^*$ 重复步骤 (4) ~ 步骤 (8)，直到满足迭代终止条件为止。

例 3.21　用 Cholesky 分解和正交变换的一次二阶矩方法求解例 3.4 中结构的可靠指标。

解　计算程序见清单 3.28。

清单 3.28　例 3.21 的利用正交变换的一次二阶矩方法程序

```
clear; clc;
muX = [21.6788;10.4;2.1325]; sigmaX = [2.6014;0.8944;0.5502];
rhoX = [1,0.8,0.6;0.8,1,0.9;0.6,0.9,1];
nD = length(muX);
a = diag(sigmaX)*chol(rhoX,'lower');
x = muX; x0 = repmat(eps,length(muX),1); y = zeros(nD,1);
while norm(x-x0)/norm(x0) > 1e-6
    x0 = x;
    g = x(1)-x(2)-x(3);
    gX = [1;-1;-1];
    gY = a.'*gX;
```

```
    alphaY = -gY/norm(gY);
    bbeta = (g-gY.'*y)/norm(gY)
    y = bbeta*alphaY;
    x = a*y+muX;
end
```

程序运行结果为：可靠指标 $\beta = 5.0231$。

如果不加声明，MATLAB 函数 chol 关于对称正定矩阵 $\boldsymbol{A}$ 的 Cholesky 分解产生一个上三角矩阵 $\boldsymbol{R}$，满足 $\boldsymbol{R}^{\top}\boldsymbol{R} = \boldsymbol{A}$。要想得到下三角矩阵，除程序中的办法外，亦可将 chol 的默认结果矩阵转置。 □

例 3.22 用结合正交变换的一次二阶矩方法求例 3.5 中结构的可靠指标和设计点。

解 功能函数的梯度 $\nabla g_X(\boldsymbol{X}) = (X_2, X_1)^{\top}$。

计算程序见清单 3.29。

清单 3.29 例 3.22 的利用正交变换的一次二阶矩方法程序

```
clear; clc;
muX = [38;7]; sigmaX = [3.8;1.05]; rhoX = [1,0.9;0.9,1];
nD = length(muX);
a = diag(sigmaX)*chol(rhoX,'lower');
x = muX; x0 = repmat(eps,length(muX),1); y = zeros(nD,1);
while norm(x-x0)/norm(x0) > 1e-6
    x0 = x;
    g = x(1)*x(2)-130;
    gX = [x(2);x(1)];
    gY = a.'*gX;
    alphaY = -gY/norm(gY);
    bbeta = (g-gY.'*y)/norm(gY)
    y = bbeta*alphaY;
    x = a*y+muX
end
```

程序是以 $\rho_{X_1X_2} = 0.9$ 的情况为例，运行结果为：可靠指标 $\beta = 2.4438$；设计点坐标 $x_1^* = 29.1038$，$x_2^* = 4.4668$。

改变 $\rho_{X_1X_2}$ 的输入值重复计算，最终可得到所有的计算结果，其中可靠指标 β 的计算结果见表 3.1。 □

对于相关非正态随机变量的情况，需经过两步变换，即正态变换和正交变换，正态变换即用 JC 法、等概率正态变换方法或简化加权分位值方法等方法得到相应的相关正态变量，正交变换则将相关正态变量变换成独立正态变量。

采用正交变换的 JC 法，需在相关正态变量情况的可靠度迭代计算中增加 JC 法的当量正态化过程，其计算步骤如下：

(1) 假定初始设计点 $\boldsymbol{x}^*$，一般可设 $\boldsymbol{x}^* = \boldsymbol{\mu}_X$。
(2) 令初始值 $\boldsymbol{y}^* = \boldsymbol{0}$。
(3) 计算 $\boldsymbol{\rho}_X$，直接取作 $\boldsymbol{\rho}_X$，或利用式(3.58)计算与非正态变量有关的相关系数。
(4) 求 $\boldsymbol{L}'$，通过 $\boldsymbol{\rho}_X$ 的 Cholesky 分解。
(5) 对非正态变量 X_i，计算 $\mu_{X_i'}$ 和 $\sigma_{X_i'}$，分别利用式(3.28)和式(3.29)。用 $\mu_{X_i'}$ 替换 μ_{X_i}，用 $\sigma_{X_i'}$ 替换 σ_{X_i}。
(6) 计算 $\nabla g_Y(\boldsymbol{y}^*)$，利用式(3.83)。
(7) 计算 $\boldsymbol{\alpha}_Y$，利用式(3.40)。
(8) 计算 β，利用式(3.41)。
(9) 计算新的 $\boldsymbol{y}^*$，利用式(3.42)。
(10) 计算新的 $\boldsymbol{x}^*$，利用式(3.22)。
(11) 以新的 $\boldsymbol{x}^*$ 重复步骤 (5) ~ 步骤 (10)，直到满足迭代终止条件为止。

例 3.23　用结合正交变换的 JC 法计算例 3.9 中构件的可靠指标和失效概率。

解　功能函数的梯度 $\nabla g(R,S) = (1,-1)^{\top}$。

计算程序见清单 3.30。

清单 3.30　例 3.23 的利用正交变换的 JC 法程序

```
clear; clc;
muX = [100;50]; cvX = [0.12;0.15]; rhoX = [1,0.5;0.5,1];
sigmaX = cvX.*muX;
sLn = sqrt(log(1+cvX(1)^2)); mLn = log(muX(1))-sLn^2/2;
nD = length(muX);
a1 = chol(rhoX,'lower');
muX1 = muX; sigmaX1 = sigmaX;
```

```
x = muX; x0 = repmat(eps,length(muX),1); y = zeros(nD,1);
while norm(x-x0)/norm(x0) > 1e-6
    x0 = x;
    g = x(1)-x(2);
    gX = [1;-1];
    cdfX = logncdf(x(1),mLn,sLn); pdfX = lognpdf(x(1),mLn,sLn);
    nc = norminv(cdfX);
    sigmaX1(1) = normpdf(nc)/pdfX;
    muX1(1) = x(1)-nc*sigmaX1(1);
    a = diag(sigmaX1)*a1;
    gY = a.'*gX;
    alphaY = -gY/norm(gY);
    bbeta = (g-gY.'*y)/norm(gY)
    y = bbeta*alphaY;
    x = a*y+muX1;
end
pF = normcdf(-bbeta)
```

程序是针对 $\rho_{RS}=0.5$ 的情况，运行结果为：可靠指标 $\beta=5.5829$，失效概率 $p_{\mathrm{f}}=1.1824\times10^{-8}$。

改变 ρ_{RS} 的输入值，重复计算，可以得到所要求的所有结果，见表 3.2。 □

例 3.24 用结合正交变换的 JC 法计算例 3.10 中结构的可靠指标和设计点。

解 功能函数的梯度为 $\nabla g_X(\boldsymbol{X})=(X_2,X_1)^{\top}$。

计算程序见清单 3.31。

清单 3.31 例 3.24 的利用正交变换的 JC 法程序

```
clear; clc;
muX = [38;7]; sigmaX = [3.8;1.05]; rhoX = [1,0.9;0.9,1];
sLn = sqrt(log(1+(sigmaX(1)/muX(1))^2)); mLn = log(muX(1))-sLn^2/2;
muX1 = muX; sigmaX1 = sigmaX;
nD = length(muX);
a1 = chol(rhoX,'lower');
x = muX; x0 = repmat(eps,length(muX),1); y = zeros(nD,1);
while norm(x-x0)/norm(x0) > 1e-6
```

```
    x0 = x;
    g = x(1)*x(2)-130;
    gX = [x(2);x(1)];
    cdfX = logncdf(x(1),mLn,sLn); pdfX = lognpdf(x(1),mLn,sLn);
    nc = norminv(cdfX);
    sigmaX1(1) = normpdf(nc)/pdfX;
    muX1(1) = x(1)-nc*sigmaX1(1);
    a = diag(sigmaX1)*a1;
    gY = a.'*gX;
    alphaY = -gY/norm(gY);
    bbeta = (g-gY.'*y)/norm(gY)
    y = bbeta*alphaY;
    x = a*y+muX1
end
```

程序中 $\rho_{X_1X_2}=0.9$，运行结果为：可靠指标 $\beta=2.5283$，设计点 $\boldsymbol{x}^*=(29.7617,4.3680)^\top$。

改变 $\rho_{X_1X_2}$ 的值重复运行程序，可得到全部所要求的结果，其中可靠指标的计算结果列于表 3.1。 □

设基本随机变量 $\boldsymbol{X}$ 的线性相关系数矩阵为 $\boldsymbol{\rho}_X$，通过等概率正态变换(3.36)可以将其变换为标准正态随机变量 $\boldsymbol{Y}$，其相关系数矩阵为 $\boldsymbol{\rho}_Y$。变换后 $\boldsymbol{\rho}_Y$ 可以认为与 $\boldsymbol{\rho}_X$ 相同，也可以通过 Nataf 变换重新求解。

将对称正定矩阵 $\boldsymbol{\rho}_Y$ 作 Cholesky 分解，$\boldsymbol{\rho}_Y=\boldsymbol{L}''\boldsymbol{L}''^\top$，其中 $\boldsymbol{L}''$ 为对角元为正的下三角矩阵。作变换

$$\boldsymbol{Y}=\boldsymbol{L}''\boldsymbol{Z} \tag{3.84}$$

可将相关标准正态变量 $\boldsymbol{Y}$ 变换为独立标准正态变量 $\boldsymbol{Z}$。

变换前后的功能函数为 $Z=g_X(\boldsymbol{X})=g_Y(\boldsymbol{Y})=g_Z(\boldsymbol{Z})$，由式(3.84)可得

$$\nabla g_Z(\boldsymbol{Z})=\boldsymbol{L}''^\top\nabla g_Y(\boldsymbol{Y}) \tag{3.85}$$

采用利用正交变换的等概率正态变换方法，需在相关正态变量情况的可靠度计算中增加标准正态变换过程，其计算步骤如下：

(1) 假定初始设计点 $\boldsymbol{x}^*$，一般可设 $\boldsymbol{x}^* = \boldsymbol{\mu}_X$。
(2) 计算 $\boldsymbol{y}^*$，利用式(3.37)。
(3) 计算 $\boldsymbol{\rho}_Y$，取作 $\boldsymbol{\rho}_X$，或利用式(3.58)求解。
(4) 求 $\boldsymbol{L}''$，通过 $\boldsymbol{\rho}_Y$ 的 Cholesky 分解。
(5) 计算 $\boldsymbol{z}^*$，求解方程组(3.84)。
(6) 计算 $\nabla g_Y(\boldsymbol{y}^*)$，利用式(3.43)和式(3.45)。
(7) 计算 $\nabla g_Z(\boldsymbol{z}^*)$，利用式(3.85)。
(8) 计算 $\boldsymbol{\alpha}_Z$，利用式(3.40) $(Y \to Z)$。
(9) 计算 β，利用式(3.41) $(Y \to Z)$。
(10) 更新 $\boldsymbol{z}^*$，利用式(3.42) $(Y \to Z)$。
(11) 更新 $\boldsymbol{y}^*$，利用式(3.84)。
(12) 更新 $\boldsymbol{x}^*$，利用式(3.38)。
(13) 以新的 $\boldsymbol{x}^*$ 重复步骤 (6) ~ 步骤 (12)，直到满足迭代终止条件为止。

例 3.25 用结合正交变换的等概率正态变换方法计算例 3.10 中结构的可靠指标和设计点。

解 计算程序见清单 3.32。

清单 3.32 例 3.25 的利用正交变换的等概率正态变换方法程序

```
clear; clc;
muX = [38;7]; sigmaX = [3.8;1.05]; rhoX = [1,0.9;0.9,1];
sLn = sqrt(log(1+(sigmaX(1)/muX(1))^2));
mLn = log(muX(1))-sLn^2/2;
a = chol(rhoX,'lower');
x = muX; x0 = repmat(eps,length(muX),1);
cdfX = [logncdf(x(1),mLn,sLn);0.5]; y = norminv(cdfX);
z = a\y;
while norm(x-x0)/norm(x0) > 1e-6
    x0 = x;
    g = x(1)*x(2)-130;
    gX = [x(2);x(1)];
    pdfX = [lognpdf(x(1),mLn,sLn);normpdf(x(2),muX(2),sigmaX(2))];
    gY = gX.*normpdf(y)./pdfX;
    gZ = a.'*gY;
```

```
    alphaZ = -gZ/norm(gZ);
    bbeta = (g-gZ.'*z)/norm(gZ)
    z = bbeta*alphaZ;
    y = a*z;
    yn = normcdf(y);
    x = [logninv(yn(1),mLn,sLn);norminv(yn(2),muX(2),sigmaX(2))]
end
```

程序中 $\rho_{X_1X_2}=0.9$，运行结果为：可靠指标 $\beta=2.5283$，设计点 $\boldsymbol{x}^*=(29.7617,4.3680)^\top$。

取 $\rho_{X_1X_2}$ 的其他值再运行程序，可得到相应的可靠指标和设计点，其中可靠指标的计算结果列于表 3.1。 □

采用利用正交变换的简化加权分位值方法，还需要在相关正态变量的可靠度计算中增加对非正态变量的标准差作相应的替换的步骤,其计算过程可表述如下：

(1) 假定初始设计点 $\boldsymbol{x}^*$ 和初始可靠指标 β，一般可取 $\boldsymbol{x}^*=\boldsymbol{\mu}_X$, $\beta=3$。
(2) 计算 p_{f}，利用式(2.34)。
(3) 更新 $\boldsymbol{\rho}_X$，直接取作 $\boldsymbol{\rho}_X$，或利用式(3.58)计算与非正态变量有关的相关系数。
(4) 求 $\boldsymbol{L}'$，通过 $\boldsymbol{\rho}_X$ 的 Cholesky 分解。
(5) 对非正态变量 X_i，计算 $\sigma_{X_i'}$，利用式(3.55)和式(3.54)。用 $\sigma_{X_i'}$ 替换 σ_{X_i}。
(6) 计算 $\nabla g_Y(\boldsymbol{y}^*)$，利用式(3.72)和式(3.83)。
(7) 计算 $\boldsymbol{\alpha}_Y$，利用式(3.40)。
(8) 计算 β，利用式(3.41)。
(9) 计算新的 $\boldsymbol{y}^*$，利用式(3.42)。
(10) 计算新的 $\boldsymbol{x}^*$，利用式(3.22)。
(11) 以新的 $\boldsymbol{x}^*$ 重复步骤 (5) ~ 步骤 (10)，直到满足迭代终止条件为止。

例 3.26　用结合正交变换的简化加权分位值方法计算例 3.10 中结构的可靠指标和设计点。

解　计算程序见清单 3.33。

清单 3.33　例 3.26 的利用正交变换的简化加权分位值方法程序

```
clear; clc;
```

```
muX = [38;7]; sigmaX = [3.8;1.05]; rhoX = [1,0.9;0.9,1];
sLn = sqrt(log(1+(sigmaX(1)/muX(1))^2)); mLn = log(muX(1))-sLn^2/2;
nD = length(muX);
a1 = chol(rhoX,'lower');
sigmaX1 = sigmaX;
x = muX; bbeta = 3; x0 = repmat(eps,length(muX),1);
y = zeros(nD,1);
while norm(x-x0)/norm(x0) > 1e-6
    x0 = x;
    g = x(1)*x(2)-130;
    gX = [x(2);x(1)];
    pF = normcdf(-bbeta);
    sgn = sign(gX); f = (1-sgn)/2+sgn*pF;
    p = [logninv(f(1),mLn,sLn);norminv(f(2),muX(2),sigmaX(2))];
    b = sgn.*(muX-p)./sigmaX;
    sigmaX1 = b/bbeta.*sigmaX;
    a = diag(sigmaX1)*a1;
    gY = a.'*gX;
    alphaY = -gY/norm(gY);
    bbeta = (g-gY.'*y)/norm(gY)
    y = bbeta*alphaY;
    x = a*y+muX
end
```

程序中 $\rho_{X_1X_2} = 0.9$，运行结果为：可靠指标 $\beta = 2.5340$，设计点 $\boldsymbol{x}^* = (29.7692, 4.3669)^{\top}$。

换用相关系数 $\rho_{X_1X_2}$ 的其他值运行程序，可以得到所要求的其他计算结果。可靠指标的计算值列于表 3.1。

第 4 章　结构可靠度的二次二阶矩方法

结构随机可靠度分析的一次二阶矩方法，概念清晰，简便易行，得到了广泛应用。但它没有考虑功能函数在设计点附近的局部性质，当功能函数的非线性程度较高时将产生较大误差。二次二阶矩方法除利用非线性功能函数的梯度外，还通过计算其二阶导数考虑极限状态曲面在设计点附近的凹向、曲率等非线性性质，因而可提高可靠度的分析精度。

由于极限状态曲面在设计点处的几何特性对结构可靠度分析的影响很大，因此，在利用积分计算结构的失效概率时，可以将非线性功能函数在设计点处展开成 Taylor 级数并取至二次项，以此二次函数曲面代替原失效面[40]；也可以利用设计点处被积函数本身的特点，考虑功能函数在设计点的二次导数值，在该关键点处直接得到失效概率的渐近近似积分值[41,42]。这样的二次二阶矩方法都是以一次二阶矩方法为基础，并设法对一次分析结果进行二次修正。

4.1　Breitung 方法

将随机变量经等概率正态变换，在标准正态空间中讨论问题，有一定的规范性。因此设 $\boldsymbol{Y}=(Y_1,Y_2,\ldots,Y_n)^\top$ 为独立标准正态随机变量，功能函数为 $Z=g_Y(\boldsymbol{Y})$。将 Z 在设计点 $\boldsymbol{y}^*$ 展成 Taylor 级数并取至一次项、二次项，分别得到

$$Z_{\mathrm{L}}=g_Y(\boldsymbol{y}^*)+(\boldsymbol{Y}-\boldsymbol{y}^*)^\top\nabla g_Y(\boldsymbol{y}^*) \tag{4.1}$$

$$Z_{\mathrm{Q}}=g_Y(\boldsymbol{y}^*)+(\boldsymbol{Y}-\boldsymbol{y}^*)^\top\nabla g_Y(\boldsymbol{y}^*)+\frac{1}{2}(\boldsymbol{Y}-\boldsymbol{y}^*)^\top\nabla^2 g_Y(\boldsymbol{y}^*)(\boldsymbol{Y}-\boldsymbol{y}^*) \tag{4.2}$$

令单位向量

$$\boldsymbol{\alpha}_Y=-\frac{\nabla g_Y(\boldsymbol{y}^*)}{\|\nabla g_Y(\boldsymbol{y}^*)\|} \tag{4.3}$$

利用式(4.3)、式(3.41)和式(3.42)，并注意到 $g_Y(\boldsymbol{y}^*)=0$，式(4.2)可写成

$$Z_{\mathrm{Q}}=\|\nabla g_Y(\boldsymbol{y}^*)\|\left[\beta-\boldsymbol{\alpha}_Y^\top\boldsymbol{Y}-\frac{1}{2}(\boldsymbol{Y}-\beta\boldsymbol{\alpha}_Y)^\top\boldsymbol{Q}\,(\boldsymbol{Y}-\beta\boldsymbol{\alpha}_Y)\right] \tag{4.4}$$

式中，矩阵

$$\boldsymbol{Q} = -\frac{\nabla^2 g_Y(\boldsymbol{y}^*)}{\|\nabla g_Y(\boldsymbol{y}^*)\|} \tag{4.5}$$

用 $\boldsymbol{\alpha}_Y$ 构造一个正交矩阵 $\boldsymbol{H}$，即 $\boldsymbol{H}^\top \boldsymbol{H} = \boldsymbol{I}_n$，其中 $\boldsymbol{I}_n$ 表示单位矩阵。使 $\boldsymbol{\alpha}_Y$ 为 $\boldsymbol{H}$ 的某一列，为确定起见不妨放在第 n 列，则 $\boldsymbol{H} = [\boldsymbol{h}_1 \quad \boldsymbol{h}_2 \quad \cdots \quad \boldsymbol{h}_{n-1} \quad \boldsymbol{\alpha}_Y]$。作 $\boldsymbol{Y}$ 空间到 $\boldsymbol{U}$ 空间的旋转变换

$$\boldsymbol{Y} = \boldsymbol{H}\boldsymbol{U} \tag{4.6}$$

独立标准正态变量 $\boldsymbol{Y}$ 的联合概率密度函数为

$$f_Y(\boldsymbol{y}) = \varphi_n(\boldsymbol{y}) = \prod_{i=1}^{n} \varphi_i(y_i) = \frac{1}{(2\pi)^{n/2}} \exp\left(-\frac{\boldsymbol{y}^\top \boldsymbol{y}}{2}\right) \tag{4.7}$$

将式(4.6)代入式(4.7)，得 $\boldsymbol{U}$ 的联合概率密度函数为

$$f_U(\boldsymbol{u}) = \varphi_n(\boldsymbol{u}) = \frac{1}{(2\pi)^{n/2}} \exp\left(-\frac{\boldsymbol{u}^\top \boldsymbol{u}}{2}\right) \tag{4.8}$$

说明旋转变换后所得 $\boldsymbol{U}$ 仍为独立标准正态分布变量。

将式(4.6)代入式(4.4)，注意到 $\boldsymbol{\alpha}_Y^\top \boldsymbol{H}\boldsymbol{U} = U_n$，$\boldsymbol{H}^\top \boldsymbol{\alpha}_Y = (0, 0, \ldots, 0, 1)^\top$，得

$$\begin{aligned} Z_{\mathrm{Q}} &= \|\nabla g_Y(\boldsymbol{y}^*)\| \left(\beta - U_n - \frac{1}{2}\tilde{\boldsymbol{U}}^\top \boldsymbol{H}^\top \boldsymbol{Q}\boldsymbol{H}\tilde{\boldsymbol{U}}\right) \\ &\approx \|\nabla g_Y(\boldsymbol{y}^*)\| \left[\beta - U_n - \frac{1}{2}\boldsymbol{V}^\top (\boldsymbol{H}^\top \boldsymbol{Q}\boldsymbol{H})_{n-1} \boldsymbol{V}\right] \end{aligned} \tag{4.9}$$

式中，$\tilde{\boldsymbol{U}} = (\boldsymbol{V}, U_n)^\top = (U_1, U_2, \ldots, U_{n-1}, U_n - \beta)^\top$，$(\boldsymbol{H}^\top \boldsymbol{Q}\boldsymbol{H})_{n-1}$ 为 $\boldsymbol{H}^\top \boldsymbol{Q}\boldsymbol{H}$ 划去第 n 行和第 n 列后的 $n-1$ 阶方阵。

通过式(4.6)的变换，功能函数变为 $Z = g_Y(\boldsymbol{Y}) = g_U(\boldsymbol{U})$。根据式(2.11)，结构的失效概率

$$p_{\mathrm{f}} = \int_{g_Y(\boldsymbol{y}) \le 0} f_Y(\boldsymbol{y})\,\mathrm{d}\boldsymbol{y} = \int_{g_U(\boldsymbol{u}) \le 0} f_U(\boldsymbol{u})\,\mathrm{d}\boldsymbol{u} \tag{4.10}$$

在式(4.10)中，考虑近似功能函数式(4.9)，再将式(4.8)代入，得二次二阶矩方法的失效概率为

$$p_{\mathrm{fQ}} = \int_{Z_{\mathrm{Q}} \le 0} f_{\tilde{U}}(\tilde{u})\,\mathrm{d}\tilde{u}$$

$$
\begin{aligned}
&= \iint_{Z_{\mathrm{Q}} \leqslant 0} \varphi_{n-1}(\boldsymbol{v})\varphi_n(u_n)\,\mathrm{d}\boldsymbol{v}\mathrm{d}u_n \\
&= \int_{\mathbb{R}^{n-1}} \varphi_{n-1}(\boldsymbol{v}) \int_{U_n \geqslant \beta - \boldsymbol{v}^{\top}(\boldsymbol{H}^{\top}\boldsymbol{Q}\boldsymbol{H})_{n-1}\boldsymbol{v}/2} \varphi(u_n)\mathrm{d}u_n\mathrm{d}\boldsymbol{v} \\
&= \int_{\mathbb{R}^{n-1}} \varphi_{n-1}(\boldsymbol{v})\Phi\left[-\beta + \frac{1}{2}\boldsymbol{v}^{\top}(\boldsymbol{H}^{\top}\boldsymbol{Q}\boldsymbol{H})_{n-1}\boldsymbol{v}\right]\mathrm{d}\boldsymbol{v}
\end{aligned} \tag{4.11}
$$

式中，$\mathbb{R}^d$ 表示 d 维实坐标空间 (real coordinate space)。

令 $t = \boldsymbol{v}^{\top}(\boldsymbol{H}^{\top}\boldsymbol{Q}\boldsymbol{H})_{n-1}\boldsymbol{v}/2$，将 $\ln\Phi(t-\beta)$ 在 $t=0$ 作 Taylor 级数展开并取其前一次项，有

$$
\ln\Phi(t-\beta) \approx \ln\Phi(-\beta) + \frac{\varphi(\beta)}{\Phi(-\beta)}t \approx \ln\Phi(-\beta) + \beta t \tag{4.12}
$$

后一式是考虑到可靠指标 β 一般为较大的正值，$\varphi(\beta) \approx \beta\Phi(-\beta)$。

式(4.12)又可写成

$$
\Phi(t-\beta) \approx \Phi(-\beta)\exp(\beta t) \tag{4.13}
$$

将式(4.13)代入式(4.11)，并注意到 $\varphi_{n-1}(\boldsymbol{v})$ 的定义，可以得到

$$
\begin{aligned}
p_{\mathrm{fQ}} &\approx \int_{\mathbb{R}^{n-1}} \varphi_{n-1}(\boldsymbol{v})\Phi(-\beta)\exp\left[\frac{1}{2}\beta\boldsymbol{v}^{\top}(\boldsymbol{H}^{\top}\boldsymbol{Q}\boldsymbol{H})_{n-1}\boldsymbol{v}\right]\mathrm{d}\boldsymbol{v} \\
&= \Phi(-\beta)\int_{\mathbb{R}^{n-1}} \frac{1}{(2\pi)^{(n-1)/2}}\exp\left\{-\frac{1}{2}\boldsymbol{v}^{\top}[\boldsymbol{I}_{n-1} - \beta(\boldsymbol{H}^{\top}\boldsymbol{Q}\boldsymbol{H})_{n-1}]\boldsymbol{v}\right\}\mathrm{d}\boldsymbol{v}
\end{aligned} \tag{4.14}
$$

将式(4.14)中的被积函数与均值为 $\mathbf{0}$、协方差矩阵为 $[\boldsymbol{I}_{n-1} - (\boldsymbol{H}^{\top}\boldsymbol{Q}\boldsymbol{H})_{n-1}]^{-1}$ 的联合正态分布概率密度函数（参见式(8.32)）作对比，知式(4.14)可简化为

$$
p_{\mathrm{fQ}} \approx \frac{\Phi(-\beta)}{\sqrt{\det[\boldsymbol{I}_{n-1} - \beta(\boldsymbol{H}^{\top}\boldsymbol{Q}\boldsymbol{H})_{n-1}]}} \tag{4.15}
$$

实对称矩阵 $(\boldsymbol{H}^{\top}\boldsymbol{Q}\boldsymbol{H})_{n-1}$ 存在 $n-1$ 个实特征值 κ_i $(i=1,2,\ldots,n-1)$ 和特征向量，通过正交变换可将其化成对角矩阵 $\mathrm{diag}[\kappa_i]$，正交变换矩阵的列向量为规格化的特征向量。因此式(4.15)又可写成

$$
p_{\mathrm{fQ}} \approx \frac{\Phi(-\beta)}{\sqrt{\prod_{i=1}^{n-1}(1-\beta\kappa_i)}} \tag{4.16}
$$

κ_i 近似描述了极限状态曲面在第 i 个方向的主曲率。

于是,只要求得一次二阶矩方法的可靠指标,就可用式(4.15)或式(4.16)得到二次二阶矩方法的失效概率。这种方法由 Breitung 首先提出[40],可称为 **Breitung 方法**。

Breitung 方法中需要计算导数 $\nabla g_Y(\boldsymbol{y}^*)$ 和 $\nabla^2 g_Y(\boldsymbol{y}^*)$。$\nabla g_Y(\boldsymbol{y}^*)$ 一般表达式参见式(3.43)和式(3.45),在此再给出计算矩阵 $\boldsymbol{Q}$ 时 $\nabla^2 g_Y(\boldsymbol{y}^*)$ 的一般表达式。对于可靠度数值分析,这些一般形式的表达式也已足够,针对某些概率分布的具体形式的表达式是不必要的。

注意到变换(3.36)是在变量之间一对一地进行的,第 i 个变换只涉及 X_i 和 Y_i 两个变量,对式(3.43)求导可得

$$\frac{\partial^2 g_Y(\boldsymbol{y}^*)}{\partial Y_i^2} = \frac{\partial^2 g_X(\boldsymbol{x}^*)}{\partial X_i^2}\left(\left.\frac{\mathrm{d}X_i}{\mathrm{d}Y_i}\right|_{\boldsymbol{y}^*}\right)^2 + \left.\frac{\partial g_X(\boldsymbol{x}^*)}{\partial X_i}\frac{\mathrm{d}^2 X_i}{\mathrm{d}Y_i^2}\right|_{\boldsymbol{y}^*} \tag{4.17}$$

$$\frac{\partial^2 g_Y(\boldsymbol{y}^*)}{\partial Y_i \partial Y_j} = \left.\frac{\partial^2 g_X(\boldsymbol{x}^*)}{\partial X_i \partial X_j}\left(\frac{\mathrm{d}X_i}{\mathrm{d}Y_i}\frac{\mathrm{d}X_j}{\mathrm{d}Y_j}\right)\right|_{\boldsymbol{y}^*}, \quad i \neq j \tag{4.18}$$

对式(3.45)求导,得

$$\begin{aligned}
\left.\frac{\mathrm{d}^2 X_i}{\mathrm{d}Y_i^2}\right|_{\boldsymbol{y}^*} &= \frac{\varphi'(y_i^*)}{f_{X_i}(x_i^*)} - \left.\frac{\varphi(y_i^*) f'_{X_i}(x_i^*)}{[f_{X_i}(x_i^*)]^2}\frac{\mathrm{d}X_i}{\mathrm{d}Y_i}\right|_{\boldsymbol{y}^*} \\
&= -\frac{y_i^*\varphi(y_i^*)}{f_{X_i}(x_i^*)} - \left.\frac{\varphi(y_i^*) f'_{X_i}(x_i^*)}{[f_{X_i}(x_i^*)]^2}\frac{\mathrm{d}X_i}{\mathrm{d}Y_i}\right|_{\boldsymbol{y}^*} \\
&= -y_i^*\left.\frac{\mathrm{d}X_i}{\mathrm{d}Y_i}\right|_{\boldsymbol{y}^*} - \frac{f'_{X_i}(x_i^*)}{f_{X_i}(x_i^*)}\left(\left.\frac{\mathrm{d}X_i}{\mathrm{d}Y_i}\right|_{\boldsymbol{y}^*}\right)^2
\end{aligned} \tag{4.19}$$

由式(4.17)和式(4.19)可知,在 Breitung 方法中,为计算功能函数的 Hesse 矩阵 $\nabla^2 g_Y(\boldsymbol{y}^*)$,还要已知基本变量概率密度函数的导数。

Breitung 方法的计算步骤为:

(1) 计算 β,采用一次二阶矩方法。

(2) 计算 $\boldsymbol{\alpha}_Y$,利用式(4.3)。

(3) 确定 $\boldsymbol{H}$,采用正交规范化处理技术(如 Gram-Schmidt 正交化方法)。

(4) 计算 $\boldsymbol{Q}$,利用式(4.5)。

(5) 计算 p_{fQ},利用式(4.15)。

例 4.1　已知结构的功能函数为 $Z=X_3-\sqrt{300X_1^2+1.92X_2^2}$，其中 X_1 服从对数正态分布，X_2 服从极值 I 型分布，X_3 服从 Weibull 分布，其均值和标准差分别为 $\mu_{X_1}=1.0$，$\sigma_{X_1}=0.16$；$\mu_{X_2}=20$，$\sigma_{X_2}=2$；$\mu_{X_3}=48$，$\sigma_{X_3}=3$。用 Breitung 方法计算结构的可靠指标。

解　X_3 服从 Weibull 分布（最小值型极值 III 型分布），其概率密度函数和累积分布函数分别为

$$f_{\mathrm{W}}(x_3\mid\eta,m)=\frac{m}{\eta}\left(\frac{x_3}{\eta}\right)^{m-1}\exp\left[-\left(\frac{x_3}{\eta}\right)^{m}\right],\quad x_3\geq 0 \tag{4.20}$$

$$F_{\mathrm{W}}(x_3\mid\eta,m)=1-\exp\left[-\left(\frac{x_3}{\eta}\right)^{m}\right],\quad x_3\geq 0 \tag{4.21}$$

式中，参数 $m>0$ 和 $\eta>0$ 与均值 μ_{X_3} 和标准差 σ_{X_3} 的关系为

$$\begin{cases}\mu_{X_3}=\eta\Gamma\left(1+\dfrac{1}{m}\right)\\ \sigma_{X_3}^2=\eta^2\left\{\Gamma\left(1+\dfrac{2}{m}\right)-\left[\Gamma\left(1+\dfrac{1}{m}\right)\right]^2\right\}\end{cases} \tag{4.22}$$

式中，$\Gamma(\cdot)$ 为 gamma 函数。

Weilbull 分布的参数 m 和 η 不能从式(4.22)得到显式表示，只能求其数值解。求解参数 m 的方程为

$$\Gamma\left(1+\frac{2}{m}\right)=\left(1+\frac{\sigma_{X_3}^2}{\mu_{X_3}^2}\right)\left[\Gamma\left(1+\frac{1}{m}\right)\right]^2=(1+V_{X_3}^2)\left[\Gamma\left(1+\frac{1}{m}\right)\right]^2 \tag{4.23}$$

X_1 服从对数正态分布，X_2 服从极值 I 型分布，X_3 服从 Weibull 分布，它们的概率密度函数分别如式(2.15)，式(2.18)和式(4.20)所示，据此可求得它们的概率密度函数的导数分别为

$$f'_{\mathrm{Ln}}(x_1\mid\xi,\zeta)=\frac{\xi-\zeta^2-\ln x_1}{\zeta^2x_1}f_{\mathrm{Ln}}(x_1\mid\xi,\zeta) \tag{4.24}$$

$$f'_{\mathrm{EvI}}(x_2\mid u,\alpha)=\alpha\left\{\exp\left[-\alpha(x_2-u)\right]-1\right\}f_{\mathrm{EvI}}(x_2\mid u,\alpha) \tag{4.25}$$

$$f'_{\mathrm{W}}(x_3\mid\eta,m)=\frac{1}{x_3}\left[m-1-m\left(\frac{x_3}{\eta}\right)^{m}\right]f_{\mathrm{W}}(x_3\mid\eta,m) \tag{4.26}$$

功能函数的梯度和 Hesse 矩阵分别为

$$\nabla g_X(\boldsymbol{X}) = \left(\frac{-300X_1}{\sqrt{300X_1^2+1.92X_2^2}}, \frac{-1.92X_2}{\sqrt{300X_1^2+1.92X_2^2}}, 1\right)^\top$$

$$\nabla^2 g_X(\boldsymbol{X}) = \frac{576}{(300X_1^2+1.92X_2^2)^{3/2}}\begin{bmatrix} -X_2^2 & X_1X_2 & 0 \\ X_1X_2 & -X_1^2 & 0 \\ 0 & 0 & 0 \end{bmatrix}$$

计算程序见清单 4.1。

清单 4.1 例 4.1 的 Breitung 方法程序

```
clear; clc;
muX = [1;20;48]; sigmaX = [0.16;2;3];
sLn = sqrt(log(1+(sigmaX(1)/muX(1))^2)); mLn = log(muX(1))-sLn^2/2;
aEv = sigmaX(2)*sqrt(6)/pi; uEv = -psi(1)*aEv-muX(2);
t = 1+(sigmaX(3)/muX(3))^2;
s = fsolve(@(r)gamma(1+2*r)./gamma(1+r).^2-t,1,...
    optimset('TolFun',0));
eWb = muX(3)/gamma(1+s); mWb = 1/s;
x = muX; x0 = repmat(eps,length(muX),1);
cdfX = [logncdf(x(1),mLn,sLn);1-evcdf(-x(2),uEv,aEv);...
    wblcdf(x(3),eWb,mWb)];
y = norminv(cdfX);
while norm(x-x0)/norm(x0) > 1e-6
    x0 = x;
    g = x(3)-sqrt(300*x(1)^2+1.92*x(2)^2);
    gX = [-300*x(1)/sqrt(300*x(1)^2+1.92*x(2)^2);...
        -1.92*x(2)/sqrt(300*x(1)^2+1.92*x(2)^2);1];
    pdfX = [lognpdf(x(1),mLn,sLn);evpdf(-x(2),uEv,aEv);...
        wblpdf(x(3),eWb,mWb)];
    xY = normpdf(y)./pdfX; gY = gX.*xY;
    alphaY = -gY/norm(gY);
    bbeta = (g-gY.'*y)/norm(gY)
    y = bbeta*alphaY;
    cdfY = normcdf(y);
```

```
    x = [logninv(cdfY(1),mLn,sLn);-evinv(1-cdfY(2),uEv,aEv);...
        wblinv(cdfY(3),eWb,mWb)];
end    % FORM to SORM
nD = length(muX);
h = [null(alphaY.'),alphaY];
gXX = [-x(2)^2,x(1)*x(2),0;x(1)*x(2),-x(1)^2,0;0,0,0]*...
    576/(300*x(1)^2+1.92*x(2)^2)^1.5;
fX = [(mLn-sLn^2-log(x(1)))/sLn^2/x(1);...
    (exp((-uEv-x(2))/aEv)-1)/aEv;...
    (mWb-1-mWb*(x(3)/eWb)^mWb)/x(3)].*pdfX;
gYY = xY*xY.'.*gXX-diag(gX.*(y.*xY+xY.^2.*fX./pdfX));
q = -gYY/norm(gY);
qt = h.'*q*h; qt(:,nD) = []; qt(nD,:) = [];
pFQ = normcdf(-bbeta)/sqrt(det(eye(nD-1)-bbeta*qt))
```

程序运行结果为：可靠指标 $\beta = 3.0845$，二次失效概率 $p_{\text{fQ}} = 1.8895 \times 10^{-3}$。由式(2.11)，得结构的失效概率为

$$
\begin{aligned}
p_{\text{f}} &= \iiint_{Z\le 0} f_{X_1}(x_1) f_{X_2}(x_2) f_{X_3}(x_3)\,\mathrm{d}x_1\mathrm{d}x_2\mathrm{d}x_3 \\
&= \int_0^{\infty}\int_{-\infty}^{\infty} f_{X_1}(x_1) f_{X_2}(x_2) \int_0^{\sqrt{300x_1^2+1.92x_2^2}} f_{X_3}(x_3)\,\mathrm{d}x_3\mathrm{d}x_2\mathrm{d}x_1 \\
&= \int_0^{\infty} f_{X_1}(x_1) \int_{-\infty}^{\infty} f_{X_2}(x_2) F_{X_3}\big(\sqrt{300x_1^2+1.92x_2^2}\big)\,\mathrm{d}x_2\mathrm{d}x_1
\end{aligned}
$$

利用上式计算失效概率的程序见清单 4.2。

清单 4.2　例 4.1 用定义计算失效概率的程序

```
clear; clc;
muX = [1;20;48]; sigmaX = [0.16;2;3];
sLn = sqrt(log(1+(sigmaX(1)/muX(1))^2)); mLn = log(muX(1))-sLn^2/2;
aEv = sigmaX(2)*sqrt(6)/pi; uEv = -psi(1)*aEv-muX(2);
t = 1+(sigmaX(3)/muX(3))^2;
s = fsolve(@(r)gamma(1+2*r)./gamma(1+r).^2-t,1,...
    optimset('TolFun',0));
```

```
eWb = muX(3)/gamma(1+s); mWb = 1/s;
fun1 = @(x1,x2,x3)lognpdf(x1,mLn,sLn).*evpdf(-x2,uEv,aEv).*...
    wblpdf(x3,eWb,mWb);
x3max = @(x1,x2)sqrt(300*x1.^2+1.92*x2.^2);
pF1 = integral3(fun1,0,Inf,-Inf,Inf,0,x3max)
fun2 = @(x1,x2)lognpdf(x1,mLn,sLn).*evpdf(-x2,uEv,aEv).*...
    wblcdf(x3max(x1,x2),eWb,mWb);
pF2 = integral2(fun2,0,Inf,-Inf,Inf)
```

在清单 4.2 程序中分别采用三重积分和二重积分计算失效概率，运行结果均为 $p_{\mathrm{f}} = 1.8482 \times 10^{-3}$，不过三重积分的计算时间比二重积分稍长一些。 □

在此简单介绍最大值型极值 II 型分布（或称 Fréchet 分布）和广义极值分布及其在 MATLAB 中的计算问题。

若 X 服从极值 II 型分布，则其概率密度函数和累积分布函数分别为

$$f_{\mathrm{EvII}}(x \mid k, v) = \frac{k}{v}\left(\frac{v}{x}\right)^{k+1} \exp\left[-\left(\frac{v}{x}\right)^{k}\right], \quad x > 0 \tag{4.27}$$

$$F_{\mathrm{EvII}}(x \mid k, v) = \exp\left[-\left(\frac{v}{x}\right)^{k}\right], \quad x > 0 \tag{4.28}$$

式中，参数 v 和 k 与均值 μ_X 和标准差 σ_X 的关系为

$$\begin{cases} \mu_X = v\Gamma\left(1 - \dfrac{1}{k}\right), & k > 1 \\ \sigma_X^2 = v^2\left\{\Gamma\left(1 - \dfrac{2}{k}\right) - \left[\Gamma\left(1 - \dfrac{1}{k}\right)\right]^2\right\}, & k > 2 \end{cases} \tag{4.29}$$

广义极值分布 (generalized extreme value (GEV) distribution, Fisher-Tippett distribution) 包含了极值 I 型、极值 II 型和极值 III 型分布，其具有位置参数 u_1、尺度参数 $\alpha_1 > 0$ 和形状参数 $m_1 \neq 0$ 的概率密度函数为

$$\begin{aligned} f_{\mathrm{GEv}}(x \mid m_1, u_1, \alpha_1) = & \frac{1}{\alpha_1} \exp\left[-\left(1 + m_1\frac{x - u_1}{\alpha_1}\right)^{-1/m_1}\right] \\ & \cdot \left(1 + m_1\frac{x - u_1}{\alpha_1}\right)^{-1-1/m_1}, \quad 1 + m_1\frac{x - u_1}{\alpha_1} > 0 \end{aligned} \tag{4.30}$$

利用式(4.30)，经过推导，得到广义极值累积分布函数为

$$
\begin{aligned}
&F_{\mathrm{GEv}}(x \mid m_1, u_1, \alpha_1) \\
&= \exp\left[-\left(1 + m_1 \frac{x - u_1}{\alpha_1}\right)^{-1/m_1}\right], \quad 1 + m_1 \frac{x - u_1}{\alpha_1} > 0
\end{aligned}
\tag{4.31}
$$

对于广义极值分布，可以注意到，当 $m_1 > 0$ 时，若 $x < u_1 - \alpha_1/m_1$，$f_{\mathrm{GEv}}(x) = 0$，$F_{\mathrm{GEv}}(x) = 0$；当 $m_1 < 0$ 时，若 $x > u_1 - \alpha_1/m_1$，$f_{\mathrm{GEv}}(x) = 0$，$F_{\mathrm{GEv}}(x) = 1$。

当 $m_1 > 0$ 或 $m_1 < 0$ 时，式(4.30)分别对应于极值 II 型或极值 III 型分布的情形。对于 $m_1 = 0$ 的极限情形，式(4.30)和式(4.31)分别成为最大值型极值 I 型分布的概率密度函数和累积分布函数，即式(2.25)和式(2.26)。

广义极值分布通过参数的形式给出三种简单的极值分布的统一形式，在实际应用中对于一个给定的极值序列，通过参数估计（可利用 MATLAB 数理统计工具箱提供的参数估计函数 `gevfit`），让数据决定极值分布的类型。

在 MATLAB 中没有直接给出专门关于极值 II 型分布计算的函数，其数理统计工具箱提供了有关广义极值分布的函数，如概率密度函数 `gevpdf`、累积分布函数 `gevcdf`、随机数函数 `gevrnd` 等，它们也可以进行三种类型（包括极值 II 型）极值分布的相关计算，但需要弄清广义极值分布与具体某一种极值分布的参数、变量间的对应关系。虽稍嫌麻烦，但也是可行的。　□

对于相关随机变量的情形，可以借助正交变换进行分析。

将基本随机变量 $\boldsymbol{X}$ 通过变换(3.36)变成相关标准正态随机变量 $\boldsymbol{Y}$，再对 $\boldsymbol{Y}$ 做式(3.84)的变换，变成独立标准正态随机变量 $\boldsymbol{Z}$。此时式(4.3)和式(4.5)分别为

$$
\boldsymbol{\alpha}_Z = -\frac{\nabla g_Z(\boldsymbol{z}^*)}{\|\nabla g_Z(\boldsymbol{z}^*)\|} \tag{4.32}
$$

$$
\boldsymbol{Q} = -\frac{\nabla^2 g_Z(\boldsymbol{z}^*)}{\|\nabla g_Z(\boldsymbol{z}^*)\|} \tag{4.33}
$$

利用式(3.84)和式(3.85)，可得

$$
\nabla^2 g_Z(\boldsymbol{z}^*) = \boldsymbol{L}''^{\top} \nabla^2 g_Y(\boldsymbol{y}^*) \boldsymbol{L}'' \tag{4.34}
$$

用式(4.32)的 $\boldsymbol{\alpha}_Z$ 按前述方法构造正交矩阵 $\boldsymbol{H}$，连同式(4.33)的 $\boldsymbol{Q}$ 一起代入式(4.15)，就可以计算相关随机变量情况下的 p_{fQ}。

相关随机变量情况下 Breitung 方法的计算步骤为：

(1) 计算 β，$\boldsymbol{y}^*$ 和 $\boldsymbol{x}^*$，利用具有相关随机变量的等概率正态变换方法。
(2) 计算 $\boldsymbol{L}''$，通过 $\boldsymbol{\rho}_Y$ 的 Cholesky 分解。
(3) 计算 $\boldsymbol{\alpha}_Z$，利用式(4.32)和式(3.85)。
(4) 确定 $\boldsymbol{H}$，利用正交规范化处理技术。
(5) 计算 $\boldsymbol{Q}$，利用式(4.33)、式(4.34)和式(3.85)。
(6) 计算 p_{fQ}，利用式(4.15)。

例 4.2 在例 4.1 中，假定 X_1 和 X_2 的相关系数为 $\rho_{X_1X_2}=0.7$，用 Breitung 二次二阶矩方法计算结构的失效概率。

解 计算程序见清单 4.3。

清单 4.3 例 4.2 的结合正交变换的 Breitung 方法程序

```
clear; clc;
muX = [1;20;48]; sigmaX = [0.16;2;3];
rhoX = [1,0.7,0;0.7,1,0;0,0,1];
sLn = sqrt(log(1+(sigmaX(1)/muX(1))^2)); mLn = log(muX(1))-sLn^2/2;
aEv = sigmaX(2)*sqrt(6)/pi; uEv = -psi(1)*aEv-muX(2);
t = 1+(sigmaX(3)/muX(3))^2;
s = fsolve(@(r)gamma(1+2*r)./gamma(1+r).^2-t,1,...
    optimset('TolFun',0));
eWb = muX(3)/gamma(1+s); mWb = 1/s;
x = muX; x0 = repmat(eps,length(muX),1);
cdfX = [logncdf(x(1),mLn,sLn);1-evcdf(-x(2),uEv,aEv);...
    wblcdf(x(3),eWb,mWb)];
y = norminv(cdfX);
while norm(x-x0)/norm(x0) > 1e-6
    x0 = x;
    g = x(3)-sqrt(300*x(1)^2+1.92*x(2)^2);
    gX = [-300*x(1)/sqrt(300*x(1)^2+1.92*x(2)^2);...
        -1.92*x(2)/sqrt(300*x(1)^2+1.92*x(2)^2);1];
    pdfX = [lognpdf(x(1),mLn,sLn);evpdf(-x(2),uEv,aEv);...
        wblpdf(x(3),eWb,mWb)];
    xY = normpdf(y)./pdfX; gY = gX.*xY;
```

```
    alphaY = -rhoX*gY/sqrt(gY.'*rhoX*gY);
    bbeta = (g-gY.'*y)/sqrt(gY.'*rhoX*gY)
    y = bbeta*alphaY;
    cdfY = normcdf(y);
    x = [logninv(cdfY(1),mLn,sLn);-evinv(1-cdfY(2),uEv,aEv);...
        wblinv(cdfY(3),eWb,mWb)];
end    % FORM to SORM
nD = length(muX);
a = chol(rhoX,'lower');
gZ = a.'*gY; alphaZ = -gZ/norm(gZ);
h = [null(alphaZ'),alphaZ];
gXX = [-x(2)^2,x(1)*x(2),0;x(1)*x(2),-x(1)^2,0;0,0,0]*...
    576/(300*x(1)^2+1.92*x(2)^2)^1.5;
fX = [(mLn-sLn^2-log(x(1)))/sLn^2/x(1);...
    (exp((-uEv-x(2))/aEv)-1)/aEv;...
    (mWb-1-mWb*(x(3)/eWb)^mWb)/x(3)].*pdfX;
gYY = xY*xY.'.*gXX-diag(gX.*(y.*xY+xY.^2.*fX./pdfX));
gZZ = a.'*gYY*a; q = -gZZ/norm(gZ);
qt = h.'*q*h; q1 = qt(1:nD-1,1:nD-1);
pFQ = normcdf(-bbeta)/sqrt(det(eye(nD-1)-bbeta*q1))
```

程序运行结果为：可靠指标 $\beta = 2.7829$，二次失效概率 $p_{\text{fQ}} = 4.0002 \times 10^{-3}$。

4.2　Laplace 渐近积分方法

在标准正态空间内利用 Laplace 渐近积分方法计算结构可靠度，用到了非线性功能函数的二阶偏导数，基本上可归结为二次二阶矩方法。

含有大参数 λ ($\lambda \to \infty$) 的 Laplace 型积分 (Laplace-type integral) 为以下形式的积分：

$$I(\lambda) = \int_{g(\boldsymbol{x})\leqslant 0} p(\boldsymbol{x}) \exp[\lambda^2 h(\boldsymbol{x})]\, \mathrm{d}\boldsymbol{x} \tag{4.35}$$

积分(4.35)的性质完全由被积函数最大值位置邻域内的性质所决定，如果函数 $h(\boldsymbol{x})$ 和 $g(\boldsymbol{x})$ 二阶连续可微，$p(\boldsymbol{x})$ 连续，$h(\boldsymbol{x})$ 仅在积分域的边界 $\{\boldsymbol{x} \mid g(\boldsymbol{x}) = 0\}$

上的一点 $\boldsymbol{x}^*$ 取极大值，则式(4.35)的积分值可以渐近表示为

$$I(\lambda) \approx \frac{(2\pi)^{(n-1)/2}}{\lambda^{n+1}} \frac{p(\boldsymbol{x}^*)\exp\left[\lambda^2 h(\boldsymbol{x}^*)\right]}{\sqrt{|J|}} \tag{4.36}$$

式中，

$$J = \left[\nabla h(\boldsymbol{x}^*)\right]^\top \boldsymbol{B}(\boldsymbol{x}^*)\nabla h(\boldsymbol{x}^*) \tag{4.37}$$

而矩阵 $\boldsymbol{B}(\boldsymbol{x}^*)$ 为下面矩阵 $\boldsymbol{C}(\boldsymbol{x}^*)$ 的伴随矩阵：

$$\boldsymbol{C}(\boldsymbol{x}^*) = \nabla^2 h(\boldsymbol{x}^*) - \frac{\|\nabla h(\boldsymbol{x}^*)\|}{\|\nabla g(\boldsymbol{x}^*)\|}\nabla^2 g(\boldsymbol{x}^*) \tag{4.38}$$

这种利用含大参数积分的渐近性质来近似计算积分值的方法称为 **Laplace 方法** (Laplace's method)。此时该方法利用式(4.36)避免了直接计算式(4.35)的多重积分。

下面讨论计算结构失效概率的 Laplace 渐近积分方法。

设 $\boldsymbol{Y} = (Y_1, Y_2, \ldots, Y_n)^\top$ 为独立标准正态随机变量，功能函数为 $Z = g_Y(\boldsymbol{Y})$。结构的失效概率为

$$p_{\mathrm{f}} = \int_{g_Y(\boldsymbol{y})\leq 0} \varphi_n(\boldsymbol{y})\,\mathrm{d}\boldsymbol{y} = \int_{g_Y(\boldsymbol{y})\leq 0} \frac{1}{(2\pi)^{n/2}} \exp\left(-\frac{\boldsymbol{y}^\top\boldsymbol{y}}{2}\right)\mathrm{d}\boldsymbol{y} \tag{4.39}$$

选取一个大数 λ ($\lambda \to \infty$)，作变换

$$\boldsymbol{Y} = \lambda \boldsymbol{V} \tag{4.40}$$

该变换的 Jacobi 行列式为 $\det \boldsymbol{J}_{YV} = \lambda^n$。将式(4.40)代入式(4.39)，得

$$p_{\mathrm{f}} = \int_{g_Y(\lambda\boldsymbol{v})\leq 0} \frac{\lambda^n}{(2\pi)^{n/2}} \exp\left(-\frac{\lambda^2\boldsymbol{v}^\top\boldsymbol{v}}{2}\right)\mathrm{d}\boldsymbol{v} \tag{4.41}$$

式(4.41)也是式(4.35)所示 Laplace 型积分，且 $p(\boldsymbol{V}) = \lambda^n/(2\pi)^{n/2}$，$h(\boldsymbol{V}) = -\boldsymbol{V}^\top\boldsymbol{V}/2$。函数 $h(\boldsymbol{V})$ 在 $\boldsymbol{V}$ 空间的坐标原点 $\boldsymbol{v} = \boldsymbol{0}$ 处取最大值，而对于一般结构可靠度分析问题，$\boldsymbol{v} = \boldsymbol{0}$ 点在可靠域内，这说明 $h(\boldsymbol{V})$ 在失效面上一点 $\boldsymbol{v}^* = \boldsymbol{y}^*/\lambda$ 存在极大值。因此，p_{f} 的积分值主要决定于在失效面 $g_Y(\lambda\boldsymbol{V}) = 0$ 上使 $h(\boldsymbol{V})$ 取极大值的点 $\boldsymbol{v}^*$ 以及失效面在点 $\boldsymbol{v}^*$ 附近的几何特性。由可靠指标 β 的几何意义知，此关键点 $\boldsymbol{v}^*$ 就是 $\boldsymbol{V}$ 空间内结构的设计点。如果功能函数二次可导，根据

式(4.36)，式(4.41)的渐近积分值为

$$p_{\mathrm{fQ}}=\frac{1}{\sqrt{2\pi}\lambda\sqrt{|J_1|}}\exp\left(-\frac{\lambda^2\boldsymbol{v}^{*\top}\boldsymbol{v}^*}{2}\right) \tag{4.42}$$

式中，

$$J_1=[\nabla h(\boldsymbol{v}^*)]^\top\boldsymbol{B}_1(\boldsymbol{v}^*)\nabla h(\boldsymbol{v}^*)=\boldsymbol{v}^{*\top}\boldsymbol{B}_1(\boldsymbol{v}^*)\boldsymbol{v}^*=\frac{1}{\lambda^2}\boldsymbol{y}^{*\top}\boldsymbol{B}_1(\boldsymbol{v}^*)\boldsymbol{y}^* \tag{4.43}$$

而 $\boldsymbol{B}_1(\boldsymbol{v}^*)$ 为下面矩阵 $\boldsymbol{C}_1(\boldsymbol{v}^*)$ 的伴随矩阵：

$$\boldsymbol{C}_1(\boldsymbol{v}^*)=\nabla^2h(\boldsymbol{v}^*)-\frac{\|\nabla h(\boldsymbol{v}^*)\|}{\|\nabla g_Y(\lambda\boldsymbol{v}^*)\|}\nabla^2g_Y(\lambda\boldsymbol{v}^*) \tag{4.44}$$

将式(4.43)代入式(4.42)，并注意到 β 的几何意义即 $\beta^2=\boldsymbol{y}^{*\top}\boldsymbol{y}^*$，式(4.42)可在 $\boldsymbol{Y}$ 空间内写成

$$p_{\mathrm{fQ}}=\frac{1}{\sqrt{2\pi}\sqrt{|J|}}\exp\left(-\frac{\boldsymbol{y}^{*\top}\boldsymbol{y}^*}{2}\right)=\frac{\varphi(\beta)}{\sqrt{|J|}} \tag{4.45}$$

式中，

$$J=\boldsymbol{y}^{*\top}\boldsymbol{B}(\boldsymbol{y}^*)\boldsymbol{y}^* \tag{4.46}$$

而 $\boldsymbol{B}(\boldsymbol{y}^*)=\boldsymbol{B}_1(\boldsymbol{v}^*)$ 为下面矩阵 $\boldsymbol{C}(\boldsymbol{y}^*)=\boldsymbol{C}_1(\boldsymbol{v}^*)$ 的伴随矩阵：

$$\begin{aligned}\boldsymbol{C}(\boldsymbol{y}^*)&=-\boldsymbol{I}_n-\frac{\|\boldsymbol{y}^*\|/\lambda}{\lambda\|\nabla g_Y(\boldsymbol{y}^*)\|}\lambda^2\nabla^2g_Y(\boldsymbol{y}^*)\\&=-\boldsymbol{I}_n-\frac{\beta}{\|\nabla g_Y(\boldsymbol{y}^*)\|}\nabla^2g_Y(\boldsymbol{y}^*)\end{aligned} \tag{4.47}$$

考虑到 β 一般为较大的正值，$\varphi(\beta)\approx\beta\Phi(-\beta)$，式(4.45)又可写成

$$p_{\mathrm{fQ}}\approx\Phi(-\beta)\frac{\beta}{\sqrt{|J|}} \tag{4.48}$$

非相关随机变量情况下 Laplace 渐近积分方法的计算步骤为：

(1) 计算 β、$\boldsymbol{y}^*$ 和 $\boldsymbol{x}^*$，利用等概率正态变换方法。

(2) 计算 $\nabla^2g_Y(\boldsymbol{y}^*)$，利用式(4.17) ~ 式(4.19)。

(3) 计算 $\boldsymbol{C}(\boldsymbol{y}^*)$，利用式(4.47)。

(4) 计算 $\boldsymbol{B}(\boldsymbol{y}^*)$，$\boldsymbol{B}(\boldsymbol{y}^*) = \boldsymbol{C}^{-1}\det\boldsymbol{C}$。

(5) 计算 J，利用式(4.46)。

(6) 计算 p_{fQ}，利用式(4.48)。

例 4.3 一圆截面杆受拉力 $P = 50\,\text{kN}$ 作用，杆的材料强度 R 和直径 D 相互独立且均服从正态分布，其均值和变异系数分别为 $\mu_R = 170.0\,\text{MPa}$，$V_R = 0.147$；$\mu_D = 29.4\,\text{mm}$，$V_D = 0.102$。用基于 Laplace 渐近积分的二次二阶矩方法计算杆的承载能力的可靠度。

解 杆的功能函数为 $Z = g(R, D) = R - 4P/(\pi D^2)$，其梯度和 Hesse 矩阵分别为

$$\nabla g(R, D) = \left(1, \frac{8P}{\pi D^3}\right)^\top$$

$$\nabla^2 g(R, D) = -\frac{24P}{\pi D^4}\begin{bmatrix} 0 & 0 \\ 0 & 1 \end{bmatrix}$$

由式(2.27)，正态分布概率密度函数 $f_{\text{N}}(x)$ 的导数为

$$f'_{\text{N}}(x \mid \mu_X, \sigma_X) = \frac{\mu_X - x}{\sigma_X^2} f_{\text{N}}(x \mid \mu_X, \sigma_X) \tag{4.49}$$

计算程序见清单 4.4。

清单 4.4　例 4.3 的 Laplace 渐近积分方法程序

```
clear; clc;
muX = [170;29.4]; cvX = [0.147;0.102];
sigmaX = cvX.*muX;
x = muX; x0 = repmat(eps,length(muX),1);
cdfX = normcdf(x,muX,sigmaX);
y = norminv(cdfX);
while norm(x-x0)/norm(x0) > 1e-6
    x0 = x;
    g = x(1)-4*5e4/pi/x(2)^2;
    gX = [1;8*5e4/pi/x(2)^3];
    pdfX = normpdf(x,muX,sigmaX);
    xY = normpdf(y)./pdfX; gY = gX.*xY;
```

```
    alphaY = -gY/norm(gY);
    bbeta = (g-gY.'*y)/norm(gY);
    y = bbeta*alphaY; cdfY = normcdf(y);
    x = norminv(cdfY,muX,sigmaX);
end
nD = length(muX);     % FORM to SORM
pFL = normcdf(-bbeta)
gXX = [0,0;0,-24*5e4/pi/x(2)^4];
fX = (muX-x)./sigmaX.^2.*pdfX;
gYY = xY*xY.'.*gXX-diag(gX.*(y.*xY+xY.^2.*fX./pdfX));
c = -eye(nD)-bbeta/norm(gY)*gYY;
cS = det(c)*inv(c);
pFQ = normcdf(-bbeta)*bbeta/sqrt(abs(y.'*cS*y))
```

程序运行结果为：一次二阶矩方法 $p_{\mathrm{fL}} = 1.8490 \times 10^{-3}$，二次二阶矩方法 $p_{\mathrm{fQ}} = 2.2577 \times 10^{-3}$。

如果按式(4.45)计算，程序将给出 $p_{\mathrm{fQ}} = 2.4834 \times 10^{-3}$。

由式(2.11)，得杆的失效概率为

$$
\begin{aligned}
p_{\mathrm{f}} &= \iint_{r\leq 4P/(\pi d^2)} f_R(r)f_D(d)\,\mathrm{d}r\mathrm{d}d = \int_{-\infty}^{\infty} f_D(d)\int_{-\infty}^{4P/(\pi d^2)} f_R(r)\,\mathrm{d}r\mathrm{d}d \\
&= \int_{-\infty}^{\infty} f_D(d)\Phi\left[\frac{1}{\sigma_R}\left(\frac{4P}{\pi d^2}-\mu_R\right)\right]\mathrm{d}d
\end{aligned} \tag{a}
$$

或根据式(4.39)，有

$$
\begin{aligned}
p_{\mathrm{f}} &= \iint_{\mu_R+\sigma_R y_1-4P/[\pi(\mu_D+\sigma_D y_2)^2]\leq 0} \varphi(y_1)\varphi(y_2)\,\mathrm{d}y_1\mathrm{d}y_2 \\
&= \int_{-\infty}^{\infty}\varphi(y_2)\int_{-\infty}^{\{4P/[\pi(\mu_D+\sigma_D y_2)^2]-\mu_R\}/\sigma_R}\varphi(y_1)\,\mathrm{d}y_1\mathrm{d}y_2 \\
&= \int_{-\infty}^{\infty}\varphi(y_2)\Phi\left\{\frac{1}{\sigma_R}\left[\frac{4P}{\pi(\mu_D+\sigma_D y_2)^2}-\mu_R\right]\right\}\mathrm{d}y_2
\end{aligned} \tag{b}
$$

杆的材料强度和截面直径均服从正态分布，正态分布给它们的负值也赋予了一定的概率，使得式 (a) 和式 (b) 中的积分区间都超出了它们的实际取值范围。

利用式 (a) 和式 (b) 计算杆的失效概率的计算程序见清单 4.5。

清单 4.5 例 4.3 用定义计算失效概率的程序

```
clear; clc;
muX = [170;29.4]; cvX = [0.147;0.102];
sigmaX = cvX.*muX;
fun1 = @(d,r)normpdf(r,muX(1),sigmaX(1)).*...
    normpdf(d,muX(2),sigmaX(2));
rmax = @(d)4*5e4/pi./d.^2;
pFa1 = integral2(fun1,-Inf,Inf,-Inf,rmax)
fun2 = @(d)normpdf(d,muX(2),sigmaX(2)).*...
    normcdf(rmax(d),muX(1),sigmaX(1));
pFa2 = integral(fun2,-Inf,Inf)
fun3 = @(y2,y1)normpdf(y1).*normpdf(y2);
y1max = @(y2)(4*5e4/pi./(muX(2)+sigmaX(2)*y2).^2-muX(1))/sigmaX(1);
pFb1 = integral2(fun3,-Inf,Inf,-Inf,y1max)
fun4 = @(y2)normpdf(y2).*normcdf(y1max(y2));
pFb2 = integral(fun4,-Inf,Inf)
```

清单 4.5 程序运行结果均为 $p_{\mathrm{f}} = 2.2921 \times 10^{-3}$。

以此为精确解，可见计算 p_{fQ} 时用式(4.48)比用式(4.45)更好一些。 □

例 4.4 某水工结构的极限状态方程为 $Z = 3.602X_1 + 0.587X_2 - 1.026 = 0$，$X_1$ 和 X_2 均服从左截尾的正态分布，其均值和标准差分别为 $\mu_{X_1} = 1.265$，$\sigma_{X_1} = 0.401$；$\mu_{X_2} = 48.290$，$\sigma_{X_2} = 16.515$。左截尾点的坐标为 $x_{1a} = x_{2a} = 0$。用基于 Laplace 渐近积分的二次二阶矩方法计算结构的失效概率。

解 根据式(3.32)和式(3.33)，左截尾正态分布 (left-truncated normal distribution) 变量 X_i $(i = 1, 2)$ 的概率密度函数和累积分布函数分别为

$$f_{\mathrm{Ntl}}(x_i \mid \mu_{X_i}, \sigma_{X_i}) = \frac{1}{1 - \varPhi\left(\dfrac{x_{ia} - \mu_{X_i}}{\sigma_{X_i}}\right)} \frac{1}{\sigma_{X_i}} \varphi\left(\frac{x_i - \mu_{X_i}}{\sigma_{X_i}}\right), \quad x_i > x_{ia} \tag{4.50}$$

$$F_{\mathrm{Ntl}}(x_i \mid \mu_{X_i}, \sigma_{X_i}) = \frac{\varPhi\left(\dfrac{x_i - \mu_{X_i}}{\sigma_{X_i}}\right) - \varPhi\left(\dfrac{x_{ia} - \mu_{X_i}}{\sigma_{X_i}}\right)}{1 - \varPhi\left(\dfrac{x_{ia} - \mu_{X_i}}{\sigma_{X_i}}\right)}, \quad x_i > x_{ia} \tag{4.51}$$

左截尾正态分布的概率密度函数的导数为

$$f'_{\mathrm{Ntl}}(x_i \mid \mu_{X_i}, \sigma_{X_i}) = \frac{\mu_{X_i} - x_i}{\sigma_{X_i}^2} f_{\mathrm{Ntl}}(x_i \mid \mu_{X_i}, \sigma_{X_i}), \quad x_i > x_{ia} \tag{4.52}$$

本例利用一次二阶矩方法的迭代不收敛，可通过求解最优化问题(3.18) 以得到结构的可靠指标 β。为此，以式(3.36)作变换，并令 $a_i = \Phi[(x_{ia} - \mu_{X_i})/\sigma_{X_i}]$，可得

$$X_i = \mu_{X_i} + \sigma_{X_i} \Phi^{-1}\left[(1 - a_i)\Phi(Y_i) + a_i\right], \quad i = 1, 2$$

再代入功能函数中就可得到 $g_Y(Y_1, Y_2)$ 的表达式。

功能函数的梯度为 $\nabla g_X(\boldsymbol{X}) = (3.602, 0.587)^\top$，Hesse 矩阵 $\nabla^2 g_X(\boldsymbol{X}) = \boldsymbol{0}$。

计算程序见清单 4.6，此主程序需调用清单 4.7 给出的自定义函数 gyfun。

清单 4.6　例 4.4 的 Laplace 渐近积分方法程序

```
clear; clc;
muX = [1.265;48.29]; sigmaX = [0.401;16.515];
t = normcdf(0,muX,sigmaX);
y0 = norminv((0.5-t)./(1-t));
y = fmincon(@(y)norm(y),y0,[],[],[],[],[],[],...
    @(y)gyfun(muX,sigmaX,y),optimset('Algorithm','interior-point'))
x = muX+sigmaX.*(norminv((1-t).*normcdf(y)+t))
bbeta = norm(y)
pFL = normcdf(-bbeta)     % FORM to SORM
nD = length(muX);
pdfX = normpdf(x,muX,sigmaX)./sigmaX./(1-t);
fX = (muX-x)./sigmaX.^2.*pdfX;
gX = [3.602;0.587];
xY = normpdf(y)./pdfX; gY = gX.*xY;
gXX = zeros(nD);
gYY = xY*xY.'.*gXX-diag(gX.*(y.*xY+xY.^2.*fX./pdfX));
c = -eye(nD)-bbeta/norm(gY)*gYY;
cS = det(c)*inv(c);
pFQ = normcdf(-bbeta)*bbeta/sqrt(abs(y.'*cS*y))
```

清单 4.7 例 4.4 中调用的函数

```
function [c,ceq] = gyfun(muX,sigmaX,y)
c = []; t = normcdf(0,muX,sigmaX);
ceq = [3.602,0.587]*...
    (muX+sigmaX.*(norminv((1-t).*normcdf(y)+t)))-1.026;
```

程序运行结果如下：

一次二阶矩方法：$\boldsymbol{y}^* = (-2.8089, -3.4912)^\top$, $\boldsymbol{x}^* = (1.7522\times10^{-1}, 6.7268\times10^{-1})^\top$, $\beta = 4.4809$, $p_{\mathrm{fL}} = 3.7171\times10^{-6}$。

二次二阶矩方法：$p_{\mathrm{fQ}} = 1.6957\times10^{-6}$。

由式(2.11)，并注意到 X_i $(i=1,2)$ 为左截尾 x_{ia} 的正态分布变量，可得结构的失效概率为

$$\begin{aligned}p_{\mathrm{f}} &= \int_{x_2\le a-bx_1} f_{X_1}(x_1)f_{X_2}(x_2)\,\mathrm{d}x_1\mathrm{d}x_2\\&= \int_{x_{1a}}^{(a-x_{2a})/b} f_{X_1}(x_1)\int_{x_{2a}}^{a-bx_1} f_{X_2}(x_2)\,\mathrm{d}x_2\mathrm{d}x_1\\&= \int_{x_{1a}}^{(a-x_{2a})/b} f_{X_1}(x_1)F_{X_2}(a-bx_1)\,\mathrm{d}x_1\end{aligned}$$

式中，$a = 1.026/0.587$，$b = 3.602/0.587$。由推导过程可知，变量 X_1 和 X_2 左截尾的限制条件为 $(a-x_{2a})/b > x_{1a}$，即 $g_X(x_{1a}, x_{2a}) = 3.602x_{1a} + 0.587x_{2a} - 1.026 < 0$。

利用上式计算结构失效概率的程序见清单 4.8。

清单 4.8 例 4.4 用定义计算失效概率的程序

```
clear; clc;
muX = [1.265;48.29]; sigmaX = [0.401;16.515];
xP = [0;0];
cdfP = normcdf(xP,muX,sigmaX);
t = (1-cdfP(1))*(1-cdfP(2));
a = 1.026/0.587; b = 3.602/0.587; c = (a-xP(2))/b;
fun1 = @(x1,x2)normpdf(x1,muX(1),sigmaX(1)).*...
    normpdf(x2,muX(2),sigmaX(2))/t;
pF1 = integral2(fun1,xP(1),c,xP(2),@(x1)a-b*x1)
fun2 = @(x)normpdf(x,muX(1),sigmaX(1)).*...
```

```
    (normcdf(a-b*x,muX(2),sigmaX(2))-cdfP(2))/t;
pF2 = integral(fun2,xP(1),c)
```

清单 4.8 程序给出的结构的失效概率的精确值为 $p_{\mathrm{f}} = 1.4351 \times 10^{-6}$。可见二次二阶矩方法计算失效概率的精度比一次二阶矩方法有明显提高。 □

如果 $\boldsymbol{Y}$ 是相关标准正态随机变量，利用式(4.40)作变换，结构的失效概率为

$$
\begin{aligned}
p_{\mathrm{f}} &= \int_{g_Y(\boldsymbol{y}) \leq 0} \frac{1}{(2\pi)^{n/2}\sqrt{\det \boldsymbol{\rho}_Y}} \exp\left(-\frac{1}{2}\boldsymbol{y}^\top \boldsymbol{\rho}_Y^{-1} \boldsymbol{y}\right) \mathrm{d}\boldsymbol{y} \\
&= \int_{g_Y(\lambda \boldsymbol{v}) \leq 0} \frac{\lambda^n}{(2\pi)^{n/2}\sqrt{\det \boldsymbol{\rho}_Y}} \exp\left(-\frac{\lambda^2}{2}\boldsymbol{v}^\top \boldsymbol{\rho}_Y^{-1} \boldsymbol{v}\right) \mathrm{d}\boldsymbol{v}
\end{aligned} \tag{4.53}
$$

与式(4.35)比较可知，$p(\boldsymbol{V}) = \lambda^n/[(2\pi)^{n/2}\sqrt{\det \boldsymbol{\rho}_Y}\,]$，$h(\boldsymbol{V}) = -\boldsymbol{V}^\top \boldsymbol{\rho}_Y^{-1} \boldsymbol{V}/2$。

式(4.53)的 Laplace 渐近积分值为

$$
p_{\mathrm{fQ}} = \frac{1}{\sqrt{2\pi}\lambda\sqrt{\det \boldsymbol{\rho}_Y}\sqrt{|J_1|}} \exp\left(-\frac{\lambda^2}{2}\boldsymbol{v}^{*\top} \boldsymbol{\rho}_Y^{-1} \boldsymbol{v}^*\right) \tag{4.54}
$$

式中，

$$
\begin{aligned}
J_1 &= [\nabla h(\boldsymbol{v}^*)]^\top \boldsymbol{B}_1(\boldsymbol{v}^*) \nabla h(\boldsymbol{v}^*) = \boldsymbol{v}^{*\top} (\boldsymbol{\rho}_Y^{-1})^\top \boldsymbol{B}_1(\boldsymbol{v}^*) \boldsymbol{\rho}_Y^{-1} \boldsymbol{v}^* \\
&= \frac{1}{\lambda^2} \boldsymbol{y}^{*\top} (\boldsymbol{\rho}_Y^{-1})^\top \boldsymbol{B}_1(\boldsymbol{v}^*) \boldsymbol{\rho}_Y^{-1} \boldsymbol{y}^*
\end{aligned} \tag{4.55}
$$

式中，$\boldsymbol{B}_1(\boldsymbol{v}^*)$ 为式(4.44)的 $\boldsymbol{C}_1(\boldsymbol{v}^*)$ 的伴随矩阵。

利用变换式(3.84)可将相关标准正态变量 $\boldsymbol{Y}$ 变成独立标准正态变量 $\boldsymbol{Z}$，于是根据可靠指标的几何意义，有

$$
\beta^2 = \boldsymbol{z}^{*\top} \boldsymbol{z}^* = (\boldsymbol{L}''^{-1} \boldsymbol{y}^*)^\top \boldsymbol{L}''^{-1} \boldsymbol{y}^* = \boldsymbol{y}^{*\top} (\boldsymbol{L}''^{-1})^\top \boldsymbol{L}''^{-1} \boldsymbol{y}^* = \boldsymbol{y}^{*\top} \boldsymbol{\rho}_Y^{-1} \boldsymbol{y}^*
$$

因此，将式(4.55)代入式(4.54)，可得

$$
\begin{aligned}
p_{\mathrm{fQ}} &= \frac{1}{\sqrt{2\pi}\sqrt{\det \boldsymbol{\rho}_Y}\sqrt{|J|}} \exp\left(-\frac{\boldsymbol{y}^{*\top} \boldsymbol{\rho}_Y^{-1} \boldsymbol{y}^*}{2}\right) \\
&= \frac{\varphi(\beta)}{\sqrt{\det \boldsymbol{\rho}_Y}\sqrt{|J|}} \approx \varPhi(-\beta) \frac{\beta}{\sqrt{\det \boldsymbol{\rho}_Y}\sqrt{|J|}}
\end{aligned} \tag{4.56}
$$

式中，

$$J = \boldsymbol{y}^{*\top}\left(\boldsymbol{\rho}_Y^{-1}\right)^{\top}\boldsymbol{B}(\boldsymbol{y}^*)\boldsymbol{\rho}_Y^{-1}\boldsymbol{y}^* \tag{4.57}$$

式中，$\boldsymbol{B}(\boldsymbol{y}^*) = \boldsymbol{B}_1(\boldsymbol{v}^*)$ 为以下矩阵 $\boldsymbol{C}(\boldsymbol{y}^*) = \boldsymbol{C}_1(\boldsymbol{v}^*)$ 的伴随矩阵：

$$\begin{aligned}\boldsymbol{C}(\boldsymbol{y}^*) &= -\boldsymbol{\rho}_Y^{-1} - \frac{\sqrt{\boldsymbol{y}^{*\top}\boldsymbol{\rho}_Y^{-1}\boldsymbol{y}^*}/\lambda}{\lambda\sqrt{[\nabla g_Y(\boldsymbol{y}^*)]^{\top}\boldsymbol{\rho}_Y\nabla g_Y(\boldsymbol{y}^*)}}\lambda^2\nabla^2 g_Y(\boldsymbol{y}^*)\\ &= -\boldsymbol{\rho}_Y^{-1} - \frac{\beta}{\sqrt{[\nabla g_Y(\boldsymbol{y}^*)]^{\top}\boldsymbol{\rho}_Y\nabla g_Y(\boldsymbol{y}^*)}}\nabla^2 g_Y(\boldsymbol{y}^*)\end{aligned} \tag{4.58}$$

相关随机变量情况下，Laplace 渐近积分方法的计算步骤为：

(1) 计算 β, $\boldsymbol{y}^*$ 和 $\boldsymbol{x}^*$，利用相关随机变量情况下的等概率正态变换方法。
(2) 计算 $\nabla^2 g_Y(\boldsymbol{y}^*)$，利用式(4.17) ~ 式(4.19)。
(3) 计算 $\boldsymbol{C}(\boldsymbol{y}^*)$，利用式(4.58)。
(4) 计算 $\boldsymbol{B}(\boldsymbol{y}^*)$，利用式 $\boldsymbol{B}(\boldsymbol{y}^*) = \boldsymbol{C}^{-1}\det\boldsymbol{C}$。
(5) 计算 J，利用式(4.57)。
(6) 计算 p_{fQ}，利用式(4.56)。

例 4.5 利用基于 Laplace 渐近积分的二次二阶矩方法计算例 4.2 中结构在基本随机变量线性相关情况下的失效概率。

解 计算程序见清单 4.9。

清单 4.9 例 4.5 的 Laplace 渐近积分方法程序

```
clear; clc;
muX = [1;20;48]; sigmaX = [0.16;2;3];
rhoX = [1,0.7,0;0.7,1,0;0,0,1];
sLn = sqrt(log(1+(sigmaX(1)/muX(1))^2)); mLn = log(muX(1))-sLn^2/2;
aEv = sigmaX(2)*sqrt(6)/pi; uEv = -psi(1)*aEv-muX(2);
t = 1+(sigmaX(3)/muX(3))^2;
s = fsolve(@(r)gamma(1+2*r)./gamma(1+r).^2-t,1,...
    optimset('TolFun',0));
eWb = muX(3)/gamma(1+s); mWb = 1/s;
x = muX; x0 = repmat(eps,length(muX),1);
cdfX = [logncdf(x(1),mLn,sLn);1-evcdf(-x(2),uEv,aEv);...
    wblcdf(x(3),eWb,mWb)];
```

```
y = norminv(cdfX);
while norm(x-x0)/norm(x0) > 1e-6
    x0 = x;
    g = x(3)-sqrt(300*x(1)^2+1.92*x(2)^2);
    gX = [-300*x(1)/sqrt(300*x(1)^2+1.92*x(2)^2);...
        -1.92*x(2)/sqrt(300*x(1)^2+1.92*x(2)^2);1];
    pdfX = [lognpdf(x(1),mLn,sLn);evpdf(-x(2),uEv,aEv);...
        wblpdf(x(3),eWb,mWb)];
    xY = normpdf(y)./pdfX; gY = gX.*xY;
    alphaY = -rhoX*gY/sqrt(gY.'*rhoX*gY);
    bbeta = (g-gY.'*y)/sqrt(gY.'*rhoX*gY)
    y = bbeta*alphaY;
    cdfY = normcdf(y);
    x = [logninv(cdfY(1),mLn,sLn);-evinv(1-cdfY(2),uEv,aEv);...
        wblinv(cdfY(3),eWb,mWb)];
end     % FORM to SORM
gXX = [-x(2)^2,x(1)*x(2),0;x(1)*x(2),-x(1)^2,0;0,0,0]*...
    576/(300*x(1)^2+1.92*x(2)^2)^1.5;
fX = [(mLn-sLn^2-log(x(1)))/sLn^2/x(1);...
    (exp((-uEv-x(2))/aEv)-1)/aEv;...
    (mWb-1-mWb*(x(3)/eWb)^mWb)/x(3)].*pdfX;
gYY = xY*xY.'.*gXX-diag(gX.*(y.*xY+xY.^2.*fX./pdfX));
a = inv(rhoX);
c = -a-bbeta/sqrt(gY.'*rhoX*gY)*gYY;
cS = det(c)*inv(c); sJ = y.'*a.'*cS*a*y;
pFQ = normcdf(-bbeta)*bbeta/sqrt(abs(sJ)*det(rhoX))
```

程序运行结果为：可靠指标 $\beta = 2.7829$，二次失效概率 $p_{\mathrm{fQ}} = 4.0002 \times 10^{-3}$。 □

如果 $\boldsymbol{Y}$ 是相关标准正态随机变量，也可借助正交变换，通过变换式(3.84)，将 $\boldsymbol{Y}$ 变成独立标准正态随机变量 $\boldsymbol{Z}$，仍然可以利用上述 Laplace 渐近积分方法计算二次可靠度。

相关随机变量情况下，结合正交变换的 Laplace 渐近积分方法的计算步骤可以表述如下：

(1) 计算 β，$\boldsymbol{y}^*$ 和 $\boldsymbol{x}^*$，利用具有相关变量时的等概率正态变换方法。
(2) 计算 $\nabla^2 g_Y(\boldsymbol{y}^*)$，利用式(4.17) ~ 式(4.19)。
(3) 计算 $\boldsymbol{L}''$，通过 $\boldsymbol{\rho}_Y$ 的 Cholesky 分解。
(4) 计算 $\boldsymbol{z}^*$，求解方程组(3.84)。
(5) 计算 $\nabla g_Z(\boldsymbol{z}^*)$ 和 $\nabla^2 g_Z(\boldsymbol{z}^*)$，分别利用式(3.85)和式(4.34)。
(6) 计算 $\boldsymbol{C}(\boldsymbol{z}^*)$，利用式(4.47) $(Y \to Z)$。
(7) 计算 $\boldsymbol{B}(\boldsymbol{z}^*)$，利用式 $\boldsymbol{B}(\boldsymbol{z}^*) = \boldsymbol{C}^{-1}\det\boldsymbol{C}$。
(8) 计算 J，利用式(4.46) $(Y \to Z)$。
(9) 计算 p_{fQ}，利用式(4.48)。

例 4.6　利用基于 Laplace 渐近积分的二次二阶矩方法计算例 4.2 中结构的失效概率。

解　计算程序见清单 4.10。

清单 4.10　例 4.6 的结合正交变换的 Laplace 渐近积分方法程序

```
clear; clc;
muX = [1;20;48]; sigmaX = [0.16;2;3];
rhoX = [1,0.7,0;0.7,1,0;0,0,1];
sLn = sqrt(log(1+(sigmaX(1)/muX(1))^2)); mLn = log(muX(1))-sLn^2/2;
aEv = sigmaX(2)*sqrt(6)/pi; uEv = -psi(1)*aEv-muX(2);
t = 1+(sigmaX(3)/muX(3))^2;
s = fsolve(@(r)gamma(1+2*r)./gamma(1+r).^2-t,1,...
    optimset('TolFun',0));
eWb = muX(3)/gamma(1+s); mWb = 1/s;
x = muX; x0 = repmat(eps,length(muX),1);
cdfX = [logncdf(x(1),mLn,sLn);1-evcdf(-x(2),uEv,aEv);...
    wblcdf(x(3),eWb,mWb)];
y = norminv(cdfX);
while norm(x-x0)/norm(x0) > 1e-6
    x0 = x;
    g = x(3)-sqrt(300*x(1)^2+1.92*x(2)^2);
    gX = [-300*x(1)/sqrt(300*x(1)^2+1.92*x(2)^2);...
```

```
        -1.92*x(2)/sqrt(300*x(1)^2+1.92*x(2)^2);1];
    pdfX = [lognpdf(x(1),mLn,sLn);evpdf(-x(2),uEv,aEv);...
        wblpdf(x(3),eWb,mWb)];
    xY = normpdf(y)./pdfX; gY = gX.*xY;
    alphaY = -rhoX*gY/sqrt(gY.'*rhoX*gY);
    bbeta = (g-gY.'*y)/sqrt(gY.'*rhoX*gY)
    y = bbeta*alphaY;
    cdfY = normcdf(y);
    x = [logninv(cdfY(1),mLn,sLn);-evinv(1-cdfY(2),uEv,aEv);...
        wblinv(cdfY(3),eWb,mWb)];
end    % FORM to SORM
nD = length(muX);
gXX = [-x(2)^2,x(1)*x(2),0;x(1)*x(2),-x(1)^2,0;0,0,0]*...
    576/(300*x(1)^2+1.92*x(2)^2)^1.5;
fX = [(mLn-sLn^2-log(x(1)))/sLn^2/x(1);...
    (exp((-uEv-x(2))/aEv)-1)/aEv;...
    (mWb-1-mWb*(x(3)/eWb)^mWb)/x(3)].*pdfX;
gYY = xY*xY.'.*gXX-diag(gX.*(y.*xY+xY.^2.*fX./pdfX));
a = chol(rhoX,'lower');
z = inv(a)*y;
gZ = a.'*gY; gZZ = a.'*gYY*a;
c = -eye(nD)-bbeta/norm(gZ)*gZZ;
cS = det(c)*inv(c); sJ = z.'*cS*z;
pFQ = normcdf(-bbeta)*bbeta/sqrt(abs(sJ))
```

程序运行结果为：可靠指标 $\beta = 2.7829$，二次失效概率 $p_{\mathrm{fQ}} = 4.0002 \times 10^{-3}$。

第 5 章　结构可靠度的二次四阶矩方法

一次二阶矩方法和二次二阶矩方法都需要已知基本变量的概率分布，都是以正确的分布概型和准确的统计参数为前提的。基本随机变量的样本容量、统计推断方法，如参数估计和假设检验的方法，都会影响基本随机变量的分布概型和统计参数的确定，进而影响到结构可靠度的计算结果。

累积分布函数是随机变量统计特性的完整描述，数字特征如各阶矩也能描述随机变量某些方面的重要特征。因此，在结构可靠度分析时，对于基本随机变量，可以不考虑其实际概率分布，只利用从基本资料统计分析得到的各阶矩。这种方法可称为结构可靠度分析的矩法[25]。

在可靠度矩法中，先要用基本随机变量的各阶矩得出功能函数的各阶矩，再通过最大熵原理[43–45] 或函数逼近[46] 等途径确定功能函数的概率密度函数。对于任意功能函数，目前较好的办法是将其展开成 Taylor 级数并取至二次项，用基本变量的前四阶矩来估计功能函数的前四阶矩。以功能函数前四阶矩为基础，通过 Pearson 系统还可以获得功能函数更高阶的矩，但所用基本资料显然仍是基本变量的前四阶矩。因此，本章的方法实际上是二次四阶矩方法。

5.1　最大熵二次四阶矩方法

1948 年，Shannon 将热力学熵的概念引入信息论中。若随机事件有 n 个可能结果，每个结果出现的概率为 p_i $(i=1,2,\ldots,n)$，为度量此事件的不确定性，Shannon 引入下列函数：

$$H=-c\sum_{i=1}^{n}p_i\ln p_i \tag{5.1}$$

式中，$c>0$ 为常数，因此 $H\geq 0$。H 称作 **Shannon 熵** (Shannon entropy)。显然，必然事件只出现一种结果，其 $p_i=1$，没有不确定性，$H=0$；若所有的 p_i 都相等 $(p_i=1/n)$，H 取最大值 $c\ln n$，表明人们对试验结果一无所知，事件的不确定性最大。

若随机事件服从概率密度函数为 $f_X(x)$ 的连续分布，Shannon 熵为

$$H = -c\int_{-\infty}^{\infty} f_X(x)\ln f_X(x)\,\mathrm{d}x \tag{5.2}$$

信息是在一种情况下能减少不确定性的任何事物。Shannon 熵在事件发生前，是该事件不确定性的度量；在事件发生后，是人们从该事件中所得到的信息的度量（信息量）。因此，Shannon 熵也叫**信息熵** (information entropy)，是事件的不确定性或信息量的度量。

在给定的条件下，所有可能的概率分布中存在一个使信息熵取极大值的分布。这称为 Jaynes 的**最大熵原理** (principle of maximum entropy)。在已知的信息附加约束条件下使信息熵最大，所得到的概率分布是偏差最小的概率分布，由此可得到一种构造“最佳”概率分布的途径。

考虑将随机变量 X 的前 m 阶原点矩 ν_{Xi} $(i=0,1,\ldots,m)$ 作为约束条件，即在下列条件下使式(5.2)取最大值：

$$\nu_{Xi} = \mathrm{E}(X^i) = \int_{-\infty}^{\infty} x^i f_X(x)\,\mathrm{d}x, \quad i=0,1,\ldots,m \tag{5.3}$$

利用 Lagrange 乘子法，利用式(5.2)和式(5.3)，引进修正的函数

$$L = -c\int_{-\infty}^{\infty} f_X(x)\ln f_X(x)\,\mathrm{d}x + \sum_{i=0}^{m}\lambda_i\left[\int_{-\infty}^{\infty} x^i f_X(x)\,\mathrm{d}x - \nu_{Xi}\right] \tag{5.4}$$

式中 $\lambda_0,\lambda_1,\ldots,\lambda_m$ 为待定常数。在稳定点处有 $\partial L/\partial f_X(x)=0$，即 $\ln f_X(x) = -1+(1/c)\sum_{i=0}^{m}\lambda_i x^i$，令 $a_i=-\lambda_i/c$ $(i=0,1,2,\ldots,m)$，可得最大熵概率密度函数为

$$f_X(x) = \exp\left(-\sum_{i=0}^{m} a_i x^i\right) \tag{5.5}$$

式中，$a_0,a_1,\ldots,a_m$ 为待定参数。

式(5.3)等价于给定 X 的中心矩

$$\mu_{Xi} = \mathrm{E}[(X-\mu_X)^i] = \int_{-\infty}^{\infty} (x-\mu_X)^i f_X(x)\,\mathrm{d}x, \quad i=0,1,\ldots,m \tag{5.6}$$

式中，$\mu_X=\nu_{X1}$ 为 X 的均值。

通常可以得到 X 的前四阶中心矩，即

$$\begin{cases} \mu_{X0} = 1 \\ \mu_{X1} = 0 \\ \mu_{X2} = \sigma_X^2 \\ \mu_{X3} = C_{\mathrm{s}X}\sigma_X^3 \\ \mu_{X4} = C_{\mathrm{k}X}\sigma_X^4 \end{cases} \tag{5.7}$$

式中，σ_X 为标准差，$C_{\mathrm{s}X}$ 为偏态系数，$C_{\mathrm{k}X}$ 为峰度系数。

X 的更高阶矩的表达式有时是相当复杂的，不易获得。为了较为简便地得到四阶以上的中心矩，可以借助具有广泛适应性的 **Pearson 曲线簇** (Pearson curves)（或称 **Pearson 系统** (Pearson system)）。

Pearson 系统中，认为随机变量 X 的概率密度函数 $f_X(x)$ 由下面常微分方程确定：

$$\frac{1}{f_X(x)}\frac{\mathrm{d}f_X(x)}{\mathrm{d}x} = \frac{x-d}{c_0+c_1x+c_2x^2} \tag{5.8}$$

将式(5.8)积分，可得到一个曲线簇。式(5.8)即 Pearson 曲线簇的一般形式，参数 c_0、c_1、c_2 和 d 可用 X 的前四阶中心矩 μ_{Xi} 表示，即

$$\begin{cases} c_0 = -\dfrac{\mu_{X2}(4\mu_{X2}\mu_{X4}-3\mu_{X3}^2)}{10\mu_{X2}\mu_{X4}-12\mu_{X3}^2-18\mu_{X2}^3} \\ c_1 = -\dfrac{\mu_{X3}(3\mu_{X2}^2+\mu_{X4})}{10\mu_{X2}\mu_{X4}-12\mu_{X3}^2-18\mu_{X2}^3} \\ c_2 = -\dfrac{2\mu_{X2}\mu_{X4}-3\mu_{X3}^2-6\mu_{X2}^3}{10\mu_{X2}\mu_{X4}-12\mu_{X3}^2-18\mu_{X2}^3} \\ d = c_1 \end{cases} \tag{5.9}$$

曲线簇的各阶中心矩存在以下递推关系：

$$\mu_{X(i+1)} = -\frac{i}{1+(i+2)c_2}[c_0\mu_{X(i-1)}+c_1\mu_{Xi}], \quad i=1,2,\ldots \tag{5.10}$$

各阶 μ_{Xi} 可能相差极为悬殊，为此将 X 转换成标准随机变量 $Y=(X-\mu_X)/\sigma_X$，以免在计算时溢出而中断求解。X 和 Y 的各阶中心矩存在以下关系：

$$\mu_{Xi} = \mathrm{E}[(X-\mu_X)^i] = \mathrm{E}[(\sigma_X Y)^i]$$

$$= \sigma_X^i \operatorname{E}(Y^i) = \sigma_X^i \mu_{Yi} = \sigma_X^i \nu_{Yi}, \quad i = 0, 1, \ldots, m \tag{5.11}$$

利用式(5.7)和式(5.11)，注意到 $\mu_Y = 0$，$\sigma_Y = 1$，$\nu_{Yi} = \mu_{Yi}$，标准随机变量 Y 的前四阶矩为

$$\begin{cases} \nu_{Y0} = 1 \\ \nu_{Y1} = 0 \\ \nu_{Y2} = 1 \\ \nu_{Y3} = C_{sY} = C_{sX} \\ \nu_{Y4} = C_{kY} = C_{kX} \end{cases} \tag{5.12}$$

对于标准随机变量 Y，确定 Pearson 系统参数的式(5.9)可写成

$$\begin{cases} c_0 = -\dfrac{4C_{kY} - 3C_{sY}^2}{10C_{kY} - 12C_{sY}^2 - 18} \\ c_1 = -\dfrac{C_{sY}(3 + C_{kY})}{10C_{kY} - 12C_{sY}^2 - 18} \\ c_2 = -\dfrac{2C_{kY} - 3C_{sY}^2 - 6}{10C_{kY} - 12C_{sY}^2 - 18} \\ d = c_1 \end{cases} \tag{5.13}$$

而式(5.10)，只要将其中的 X 换成 Y，可用于递推更高阶的矩 $\nu_{Yi} = \mu_{Yi}$ $(i = 5, 6, \ldots)$。

设结构的功能函数为 $Z = g_X(\boldsymbol{X})$，其中 $\boldsymbol{X} = (X_1, X_2, \ldots, X_n)^\top$ 中 X_i 的统计参数为 μ_{X_i}，V_{X_i}，C_{sX_i} 和 C_{kX_i}，前四阶中心矩为 μ_{X_1}，μ_{X_2}，μ_{X_3} 和 μ_{X_4}。将 Z 在设计点 $\boldsymbol{x}^*$ 处作 Taylor 级数展开并取至二次项，得

$$Z_Q = g_X(\boldsymbol{x}^*) + (\boldsymbol{X} - \boldsymbol{x}^*)^\top \nabla g_X(\boldsymbol{x}^*) + \frac{1}{2}(\boldsymbol{X} - \boldsymbol{x}^*)^\top \nabla^2 g_X(\boldsymbol{x}^*)(\boldsymbol{X} - \boldsymbol{x}^*) \tag{5.14}$$

由式(5.14)可近似计算 Z 的前四阶矩。Z_Q 的均值为

$$\mu_{Z_Q} = \operatorname{E}(Z_Q) = g_X(\boldsymbol{\mu}_X) + \frac{1}{2}\sum_{i=1}^{n} \frac{\partial^2 g_X(\boldsymbol{\mu}_X)}{\partial X_i^2} \mu_{X_i 2} \tag{5.15}$$

第二至四阶中心矩分别为

$$\mu_{Z_Q 2} = \sigma_{Z_Q}^2 = \operatorname{E}[(Z_Q - \mu_{Z_Q})^2]$$

$$
\begin{aligned}
&= \sum_{i=1}^{n}\left[\frac{\partial g_X(\boldsymbol{\mu}_X)}{\partial X_i}\right]^2 \mu_{X_i 2} + \sum_{i=1}^{n}\frac{\partial g_X(\boldsymbol{\mu}_X)}{\partial X_i}\frac{\partial^2 g_X(\boldsymbol{\mu}_X)}{\partial X_i^2}\mu_{X_i 3} \\
&\quad + \frac{1}{4}\sum_{i=1}^{n}\left[\frac{\partial^2 g_X(\boldsymbol{\mu}_X)}{\partial X_i^2}\right]^2 (\mu_{X_i 4} - 3\mu_{X_i 2}^2) \\
&\quad + \frac{1}{2}\sum_{i=1}^{n}\sum_{j=1}^{n}\left[\frac{\partial^2 g_X(\boldsymbol{\mu}_X)}{\partial X_i \partial X_j}\right]^2 \mu_{X_i 2}\mu_{X_j 2}
\end{aligned} \tag{5.16}
$$

$$
\begin{aligned}
\mu_{Z_{\mathrm{Q}}3} &= \mathrm{E}[(Z_{\mathrm{Q}} - \mu_{Z_{\mathrm{Q}}})^3] \\
&= \sum_{i=1}^{n}\left[\frac{\partial g_X(\boldsymbol{\mu}_X)}{\partial X_i}\right]^3 \mu_{X_i 3} \\
&\quad + \frac{3}{2}\sum_{i=1}^{n}\left[\frac{\partial g_X(\boldsymbol{\mu}_X)}{\partial X_i}\right]^2 \frac{\partial^2 g_X(\boldsymbol{\mu}_X)}{\partial X_i^2}(\mu_{X_i 4} - 3\mu_{X_i 2}^2) \\
&\quad + 3\sum_{i=1}^{n}\sum_{j=1}^{n}\frac{\partial g_X(\boldsymbol{\mu}_X)}{\partial X_i}\frac{\partial g_X(\boldsymbol{\mu}_X)}{\partial X_j}\frac{\partial^2 g_X(\boldsymbol{\mu}_X)}{\partial X_i \partial X_j}\mu_{X_i 2}\mu_{X_j 2}
\end{aligned} \tag{5.17}
$$

$$
\begin{aligned}
\mu_{Z_{\mathrm{Q}}4} &= \mathrm{E}[(Z_{\mathrm{Q}} - \mu_{Z_{\mathrm{Q}}})^4] \\
&= \sum_{i=1}^{n}\left[\frac{\partial g_X(\boldsymbol{\mu}_X)}{\partial X_i}\right]^4 (\mu_{X_i 4} - 3\mu_{X_i 2}^2) \\
&\quad + 3\sum_{i=1}^{n}\sum_{j=1}^{n}\left[\frac{\partial g_X(\boldsymbol{\mu}_X)}{\partial X_i}\right]^2\left[\frac{\partial g_X(\boldsymbol{\mu}_X)}{\partial X_j}\right]^2 \mu_{X_i 2}\mu_{X_j 2}
\end{aligned} \tag{5.18}
$$

以上是用 Taylor 级数展开方法求取功能函数 Z 的前四阶中心矩的估计值，此外还有一种概率矩的点估计方法可以用来估计 Z 的各阶原点矩 ν_{Zi} $(i = 1, 2, \ldots)$。但点估计方法只用到随机变量的前 3 阶矩，改进后也可用到第 4 阶矩，但计算精度都不如 Taylor 级数展开方法。

如果需要，还可以利用式(5.10)得到更高阶的 μ_{Zi}。

将功能函数 Z 标准化为 $Y = (Z - \mu_Z)/\sigma_Z$，满足约束条件(5.12)的随机变量 Y 的最大熵概率密度函数 $f(y)$ 仍是式(5.5)的形式。将式(5.5)和式(5.12)代入式(5.3)，得积分方程组

$$
\int_{-\infty}^{\infty} y^i \exp\left(-\sum_{j=0}^{m} a_j y^j\right)\mathrm{d}y = \nu_{Yi}, \quad i = 0, 1, \ldots, m \tag{5.19}
$$

从中可解出 $f(y)$ 中的系数 $a_0, a_1, \ldots, a_m$。

结构的失效概率

$$p_{\mathrm{f}} = \mathrm{P}(Z \leq 0) = \mathrm{P}\left(Y \leq -\frac{\mu_Z}{\sigma_Z}\right) = \int_{-\infty}^{-\mu_Z/\sigma_Z} \exp\left(-\sum_{i=0}^{m} a_i y^i\right) \mathrm{d}y \tag{5.20}$$

式(5.19)和式(5.20)的积分均为无穷区间积分，在数值积分时须先进行适当处理。可以利用区间截断方法使之成为正常积分，即将式(5.19)中的无穷积分区间用包含 0 的有限区间代替，式(5.20)中的积分下限则代以小于 $-\mu_Z/\sigma_Z$ 的有限值。

如果利用 MATLAB 软件，则计算式(5.20)这种无穷区间上的积分并不存在困难，其函数 `integral` 或 `quadgk` 能够直接计算无穷积分限的一维积分。

基于最大熵原理的二次四阶矩方法的计算过程可总结如下：

(1) 计算 μ_Z，利用式(5.15)。
(2) 计算 μ_{Zi}，利用式(5.16) $\sim$ 式(5.18)。
(3) 计算 $C_{\mathrm{s}Z}$ 和 $C_{\mathrm{k}Z}$，利用式(5.7) $(X \to Z)$ 的后两式。
(4) 计算 ν_{Yi}，利用式(5.12) $(X \to Z)$。
(5) 计算高阶 ν_{Yi}，利用式(5.10) $(X \to Y)$ 和式(5.13)。
(6) 由方程组(5.19)求解 a_i。
(7) 计算 p_{f}，利用式(5.20)。

例 5.1　设结构的极限状态方程为 $Z = R - S = 0$，现从两个已知分布的母体中随机抽样，统计分析后得到 R 和 S 的前四阶矩统计参数 $(\mu, V, C_{\mathrm{s}}, C_{\mathrm{k}})$ 分别为 R:(26.756, 0.106, 0.133, 2.91)，S:(8.00, 0.29, 0.11, 3.05)。R 和 S 经 χ^2 检验均不拒绝服从正态分布。用最大熵二次四阶矩方法计算结构的失效概率。

解　功能函数的梯度 $\nabla g(R,S) = (1,-1)^{\top}$，Hesse 矩阵 $\nabla^2 g(R,S) = \mathbf{0}$。

计算程序见清单 5.1，此主程序需要调用清单 5.2 中给出的自定义函数 `fint`。

清单 5.1　例 5.1 的最大熵二次四阶矩方法程序

```
clear; clc;
muX = [26.756;8]; cvX = [0.106;0.29];
sigmaX = cvX.*muX;
csX = [0.133;0.11]; ckX = [2.91;3.05]; m = 4;
gX = [1;-1];
gXX = zeros(2);
muG = muX(1)-muX(2);
```

```
m2 = sigmaX.^2; m3 = csX.*sigmaX.^3; m4 = ckX.*sigmaX.^4;
t42 = m4-3*m2.^2; dg = diag(gXX); gX2 = gX.^2; gt2 = gX.*m2;
muZ = muG+dg.'*m2/2;
muZ2 = gX2.'*m2+gX.'.*dg.'*m3+dg.'.^2*t42/4+m2.'*gXX.^2*m2/2;
sigmaZ = sqrt(muZ2);
muZ3 = gX.'.^3*m3+1.5*gX2.'.*dg.'*t42+3*gt2.'*gXX*gt2;
muZ4 = gX.'.^4*t42+3*gt2.'*gX*gX.'*gt2;
csZ = muZ3/sigmaZ^3;
ckZ = muZ4/sigmaZ^4;
nuY = [1;0;1;csZ;ckZ];
t = 10*ckZ-12*csZ^2-18; c0 = (3*csZ^2-4*ckZ)/t;
c1 = -csZ*(3+ckZ)/t; c2 = (6+3*csZ^2-2*ckZ)/t;
for k = 4:m-1
    nuY(k+2) = -k*(c0*nuY(k)+c1*nuY(k+1))/(1+(k+2)*c2);
end
a = fsolve(@(a)fint(a,nuY,m,10),zeros(m+1,1));
pF = integral(@(z)exp(-polyval(a,z)),-Inf,-muZ/sigmaZ)
```

清单 5.2　例 5.1 ～ 例 5.3 中调用的函数

```
function f = fint(a,nuY,m,c)
k = [0:m].';
f = integral(@(x)x.^k/exp(polyval(a,x)),-c,c,'ArrayValued',1)-nuY;
```

程序运行结果为：失效概率 $p_{\mathrm{f}} = 3.3468 \times 10^{-8}$。

通过试算发现，如果用 MATLAB 软件的函数 integral 直接计算无穷区间上的积分，以形成并求解关于 a_i $(i = 0, 1, \ldots, m)$ 的方程组(5.19)，效果并不好，所以程序中仍采用了计算无穷积分的区间截断方法。但是，当 a_i $(i = 0, 1, \ldots, m)$ 确定后，用函数 integral 计算失效概率的积分式(5.20)时，则无需将无穷积分限作截断处理。 □

例 5.2　设结构的极限状态方程为 $Z = 1000fr - 7.51Hf + fQ + 40C - 0.5H^2 = 0$，其中 f、r、H、Q 和 C 均服从正态分布，其均值分别为 1.2、2.4、50、25 和 10，标准差分别为 0.36、0.072、3.0、7.5 和 5.0。用最大熵二次四阶矩方法计算结构的失效概率。

解　正态分布的偏态系数 $C_{\mathrm{s,N}} = 0$，峰度系数 $C_{\mathrm{k,N}} = 3$。

基本随机变量 $\boldsymbol{X} = (f, r, H, Q, C)^{\top}$，功能函数的梯度和 Hesse 矩阵分别为

$$\nabla g(\boldsymbol{X}) = (1000r - 7.51H + Q, 1000f, -7.51f - H, f, 40)^{\top}$$

$$\nabla^2 g(\boldsymbol{X}) = \begin{bmatrix} 0 & 1000 & -7.51 & 1 & 0 \\ 1000 & 0 & 0 & 0 & 0 \\ -7.51 & 0 & -1 & 0 & 0 \\ 1 & 0 & 0 & 0 & 0 \\ 0 & 0 & 0 & 0 & 0 \end{bmatrix}$$

计算程序见清单 5.3，此主程序需要调用清单 5.2 中给出的自定义函数 `fint`。

清单 5.3　例 5.2 的最大熵二次四阶矩方法程序

```
clear; clc;
muX = [1.2;2.4;50;25;10]; sigmaX = [0.36;0.072;3;7.5;5];
csX = zeros(5,1); ckX = repmat(3,5,1); m = 4;
gX = [1e3*muX(2)-7.51*muX(3)+muX(4);1e3*muX(1);...
      -7.51*muX(1)-muX(3);muX(1);40];
gXX = blkdiag([0,1e3,-7.51,1;1e3,0,0,0;-7.51,0,-1,0;1,0,0,0],0);
muG = 1e3*muX(1)*muX(2)-7.51*muX(3)*muX(1)+muX(1)*muX(4)+...
    40*muX(5)-muX(3)^2/2;
m2 = sigmaX.^2; m3 = csX.*sigmaX.^3; m4 = ckX.*sigmaX.^4;
t42 = m4-3*m2.^2; dg = diag(gXX); gX2 = gX.^2; gt2 = gX.*m2;
muZ = muG+dg.'*m2/2;
muZ2 = gX2.'*m2+gX.'.*dg.'*m3+dg.'.^2*t42/4+m2.'*gXX.^2*m2/2;
sigmaZ = sqrt(muZ2);
muZ3 = gX.'.^3*m3+1.5*gX2.'.*dg.'*t42+3*gt2.'*gXX*gt2;
muZ4 = gX.'.^4*t42+3*gt2.'*gX*gX.'*gt2;
csZ = muZ3/sigmaZ^3;
ckZ = muZ4/sigmaZ^4;
nuY = [1;0;1;csZ;ckZ];
t = 10*ckZ-12*csZ^2-18; c0 = (3*csZ^2-4*ckZ)/t;
c1 = -csZ*(3+ckZ)/t; c2 = (6+3*csZ^2-2*ckZ)/t;
```

```
for k = 4:m-1
    nuY(k+2) = -k*(c0*nuY(k)+c1*nuY(k+1))/(1+(k+2)*c2);
end
a = fsolve(@(a)fint(a,nuY,m,10),zeros(m+1,1));
pF = integral(@(z)exp(-polyval(a,z)),-Inf,-muZ/sigmaZ)
```

程序运行结果为：失效概率 $p_{\mathrm{f}} = 2.0208 \times 10^{-2}$。 □

例 5.3 设结构的极限状态方程为 $Z = X_2 - 8100(X_1 + X_4)/X_3^2 = 0$，其中 X_1 服从正态分布，X_2 和 X_3 服从对数正态分布，X_4 服从极值 I 型分布，均值 $\boldsymbol{\mu}_X = (60, 2000, 24, 50)^\top$，标准差 $\boldsymbol{\sigma}_X = (6.0, 74.0, 1.2, 10.0)^\top$。用最大熵二次四阶矩方法计算结构的失效概率。

解 对数正态变量 X 的偏态系数和峰度系数分别为

$$C_{\mathrm{s,Ln}} = (\exp\sigma_{\ln X}^2 + 2)\sqrt{\exp\sigma_{\ln X}^2 - 1} = 3V_X + V_X^3 \tag{5.21}$$

$$\begin{aligned} C_{\mathrm{k,Ln}} &= \exp(4\sigma_{\ln X}^2) + 2\exp(3\sigma_{\ln X}^2) + 3\exp(2\sigma_{\ln X}^2) - 3 \\ &= (1 + C_X^2)^4 + 2(1 + V_X^2)^3 + 3(1 + V_X^2)^2 - 3 \end{aligned} \tag{5.22}$$

极值 I 型变量 X 的偏态系数和峰度系数分别为

$$C_{\mathrm{s,EvI}} = \frac{12\sqrt{6}\,\zeta(3)}{\pi^3} \tag{5.23}$$

$$C_{\mathrm{k,EvI}} = \frac{27}{5} \tag{5.24}$$

式中，$\zeta(\cdot)$ 为 Riemann zeta 函数，$\zeta(x) = \sum_{i=1}^{\infty} i^{-x}$，其中 $\mathrm{Re}\, x > 1$。

功能函数的梯度和 Hesse 矩阵分别为

$$\nabla g(\boldsymbol{X}) = \frac{8100}{X_3^2}\left(-1, \frac{X_3^2}{8100}, 2\frac{X_1 + X_4}{X_3}, -1\right)^\top$$

$$\nabla^2 g(\boldsymbol{X}) = \frac{16200}{X_3^3}\begin{bmatrix} 0 & 0 & 1 & 0 \\ 0 & 0 & 0 & 0 \\ 1 & 0 & -3\dfrac{X_1 + X_4}{X_3} & 1 \\ 0 & 0 & 1 & 0 \end{bmatrix}$$

计算程序见清单 5.4，此主程序需要调用清单 5.2 中给出的自定义函数 fint。

清单 5.4　例 5.3 的最大熵二次四阶矩方法程序

```
clear; clc;
muX = [60;2000;24;50]; sigmaX = [6;74;1.2;10];
s = sigmaX(2:3)./muX(2:3); t = s.*s;
csX = [0;(3+t).*s;12*sqrt(6)*zeta(3)/pi^3];
ckX = [3;(1+t).^2.*(2+t).*(3+t)-3;27/5];
m = 4; t = muX(3);
gX = [-8100/t^2;1;16200*(muX(1)+muX(4))/t^3;-8100/t^2];
gXX = 16200/t^3*...
    [0,0,1,0;0,0,0,0;1,0,-3*(muX(1)+muX(4))/t,1;0,0,1,0];
muG = muX(2)-8100*(muX(1)+muX(4))/muX(3)^2;
m2 = sigmaX.^2; m3 = csX.*sigmaX.^3; m4 = ckX.*sigmaX.^4;
t42 = m4-3*m2.^2; dg = diag(gXX); gX2 = gX.^2; gt2 = gX.*m2;
muZ = muG+dg.'*m2/2;
muZ2 = gX2.'*m2+gX.'.*dg.'*m3+dg.'.^2*t42/4+m2.'*gXX.^2*m2/2;
sigmaZ = sqrt(muZ2);
muZ3 = gX.'.^3*m3+1.5*gX2.'.*dg.'*t42+3*gt2.'*gXX*gt2;
muZ4 = gX.'.^4*t42+3*gt2.'*gX*gX.'*gt2;
csZ = muZ3/sigmaZ^3;
ckZ = muZ4/sigmaZ^4;
nuY = [1;0;1;csZ;ckZ];
t = 10*ckZ-12*csZ^2-18; c0 = (3*csZ^2-4*ckZ)/t;
c1 = -csZ*(3+ckZ)/t; c2 = (6+3*csZ^2-2*ckZ)/t;
for k = 4:m-1
    nuY(k+2) = -k*(c0*nuY(k)+c1*nuY(k+1))/(1+(k+2)*c2);
end
a = fsolve(@(a)fint(a,nuY,m,10),zeros(m+1,1));
pF = integral(@(z)exp(-polyval(a,z)),-Inf,-muZ/sigmaZ)
```

程序运行结果为：失效概率 $p_{\mathrm{f}} = 4.5447 \times 10^{-2}$。

本例能够用式(2.11)计算出失效概率，即

$$
\begin{aligned}
p_{\mathrm{f}} &= \iiiint_{x_1 \geq x_2 x_3^2/8100 - x_4} \prod_{i=1}^{4} f_{X_i}(x_i)\,\mathrm{d}x_1\mathrm{d}x_2\mathrm{d}x_3\mathrm{d}x_4 \\
&= \int_{-\infty}^{\infty}\int_{0}^{\infty}\int_{0}^{\infty} \varPhi\left(-\frac{x_2 x_3^2/8100 - x_4 - \mu_{X_1}}{\sigma_{X_1}}\right) \\
&\quad \cdot f_{X_2}(x_2) f_{X_3}(x_3) f_{X_4}(x_4)\,\mathrm{d}x_2\mathrm{d}x_3\mathrm{d}x_4
\end{aligned}
$$

利用上式的计算程序见清单 5.5。

清单 5.5 例 5.3 用定义计算失效概率的程序

```
clear; clc;
muX = [60;2000;24;50]; sigmaX = [6;74;1.2;10];
cvX = sigmaX./muX;
sLn = sqrt(log(1+cvX(2:3).^2)); mLn = log(muX(2:3))-sLn.^2/2;
aEv = sigmaX(4)*sqrt(6)/pi; uEv = -psi(1)*aEv-muX(4);
fun = @(x,y,z)normcdf((z-x.*y.^2/8100+muX(1))/sigmaX(1)).*...
    lognpdf(x,mLn(1),sLn(1)).*lognpdf(y,mLn(2),sLn(2)).*...
    evpdf(-z,uEv,aEv);
pF = integral3(fun,0,Inf,0,Inf,-Inf,Inf,'AbsTol',0)
```

清单 5.5 程序运行结果为：失效概率 $p_{\mathrm{f}} = 4.3606 \times 10^{-2}$。

5.2 最佳平方逼近二次四阶矩方法

最佳平方逼近 (least squares approximation) 方法也是产生功能函数 Z 的概率密度函数常用的方法，其理论根据是：若两个随机变量的各阶矩对应相等，则它们具有相同的概率分布和特征值。只要在给定的内积空间内，以各阶矩为约束条件，就可以得到概率密度函数多项式的待定系数，从而确定 Z 的概率分布形式，并得到结构的失效概率。

设函数 $f(x)$ 在区间 $[a,b]$ 上连续，$p_i(x)$ $(i=0,1,\ldots,m)$ 为区间 $[a,b]$ 上 $m+1$ 个线性无关的连续函数，用 $p_i(x)$ 的线性组合 $p(x)=\sum_{i=0}^{m}\lambda_i p_i(x)$ 逼近 $f(x)$，使积分 $I=\int_a^b [p(x)-f(x)]^2 \rho(x)\,\mathrm{d}x$ 最小，其中 λ_i $(i=0,1,\ldots,m)$ 为系数，$\rho(x)$ 是区间 $[a,b]$ 上的权函数，此即最佳平方逼近问题。

由多元函数取极值的必要条件 $\partial I/\partial\lambda_i=0$，可得确定系数 $\lambda_0,\lambda_1,\ldots,\lambda_m$ 的

线性方程组为

$$\int_a^b \sum_{i=0}^m \left[\lambda_i p_i(x) - f(x)\right] p_j(x)\rho(x)\,\mathrm{d}x = 0, \quad j = 0, 1, \ldots, m \tag{5.25}$$

或写成

$$\boldsymbol{A\lambda} = \boldsymbol{b} \tag{5.26}$$

式中，矩阵 $\boldsymbol{A}$ 的元素和向量 $\boldsymbol{b}$ 的分量分别为

$$A_{ij} = \int_a^b p_i(x)p_j(x)\rho(x)\,\mathrm{d}x, \quad i, j = 0, 1, \ldots, m \tag{5.27}$$

$$b_i = \int_a^b f(x)p_i(x)\rho(x)\,\mathrm{d}x, \quad i = 0, 1, \ldots, m \tag{5.28}$$

由于 $p_0(x), p_1(x), \ldots, p_m(x)$ 线性无关，矩阵 $\boldsymbol{A}$ 是 $m+1$ 阶非奇异矩阵，故方程组(5.26)有唯一解。

设随机变量 X 的概率密度函数为 $f_X(x)$，若取 $p_i(x) = x^i$，$\rho(x) = 1$，则由式(5.27)、式(5.28)和式(5.3)可得

$$A_{ij} = \frac{b^{i+j+1} - a^{i+j+1}}{i+j+1}, \quad i, j = 0, 1, \ldots, m \tag{5.29}$$

$$b_i = \nu_{Xi}, \quad i = 0, 1, \ldots, m \tag{5.30}$$

若 X 的各阶原点矩 ν_{Xi} 已知，则由方程组(5.26)可解出 λ_i $(i = 0, 1, \ldots, m)$，得到最佳平方逼近多项式 $p(x)$，于是

$$f_X(x) \approx p(x) = \sum_{i=0}^m \lambda_i x^i \tag{5.31}$$

根据算例分析，采用最佳平方逼近方法求随机变量或随机样本的概率密度函数时，为保证精度，一般矩的阶数 m 应大于 4，样本容量也要求较大，如大于 30。

通常工程中的随机变量都是有界的，因此在有限区间上来逼近 $f(x)$ 是可行的。但根据式(5.26) ~ 式(5.31)，区间 $[a, b]$ 的上、下界的取值会影响逼近函数 $p(x)$ 的曲线形状，影响逼近精度。

对于结构功能函数 Z，可以通过结构基本随机变量的统计值或 Z 本身的样本值，利用式(5.31)得到其概率密度函数 $f_Z(z)$。此时，a 和 b 的选择对近似概率

密度曲线的尾部影响较大，直接关系失效概率的计算。对于大容量样本，简便的做法是取最大值和最小值作为区间界限。一般情况下，可算出 Z 的前三阶矩 μ_Z，σ_Z 和 μ_{Z3}，以及偏度系数 $C_{sZ}=\mu_{Z3}/\sigma_Z^3$，$Z$ 的上、下界先按正态分布进行估计，$a=\mu_Z-3.5\sigma_Z$，$b=\mu_Z+3.5\sigma_Z$，然后再按分布的偏向进行调整：若 $C_{sZ}<0$，分布左偏，应减小下限，$a=\mu_Z-4.0\sigma_Z$；若 $C_{sZ}>0$，分布右偏，应增大上限，$b=\mu_Z+4.0\sigma_Z$[43,46]。

在获得式(5.31)时，方程组(5.26)的矩阵 $\boldsymbol{A}$ 当 m 较大时会出现病态，同时为了计算方便和稳定，将 Z 标准化为 Y，$Y=(Z-\mu_Z)/\sigma_Z$。此时，Y 的中心矩就是原点矩，利用式(5.12)，a 和 b 的估计式分别为

$$a=\begin{cases}-3.5, & C_{sZ}\geq 0\\ -4.0, & C_{sZ}<0\end{cases} \tag{5.32a}$$

$$b=\begin{cases}3.5, & C_{sZ}\leq 0\\ 4.0, & C_{sZ}>0\end{cases} \tag{5.32b}$$

利用式(5.12)，需要时再利用式(5.13)，计算 Y 的各阶原点矩 ν_{Yi}。于是就可由式(5.29)和式(5.30)形成方程组(5.26)，解出系数 $\boldsymbol{\lambda}$ 便可得到 $f_Y(y)$ 在内积空间的最佳平方逼近函数 $p(y)$，从而计算结构的失效概率。但多项式 $p(y)$ 在尾端 $y=a$ 附近出现波动，可按下式计算结构的失效概率：

$$\begin{aligned}p_{\mathrm{f}}&\approx \mathrm{P}(Z\leq 0)=\mathrm{P}\left(Y\leq -\frac{\mu_Z}{\sigma_Z}\right)\\&=\int_a^{-\mu_Z/\sigma_Z}\sum_{i=0}^{m}\lambda_i y^i\,\mathrm{d}y=\sum_{i=0}^{m}\frac{\lambda_i}{i+1}\left[\left(-\frac{\mu_Z}{\sigma_Z}\right)^{i+1}-a^{i+1}\right]\end{aligned} \tag{5.33}$$

采用最佳平方逼近二次四阶矩方法计算结构的失效概率，其计算过程如下：

(1) 计算 μ_Z，利用式(5.15)。

(2) 计算 μ_{Zi}，利用式(5.16) ~ 式(5.18)。

(3) 计算 C_{sZ} 和 C_{kZ}，利用式(5.7) $(X\to Z)$ 的后两式。

(4) 计算 ν_{Yi}，利用式(5.12) $(X\to Z)$。

(5) 计算高阶 ν_{Yi}，利用式(5.10) $(X\to Y)$ 和式(5.13)。

(6) 计算 a 和 b，利用式(5.32)。

(7) 计算 $\boldsymbol{A}$ 和 $\boldsymbol{b}$，分别利用式(5.29)和式(5.30)。

(8) 由方程组(5.26)求解 $\boldsymbol{\lambda}$。

(9) 计算 p_{f}，利用式(5.33)。

例 5.4　用最佳平方逼近二次四阶矩方法计算例 5.2 中结构的失效概率。

解　计算程序见清单 5.6。

清单 5.6　例 5.4 的最佳平方逼近二次四阶矩方法程序

```
clear all; close all; clc;
muX = [1.2;2.4;50;25;10]; sigmaX = [0.36;0.072;3;7.5;5];
csX = zeros(5,1); ckX = repmat(3,5,1); m = 8;
gX = [1e3*muX(2)-7.51*muX(3)+muX(4);1e3*muX(1);...
      -7.51*muX(1)-muX(3);muX(1);40];
gXX = blkdiag([0,1e3,-7.51,1;1e3,0,0,0;-7.51,0,-1,0;1,0,0,0],0);
muG = 1e3*muX(1)*muX(2)-7.51*muX(3)*muX(1)+muX(1)*muX(4)+...
    40*muX(5)-muX(3)^2/2;
m2 = sigmaX.^2; m3 = csX.*sigmaX.^3; m4 = ckX.*sigmaX.^4;
t42 = m4-3*m2.^2; dg = diag(gXX); gX2 = gX.^2; gt2 = gX.*m2;
muZ = muG+dg.'*m2/2;
muZ2 = gX2.'*m2+gX.'.*dg.'*m3+dg.'.^2*t42/4+m2.'*gXX.^2*m2/2;
sigmaZ = sqrt(muZ2);
muZ3 = gX.'.^3*m3+1.5*gX2.'.*dg.'*t42+3*gt2.'*gXX*gt2;
muZ4 = gX.'.^4*t42+3*gt2.'*gX*gX.'*gt2;
csZ = muZ3/sigmaZ^3;
ckZ = muZ4/sigmaZ^4;
nuY = [1;0;1;csZ;ckZ];
t = 10*ckZ-12*csZ^2-18; c0 = (3*csZ^2-4*ckZ)/t;
c1 = -csZ*(3+ckZ)/t; c2 = (6+3*csZ^2-2*ckZ)/t;
for k = 4:m-1
    nuY(k+2) = -k*(c0*nuY(k)+c1*nuY(k+1))/(1+(k+2)*c2);
end
s = sign(csZ); aa = s*(1-s)/4-3.5; bb = s*(1+s)/4+3.5;
h = 1./hilb(m+1); a = (bb.^h-aa.^h)./h;
lambda = a\nuY;
```

```
vi = flipud(lambda./[1:m+1].');
bZ = -muZ/sigmaZ;
pF = bZ*polyval(vi,bZ)-aa*polyval(vi,aa)
vr = flipud(lambda);
fplot(@(y)polyval(vr,y),[aa,bb],'k');
xlabel('\ity'); ylabel('\itp\rm(\ity\rm)');
```

程序运行结果为：失效概率 $p_{\mathrm{f}} = 1.9359 \times 10^{-2}$。图 5.1 所示为标准化功能函数 Y 的概率密度函数 $f_Y(y)$ 的最佳逼近多项式 $p(y)$ 的函数曲线。

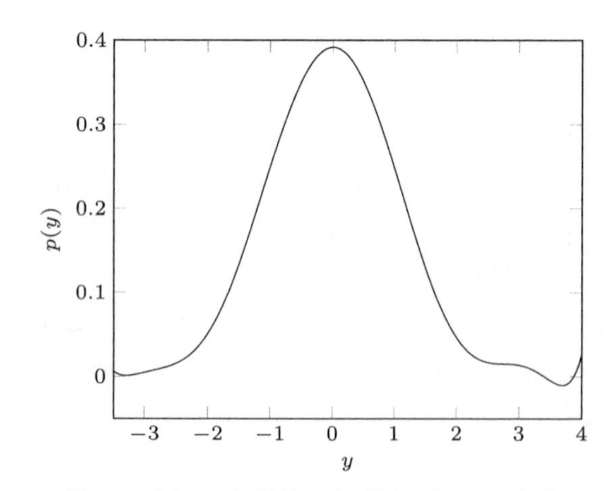

图 5.1　例 5.4 的最佳平方逼近函数 $p(y)$ 曲线

最佳平方逼近多项式 $p(y)$ 在接近 $y = a$ 和 $y = b$ 处通常会产生波动，波动越大则逼近精度就越差。因此，程序最后用函数 `fplot` 对所求得的 $p(y)$ 在区间 $[a, b]$ 作图，以观察 $p(y)$ 在两边尾部的情况。通常只有在一两个 m 的取值下，$p(y)$ 曲线比较光滑、波动小，偏离该 m 值后，曲线波动会明显加剧。因此，可通过改变矩的阶数 m，找出曲线波动最小、逼近程度最好的情形，此时失效概率的计算精度也就相对最高。 □

例 5.5　用最佳平方逼近二次四阶矩方法计算例 5.3 中结构的失效概率。

解　计算程序见清单 5.7。

清单 5.7　例 5.5 的最佳平方逼近二次四阶矩方法程序

```
clear all; close all; clc;
muX = [60;2000;24;50]; sigmaX = [6;74;1.2;10];
```

```
s = sigmaX(2:3)./muX(2:3); t = s.*s;
csX = [0;(3+t).*s;12*sqrt(6)*zeta(3)/pi^3];
ckX = [3;(1+t).^2.*(2+t).*(3+t)-3;27/5];
m = 7; t = muX(3);
gX = [-8100/t^2;1;16200*(muX(1)+muX(4))/t^3;-8100/t^2];
gXX = 16200/t^3*...
    [0,0,1,0;0,0,0,0;1,0,-3*(muX(1)+muX(4))/t,1;0,0,1,0];
muG = muX(2)-8100*(muX(1)+muX(4))/muX(3)^2;
m2 = sigmaX.^2; m3 = csX.*sigmaX.^3; m4 = ckX.*sigmaX.^4;
t42 = m4-3*m2.^2; dg = diag(gXX); gX2 = gX.^2; gt2 = gX.*m2;
muZ = muG+dg.'*m2/2;
muZ2 = gX2.'*m2+gX.'.*dg.'*m3+dg.'.^2*t42/4+m2.'*gXX.^2*m2/2;
sigmaZ = sqrt(muZ2);
muZ3 = gX.'.^3*m3+1.5*gX2.'.*dg.'*t42+3*gt2.'*gXX*gt2;
muZ4 = gX.'.^4*t42+3*gt2.'*gX*gX.'*gt2;
csZ = muZ3/sigmaZ^3;
ckZ = muZ4/sigmaZ^4;
nuY = [1;0;1;csZ;ckZ];
t = 10*ckZ-12*csZ^2-18; c0 = (3*csZ^2-4*ckZ)/t;
c1 = -csZ*(3+ckZ)/t; c2 = (6+3*csZ^2-2*ckZ)/t;
for k = 4:m-1
    nuY(k+2) = -k*(c0*nuY(k)+c1*nuY(k+1))/(1+(k+2)*c2);
end
s = sign(csZ); aa = s*(1-s)/4-3.5; bb = s*(1+s)/4+3.5;
h = 1./hilb(m+1); a = (bb.^h-aa.^h)./h;
lambda = a\nuY;
vi = flipud(lambda./[1:m+1].');
bZ = -muZ/sigmaZ;
pF = bZ*polyval(vi,bZ)-aa*polyval(vi,aa)
vr = flipud(lambda);
fplot(@(y)polyval(vr,y),[aa,bb],'k');
xlabel('\ity'); ylabel('\itp\rm(\ity\rm)');
```

程序运行结果为：失效概率 $p_{\mathrm{f}} = 4.4469 \times 10^{-2}$。标准化功能函数 Y 的概率密度函数 $f_Y(y)$ 的最佳平方逼近函数 $p(y)$ 的曲线见图 5.2。 □

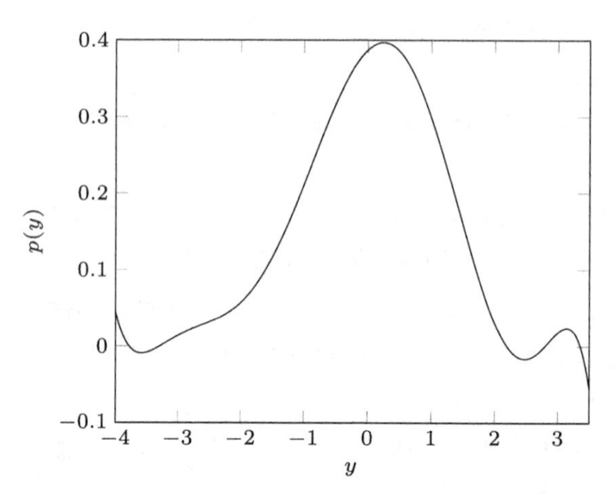

图 5.2 例 5.5 的最佳平方逼近函数 $p(y)$ 曲线

例 5.6 某结构的极限状态方程为 $Z = X_1(X_2X_3X_4 + X_5X_6) - X_7 - X_8 = 0$，$X_1, X_2, \ldots, X_8$ 的统计参数 $(\mu_{X_i}, \sigma_{X_i}, C_{\mathrm{s}X_i}, C_{\mathrm{k}X_i})$ 分别为 X_1:(1.0, 0.05, 0.0, 3.0)，X_2:(19.17, 0.18, 0.0, 3.0)，X_3:(30, 0.02, 0.0, 3.0)，X_4:(50, 0.02, 0.0, 3.0)，X_5:(22.5, 0.03, 0.0, 3.0)，X_6:(374, 0.08, 0.0, 3.0)，X_7:(2 000, 0.07, 0.0, 3.0)，X_8:(10 000, 0.29, 1.14, 5.4)。用最佳平方逼近二次四阶矩方法计算结构的失效概率。

解 功能函数的梯度和 Hesse 矩阵分别为

$$\nabla g_X(\boldsymbol{X}) = (X_2X_3X_4 + X_5X_6, X_1X_3X_4, X_1X_2X_4, X_1X_2X_3, X_1X_6, X_1X_5, \\ -1, -1)^{\top}$$

$$\nabla^2 g_X(\boldsymbol{X}) = \begin{bmatrix} 0 & X_3X_4 & X_2X_4 & X_2X_3 & X_6 & X_5 & 0 & 0 \\ X_3X_4 & 0 & X_1X_4 & X_1X_3 & 0 & 0 & 0 & 0 \\ X_2X_4 & X_1X_4 & 0 & X_1X_2 & 0 & 0 & 0 & 0 \\ X_2X_3 & X_1X_3 & X_1X_2 & 0 & 0 & 0 & 0 & 0 \\ X_6 & 0 & 0 & 0 & 0 & X_1 & 0 & 0 \\ X_5 & 0 & 0 & 0 & X_1 & 0 & 0 & 0 \\ 0 & 0 & 0 & 0 & 0 & 0 & 0 & 0 \\ 0 & 0 & 0 & 0 & 0 & 0 & 0 & 0 \end{bmatrix}$$

计算程序见清单 5.8。

清单 5.8　例 5.6 的最佳平方逼近二次四阶矩方法程序

```
clear all; close all; clc;
muX = [1;19.17;30;50;22.5;374;2e3;1e4];
cvX = [5;18;2;2;3;8;7;29]/100; sigmaX = cvX.*muX;
csX = [zeros(7,1);1.14]; ckX = [repmat(3,7,1);5.4]; m = 9;
gX = [muX(2)*muX(3)*muX(4)+muX(5)*muX(6);muX(1)*muX(3)*muX(4);...
    muX(1)*muX(2)*muX(4);muX(1)*muX(2)*muX(3);muX(1)*muX(6);...
    muX(1)*muX(5);-1;-1];
gXX = zeros(8);
gXX(1,2:6) = [[muX(3),muX(2)]*muX(4),muX(2)*muX(3),muX(6),muX(5)];
gXX(2,3:4) = [muX(4),muX(3)]*muX(1);
gXX(3,4) = muX(1)*muX(2); gXX(5,6) = muX(1);
gXX = gXX+gXX.';
muG = prod(muX(1:4))+muX(1)*muX(5)*muX(6)-muX(7)-muX(8);
m2 = sigmaX.^2; m3 = csX.*sigmaX.^3; m4 = ckX.*sigmaX.^4;
t42 = m4-3*m2.^2; dg = diag(gXX); gX2 = gX.^2; gt2 = gX.*m2;
muZ = muG+dg.'*m2/2;
muZ2 = gX2.'*m2+gX.'.*dg.'*m3+dg.'.^2*t42/4+m2.'*gXX.^2*m2/2;
sigmaZ = sqrt(muZ2);
muZ3 = gX.'.^3*m3+1.5*gX2.'.*dg.'*t42+3*gt2.'*gXX*gt2;
muZ4 = gX.'.^4*t42+3*gt2.'*gX*gX.'*gt2;
csZ = muZ3/sigmaZ^3;
ckZ = muZ4/sigmaZ^4;
nuY = [1;0;1;csZ;ckZ];
t = 10*ckZ-12*csZ^2-18; c0 = (3*csZ^2-4*ckZ)/t;
c1 = -csZ*(3+ckZ)/t; c2 = (6+3*csZ^2-2*ckZ)/t;
for k = 4:m-1
    nuY(k+2) = -k*(c0*nuY(k)+c1*nuY(k+1))/(1+(k+2)*c2);
end
s = sign(csZ); aa = s*(1-s)/4-3.5; bb = s*(1+s)/4+3.5;
h = 1./hilb(m+1); a = (bb.^h-aa.^h)./h;
lambda = a\nuY;
```

```
vi = flipud(lambda./[1:m+1].');
bZ = -muZ/sigmaZ;
pF = bZ*polyval(vi,bZ)-aa*polyval(vi,aa)
vr = flipud(lambda);
fplot(@(y)polyval(vr,y),[aa,bb],'k');
xlabel('\ity'); ylabel('\itp\rm(\ity\rm)');
```

程序运行结果为：失效概率 $p_{\mathrm{f}} = 1.0633 \times 10^{-4}$。标准化功能函数 Y 的概率密度函数 $f_Y(y)$ 的最佳平方逼近多项式 $p(y)$ 的函数曲线见图 5.3。

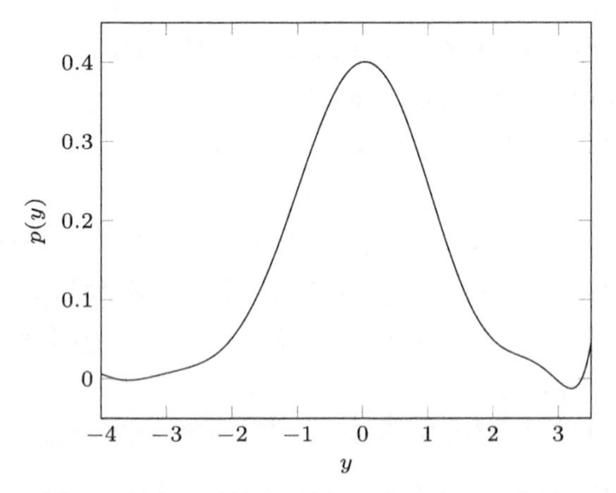

图 5.3　例 5.6 的最佳平方逼近函数 $p(y)$ 曲线

第 6 章　结构可靠度的渐近积分方法

在一次二阶矩方法和二次二阶矩方法中，需要对基本随机变量进行正态变换或当量正态化，必须已知随机变量的概率分布，有时比较麻烦，而且这种变换也是导致功能函数非线性从而成为误差的一种来源。

通过基本变量的概率密度函数在失效域上的积分来计算结构的失效概率，是最直接的方法，但面临积分是多维的和失效域形状复杂的困难。由于对失效概率的贡献主要是在结构失效最大可能点附近的积分，因此只要将积分局部化，集中在该点附近的失效域内进行，就能够得到失效概率积分的近似结果。

在最可能失效点处，将基本变量概率密度函数的对数展成 Taylor 级数并取至二次项，将功能函数也作 Taylor 级数展开，用所得超切平面或二次超曲面来逼近实际失效面，再利用一次二阶矩方法和二次二阶矩方法的成果即可完成失效概率的渐近积分[42,47]。

在基本随机变量空间中用渐近积分方法计算结构的失效概率，无须变量空间的变换，也不用到变量的累积分布函数，但要计算基本变量概率密度函数对数的一阶和二阶导数，使处理问题的繁琐程度有所增加。

6.1　一次渐近积分方法

设结构的功能函数为 $Z = g_X(\boldsymbol{X})$，基本随机变量 $\boldsymbol{X} = (X_1, X_2, \ldots, X_n)^\top$ 的联合概率密度为 $f_X(\boldsymbol{x})$，则结构的失效概率 p_f 可由式(2.10)定义。

为以下推导方便，将式(2.10)改写成

$$p_\mathrm{f} = \int_{g_X(\boldsymbol{x})\le 0} f_X(\boldsymbol{x})\mathrm{d}\boldsymbol{x} = \int_{g_X(\boldsymbol{x})\le 0} \exp[h_X(\boldsymbol{x})]\mathrm{d}\boldsymbol{x} \tag{6.1}$$

式中，

$$h_X(\boldsymbol{x}) = \ln f_X(\boldsymbol{x}) \tag{6.2}$$

设 $\boldsymbol{x}^*$ 为极限状态面上的一点，在该点将 $h_X(\boldsymbol{x})$ 展成 Taylor 级数并取至二

次项，得

$$h_X(\boldsymbol{x}) \approx h_X(\boldsymbol{x}^*) + (\boldsymbol{x}-\boldsymbol{x}^*)^\top \nabla h_X(\boldsymbol{x}^*) + \frac{1}{2}(\boldsymbol{x}-\boldsymbol{x}^*)^\top \nabla^2 h_X(\boldsymbol{x}^*)(\boldsymbol{x}-\boldsymbol{x}^*)$$
$$= h_X(\boldsymbol{x}^*) + \frac{1}{2}\boldsymbol{v}^\top \boldsymbol{B}\boldsymbol{v} - \frac{1}{2}(\boldsymbol{x}-\boldsymbol{x}^*-\boldsymbol{B}\boldsymbol{v})^\top \boldsymbol{B}^{-1}(\boldsymbol{x}-\boldsymbol{x}^*-\boldsymbol{B}\boldsymbol{v}) \tag{6.3}$$

式中，

$$\boldsymbol{v} = \nabla h_X(\boldsymbol{x}^*) \tag{6.4}$$

$$\boldsymbol{B} = -[\nabla^2 h_X(\boldsymbol{x}^*)]^{-1} \tag{6.5}$$

将式(6.3)代入式(6.1)，得

$$p_\mathrm{f} \approx f_X(\boldsymbol{x}^*)\exp\left(\frac{1}{2}\boldsymbol{v}^\top \boldsymbol{B}\boldsymbol{v}\right)$$
$$\cdot \int_{g_X(\boldsymbol{x})\le 0} \exp\left[-\frac{1}{2}(\boldsymbol{x}-\boldsymbol{x}^*-\boldsymbol{B}\boldsymbol{v})^\top \boldsymbol{B}^{-1}(\boldsymbol{x}-\boldsymbol{x}^*-\boldsymbol{B}\boldsymbol{v})\right]\mathrm{d}\boldsymbol{x} \tag{6.6}$$

可注意到式中被积分函数与均值为 $\boldsymbol{x}^* + \boldsymbol{B}\boldsymbol{v}$、协方差矩阵为 $\boldsymbol{B}$ 的正态分布的概率密度函数（参见式(8.32)）仅相差一个因子 $1/[(2\pi)^{n/2}\sqrt{\det \boldsymbol{B}}\,]$。

结构失效概率渐近积分的一次方法，就是将式(6.6)中的积分区域的边界，即极限状态面 $Z = g_X(\boldsymbol{x}) = 0$，以点 $\boldsymbol{x}^*$ 处的超切平面代替。为此，将功能函数 Z 在 $\boldsymbol{x}^*$ 展成 Taylor 级数并取至一次项，注意到 $g_X(\boldsymbol{x}^*) = 0$，得

$$Z_\mathrm{L} = (\boldsymbol{X}-\boldsymbol{x}^*)^\top \nabla g_X(\boldsymbol{x}^*) \tag{6.7}$$

由此得 Z_L 的均值和方差分别为

$$\mu_{Z_\mathrm{L}} = [\nabla g_X(\boldsymbol{x}^*)]^\top \boldsymbol{B}\boldsymbol{v} \tag{6.8}$$

$$\sigma_{Z_\mathrm{L}}^2 = [\nabla g_X(\boldsymbol{x}^*)]^\top \boldsymbol{B}\nabla g_X(\boldsymbol{x}^*) \tag{6.9}$$

于是得一次二阶矩方法的可靠指标

$$\beta_\mathrm{L} = \frac{\mu_{Z_\mathrm{L}}}{\sigma_{Z_\mathrm{L}}} = \frac{[\nabla g_X(\boldsymbol{x}^*)]^\top \boldsymbol{B}\boldsymbol{v}}{\sqrt{[\nabla g_X(\boldsymbol{x}^*)]^\top \boldsymbol{B}\nabla g_X(\boldsymbol{x}^*)}} \tag{6.10}$$

将式(6.10)代入式(6.6)，得一次失效概率为

$$p_{\mathrm{fL}} = (2\pi)^{n/2}\sqrt{\det \boldsymbol{B}}\, f_X(\boldsymbol{x}^*) \exp\left(\frac{1}{2}\boldsymbol{v}^\top \boldsymbol{B}\boldsymbol{v}\right)\Phi(-\beta_{\mathrm{L}}) \tag{6.11}$$

为使式(6.11)与式(6.1)的误差最小，极限状态面上的点 $\boldsymbol{x}^*$ 应使 $h_X(\boldsymbol{x}^*)$ 取最大值，即

$$\begin{aligned} \max \quad & h_X(\boldsymbol{x}) \\ \text{s.t.} \quad & g_X(\boldsymbol{x}) = 0 \end{aligned} \tag{6.12}$$

根据解最优化问题的 Lagrange 乘子法，引入乘子 λ，则由泛函 $L(\boldsymbol{x},\lambda) = h_X(\boldsymbol{x}) + \lambda g_X(\boldsymbol{x})$ 的驻值条件之一，即 $\partial L(\boldsymbol{x}^*,\lambda)/\partial \boldsymbol{x} = 0$，得

$$\nabla g_X(\boldsymbol{x}^*) = -\frac{1}{\lambda}\nabla h_X(\boldsymbol{x}^*) = -\frac{\boldsymbol{v}}{\lambda} \tag{6.13}$$

将式(6.13)代入式(6.10)，经化简得

$$\beta_{\mathrm{L}} = \sqrt{\boldsymbol{v}^\top \boldsymbol{B}\boldsymbol{v}} \tag{6.14}$$

当 β_{L} 为较大的正值时，$\varphi(\beta_{\mathrm{L}}) \approx \beta_{\mathrm{L}}\Phi(-\beta_{\mathrm{L}})$，因此，将式(6.14)代入式(6.11)，可得

$$\begin{aligned} p_{\mathrm{fL}} &\approx (2\pi)^{n/2}\sqrt{\det \boldsymbol{B}} f_X(\boldsymbol{x}^*) \exp\left(\frac{1}{2}\boldsymbol{v}^\top \boldsymbol{B}\boldsymbol{v}\right)\frac{\varphi(-\sqrt{\boldsymbol{v}^\top \boldsymbol{B}\boldsymbol{v}})}{\sqrt{\boldsymbol{v}^\top \boldsymbol{B}\boldsymbol{v}}} \\ &= (2\pi)^{(n-1)/2} f_X(\boldsymbol{x}^*)\sqrt{\frac{\det \boldsymbol{B}}{\boldsymbol{v}^\top \boldsymbol{B}\boldsymbol{v}}} \end{aligned} \tag{6.15}$$

如果 $\boldsymbol{X}$ 的各个随机变量全都相互独立，则其联合概率密度函数为 $f_X(\boldsymbol{x}) = \prod_{i=1}^n f_{X_i}(x_i)$，式(6.2)成为

$$h_X(\boldsymbol{x}) = \sum_{i=1}^{n} \ln f_{X_i}(x_i) \tag{6.16}$$

因此，有

$$\frac{\partial h_X(\boldsymbol{x}^*)}{\partial x_i} = \frac{f'_{X_i}(x_i^*)}{f_{X_i}(x_i^*)}, \quad i = 1, 2, \ldots, n \tag{6.17}$$

$$\frac{\partial^2 h_X(\boldsymbol{x}^*)}{\partial x_i^2} = \frac{f''_{X_i}(x_i^*)}{f_{X_i}(x_i^*)} - \frac{f'^2_{X_i}(x_i^*)}{f^2_{X_i}(x_i^*)}, \quad i = 1, 2, \ldots, n \tag{6.18}$$

而 $\partial^2 h_X(\boldsymbol{x}^*)/\partial x_i \partial x_j = 0\ (i \neq j)$。

结构失效概率渐近积分的一次方法的计算步骤可归纳如下：

> (1) 求解 $\boldsymbol{x}^*$，通过解最优化问题(6.12)。
> (2) 计算 $\boldsymbol{v}$,利用式(6.4)和式(6.2),当 $\boldsymbol{X}$ 为独立随机变量时利用式(6.4)和式(6.17)。
> (3) 计算 $\boldsymbol{B}$,利用式(6.5)和式(6.2),当 $\boldsymbol{X}$ 为独立随机变量时利用式(6.5)和式(6.18)。
> (4) 计算 p_{fL}，利用式(6.15)。

例 6.1 用结构失效概率渐近积分的一次方法计算例 4.1 中结构的失效概率。

解 X_1 服从对数正态分布，X_2 服从极值 I 型分布，X_3 服从 Weibull 分布。它们的概率密度函数分别如式(2.15)，式(2.18)和式(4.20)所示，一阶导数分别由式(4.24)，式(4.25)和式(4.26)给出，二阶导数分别为

$$f''_{\mathrm{Ln}}(x_1 \mid \xi,\zeta) = \frac{2\zeta^4+\xi^2-\zeta^2(1+3\xi)+(3\zeta^2-2\xi)\ln x_1+(\ln x_1)^2}{\zeta^4 x_1^2} \cdot f_{\mathrm{Ln}}(x_1 \mid \xi,\zeta) \tag{6.19}$$

$$f''_{\mathrm{EvI}}(x_2 \mid u,\alpha) = \alpha^2\{1-3\exp[-\alpha(x_2-u)]+\exp[-2\alpha(x_2-u)]\} \cdot f_{\mathrm{EvI}}(x_2 \mid u,\alpha) \tag{6.20}$$

$$f''_{\mathrm{W}}(x_3 \mid \eta,m) = \frac{1}{x_3^2}\left\{2-3m\left[1-\left(\frac{x_3}{\eta}\right)^m\right] + m^2\left[1-3\left(\frac{x_3}{\eta}\right)^m+\left(\frac{x_3}{\eta}\right)^{2m}\right]\right\} f_{\mathrm{W}}(x_3 \mid \eta,m) \tag{6.21}$$

计算程序见清单 6.1,此主程序需要调用清单 6.2 中给出的自定义函数 gexmp1。

清单 6.1 例 6.1 的一次渐近积分方法程序

```
clear; clc;
muX = [1;20;48]; sigmaX = [0.16;2;3];
sLn = sqrt(log(1+(sigmaX(1)/muX(1))^2)); mLn = log(muX(1))-sLn^2/2;
aEv = sigmaX(2)*sqrt(6)/pi; uEv = -psi(1)*aEv-muX(2);
t = 1+(sigmaX(3)/muX(3))^2;
s = fsolve(@(r)gamma(1+2*r)./gamma(1+r).^2-t,1,...
    optimset('TolFun',0));
eWb = muX(3)/gamma(1+s); mWb = 1/s;
```

```
f = @(r)lognpdf(r(1),mLn,sLn)*evpdf(-r(2),uEv,aEv)*...
    wblpdf(r(3),eWb,mWb)
x = fmincon(@(r)-log(f(r)),muX,[],[],[],[],[],[],@gexmp1,...
    optimset('Algorithm','interior-point'));
v = [(mLn-sLn^2-log(x(1)))/sLn^2/x(1);...
    (exp((-uEv-x(2))/aEv)-1)/aEv;...
    (mWb-1-mWb*(x(3)/eWb)^mWb)/x(3)];
fpp = [(2*sLn^4+mLn^2-sLn^2*(1+3*mLn)+...
    (3*sLn^2-2*mLn)*log(x(1))+(log(x(1)))^2)/sLn^4/x(1)^2;...
    (1-3*exp((-x(2)-uEv)/aEv)+exp(2*(-x(2)-uEv)/aEv))/aEv^2;...
    (2-3*mWb*(1-(x(3)/eWb)^mWb)+mWb^2*(1-3*(x(3)/eWb)^mWb+...
    (x(3)/eWb)^(2*mWb)))/x(3)^2];
hxx = diag(fpp-v.^2);
b = -inv(hxx);
bL2 = v.'*b*v;
nD = length(muX);
pFL1 = (2*pi)^(nD/2)*sqrt(det(b))*f(x)*exp(bL2/2)*...
    normcdf(-sqrt(bL2))
pFL2 = (2*pi)^((nD-1)/2)*f(x)*sqrt(det(b)/bL2)
```

清单 6.2 例 6.1 和例 9.16 中调用的函数

```
function [c,ceq] = gexmp1(x)
c = [-x(1);-x(3)];
ceq = x(3)-sqrt(300*x(1)^2+1.92*x(2)^2);
```

运行程序,由式(6.11)得 $p_{\mathrm{fL}} = 1.7176\times10^{-3}$,由式(6.15)得 $p_{\mathrm{fL}} = 1.7693\times10^{-3}$。例 4.1 利用直接积分方法所得的精确解为 $p_{\mathrm{f}} = 1.8482 \times 10^{-3}$，可见式(6.15)的计算精度较高。

6.2 二次渐近积分方法

如果将原随机空间中的结构失效概率计算式(6.6)的积分域边界代以式(6.2)的最大值点 $\boldsymbol{x}^*$ 处的二次曲面，便产生失效概率渐近积分的二次方法。

将式(6.5)定义的矩阵 $\boldsymbol{B}$ 作 Cholesky 分解，$\boldsymbol{B}=\boldsymbol{A}\boldsymbol{A}^{\top}$，其中 $\boldsymbol{A}$ 为对角元素为正的下三角矩阵。作变换

$$\boldsymbol{X}-\boldsymbol{x}^{*}-\boldsymbol{B}\boldsymbol{v}=\boldsymbol{A}\boldsymbol{Y} \tag{6.22}$$

将式(6.6)中的积分直接转至独立标准正态变量 $\boldsymbol{Y}$ 空间，注意到变换(6.22)的 Jacobi 行列式为 $\det \boldsymbol{J}_{XY}=\sqrt{\det \boldsymbol{B}}$，可得

$$p_{\mathrm{f}}\approx\sqrt{\det \boldsymbol{B}}f_X(\boldsymbol{x}^{*})\exp\left(\frac{1}{2}\boldsymbol{v}^{\top}\boldsymbol{B}\boldsymbol{v}\right)\int_{g_Y(\boldsymbol{y})\leq 0}\exp\left(-\frac{1}{2}\boldsymbol{y}^{\top}\boldsymbol{y}\right)\mathrm{d}\boldsymbol{y} \tag{6.23}$$

将功能函数 $Z=g_X(\boldsymbol{x})$ 在点 $\boldsymbol{x}^{*}$ 处展成 Taylor 级数并取至二次项，将式(6.22)代入，并注意到 $g_X(\boldsymbol{x}^{*})=0$，可得

$$\begin{aligned}Z_{\mathrm{Q}}&=(\boldsymbol{A}\boldsymbol{Y}+\boldsymbol{B}\boldsymbol{v})^{\top}\nabla g_X(\boldsymbol{x}^{*})+\frac{1}{2}(\boldsymbol{A}\boldsymbol{Y}+\boldsymbol{B}\boldsymbol{v})^{\top}\nabla^2 g_X(\boldsymbol{x}^{*})(\boldsymbol{A}\boldsymbol{Y}+\boldsymbol{B}\boldsymbol{v})\\&=(\boldsymbol{Y}+\boldsymbol{A}^{\top}\boldsymbol{v})^{\top}\boldsymbol{A}^{\top}\nabla g_X(\boldsymbol{x}^{*})\\&\quad+\frac{1}{2}(\boldsymbol{Y}+\boldsymbol{A}^{\top}\boldsymbol{v})^{\top}\boldsymbol{A}^{\top}\nabla^2 g_X(\boldsymbol{x}^{*})\boldsymbol{A}(\boldsymbol{Y}+\boldsymbol{A}^{\top}\boldsymbol{v})\end{aligned} \tag{6.24}$$

令单位向量

$$\boldsymbol{\alpha}_X=-\frac{\boldsymbol{A}^{\top}\nabla g_X(\boldsymbol{x}^{*})}{\|\boldsymbol{A}^{\top}\nabla g_X(\boldsymbol{x}^{*})\|}=-\frac{\boldsymbol{A}^{\top}\boldsymbol{v}}{\|\boldsymbol{A}^{\top}\boldsymbol{v}\|}=-\frac{\boldsymbol{A}^{\top}\boldsymbol{v}}{\beta_{\mathrm{L}}} \tag{6.25}$$

式(6.25)中的第二步利用式(6.13)和式(6.4)进行了简化，而最后一步化简则应用了式(6.14)。于是式(6.24)可写成

$$Z_{\mathrm{Q}}=\|\boldsymbol{A}^{\top}\nabla g_X(\boldsymbol{x}^{*})\|\left[\beta_{\mathrm{L}}-\boldsymbol{\alpha}_X^{\top}\boldsymbol{Y}-\frac{1}{2}(\boldsymbol{Y}-\beta_{\mathrm{L}}\boldsymbol{\alpha}_X)^{\top}\boldsymbol{Q}(\boldsymbol{Y}-\beta_{\mathrm{L}}\boldsymbol{\alpha}_X)\right] \tag{6.26}$$

式中，矩阵

$$\boldsymbol{Q}=-\frac{\boldsymbol{A}^{\top}\nabla^2 g_X(\boldsymbol{x}^{*})\boldsymbol{A}}{\|\boldsymbol{A}^{\top}\nabla g_X(\boldsymbol{x}^{*})\|} \tag{6.27}$$

用 $\boldsymbol{\alpha}_X$ 构造一正交矩阵 $\boldsymbol{H}$，$\boldsymbol{H}^{\top}\boldsymbol{H}=\boldsymbol{I}_n$，$\boldsymbol{\alpha}_X$ 可为 $\boldsymbol{H}$ 的某一列，为确定起见取作第 n 列，则 $\boldsymbol{H}=[\boldsymbol{h}_1\quad \boldsymbol{h}_2\quad\cdots\quad \boldsymbol{h}_{n-1}\quad \boldsymbol{\alpha}_X]$。作 $\boldsymbol{Y}$ 空间到 $\boldsymbol{U}$ 空间的正交变换

$$\boldsymbol{Y}=\boldsymbol{H}\boldsymbol{U} \tag{6.28}$$

将式(6.28)代入式(6.26)，注意到 $\boldsymbol{\alpha}_X^\top \boldsymbol{H}\boldsymbol{U} = U_n$，$\boldsymbol{H}^\top \boldsymbol{\alpha}_X = (0, 0, \ldots, 0, 1)^\top$，易知式(6.26)为

$$
\begin{aligned}
Z_{\mathrm{Q}} &= \|\boldsymbol{A}^\top \nabla g_X(\boldsymbol{x}^*)\| \left(\beta_{\mathrm{L}} - U_n - \frac{1}{2}\tilde{\boldsymbol{U}}^\top \boldsymbol{H}^\top \boldsymbol{Q}\boldsymbol{H}\tilde{\boldsymbol{U}}\right) \\
&\approx \|\boldsymbol{A}^\top \nabla g_X(\boldsymbol{x}^*)\| \left[\beta_{\mathrm{L}} - U_n - \frac{1}{2}\boldsymbol{V}^\top (\boldsymbol{H}^\top \boldsymbol{Q}\boldsymbol{H})_{n-1}\boldsymbol{V}\right]
\end{aligned} \tag{6.29}
$$

式中，$(\boldsymbol{H}^\top \boldsymbol{Q}\boldsymbol{H})_{n-1}$ 为 $\boldsymbol{H}^\top \boldsymbol{Q}\boldsymbol{H}$ 划去第 n 行和第 n 列后的 $n-1$ 阶矩阵，$\tilde{\boldsymbol{U}} = (U_1, U_2, \ldots, U_n - \beta_{\mathrm{L}})^\top = (\boldsymbol{V}^\top, U_n - \beta_{\mathrm{L}})^\top$。

将式(6.28)代入式(6.23)，注意到 $\det \boldsymbol{J}_{YU} = \det \boldsymbol{H} = 1$，得二次失效概率为

$$
\begin{aligned}
p_{\mathrm{fQ}} &= \sqrt{\det \boldsymbol{B}} f_X(\boldsymbol{x}^*) \exp\left(\frac{1}{2}\boldsymbol{v}^\top \boldsymbol{B}\boldsymbol{v}\right) \int_{g_U(\boldsymbol{u}) \leq 0} \exp\left(-\frac{1}{2}\boldsymbol{u}^\top \boldsymbol{u}\right) \mathrm{d}\boldsymbol{u} \\
&= (2\pi)^{n/2} \sqrt{\det \boldsymbol{B}} f_X(\boldsymbol{x}^*) \exp\left(\frac{1}{2}\boldsymbol{v}^\top \boldsymbol{B}\boldsymbol{v}\right) \int_{g_U(\boldsymbol{u}) \leq 0} \varphi_n(\boldsymbol{u})\, \mathrm{d}\boldsymbol{u}
\end{aligned} \tag{6.30}
$$

至此，就可以直接利用正态空间中二次二阶矩方法的结果。用式(4.15)代替式(6.30)的积分项，再利用式(6.11)，可以得到

$$
p_{\mathrm{fQ}} = \frac{p_{\mathrm{fL}}}{\sqrt{\det[\boldsymbol{I}_{n-1} - \beta_{\mathrm{L}}(\boldsymbol{H}^\top \boldsymbol{Q}\boldsymbol{H})_{n-1}]}} \tag{6.31}
$$

结构失效概率渐近积分的二次方法的计算步骤为:

(1) 求解 $\boldsymbol{x}^*$，通过解最优化问题(6.12)。
(2) 计算 $\boldsymbol{v}$，利用式(6.4)和式(6.2)，当 $\boldsymbol{X}$ 为独立随机变量时利用式(6.4)和式(6.17)。
(3) 计算 $\boldsymbol{B}$，利用式(6.5)和式(6.2)，当 $\boldsymbol{X}$ 为独立随机变量时利用式(6.5)和式(6.18)。
(4) 计算 β_{L}，利用式(6.14)。
(5) 计算 p_{fL}，利用(6.15)。
(6) 计算 $\boldsymbol{A}$，通过 $\boldsymbol{B}$ 的 Cholesky 分解。
(7) 计算 $\boldsymbol{\alpha}_X$，利用式(6.25)。
(8) 生成 $\boldsymbol{H}$，利用正交规范化处理技术（如 Gram-Schmidt 正交化方法）。
(9) 计算 $\boldsymbol{Q}$，利用式(6.27)。

(10) 计算 p_{fQ}，利用式(6.31)。

例 6.2 设结构的功能函数为 $Z=0.2(X_1^2+X_2^2)-5(X_1+X_2)+60$，其中随机变量 X_1 和 X_2 的概率密度函数均为

$$f_{X_i}(x_i)=\frac{x_i}{4}\exp\left(-\frac{x_i}{2}\right),\quad x_i>0;\ i=1,2$$

用失效概率渐近积分的一次和二次方法计算结构的失效概率。

解 可以直接利用例题中所给概率密度函数 $f_{X_i}(x_i)$ $(i=1,2)$，但更方便的还是设法利用 MATLAB 中现成的函数。

对于给定随机变量 X，自由度为 n 的 chi-平方分布 (chi-squared distribution) $\chi^2(n)$ 的概率密度函数和累积分布函数分别为

$$f_{\chi^2}(x\mid n)=\frac{1}{2^{n/2}\Gamma(n/2)}x^{n/2-1}\exp\left(-\frac{x}{2}\right),\quad x\geq 0;\ n=1,2,\dots \tag{6.32}$$

$$F_{\chi^2}(x\mid n)=\frac{\gamma\left(n/2,x/2\right)}{\Gamma(n/2)},\quad x\geq 0;\ n=1,2,\dots \tag{6.33}$$

式中，$\gamma(c,x)=\int_0^x t^{c-1}\exp(-t)\,\mathrm{d}t\ (c\geq 0)$ 为下不完全 gamma 函数 (lower incomplete gamma function)。chi-平方分布 $\chi^2(n)$ 的均值为 n，方差为 $2n$。

对于给定随机变量 X，gamma 分布 (gamma distribution) $\Gamma(a,b)$的概率密度函数和累积分布函数分别为

$$f_\Gamma(x\mid a,b)=\frac{1}{b^a\Gamma(a)}x^{a-1}\exp\left(-\frac{x}{b}\right),\quad x>0;\ a>0,\ b>0 \tag{6.34}$$

$$F_\Gamma(x\mid a,b)=\frac{\gamma(a,x/b)}{\Gamma(a)},\quad x>0;\ a>0,\ b>0 \tag{6.35}$$

gamma 分布 $\Gamma(a,b)$ 的均值为 ab，方差为 ab^2。

将 $f_{X_i}(x_i)$ 与式(6.32)或式(6.34)比较，可知 $X_i\sim\chi^2(4)$ 或 $X_i\sim\Gamma(2,2)$。

chi-平方分布的概率密度函数的一阶导数和二阶导数分别为

$$f'_{\chi^2}(x\mid n)=\frac{n-2-x}{2x}f_{\chi^2}(x\mid n) \tag{6.36}$$

$$f''_{\chi^2}(x\mid n)=\frac{8-6n+n^2+(4-2n)x+x^2}{4x^2}f_{\chi^2}(x\mid n) \tag{6.37}$$

gamma 分布的概率密度函数的一阶导数和二阶导数分别为

$$f'_{\Gamma}(x \mid a,b) = \frac{ab-b-x}{bx} f_{\Gamma}(x \mid a,b) \tag{6.38}$$

$$f''_{\Gamma}(x \mid a,b) = \frac{(2-3a+a^2)b^2+2(1-a)bx+x^2}{b^2x^2} f_{\Gamma}(x \mid a,b) \tag{6.39}$$

结构的功能函数的梯度为 $\nabla g(\boldsymbol{X}) = (0.4X_1-5, 0.4X_2-5)^{\top}$，Hesse 矩阵为 $\nabla^2 g(\boldsymbol{X}) = 0.4\boldsymbol{I}_2$。

计算程序见清单 6.3,此主程序需要调用清单 6.4 中给出的自定义函数 gexmp2。

清单 6.3　例 6.2 的二次渐近积分方法程序

```
clear; clc;
nD = 2;
distribution = 'chi2distn';
switch distribution
    case 'chi2distn'
        nn = 4;
        x = fmincon(@(x)-log(prod(chi2pdf(x,nn))),...
            ones(nD,1),[],[],[],[],[],[],@gexmp2);
        fp = (nn-2-x)./x/2;
        fpp = ((x+2-nn).^2+4-2*nn)./x.^2/4;
        pdfX = prod(chi2pdf(x,nn));
    case 'gammadistn'
        aa = 2; bb = 2;
        x = fmincon(@(x)-log(prod(gampdf(x,aa,bb))),...
            ones(nD,1),[],[],[],[],[],[],@gexmp2);
        fp = (aa*bb-bb-x)./x/bb;
        fpp = ((x-aa*bb+bb).^2+(1-aa)*bb^2)./(bb*x).^2;
        pdfX = prod(gampdf(x,aa,bb));
end
hxx = diag(fpp-fp.^2);
b = -inv(hxx);
bL = sqrt(fp.'*b*fp);
pFL = (2*pi)^((nD-1)/2)*pdfX*sqrt(det(b))/bL
```

```
a = chol(b,'lower');
aX = -a.'*fp/bL;
h = [null(aX.'),aX];
gX = 0.4*x-5; gXX = 0.4*eye(nD);
q = -a.'*gXX*a/norm(a.'*gX);
qh = h.'*q*h; q1 = qh(1:nD-1,1:nD-1);
pFQ = pFL/sqrt(det(eye(nD-1)-bL*q1))
```

清单 6.4 例 6.2 和例 9.14 中调用的函数

```
function [c,ceq]=gexmp2(x)
c = [-x(1);-x(2)];
ceq = (0.2*x(1)-5)*x(1)+(0.2*x(2)-5)*x(2)+60;
```

应用两种概率分布的计算结果均为：一次失效概率 $p_{\text{fL}} = 1.2573 \times 10^{-2}$，二次失效概率 $p_{\text{fQ}} = 3.0495 \times 10^{-3}$。

功能函数可改写成 $Z = 0.2 \times (X_1 - 12.5)^2 + 0.2 \times (X_2 - 12.5)^2 - 2.5$，故失效域为一个圆域。根据式(2.11)，结构的失效概率

$$
\begin{aligned}
p_{\text{f}} &= \int_{Z \leq 0} f_{X_1}(x_1) f_{X_2}(x_2)\,\mathrm{d}x_1 \mathrm{d}x_2 \\
&= \int_0^{2\pi} \int_0^{12.5} f_{X_1}(r\cos\theta + 12.5) f_{X_2}(r\sin\theta + 12.5) r\,\mathrm{d}r\mathrm{d}\theta \\
&= \int_{12.5-\sqrt{12.5}}^{12.5+\sqrt{12.5}} f_{X_1}(x_1) \int_{12.5-\sqrt{12.5-(x_1-12.5)^2}}^{12.5+\sqrt{12.5-(x_1-12.5)^2}} f_{X_2}(x_2)\,\mathrm{d}x_2 \mathrm{d}x_1 \\
&= \int_{12.5-\sqrt{12.5}}^{12.5+\sqrt{12.5}} f_{X_1}(x_1) \big\{ F_{X_2}[12.5 + \sqrt{12.5 - (x_1 - 12.5)^2}] \\
&\quad - F_{X_2}[12.5 - \sqrt{12.5 - (x_1 - 12.5)^2}] \big\}\,\mathrm{d}x_1
\end{aligned}
$$

利用上式的计算程序见清单 6.5。

清单 6.5 例 6.2 用定义计算失效概率的程序

```
clear; clc;
fun1 = @(r,s)chi2pdf(r.*cos(s)+12.5,4).*...
    chi2pdf(r.*sin(s)+12.5,4).*r;
```

```
pF1 = integral2(fun1,0,sqrt(12.5),0,2*pi)
fun2 = @(x1,x2)chi2pdf(x1,4).*chi2pdf(x2,4);
a = 12.5-sqrt(12.5); b = 12.5+sqrt(12.5);
cl = @(x)12.5-sqrt(12.5-(x-12.5).^2);
cu = @(x)12.5+sqrt(12.5-(x-12.5).^2);
pF2 = integral2(fun2,a,b,cl,cu)
fun3 = @(x)chi2pdf(x,4).*(chi2cdf(cu(x),4)-chi2cdf(cl(x),4));
pF3 = integral(fun3,a,b)
```

两个二重积分、一重积分的程序计算结果均为 $p_{\mathrm{f}} = 2.3153 \times 10^{-3}$。可见，二次失效概率比较接近于精确值。

第 7 章　结构可靠度的响应面方法

结构的极限状态方程一般都基于抗力–荷载效应模型。现有可靠度计算方法大多都是以功能函数的解析表达式为基础的。但是对于某些复杂结构系统，基本随机变量的输入与输出量之间的关系可能是高度非线性的，有时甚至不存在明确的解析表达式。在计算这类复杂结构的可靠度时，可靠度分析模型预先不能确定，采用 JC 法等就存在困难，可能无法进行下去。

响应面方法为解决此类复杂结构系统的可靠度分析提供了一种可靠的建模及计算方法[48–53]。该方法用包含未知参数的已知函数代替隐含或复杂的函数，用插值回归的方法确定未知参数。插值点的确定一般以试验设计为基础，若随机变量个数较多，则试验次数也会相应增多。利用响应面方法进行可靠度分析时，一般可用二次多项式代替大型复杂结构的功能函数，并且通过迭代对插值展开点和系数进行调整，一般都能满足实际工程的精度要求，具有较高的计算效率。

7.1　响应面方法

响应面方法 (response surface methodology, RSM) 起源于试验设计，是试验设计的一个基本方法，而后用于结构可靠度的数值模拟。其基本思想就是对于隐含的或需要花费大量时间确定的真实的功能函数或极限状态面，用一个容易处理的函数 (称为**响应面函数** (response surface function)) 或曲面 (称为**响应面** (response surface)) 代替。当响应面在一系列取样点上拟合之后，就可以完成可靠度分析了。

响应面方法的关键是响应面函数对取样点的很好拟合，尤其是在设计点附近。响应面函数应当形式简单，有足够的拟合和预测能力，并使待定系数尽量少以减小结构分析的工作量。响应面函数最常用的是基本随机变量的多项式形式。

可靠度分析的目的是求解设计点和可靠指标，要求响应面函数在设计点附近能够拟合功能函数。此时要同时考虑线性效应和曲度效应，二次多元多项式成为通常选取的形式。不过如果真实功能函数具有很强的非线性，这种函数逼近则可能是非常近似的。

对于基本随机变量为 $\boldsymbol{X}$ 的结构，可设响应面函数为

$$
\begin{aligned}
Z_{\mathrm{r}} = \hat{g}(\boldsymbol{X}) &= a_0 + \sum_{i=1}^{n} a_i X_i + 2\sum_{i=1}^{n-1}\sum_{j=i+1}^{n} b_{ij} X_i X_j \\
&= a_0 + \boldsymbol{a}^{\top}\boldsymbol{X} + \boldsymbol{X}^{\top}\boldsymbol{B}\boldsymbol{X}
\end{aligned} \tag{7.1}
$$

式中，a_0、a_i 和 b_{ij} 为待定系数，共有 $(n+1)(n+2)/2$ 个；$\boldsymbol{a} = (a_1, a_2, \ldots, a_n)^{\top}$，$\boldsymbol{B} = [b_{ij}] = \boldsymbol{B}^{\top}$。

有时采用忽略交叉乘积项的非完全二次多项式，即

$$
Z_{\mathrm{r}} = \hat{g}(\boldsymbol{X}) = a_0 + \sum_{i=1}^{n} a_i X_i + \sum_{i=1}^{n} b_i X_i^2 \tag{7.2}
$$

式中有待定系数 a_0、a_i 和 b_i，共 $2n+1$ 个。

响应面函数的确定首先需设计 $\boldsymbol{X}$ 的一系列试验点，并逐点计算结构相应的一系列功能函数值。**试验设计** (design of experiments, DOE)是通过系统化的数据收集来规划试验。很多试验设计，如随机试验、因子设计等，均可加以利用，原则上只要使试验点数多于响应面函数的待定系数即可。然而很多情况下，因子个体或者它们的相互作用，尤其是高阶相互作用，对一个响应的影响并不显著。响应面试验设计的理想特性之一就是能够用较少的试验估计模型参数。

二水平**全因子设计** (full factorial design) 就是取因子的高水平和低水平，当有 n 个因子时，需要 2^n 次试验。为拟合二次响应面，二水平全因子设计的试验点有可能不够，例如因子数 $n=1$ 时，有 3 个响应面参数，X_1 的三水平设计可满足要求；$n=2$ 时，式(7.1)有 6 个参数，式(7.2)也有 5 个参数，可以通过 X_1 二水平、X_2 三水平设计，以产生 6 个试验点。但当 $n>3$ 时就可能只用二水平设计获得足够的试验点，例如 $n=4$ 时，式(7.1)有 15 个参数，二水平全因子设计试验点有 16 个。二水平全因子设计十分简单，但试验次数随因子数增长过快，这对于有很多因子的试验将导致很大的数据量，可以考虑采用**部分因子设计** (fractional factorial design)，如 Plackett-Burman 设计，这种设计根据因子及其相互作用的评估或假设，选用全因子设计所需试验的一部分。

MATLAB 提供二水平全因子设计函数 `ff2n`、部分因子设计函数 `fracfact`、一般的全因子设计函数 `fullfact` 及 Plackett-Burman 设计函数 `hadamard`。

中心复合设计 (central composite design, CCD)，就是在全因子设计或部分因子设计基础上，再增加一定重复数次的中心点以及 $2n$ 个偏离中心点一定距离

α 的轴点。α 值有不同的取法，取 $\alpha = 2^{n/4}$ 可以使中心复合设计成为旋转设计，为试验设计在各个方向上提供等精度的估计。恰当地选择中心复合设计的中心点试验次数能够使之成为正交的或者一致精度的设计。对于高维空间，中心复合设计即使建立在部分因子设计之上，也不再有实用性。图 7.1 为两个规格化因子的典型的中心复合设计，图中圆圈表示单纯二水平全因子设计的试验点，1 代表高水平，-1 代表低水平，黑点表示新增加的试验点。

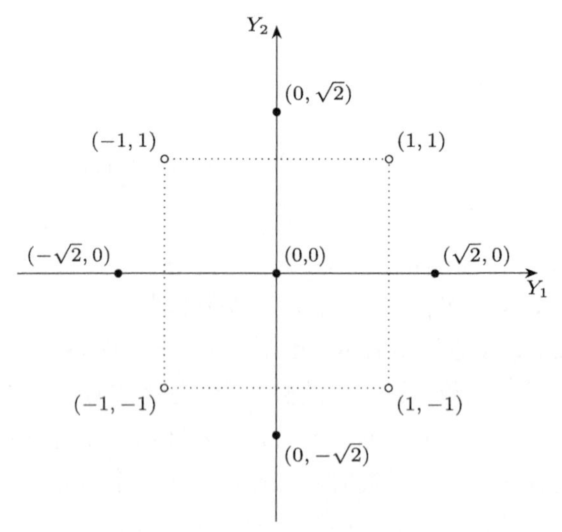

图 7.1　规则化平面上的中心复合设计

Box-Behnken 设计 (Box-Behnken design)是针对响应面方法的试验设计，每一个设计可看做是二水平（全部或部分）因子设计与不完全区块设计 (incomplete block design) 的组合。在每一个区块中，一定数量的因子通过所有的组合进行因子设计，而其他因子保持中心值。例如，3 因子的 Box-Behnken 设计（参见图 7.2）包含 3 个区块，每个区块中 2 个因子作高低水平的 4 个可能组合，剩下的 1 个因子放在中心点，这样中心点会出现重复。Box-Behnken 设计通常为提高精度会额外增加若干个中心点，总的试验点数与二次响应面系数的个数相比是比较合理的。

二次响应面模型的试验设计中，通常使用中心复合设计和 Box-Behnken 设计，相应的 MATLAB 函数分别为 `ccdesign` 和 `bbdesign`。表 7.1 列出了这两种试验设计的试验次数以及二次响应面模型式(7.1)中待定系数的个数，可以看出就减少试验次数而言，Box-Behnken 设计是比较好的。

确定响应面参数时，除了利用试验设计外，还可以针对简化模型的特点采用

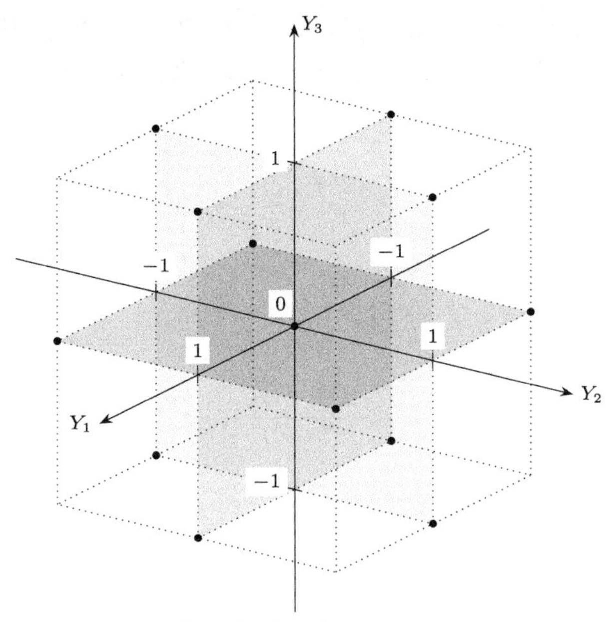

图 7.2　三维规则化空间中的 Box-Behnken 设计

表 7.1　中心复合设计与 Box-Behnken 设计的试验次数

因子数	中心复合设计	Box-Behnken 设计	式(7.1)中系数的个数
2	16		6
3	24	15	10
4	36	27	15
5	36	46	21
6	59	54	28
7	100	62	36
8	100	120	45
9	178	130	55
10	178	170	66
11	178	188	78
12	2234	204	91
16	33497	396	153

更为简便的途径。注意到式(7.2)沿着坐标轴也能较好地代表真实功能函数，试验点可以沿坐标轴在均值点 $\boldsymbol{\mu}_X$ 附近选择，其中沿坐标 X_i 轴的试验点具有坐标 $x_i = \mu_{X_i} \pm f\sigma_{X_i}$，其中 $f > 0$ 是一任意因子。这是一种只有坐标轴上的点的中心复合设计。为更加直观起见，图 7.3 给出了两个变量的情况。在这 $2n+1$ 个点刚好足够用以确定式(7.2)的 $2n+1$ 个未知系数 a, b_i 和 c_i。因子 f 的取值决定试验

点的分布范围，此范围过大可能使多项式对功能函数的拟合度不好，过小则设计点不在该范围内。经过反复试算，建议取 $f=2$。这种设计虽然简便，但 f 取值的随意性是其明显的不足。

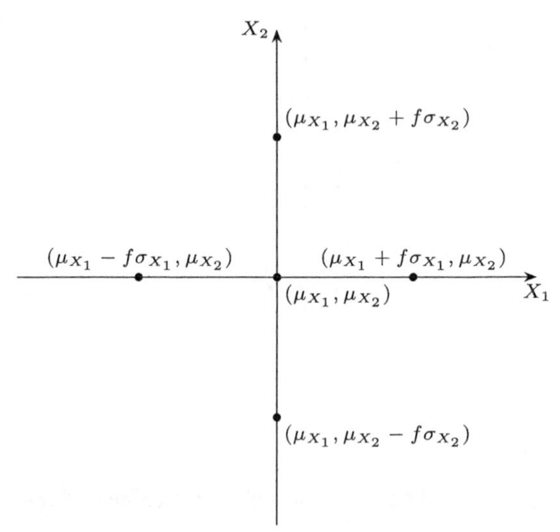

图 7.3 随机平面上的只有轴点的中心复合设计

确定响应面函数的待定系数，归结为求解下面的线性方程组：

$$\boldsymbol{A}\boldsymbol{\lambda}=\hat{\boldsymbol{g}} \tag{7.3}$$

式中，向量 $\boldsymbol{\lambda}$ 包含响应面函数所有待定系数，$\hat{\boldsymbol{g}}$ 是由所有试验点处的试验值组成的向量，$\boldsymbol{A}$ 是相应的系数矩阵。

利用响应面模拟结构的真实性能并求解结构的可靠度时，需要多次形成并求解方程组(7.3)。因为通常试验点数总是比响应面函数的待定系数多，该方程组是超定的，可利用最小二乘法求解。

响应面要能很好地拟合真实失效面 $g(\boldsymbol{X})=0$，试验点就须位于或靠近真实失效面。这可以通过迭代来实现，先设法得到要展开的点 $\boldsymbol{x}$，并用得到的响应面函数找到设计点的估计值 $\boldsymbol{x}^*$ 后，下一步的新的展开点 $\boldsymbol{x}$ 通过线性插值得到[50]

$$\boldsymbol{x}=\boldsymbol{\mu}_X+\frac{g(\boldsymbol{\mu}_X)}{g(\boldsymbol{\mu}_X)-g(\boldsymbol{x}^*)}(\boldsymbol{x}^*-\boldsymbol{\mu}_X) \tag{7.4}$$

利用基于响应面的设计点方法计算结构的可靠度，可以按照以下步骤进行：

(1) 假定初始迭代点 $\boldsymbol{x}$，一般取平均值 $\boldsymbol{\mu}_X$。
(2) 展开点 $\boldsymbol{x}$ 生成试验点，利用试验设计如全因子设计、中心复合设计、Box-Behnken 设计或只有轴点的中心复合设计。
(3) 产生在试验点上功能函数的估计值 $\hat{\boldsymbol{g}}$，通过结构的数值分析或试验。
(4) 求解系数 $\boldsymbol{\lambda}$，利用式(7.1)或式(7.2)形成并求解方程组(7.3)。
(5) 计算可靠指标 β 及设计点 $\boldsymbol{x}^*$，根据式(7.1)或式(7.2)。
(6) 产生功能函数的估计值 $\hat{g}(\boldsymbol{x}^*)$，通过结构的数值分析或试验。
(7) 插值得新的 $\boldsymbol{x}$，利用式(7.4)。
(8) 重复步骤 (2) ~ 步骤 (7)，直到满足迭代终止条件为止。

设计点方法需要计算响应面函数 $\hat{\boldsymbol{g}}(\boldsymbol{X})$ 的梯度。由式(7.1)，注意到 $\nabla \boldsymbol{X}^\top = \boldsymbol{I}$，$\boldsymbol{B} = \boldsymbol{B}^\top$，可得

$$\begin{aligned}\nabla \hat{g}(\boldsymbol{X}) &= \nabla \boldsymbol{X}^\top \boldsymbol{a} + \nabla \boldsymbol{X}^\top \boldsymbol{B}\boldsymbol{X} + \nabla[(\boldsymbol{B}\boldsymbol{X})^\top]\boldsymbol{X} \\ &= \boldsymbol{a} + \boldsymbol{B}\boldsymbol{X} + \nabla \boldsymbol{X}^\top \boldsymbol{B}^\top \boldsymbol{X} \\ &= \boldsymbol{a} + 2\boldsymbol{B}\boldsymbol{X}\end{aligned} \tag{7.5}$$

式(7.5)应用于式(7.2)时，$\boldsymbol{B} = \mathrm{diag}[b_i]$。

用响应面方法时，可将待定系数向量 $\boldsymbol{\lambda}$ 的分量按照 a_0, $\boldsymbol{a}$, $\boldsymbol{B}$ 的主对角线元素及 $\boldsymbol{B}$ 的上三角矩阵中的元素这样的顺序进行安排，这种考虑应用时会比较方便。此外，还要使试验设计因子的水平与变量的值相对应，为此可设随机变量的最高水平值与最低水平值相差为 2 倍标准差。

例 7.1　已知结构的极限状态方程为 $Z = 1 + X_1X_2 - X_2 = 0$，其中 X_1 和 X_2 均服从对数正态分布，其均值和标准差分别为 $\mu_{X_1} = 2$，$\sigma_{X_1} = 0.4$；$\mu_{X_2} = 4$，$\sigma_{X_2} = 0.8$。用基于响应面的一次二阶矩方法计算相关系数 $\rho_{X_1X_2} = 0$ 和 $\rho_{X_1X_2} = -0.1$ 两种情况下的结构的可靠指标和设计点。

解　例题中直接给出了结构的功能函数，可用来代替数值分析或试验，在上述计算步骤 (3) 和步骤 (6) 中方便地得到结构的响应。

首先用完全的二次多项式响应面模型求解，此时响应面能准确模拟结构的实际响应，不存在模型误差。试验设计采用中心复合设计。计算程序见清单 7.1。

清单 7.1　例 7.1 的完全二次多项式响应面一次二阶矩方法程序

```
clear; clc;
muX = [2;4]; sigmaX = [0.4;0.8]; rhoX = [1,0;0,1];
```

```
sLn = sqrt(log(1+(sigmaX./muX).^2)); mLn = log(muX)-sLn.^2/2;
nD = length(muX); dx = sigmaX;
x = muX; x0 = repmat(eps,nD,1);
gM = 1+(x(1)-1)*x(2);
dM = ccdesign(nD); % design matrix
sm = size(dM);
while norm(x-x0)/norm(x0) > 1e-6
    x0 = x;
    xE = repmat(x.',sm(1),1)+repmat(dx.',sm(1),1).*dM;
    a = [ones(sm(1),1),xE,xE.^2,2*xE(:,1).*xE(:,2)];
    gv = 1+(xE(:,1)-1).*xE(:,2);
    lambda = a\gv;
    x1 = eps*x;
    while norm(x-x1)/norm(x1) > 1e-6
        x1 = x;
        g = lambda.'*[1;x;x.*x;2*x(1)*x(2)];
        b = [lambda(4),lambda(6);lambda(6),lambda(5)];
        gX = lambda(2:nD+1)+2*b*x;
        cdfX = logncdf(x,mLn,sLn); pdfX = lognpdf(x,mLn,sLn);
        nc = norminv(cdfX);
        sigmaX1 = normpdf(nc)./pdfX;
        muX1 = x-nc.*sigmaX1;
        gs = gX.*sigmaX1;
        alphaX = -rhoX*gs/sqrt(gs.'*rhoX*gs);
        bbeta = (g+gX.'*(muX1-x))/sqrt(gs.'*rhoX*gs)
        x = muX1+bbeta*sigmaX1.*alphaX;
    end
    g = 1+(x(1)-1)*x(2);
    x = muX+gM/(gM-g)*(x-muX)
end
```

再用不完全的多项式响应面模型求解，可以注意到此时存在模型误差。试验设计可采用仅有轴点的中心复合设计，也可仍用常规的中心复合设计，其差别只是设计矩阵有所不同，前者的设计矩阵是后者的子矩阵。计算程序见清单 7.2。

清单 7.2　例 7.1 的非完全二次多项式响应面一次二阶矩方法程序

```
clear; clc;
muX = [2;4]; sigmaX = [0.4;0.8]; rhoX = [1,0;0,1];
sLn = sqrt(log(1+(sigmaX./muX).^2)); mLn = log(muX)-sLn.^2/2;
nD = length(muX); dx = 2*sigmaX; % f = 2
x = muX; x0 = repmat(eps,nD,1);
gM = 1+(x(1)-1)*x(2);
dM = ccdesign(nD);
dM = dM(2*nD+1:4*nD+1,:)/(2^(nD/4));
sm = size(dM);
while norm(x-x0)/norm(x0) > 1e-6
    x0 = x;
    xE = repmat(x.',sm(1),1)+repmat(dx.',sm(1),1).*dM;
    a = [ones(sm(1),1),xE,xE.^2];
    gv = 1+(xE(:,1)-1).*xE(:,2);
    lambda = a\gv;
    x1 = eps*x;
    while norm(x-x1)/norm(x1) > 1e-6
        x1 = x;
        g = lambda.'*[1;x;x.*x];
        b = [lambda(4),0;0,lambda(5)];
        gX = lambda(2:nD+1)+2*b*x;
        cdfX = logncdf(x,mLn,sLn); pdfX = lognpdf(x,mLn,sLn);
        nc = norminv(cdfX);
        sigmaX1 = normpdf(nc)./pdfX;
        muX1 = x-nc.*sigmaX1;
        gs = gX.*sigmaX1;
        alphaX = -rhoX*gs/sqrt(gs.'*rhoX*gs);
        bbeta = (g+gX.'*(muX1-x))/sqrt(gs.'*rhoX*gs)
        x = muX1+bbeta*sigmaX1.*alphaX;
    end
```

```
    g = 1+(x(1)-1)*x(2);
    x = muX+gM/(gM-g)*(x-muX)
end
```

清单 7.1 程序和清单 7.2 程序运行结果相同，当 $\rho_{X_1X_2}=0$ 时，结果为可靠指标 $\beta=4.6900$，设计点 $\boldsymbol{x}^*=(7.9722\times10^{-1},4.9315)^\top$；当 $\rho_{X_1X_2}=-0.1$ 时，结果为 $\beta=4.5853$，$\boldsymbol{x}^*=(8.0928\times10^{-1},5.2433)^\top$。

清单 7.1 程序和清单 7.2 程序在计算步骤 (5) 中均采用了变量统计相关时的 JC 法。作为对比，下面利用 JC 法计算原功能函数的可靠指标和设计点。原功能函数的梯度为 $\nabla g(\boldsymbol{X})=(X_2,X_1-1)^\top$。

JC 法计算程序见清单 7.3，程序中 $\rho_{X_1X_2}=0$。

清单 7.3　例 7.1 的 JC 法程序

```
clear; clc;
muX = [2;4]; sigmaX = [0.4;0.8]; rhoX = [1,0;0,1];
sLn = sqrt(log(1+(sigmaX./muX).^2)); mLn = log(muX)-sLn.^2/2;
muX1 = muX; sigmaX1 = sigmaX;
x = muX; x0 = repmat(eps,length(muX),1);
while norm(x-x0)/norm(x0) > 1e-6
    x0 = x;
    g = 1+prod(x)-x(2);
    gX = [x(2);x(1)-1];
    cdfX = logncdf(x,mLn,sLn); pdfX = lognpdf(x,mLn,sLn);
    nc = norminv(cdfX);
    sigmaX1 = normpdf(nc)./pdfX;
    muX1 = x-nc.*sigmaX1;
    gs = gX.*sigmaX1;
    alphaX = -rhoX*gs/sqrt(gs.'*rhoX*gs);
    bbeta = (g+gX.'*(muX1-x))/sqrt(gs.'*rhoX*gs)
    x = muX1+bbeta*sigmaX1.*alphaX
end
```

清单 7.3 程序的运行结果与响应面方法所得结果完全相同。□

例 7.2　极限状态方程 $Z=18.46154-74769.23X_1/X_2^3=0$，其中 X_1 和 X_2

均服从正态分布，其均值分别为 1000 kN 和 250 mm，标准差分别为 250 kN 和 37.5 mm。用基于响应面的一次二阶矩方法计算可靠指标和设计点。

解　计算程序见清单 7.4。

清单 7.4　例 7.2 的完全二次多项式响应面一次二阶矩方法程序

```
clear; clc;
muX = [1000;250]; sigmaX = [200;37.5];
nD = length(muX); dx = sigmaX;
x = muX; x0 = repmat(eps,nD,1);
gM = 18.46154-74769.23*x(1)/x(2)^3;
dM = ccdesign(nD);
sm = size(dM);
while norm(x-x0)/norm(x0) > 1e-6
    x0 = x;
    xE = repmat(x.',sm(1),1)+repmat(dx.',sm(1),1).*dM;
    a = [ones(sm(1),1),xE,xE.^2,2*xE(:,1).*xE(:,2)];
    gv = 18.46154-74769.23*xE(:,1)./xE(:,2).^3;
    lambda = a\gv;
    x1 = eps*x;
    while norm(x-x1)/norm(x1) > 1e-6
        x1 = x;
        g = lambda.'*[1;x;x.*x;2*x(1)*x(2)];
        b = [lambda(4),lambda(6);lambda(6),lambda(5)];
        gX = lambda(2:nD+1)+2*b*x;
        gs = gX.*sigmaX;
        alphaX = -gs/norm(gs);
        bbeta = (g+gX.'*(muX-x))/norm(gs)
        x = muX+bbeta*sigmaX.*alphaX;
    end
    g = 18.46154-74769.23*x(1)/x(2)^3;
    x = muX+gM/(gM-g)*(x-muX)
end
```

程序运行结果为：可靠指标 $\beta = 2.3317$，设计点 $\boldsymbol{x}^* = (1107.6083, 164.9227)^{\top}$。

如果将变量最高水平和最低水平的差值缩小，可以提高计算的精度。例如，将此差值从标准差的 2 倍变成 1 倍，其计算结果分别为 $\beta = 2.3310$，$\boldsymbol{x}^* = (1115.8807, 165.3323)^\top$，更接近以下一次二阶矩方法的结果。

清单 7.5 给出了一次二阶矩方法的计算程序。原功能函数的梯度为

$$\nabla g(\boldsymbol{X}) = \frac{74769.23}{X_2^4}(-X_2, 3X_1)^\top$$

清单 7.5 例 7.2 的一次二阶矩方法程序

```
clear; clc;
muX = [1000;250]; sigmaX = [200;37.5];
x = muX; x0 = repmat(eps,length(muX),1);
while norm(x-x0)/norm(x0) > 1e-6
    x0 = x;
    g = 18.46154-74769.23*x(1)/x(2)^3;
    gX = 74769.23/x(2)^4*[-x(2);3*x(1)];
    gs = gX.*sigmaX; alphaX = -gs/norm(gs);
    bbeta = (g+gX.'*(muX-x))/norm(gs)
    x = muX+bbeta*sigmaX.*alphaX
end
```

清单 7.5 程序运算结果为：可靠指标 $\beta = 2.3309$，设计点 $\boldsymbol{x}^* = (1118.5654, 165.4647)^\top$。

利用式(2.11)，结构的失效概率为

$$\begin{aligned}
p_\mathrm{f} &= \iint_{Z\leq 0} f_{X_1}(x_1) f_{X_2}(x_2)\,\mathrm{d}x_1\mathrm{d}x_2 \\
&= \int_{-\infty}^{0} f_{X_2}(x_2)\int_{-\infty}^{ax_2^3} f_{X_1}(x_1)\,\mathrm{d}x_1\mathrm{d}x_2 + \int_{0}^{\infty} f_{X_2}(x_2)\int_{ax_2^3}^{\infty} f_{X_1}(x_1)\,\mathrm{d}x_1\mathrm{d}x_2 \\
&= \int_{-\infty}^{0} f_{X_2}(x_2)\Phi\left(\frac{ax_2^3-\mu_{X_1}}{\sigma_{X_1}}\right)\mathrm{d}x_2 + \int_{0}^{\infty} f_{X_2}(x_2)\left[1-\Phi\left(\frac{ax_2^3-\mu_{X_1}}{\sigma_{X_1}}\right)\right]\mathrm{d}x_2
\end{aligned}$$

式中，$a = 18.46154/74769.23$。

根据上式的计算程序见清单 7.6。

清单 7.6 例 7.2 用定义计算失效概率的程序

```
clear; clc;
```

```
muX = [1000;250]; sigmaX = [200;37.5];
a = @(x)18.46154/74769.23*x.^3;
f1 = @(x,y)normpdf(y,muX(1),sigmaX(1)).*...
    normpdf(x,muX(2),sigmaX(2));
pF1 = integral2(f1,-Inf,0,0,a)+integral2(f1,0,Inf,a,Inf)
bbeta1 = -norminv(pF1)
f2 = @(x)normpdf(x,muX(2),sigmaX(2)).*....
    normcdf(a(x),muX(1),sigmaX(1));
f3 = @(x)normpdf(x,muX(2),sigmaX(2))-f2(x);
pF2 = integral(f2,-Inf,0)+integral(f3,0,Inf)
bbeta2 = -norminv(pF2)
```

清单 7.6 程序运行结果为：失效概率 $p_{\mathrm{f}} = 9.5138 \times 10^{-3}$，由此推算可靠指标 $\beta = 2.3450$。 □

在利用响应面计算出结构的可靠指标、设计点及灵敏度向量后，即可利用第4章中的二次二阶矩方法，改进所得到的计算结果，得到更为准确的失效概率。

基于响应面方法的二次二阶矩方法的计算步骤，包括明显的前后两部分，前为以上采用的一次二阶矩方法的，后为需添加的二次二阶矩方法的。后一部分在第 4章中有详细介绍，所需改变的只是在其中用响应面函数替代真实的功能函数。

此时需计算响应面函数的 Hesse 矩阵。由式(7.5)，注意到 $\nabla \boldsymbol{X}^{\top} = \boldsymbol{I}, \boldsymbol{B} = \boldsymbol{B}^{\top}$，可得二次响应面式(7.1)的 Hesse 矩阵为

$$\nabla^2 \hat{g}(\boldsymbol{X}) = \nabla\{[\nabla \hat{g}(\boldsymbol{X})]^{\top}\} = \nabla(\boldsymbol{a}^{\top} + 2\boldsymbol{X}^{\top}\boldsymbol{B}^{\top}) = 2\nabla \boldsymbol{X}^{\top}\boldsymbol{B} = 2B \tag{7.6}$$

例 7.3　用基于响应面的 Breitung 提出的二次二阶矩方法计算例 4.2 中结构的可靠指标和失效概率。

解　计算程序见清单 7.7。

清单 7.7　例 7.3 的完全二次多项式响应面二次二阶矩方法程序

```
clear; clc;
muX = [1;20;48]; sigmaX = [0.16;2;3];
rhoX = [1,0.7,0;0.7,1,0;0,0,1];
sLn = sqrt(log(1+(sigmaX(1)/muX(1))^2)); mLn = log(muX(1))-sLn^2/2;
aEv = sigmaX(2)*sqrt(6)/pi; uEv = -psi(1)*aEv-muX(2);
```

```
t = 1+(sigmaX(3)/muX(3))^2;
s = fsolve(@(r)gamma(1+2*r)./gamma(1+r).^2-t,1,...
    optimset('TolFun',0));
eWb = muX(3)/gamma(1+s); mWb = 1/s;
nD = length(muX); dx = sigmaX;
x = muX; x0 = repmat(eps,nD,1);
cdfX = [logncdf(x(1),mLn,sLn);1-evcdf(-x(2),uEv,aEv);...
    wblcdf(x(3),eWb,mWb)];
y = norminv(cdfX);
gM = x(3)-sqrt(300*x(1)^2+1.92*x(2)^2);
dM = ccdesign(nD); % dM = bbdesign(nD);
sm = size(dM);
while norm(x-x0)/norm(x0) > 1e-6
    x0 = x;
    xE = repmat(x.',sm(1),1)+repmat(dx.',sm(1),1).*dM;
    aa = [ones(sm(1),1),xE,xE.^2,2*xE(:,1).*xE(:,2),...
        2*xE(:,2).*xE(:,3),2*xE(:,3).*xE(:,1)];
    gv = xE(:,3)-sqrt(300*xE(:,1).^2+1.92*xE(:,2).^2);
    lambda = aa\gv; c = lambda;
    x1 = eps*x;
    while norm(x-x1)/norm(x1) > 1e-6
        x1 = x;
        g = c.'*[1;x;x.*x;2*x(1)*x(2);2*x(2)*x(3);2*x(3)*x(1)];
        b = [c(5),c(8),c(10);c(8),c(6),c(9);c(10),c(9),c(7)];
        gX = c(2:nD+1)+2*b*x;
        pdfX = [lognpdf(x(1),mLn,sLn);evpdf(-x(2),uEv,aEv);...
            wblpdf(x(3),eWb,mWb)];
        xY = normpdf(y)./pdfX; gY = gX.*xY;
        alphaY = -rhoX*gY/sqrt(gY.'*rhoX*gY);
        bbeta = (g-gY.'*y)/sqrt(gY.'*rhoX*gY)
        y = bbeta*alphaY;
        cdfY = normcdf(y);
        x = [logninv(cdfY(1),mLn,sLn);-evinv(1-cdfY(2),uEv,aEv);...
```

```
            wblinv(cdfY(3),eWb,mWb)];
    end
    g = x(3)-sqrt(300*x(1)^2+1.92*x(2)^2);
    x = muX+gM/(gM-g)*(x-muX);
end    % FORM to SORM
a = chol(rhoX,'lower');
gZ = a.'*gY; alphaZ = -gZ/norm(gZ);
h = [null(alphaZ'),alphaZ];
gXX = 2*b;
fX = [(mLn-sLn^2-log(x(1)))/sLn^2/x(1);...
    (exp((-uEv-x(2))/aEv)-1)/aEv;...
    (mWb-1-mWb*(x(3)/eWb)^mWb)/x(3)].*pdfX;
gYY = xY*xY.'.*gXX-diag(gX.*(y.*xY+xY.^2.*fX./pdfX));
gZZ = a.'*gYY*a; q = -gZZ/norm(gZ);
qt = h.'*q*h; q1 = qt(1:nD-1,1:nD-1);
pFQ = normcdf(-bbeta)/sqrt(det(eye(nD-1)-bbeta*q1))
```

程序运行结果为：可靠指标 $\beta = 2.7829$，二次失效概率 $p_{\mathrm{fQ}} = 4.0019 \times 10^{-3}$。

本例可以用 Box-Behnken 设计，可使试验点从 24 个减至 15 个，此时的计算结果为 $\beta = 2.7829$，$p_{\mathrm{fQ}} = 4.0012 \times 10^{-3}$。 □

例 7.4　用基于响应面的 Laplace 渐近二次二阶矩方法计算例 4.5 中结构的可靠指标和失效概率。

解　计算程序见清单 7.8。

清单 7.8　例 7.4 的完全二次多项式响应面二次二阶矩方法程序

```
clear; clc;
muX = [1;20;48]; sigmaX = [0.16;2;3];
rhoX = [1,0.7,0;0.7,1,0;0,0,1];
sLn = sqrt(log(1+(sigmaX(1)/muX(1))^2)); mLn = log(muX(1))-sLn^2/2;
aEv = sigmaX(2)*sqrt(6)/pi; uEv = -psi(1)*aEv-muX(2);
t = 1+(sigmaX(3)/muX(3))^2;
s = fsolve(@(r)gamma(1+2*r)./gamma(1+r).^2-t,1,...
    optimset('TolFun',0));
eWb = muX(3)/gamma(1+s); mWb = 1/s;
```

```
nD = length(muX); dx = sigmaX;
x = muX; x0 = repmat(eps,nD,1);
cdfX = [logncdf(x(1),mLn,sLn);1-evcdf(-x(2),uEv,aEv);...
    wblcdf(x(3),eWb,mWb)];
y = norminv(cdfX);
gM = x(3)-sqrt(300*x(1)^2+1.92*x(2)^2);
dM = ccdesign(nD); % dM = bbdesign(nD);
sm = size(dM);
while norm(x-x0)/norm(x0) > 1e-6
    x0 = x;
    xE = repmat(x.',sm(1),1)+repmat(dx.',sm(1),1).*dM;
    aa = [ones(sm(1),1),xE,xE.^2,2*xE(:,1).*xE(:,2),...
        2*xE(:,2).*xE(:,3),2*xE(:,3).*xE(:,1)];
    gv = xE(:,3)-sqrt(300*xE(:,1).^2+1.92*xE(:,2).^2);
    lambda = aa\gv; c = lambda;
    x1 = eps*x;
    while norm(x-x1)/norm(x1) > 1e-6
        x1 = x;
        g = c.'*[1;x;x.*x;2*x(1)*x(2);2*x(2)*x(3);2*x(3)*x(1)];
        b = [c(5),c(8),c(10);c(8),c(6),c(9);c(10),c(9),c(7)];
        gX = c(2:nD+1)+2*b*x;
        pdfX = [lognpdf(x(1),mLn,sLn);evpdf(-x(2),uEv,aEv);...
            wblpdf(x(3),eWb,mWb)];
        xY = normpdf(y)./pdfX; gY = gX.*xY;
        alphaY = -rhoX*gY/sqrt(gY.'*rhoX*gY);
        bbeta = (g-gY.'*y)/sqrt(gY.'*rhoX*gY)
        y = bbeta*alphaY;
        cdfY = normcdf(y);
        x = [logninv(cdfY(1),mLn,sLn);-evinv(1-cdfY(2),uEv,aEv);...
            wblinv(cdfY(3),eWb,mWb)];
    end
    g = x(3)-sqrt(300*x(1)^2+1.92*x(2)^2);
    x = muX+gM/(gM-g)*(x-muX);
```

```
end    % FORM to SORM
gXX = 2*b;
fX = [(mLn-sLn^2-log(x(1)))/sLn^2/x(1);...
    (exp((-uEv-x(2))/aEv)-1)/aEv;...
    (mWb-1-mWb*(x(3)/eWb)^mWb)/x(3)].*pdfX;
gYY = xY*xY.'.*gXX-diag(gX.*(y.*xY+xY.^2.*fX./pdfX));
a = inv(rhoX);
c = -a-bbeta/sqrt(gY.'*rhoX*gY)*gYY;
cS = det(c)*inv(c); sJ = y.'*a.'*cS*a*y;
pFQ = normcdf(-bbeta)*bbeta/sqrt(abs(sJ)*det(rhoX))
```

程序运行结果为：可靠指标 $\beta = 2.7829$，二次失效概率 $p_{\mathrm{fQ}} = 4.0019 \times 10^{-3}$。采用 Box-Behnken 设计的计算结果为 $\beta = 2.7829$，$p_{\mathrm{fQ}} = 4.0012 \times 10^{-3}$。

7.2　利用向量投影取样点的响应面方法

响应面方法受响应面函数的形状和试验取样点的选取的影响较大。对基本响应面方法的改进也主要是针对这两方面进行的。

利用向量投影取样点的响应面方法，通过响应面的梯度投影选取取样点，以线性响应面函数为基础利用一次二阶矩方法搜索设计点并计算可靠指标。

设上次迭代得到的设计点为 $\boldsymbol{x}^*$，响应面函数为

$$Z_{\mathrm{r}} = \hat{g}(\boldsymbol{X}) = a_0 + \sum_{i=1}^{n} a_i X_i = a_0 + \boldsymbol{a}^\top \boldsymbol{X} \tag{7.7}$$

式中，a_0，$\boldsymbol{a} = (a_1, a_2, \ldots, a_n)^\top$ 为系数。

由式(7.7)计算响应面函数在 $\boldsymbol{x}^*$ 处的单位向量 $\boldsymbol{\alpha}_{\mathrm{r}}$，即

$$\boldsymbol{\alpha}_{\mathrm{r}} = -\frac{\nabla \hat{g}(\boldsymbol{x}^*)}{\|\nabla \hat{g}(\boldsymbol{x}^*)\|} = -\frac{\boldsymbol{a}}{\|\boldsymbol{a}\|} \tag{7.8}$$

再计算对于第 i 个随机变量 X_i 的取样点投影用到的单位向量 $\boldsymbol{t}_i = \boldsymbol{T}_i / \|\boldsymbol{T}_i\|$ $(i = 1, 2, \ldots, n)$，其中向量

$$\boldsymbol{T}_i = \boldsymbol{e}_i - (\boldsymbol{\alpha}_{\mathrm{r}}^\top \boldsymbol{e}_i)\boldsymbol{\alpha}_{\mathrm{r}} = \boldsymbol{e}_i - \alpha_{\mathrm{r}i}\boldsymbol{\alpha}_{\mathrm{r}}, \quad i = 1, 2, \ldots, n \tag{7.9}$$

式中，α_{ri} 为向量 $\boldsymbol{\alpha}_{\rm r}$ 的第 i 个分量；$\boldsymbol{e}_i=(\delta_{1i},\delta_{2i},\dots,\delta_{ni})^\top$ 为沿 X_i 坐标轴的单位基向量，其中 δ_{ij} 为 Kronecker δ，即将 n 维零向量 $\boldsymbol{0}$ 中的第 i 个元素替换为 1 所得到的向量。如果 $\boldsymbol{T}_i=\boldsymbol{0}$，规定 $\boldsymbol{t}_i=\boldsymbol{0}$。图 7.4 示出了二维情况下用于 X_1 取样点投影用到的向量 $\boldsymbol{T}_1$。由图 7.4 可知，如果完全沿着 $\boldsymbol{t}_i$ 方向展开 $\boldsymbol{x}^*$，则使得所有的展开点都位于超平面 $Z_{\rm r}=0$ 上。

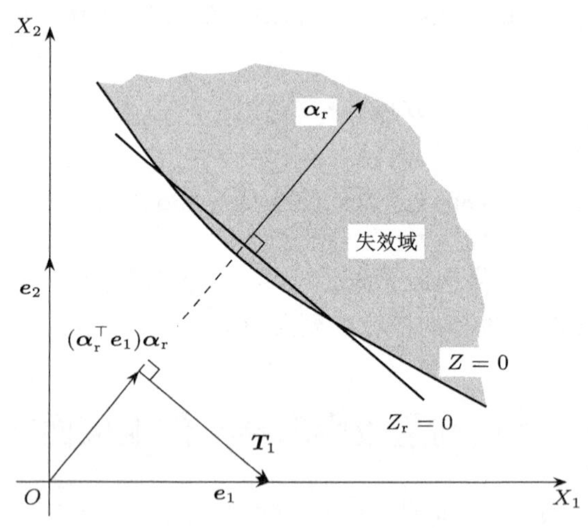

图 7.4 向量投影取样点技术

比较好的作法是，通过将试验拟合点向上次迭代得到的响应面(7.7)近旁投影，使这些点合理地位于真实极限状态面的附近。这样综合考虑后，可以得到单位投影向量 $\boldsymbol{q}_i=\boldsymbol{Q}_i/\|\boldsymbol{Q}_i\|$ $(i=1,2,\dots,n)$，其中向量

$$\boldsymbol{Q}_i=\omega(\boldsymbol{t}_i+\varepsilon_q\boldsymbol{\alpha}_{\rm r})+(1-\omega)\boldsymbol{e}_i,\quad i=1,2,\dots,n \tag{7.10}$$

式中，ε_q 为一小数；$0\le\omega\le1$ 是加权因子，$\omega=1$ 相应于全向量投影，$\omega=0$ 相应于上述基本响应面方法中的中心复合设计取样。

根据式(7.10)规定的投影方向取样，除设计点 $\boldsymbol{x}^*$ 外，中心复合设计中星形取样点在 X_i 轴上的坐标变为

$$x_i=x_i^*\pm f\sigma_{X_i}\boldsymbol{q}_i^\top\boldsymbol{e}_i=x_i^*\pm fr_i\sigma_{X_i},\quad i=1,2,\dots,n \tag{7.11}$$

式中，$f\sigma_{X_i}\boldsymbol{q}_i^\top\boldsymbol{e}_i$ 代表取样点与设计点的距离，r_i 为向量 $\boldsymbol{q}_i$ 的第 i 个分量。

利用上述这 $2n+1$ 个取样点，可以得到下面的超定线性方程组

$$\boldsymbol{A\lambda} = \hat{\boldsymbol{g}} \tag{7.12}$$

式中，$\boldsymbol{\lambda} = (a_0, a_1, a_2, \dots, a_n)^\top$，$\hat{\boldsymbol{g}} = (\hat{g}_1, \hat{g}_2, \dots, \hat{g}_{2n+1})^\top$，$\boldsymbol{A}$ 为系数矩阵。

如果 $\hat{g}_i$ $(i = 1, 2, \dots, 2n+1)$ 是按照展开点 $(x_1, x_2, \dots, x_n)^\top$，$(x_1, \dots, x_i - f\sigma_{X_i}, \dots, x_n)^\top$ $(i = 1, 2, \dots, n)$，以及 $(x_1, \dots, x_i + f\sigma_{X_i}, \dots, x_n)^\top$ $(i = 1, 2, \dots, n)$ 的顺序计算的，矩阵 $\boldsymbol{A}$ 具有以下形式：

$$\boldsymbol{A} = \begin{bmatrix} 1 & \boldsymbol{x}^\top \\ 1 & \boldsymbol{x}^\top \\ \vdots & \vdots \\ 1 & \boldsymbol{x}^\top \end{bmatrix} + \begin{bmatrix} 0 & \boldsymbol{0}_{1\times n} \\ \boldsymbol{0}_{n\times 1} & -f\,\mathrm{diag}[\sigma_{X_i}] \\ \boldsymbol{0}_{n\times 1} & f\,\mathrm{diag}[\sigma_{X_i}] \end{bmatrix} \tag{7.13}$$

利用超定系统(7.12)的最小二乘解 $\boldsymbol{\lambda} = (\boldsymbol{A}^\top \boldsymbol{A})^{-1} \boldsymbol{A}^\top \hat{\boldsymbol{g}}$，就可以再次确定式(7.7)中的 $n+1$ 个系数。

考虑到实际功能函数 Z 的非线性，在选取 f 时可以先用 $f = 1.0$ 和 1.5 进行试算，根据所得到的相应的可靠指标 $\beta_{1.0}$ 和 $\beta_{1.5}$，如定义 $\varDelta = |\beta_{1.0} - \beta_{1.5}|/(n-1)$，来计及 Z 的非线性效应。如果 $\varDelta$ 较小，例如 $\varDelta \leq 0.03$，可以采用 $f = 1.0$；如果 $0.03 \leq \varDelta \leq 0.06$，可以采用 $f = 1.2$。一般 f 在 1.0 与 2.0 之间选取。也可经过多次计算，所得的可靠指标如果比较接近，则可认为所选的 f 是合适的。

基于向量投影取样点响应面的设计点方法的计算步骤可归纳如下：

(1) 假定初始迭代点 $\boldsymbol{x}$，一般取平均值 $\boldsymbol{\mu}_X$。

(2) 选取 f 值，可取 $f = 2$。

(3) 展开点 $\boldsymbol{x}$ 生成试验点，利用试验设计如全因子设计、中心复合设计、Box-Behnken 设计或只有轴点的中心复合设计。

(4) 产生在试验点上功能函数的估计值 $\hat{\boldsymbol{g}}$，通过结构的数值分析或试验。

(5) 求解系数 $\boldsymbol{\lambda}$，利用式(7.7)求解方程组(7.12)。

(6) 计算可靠指标 β 及设计点 $\boldsymbol{x}^*$，根据式(7.7)。

(7) 计算新的展开点 $\boldsymbol{x}$，利用式(7.8) ~ 式(7.11)；以 $\sqrt{f}$ 代替 f。

(8) 重复步骤 (3) ~ 步骤 (7)，直到满足迭代终止条件为止。

如果在上述计算步骤 (5) 中均采用一次二阶矩方法，则需要计算响应面函数 $\hat{g}(\boldsymbol{X})$ 的梯度。由式(7.7)，可得

$$\nabla \hat{g}(\boldsymbol{X}) = \boldsymbol{a} \tag{7.14}$$

例 7.5　设极限状态方程为 $Z=\exp(0.2X_1+6.2)-\exp(0.47X_2+5.0)=0$，其中 X_1 和 X_2 相互独立，均服从标准正态分布。用基于向量投影取样点响应面的一次二阶矩方法计算可靠指标。

解　计算程序见清单 7.9。

清单 7.9　例 7.5 的基于向量投影取样点响应面的一次二阶矩方法程序

```
clear; clc;
muX = [0;0]; sigmaX = [1;1];
f = 1; omega = 1; epsq = 1e-3;
dx = f*sigmaX;
nD = length(muX);
x = muX; x0 = repmat(eps,nD,1);
dM = ccdesign(nD);
dM = dM(2*nD+1:4*nD+1,:)/(2^(nD/4));
sm = size(dM);
while norm(x-x0)/norm(x0) > 1e-6
    x0 = x;
    xE = repmat(x.',sm(1),1)+repmat(dx.',sm(1),1).*dM;
    aa = [ones(sm(1),1),xE];
    gv = exp(0.2*xE(:,1)+6.2)-exp(0.47*xE(:,2)+5);
    lambda = aa\gv;
    x1 = repmat(eps,nD,1);
    while norm(x-x1)/norm(x1) > 1e-6
        x1 = x;
        g = lambda.'*[1;x];
        gX = lambda(2:nD+1);
        gs = gX.*sigmaX;
        alphaX = -gs/norm(gs);
        bbeta = (g+gX.'*(muX-x))/norm(gs)
        x = muX+bbeta*sigmaX.*alphaX;
    end
    for k = 1:nD
        tt = -alphaX(k)*alphaX; tt(k) = tt(k)+1;
```

```
        t = zeros(nD,1);
        if norm(tt) ~= 0, t = tt/norm(tt); end
        qq = omega*(t+epsq*alphaX); qq(k) = qq(k)+1-omega;
        q = qq/norm(qq); dx(k) = f*sigmaX(k)*q(k);
    end
end
```

程序运行结果为:

(1) 当 $\omega = 1$ 时，此时完全采用向量投影取样点，取 $f = 1$ 时，$\beta = 2.3493$; 取 $f = 1.5$ 时，$\beta = 2.3492$。

(2) 当 $\omega = 0$ 时，此时采用传统的取样点，取 $f = 1$ 时，$\beta = 2.2788$; 取 $f = 1.5$ 时，$\beta = 2.1916$。

作为比较,利用传统取样点的二次多项式响应面一次二阶矩方法计算本例,计算程序参见清单 7.10，程序运行结果为 $\beta = 2.3496$。

清单 7.10　例 7.5 的完全二次多项式响应面一次二阶矩方法程序

```
clear; clc;
muX = [0;0]; sigmaX = [1;1];
nD = length(muX); dx = sigmaX;
x = muX; x0 = repmat(eps,nD,1);
gM = exp(0.2*x(1)+6.2)-exp(0.47*x(2)+5);
dM = ccdesign(nD);
sm = size(dM);
while norm(x-x0)/norm(x0) > 1e-6
    x0 = x;
    xE = repmat(x.',sm(1),1)+repmat(dx.',sm(1),1).*dM;
    aa = [ones(sm(1),1),xE,xE.^2,2*xE(:,1).*xE(:,2)];
    gv = exp(0.2*xE(:,1)+6.2)-exp(0.47*xE(:,2)+5);
    lambda = aa\gv;
    x1 = repmat(eps,nD,1);
    while norm(x-x1)/norm(x1) > 1e-6
        x1 = x;
        g = lambda.'*[1;x;x.*x;2*x(1)*x(2)];
        b = [lambda(4),lambda(6);lambda(6),lambda(5)];
```

```
        gX = lambda(2:nD+1)+2*b*x;
        gs = gX.*sigmaX;
        alphaX = -gs/norm(gs);
        bbeta = (g+gX.'*(muX-x))/norm(gs)
        x = muX+bbeta*sigmaX.*alphaX;
    end
    g = exp(0.2*x(1)+6.2)-exp(0.47*x(2)+5);
    x = muX+gM/(gM-g)*(x-muX);
end
```

原极限状态方程可以改写为 $0.2X_1 - 0.47X_2 + 1.2 = 0$，因 X_1 和 X_2 为独立标准正态变量，利用式(2.33)，可靠指标的精确值为 $\beta = (0.2\mu_{X_1} - 0.47\mu_{X_2} + 1.2)/\sqrt{0.2^2\sigma_{X_1}^2 + 0.47^2\sigma_{X_2}^2} = 1.2/\sqrt{0.2^2 + 0.47^2} = 2.3493$。 □

例 7.6　设极限状态方程为 $Z = \exp(0.4X_1+7.0)-\exp(0.3X_2+5.0)-200 = 0$，其中 X_1 和 X_2 相互独立，均服从标准正态分布。用基于向量投影取样点响应面的一次二阶矩方法计算可靠指标。

解　计算程序见清单 7.11。

清单 7.11　例 7.6 的向量投影取样点响应面方法的一次二阶矩方法程序

```
clear; clc;
muX = [0;0]; sigmaX = [1;1];
f = 1; omega = 1; epsq = 1e-3;
dx = f*sigmaX;
nD = length(muX);
x = muX; x0 = repmat(eps,nD,1);
dM = ccdesign(nD);
dM = dM(2*nD+1:4*nD+1,:)/(2^(nD/4));
sm = size(dM);
while norm(x-x0)/norm(x0) > 1e-6
    x0 = x;
    xE = repmat(x.',sm(1),1)+repmat(dx.',sm(1),1).*dM;
    aa = [ones(sm(1),1),xE];
    gv = exp(0.4*xE(:,1)+7)-exp(0.3*xE(:,2)+5)-200;
    lambda = aa\gv;
```

```
    x1 = repmat(eps,nD,1);
    while norm(x-x1)/norm(x1) > 1e-6
        x1 = x;
        g = lambda.'*[1;x];
        gX = lambda(2:nD+1);
        gs = gX.*sigmaX;
        alphaX = -gs/norm(gs);
        bbeta = (g+gX.'*(muX-x))/norm(gs)
        x = muX+bbeta*sigmaX.*alphaX;
    end
    for k = 1:nD
        tt = -alphaX(k)*alphaX; tt(k) = tt(k)+1;
        t = zeros(nD,1);
        if norm(tt) ~= 0, t = tt/norm(tt); end
        qq = omega*(t+epsq*alphaX); qq(k) = qq(k)+1-omega;
        q = qq/norm(qq); dx(k) = f*sigmaX(k)*q(k);
    end
end
```

程序运行结果为:

(1) 当 $\omega=1$ 时，此时完全采用向量投影取样点，取 $f=1$ 时，$\beta=2.7007$; 取 $f=1.5$ 时，$\beta=2.6893$。

(2) 当 $\omega=0$ 时，此时采用传统的取样点，取 $f=1$ 时，$\beta=2.7636$; 取 $f=1.5$ 时，$\beta=2.8297$。

作为比较，利用基于传统取样点二次多项式响应面的一次二阶矩方法计算本例，计算程序见清单 7.12，程序运行结果为 $\beta=2.7113$。

清单 7.12　例 7.6 的非完全二次多项式响应面一次二阶矩方法程序

```
clear; clc;
muX = [0;0]; sigmaX = [1;1];
nD = length(muX); dx = 3*sigmaX;
x = muX; x0 = repmat(eps,nD,1);
gM = exp(0.4*x(1)+7)-exp(0.3*x(2)+5)-200;
dM = ccdesign(nD);
```

```
dM = dM(2*nD+1:4*nD+1,:)/(2^(nD/4));
sm = size(dM);
while norm(x-x0)/norm(x0) > 1e-6
    x0 = x;
    xE = repmat(x.',sm(1),1)+repmat(dx.',sm(1),1).*dM;
    aa = [ones(sm(1),1),xE,xE.^2];
    gv = exp(0.4*xE(:,1)+7)-exp(0.3*xE(:,2)+5)-200;
    lambda = aa\gv;
    x1 = repmat(eps,nD,1);
    while norm(x-x1)/norm(x1) > 1e-6
        x1 = x;
        g = lambda.'*[1;x;x.*x];
        b = [lambda(4),0;0,lambda(5)];
        gX = lambda(2:nD+1)+2*b*x;
        gs = gX.*sigmaX;
        alphaX = -gs/norm(gs);
        bbeta = (g+gX.'*(muX-x))/norm(gs)
        x = muX+bbeta*sigmaX.*alphaX;
    end
    g = exp(0.4*x(1)+7)-exp(0.3*x(2)+5)-200;
    x = muX+gM/(gM-g)*(x-muX);
end
```

易知失效域为半平面 $X_1 \leq 2.5\ln[\exp(0.3X_2+5)+200]-17.5$，利用式(2.11)，结构的失效概率为

$$
\begin{aligned}
p_{\mathrm{f}} &= \int_{Z\leq 0} \varphi_2(\boldsymbol{x})\,\mathrm{d}\boldsymbol{x} \\
&= \int_{-\infty}^{\infty} \varphi(x_2) \int_{-\infty}^{2.5\ln[\exp(0.3x_2+5)+200]-17.5} \varphi(x_1)\,\mathrm{d}x_1\mathrm{d}x_2 \\
&= \int_{-\infty}^{\infty} \varphi(x_2)\varPhi\left\{2.5\ln[\exp(0.3X_2+5)+200]-17.5\right\}\mathrm{d}x_2
\end{aligned}
$$

利用上式的计算程序见清单 7.13。

清单 7.13　例 7.6 用定义计算失效概率的程序

```
clear; clc;
fun1 = @(x,y)normpdf(y).*normpdf(x);
yb = @(x)2.5*log(exp(0.3*x+5)+200)-17.5;
pF1 = integral2(fun1,-Inf,Inf,-Inf,yb)
bbeta1 = -norminv(pF1)
fun2 = @(x)normpdf(x).*normcdf(yb(x));
pF2 = integral(fun2,-Inf,Inf)
bbeta2 = -norminv(pF2)
```

清单 7.13 程序运行结果为：失效概率 $p_{\mathrm{f}} = 3.6215 \times 10^{-3}$，据此算出可靠指标为 $\beta = 2.6855$。

比较以上例题的计算结果可知，采用基于线性响应面函数的向量投影取样点方法，以及基于二次响应面函数的传统取样点方法，均能得到比较精确的可靠度分析结果，而基于线性响应面函数的传统取样点方法的计算精度比较低。 □

以上所述基于线性响应面函数并利用其梯度投影选取取样点的技术，是对传统响应面方法的一种改进。其后还出现了其他的改进算法[52,53]，在这些方法中，响应面函数从线性函数到不含交叉项的二次函数再到增加交叉项的二次函数，采取分步方式生成，利用响应面函数的梯度投影技术选取取样点，同时对每步所得到的响应面函数予以改进，可靠指标和设计点的计算要采用二次二阶矩方法，故而十分繁琐，应用不便。为保持本书的简洁性，在此不再赘述。

第 8 章　结构体系可靠度的计算方法

前述结构可靠度问题都只涉及一种失效方式或**失效模式** (failure pattern, failure mode)，结构功能函数只有一个。实际上结构或构件可能出现多个失效模式。构件既可能弯曲失效，又可能剪切失效或是别的方式的失效。不同构件的组合可能造成不同的失效模式。结构越是复杂，其可能的失效模式也会越多。

不但如此，结构每种模式的失效又包含了不同结构组成元件的失效。这里元件指结构的最小独立单元，可以是构件，也可以是构件的连接，甚至是构件组成的子结构。不同结构的元件连接方式不同，元件可能处于不同的功能状态，具有各自的极限状态方程。

实际工程结构往往复杂多样，属于**结构体系**或**结构系统** (structural system)。因涉及多种失效模式以及多个元件的失效状态，结构可靠度实际上是**体系可靠度**（或称**系统可靠度**）(reliability of structural system, system reliability)。相比单一失效模式的可靠度问题，结构体系可靠度问题通常十分复杂，目前仍是结构可靠度研究的一个重要方面[1,2,54,55]。

在分析结构体系可靠度问题时，需要进行各个失效模式的识别和相应失效概率的计算。识别结构的主要失效模式可采用力学方法或数学规划方法，其识别过程和搜索路径的确定伴随着大量的概率计算，其中单个失效模式的概率计算需要用到前述的方法。本章主要研究在失效模式已知的情况下结构体系可靠度的计算方法问题。

8.1　结构体系及其可靠度

结构体系可视作元件的组合体，元件间按照一定的逻辑关系组合连接。系统中某些元件相继处于失效状态便行成了一个失效路径，进而导致结构按某一失效模式失效，因此可以依据元件可靠度来计算系统的可靠度。

考虑具有 m 个可能的失效模式的结构体系。体系可靠就是所有 m 个失效模式都不出现，而任何失效模式发生都会使得体系失效。若第 i 个失效模式发生的事件表示为 E_i，不发生的事件表示为 $\bar{E}_i$，体系失效事件表示为 E，体系可靠事

件表示为 $\bar{E}$，则

$$\bar{E}=\bar{E}_1\cap\bar{E}_2\cap\cdots\cap\bar{E}_m=\bar{E}_1\bar{E}_2\cdots\bar{E}_m=\bigcap_{i=1}^{m}\bar{E}_i \tag{8.1}$$

$$E=E_1\cup E_2\cup\cdots\cup E_m=\bigcup_{i=1}^{m}E_i \tag{8.2}$$

注意，这里定义的失效模式发生的事件 $E_i\ (i=1,2,\ldots,m)$ 之间是互不相容的。

设第 i 个失效模式由 q_i 个相继发生的失效状态组成，其中第 j 个失效状态发生的事件表示为 E_i^j，则第 i 个失效模式发生的事件为

$$E_i=E_i^1E_i^2\cdots E_i^{q_i}=\bigcap_{j=1}^{q_i}E_i^j,\quad i=1,2,\ldots,m \tag{8.3}$$

设结构的基本随机变量为 $\boldsymbol{X}=(X_1,X_2,\ldots,X_n)^\top$，第 i 个失效模式第 j 个失效状态所对应的功能函数为

$$Z_j^{(i)}=g_{Xj}^{(i)}(\boldsymbol{X})=g_{Xj}^{(i)}(X_1,X_2,\ldots,X_n),\quad j=1,2,\ldots,q_i \tag{8.4}$$

各功能函数中具有相同的基本随机变量 $\boldsymbol{X}$，因此它们之间存在一定的相关性。综合式(8.2) ~ 式(8.4)知，体系可靠度研究的是多个功能函数的结构可靠度问题。图 8.1 所示为二维的情况。

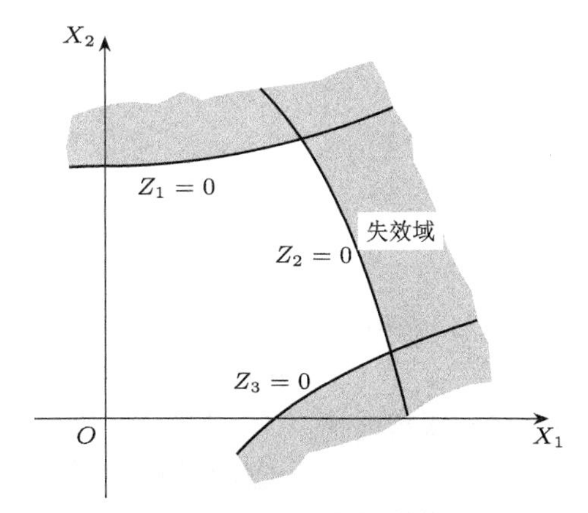

图 8.1 随机平面上的多个失效曲线

设基本随机向量 $\boldsymbol{X}$ 的联合概率密度函数为 $f_X(\boldsymbol{x})$，理论上，体系可靠概率

和体系失效概率分别为

$$p_{\mathrm{r}} = \mathrm{P}(\bar{E}) = \int_{\bar{E}} f_X(\boldsymbol{x})\,\mathrm{d}\boldsymbol{x} \tag{8.5}$$

$$p_{\mathrm{f}} = \mathrm{P}(E) = \int_{E} f_X(\boldsymbol{x})\,\mathrm{d}\boldsymbol{x} \tag{8.6}$$

式中，积分域 $\bar{E}$ 和积分域 E 分别为可靠域 $\Omega_{\mathrm{r}} = \{\boldsymbol{x} \mid \bar{E}\}$ 和失效域 $\Omega_{\mathrm{f}} = \{\boldsymbol{x} \mid E\}$ 的简单表示。

按照体系可靠度与元件可靠度的关系，将结构体系分为串联结构体系、并联结构体系和串-并联结构体系。

串联结构体系 (series system) 是指结构中任何一个元件失效则结构失效的结构体系。串联结构体系是无冗余度的体系，典型例子是静定结构，也称为**最弱链体系** (weakest-link system)，其安全可靠要求所有组成元件不得失效。串联结构体系的失效事件为式(8.2)，元件的一种失效状态就是一个失效模式。对于串联结构体系来讲，区别元件是脆性破坏还是延性失效已无实际意义，因为无论是哪种失效，体系都将失效。

对于集中荷载作用下的钢筋混凝土受弯构件，失效模式有弯曲和剪切两种，每种失效模式只有一个失效状态。

对于串联结构体系，式(8.4)中的功能函数 $Z_j^{(i)}$ 只需要用 Z_i $(i = 1, 2, \ldots, m)$ 就可区分清楚。串联结构体系的失效概率为

$$\begin{aligned} p_{\mathrm{f}} &= \mathrm{P}\left(\bigcup_{i=1}^{m} Z_i \leqslant 0\right) = \int_{\bigcup\limits_{i=1}^{m} Z_i \leqslant 0} f_X(\boldsymbol{x})\,\mathrm{d}\boldsymbol{x} \\ &= \int \cdots \int_{\bigcup\limits_{i=1}^{m} Z_i \leqslant 0} f_{X_1 X_2 \cdots X_n}(x_1, x_2, \ldots, x_n)\,\mathrm{d}x_1 \mathrm{d}x_2 \cdots \mathrm{d}x_n \end{aligned} \tag{8.7}$$

图 8.2 示出了两个变量、两个失效模式的串联结构体系的失效域。

并联结构体系 (parallel system) 是指只有在结构中全部元件都失效时结构才失效的结构体系。并联结构体系显然是有冗余度的体系，典型例子是超静定结构，只要有任何元件不失效体系就依然可靠。并联结构体系失效模式简化为只有一种，但其中元件的失效状态可以不同。并联结构体系的可靠度与构件是脆性的还是延性的有很大关系，因为并联结构体系有一定的冗余度，其可靠度也依赖于冗余度是主动的还是备份的。

设并联结构体系失效状态的个数为 q，则式(8.4)中的功能函数 $Z_j^{(i)}$ 可简单地

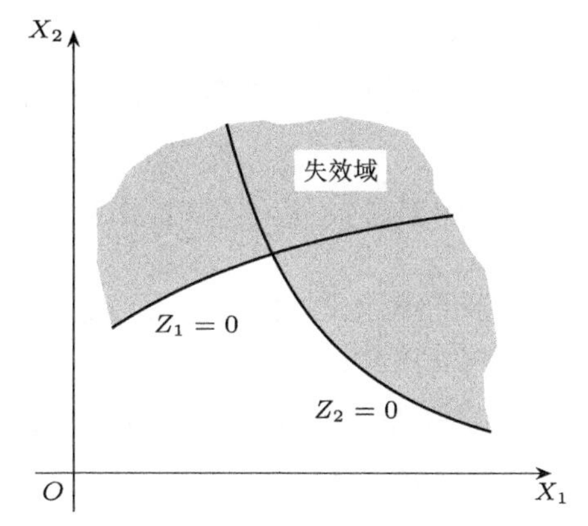

图 8.2　随机平面上的串联结构体系的失效域

表示为 Z_i $(i = 1, 2, \ldots, q)$。并联结构体系的失效概率为

$$p_{\mathrm{f}} = \mathrm{P}\left(\bigcap_{i=1}^{q} Z_i \leq 0\right) = \int_{\bigcap\limits_{i=1}^{q} Z_i \leq 0} f_X(\boldsymbol{x})\,\mathrm{d}\boldsymbol{x}$$
$$= \int \cdots \int_{\bigcap\limits_{i=1}^{q} Z_i \leq 0} f_{X_1X_2\cdots X_n}(x_1, x_2, \ldots, x_n)\,\mathrm{d}x_1\mathrm{d}x_2\cdots\mathrm{d}x_n \tag{8.8}$$

图 8.3 示出了两个变量、两个失效状态的并联结构体系的失效域。

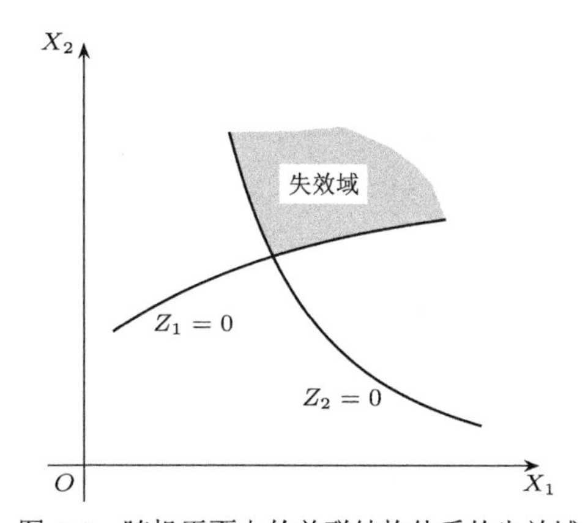

图 8.3　随机平面上的并联结构体系的失效域

串联结构体系和并联结构体系是可以被用来建立任何结构体系的两个基本体系。如实际的超静定结构通常有多个失效模式，每个失效模式可简化成一个并联结构体系，而多个失效模式又可简化成串联模式，这就构成了**串-并联结构**

体系 (series-parallel system) **或混联结构体系** (combined series-parallel system)。式(8.2) ~ 式(8.4)就是这种结构体系的失效事件的完整表述。

8.2 结构体系失效概率的计算

结构体系可靠度的计算通常很困难，因此寻求可靠度的近似值是必要的，其中可靠度的下界和上界也是很有用的。

假设各失效模式为正相关，即 $\rho_{ij} > 0$。这意味着 $\mathrm{P}(E_j|E_i) \geq \mathrm{P}(E_j)$，或 $\mathrm{P}(\bar{E}_j|\bar{E}_i) \geq \mathrm{P}(\bar{E}_j)$，因此，$\mathrm{P}(\bar{E}_i\bar{E}_j) \geq \mathrm{P}(\bar{E}_i)\,\mathrm{P}(\bar{E}_j)$，进而

$$\mathrm{P}(\bar{E}) = \mathrm{P}(\bar{E}_1\bar{E}_2\cdots\bar{E}_m) \geq \prod_{i=1}^{m}\mathrm{P}(\bar{E}_i) \tag{8.9}$$

又因为对任何 i，$\bar{E} = \bar{E}_1\bar{E}_2\cdots\bar{E}_m \subset \bar{E}_i \ (i = 1, 2, \ldots, m)$，所以

$$\mathrm{P}(\bar{E}) \leq \min_{1\leq i\leq m} \mathrm{P}(\bar{E}_i) \tag{8.10}$$

记第 i 个失效模式的可靠概率为 $p_{\mathrm{r}i} = \mathrm{P}(\bar{E}_i)$，失效概率为 $p_{\mathrm{f}i} = \mathrm{P}(E_i)$，由式(8.9)和式(8.10)，得**宽界限**（一阶界限）(wide bounds, unimodal bounds) 方法[56] 的结构体系的可靠概率

$$\prod_{i=1}^{m} p_{\mathrm{r}i} \leq p_{\mathrm{r}} \leq \min_{1\leq i\leq m} p_{\mathrm{r}i} \tag{8.11}$$

相反地，相应的体系的失效概率为

$$\max_{1\leq i\leq m} p_{\mathrm{f}i} \leq p_{\mathrm{f}} \leq 1 - \prod_{i=1}^{m}(1 - p_{\mathrm{f}i}) \tag{8.12}$$

显然，宽界限公式(8.11)或式(8.12)没有考虑失效模式之间的相关性。 □

根据概率论中任意 m 个事件的和事件的公式，有

$$\begin{aligned}\mathrm{P}(E) = {} & \mathrm{P}(E_1) + \mathrm{P}(E_2) - \mathrm{P}(E_1E_2)\\ & + \mathrm{P}(E_3) - \mathrm{P}(E_1E_3) - \mathrm{P}(E_2E_3) + \mathrm{P}(E_1E_2E_3)\\ & + \mathrm{P}(E_4) - \mathrm{P}(E_1E_4) - \mathrm{P}(E_2E_4) - \mathrm{P}(E_3E_4)\end{aligned}$$

$$
\begin{aligned}
&+\mathrm{P}(E_1E_2E_4)+\mathrm{P}(E_1E_3E_4)+\mathrm{P}(E_2E_3E_4)-\mathrm{P}(E_1E_2E_3E_4)\\
&+\mathrm{P}(E_5)-\cdots\\
=&\sum_{i=1}^{m}\mathrm{P}(E_i)-\sum_{1\le i<j\le m}\mathrm{P}(E_iE_j)+\sum_{1\le i<j<k\le m}\mathrm{P}(E_iE_jE_k)\\
&+\cdots+(-1)^{m-1}\,\mathrm{P}\left(\bigcap_{i=1}^{m}E_i\right)
\end{aligned}
\tag{8.13}
$$

注意到 $\mathrm{P}(E_iE_j)\ge\mathrm{P}(E_iE_jE_k)\ge\cdots$，若仅保留式(8.13)中的 $\mathrm{P}(E_i)-\mathrm{P}(E_iE_j)$ 项，则有

$$
\mathrm{P}(E)\ge\mathrm{P}(E_1)+\sum_{i=2}^{m}\max\left[\mathrm{P}(E_i)-\sum_{j=1}^{i-1}\mathrm{P}(E_iE_j),0\right]\tag{8.14}
$$

如果在式(8.13)中注意到 $\mathrm{P}(E_3)-\mathrm{P}(E_1E_3)-\mathrm{P}(E_2E_3)+\mathrm{P}(E_1E_2E_3)=\mathrm{P}(E_3)-\mathrm{P}[(E_1E_3)\cup(E_2E_3)]\le\mathrm{P}(E_3)-\max\limits_{j<3}\mathrm{P}(E_jE_3)$，…，可得

$$
\mathrm{P}(E)\le\sum_{i=1}^{m}\mathrm{P}(E_i)-\sum_{i=2}^{m}\max_{j<i}\mathrm{P}(E_iE_j)\tag{8.15}
$$

记两个失效模式同时失效的概率为 $p_{\mathrm{f}ij}=\mathrm{P}(E_iE_j)$，由式(8.14)和式(8.15)，得**窄界限**（二阶界限）(narrow bounds, bimodal bounds) 方法[57,58] 的结构体系的失效概率为

$$
p_{\mathrm{f}1}+\sum_{i=2}^{m}\max\left(p_{\mathrm{f}i}-\sum_{j=1}^{i-1}p_{\mathrm{f}ij},0\right)\le p_{\mathrm{f}}\le\sum_{i=1}^{m}p_{\mathrm{f}i}-\sum_{i=2}^{m}\max_{j<i}p_{\mathrm{f}ij}\tag{8.16}
$$

类似还可推导二阶以上的体系失效概率 p_{f} 的上、下界限[59]。因二阶及二阶以上 p_{f} 的上、下界与各个失效模式的排序有关，按 $p_{\mathrm{f}1}\ge p_{\mathrm{f}2}\ge\cdots\ge p_{\mathrm{f}m}$ 的顺序排列可使上下界区间较窄。 □

按式(8.3)的规定，由于

$$
p_{\mathrm{f}i}=\mathrm{P}(E_i)=\mathrm{P}\left(\bigcap_{k=1}^{q_i}E_i^k\right)\tag{8.17}
$$

$$
p_{\mathrm{f}ij}=\mathrm{P}(E_iE_j)=\mathrm{P}\left(\bigcap_{k=1}^{q_i}E_i^k\bigcap_{l=1}^{q_j}E_j^l\right)\tag{8.18}
$$

式(8.17)和式(8.18)的计算归结为计算以下联合失效概率 $p_{\mathrm{f}\Sigma}$ 的问题：

$$p_{\mathrm{f}\Sigma}=\mathrm{P}\left(\bigcap_{j=1}^{q}E_{\Sigma}^{j}\right) \tag{8.19}$$

式中，下标 Σ 表示事件 E_{Σ} 为合成事件，合成方式由式(8.18)定义；q 是合成事件中的失效状态数。因此界限方法公式(8.12)和式(8.16)的使用还必须解决式(8.19)定义的联合失效概率的计算。

将结构体系的基本随机变量 $\boldsymbol{X}=(X_1,X_2,\ldots,X_n)^{\top}$ 变换为独立标准正态随机变量 $\boldsymbol{Y}$，第 i 个失效模式第 j 个失效状态所对应的功能函数式(8.4)成为

$$Z_j^{(i)}=g_{Xj}^{(i)}(\boldsymbol{X})=g_{Yj}^{(i)}(\boldsymbol{Y})=g_{Yj}^{(i)}(Y_1,Y_2,\ldots,Y_n) \tag{8.20}$$

在 $Z_j^{(i)}$ 的设计点 $\boldsymbol{y}_j^{*(i)}$ 处将式(8.20)展成 Taylor 级数并取至一次项，并注意到式(3.41)和式(3.42)，可得

$$Z_{\mathrm{L}j}^{(i)}=\|\nabla g_{Yj}^{(i)}(\boldsymbol{y}_j^{*(i)})\|(\beta_j^{(i)}-\boldsymbol{\alpha}_{Yj}^{\top}\boldsymbol{Y}) \tag{8.21}$$

式中，$\beta_j^{(i)}$ 为对应于 $Z_{\mathrm{L}j}^{(i)}$ 的可靠指标，$\boldsymbol{\alpha}_{Yj}^{(i)}$ 为 $Z_{\mathrm{L}j}^{(i)}$ 在 $\boldsymbol{y}_j^{*(i)}$ 处的单位向量，即

$$\boldsymbol{\alpha}_{Yj}^{(i)}=-\frac{\nabla g_{Yj}^{(i)}(\boldsymbol{y}_j^{*(i)})}{\|\nabla g_{Yj}^{(i)}(\boldsymbol{y}_j^{*(i)})\|} \tag{8.22}$$

利用式(8.21)可求得第 i 个失效模式的第 j 个和第 k 个失效状态的功能函数间的相关系数为

$$\rho_{jk}^{(i)}=\frac{\mathrm{cov}(Z_{\mathrm{L}j}^{(i)},Z_{\mathrm{L}k}^{(i)})}{\sigma_{Z_{\mathrm{L}j}^{(i)}}\sigma_{Z_{\mathrm{L}k}^{(i)}}}=(\boldsymbol{\alpha}_{Yj}^{(i)})^{\top}\boldsymbol{\alpha}_{Yk}^{(i)} \tag{8.23}$$

式(8.19)也可表示为

$$\begin{aligned}p_{\mathrm{f}\Sigma}&=\mathrm{P}\left(\bigcap_{j=1}^{q}Z_j\leq 0\right)\approx\mathrm{P}\left(\bigcap_{j=1}^{q}Z_{\mathrm{L}j}\leq 0\right)\\&=\mathrm{P}\left(\bigcap_{j=1}^{q}-\boldsymbol{\alpha}_{Yj}^{\top}\boldsymbol{Y}\leq-\beta_j\right)=\Phi_q(-\boldsymbol{\beta},\boldsymbol{\rho})\end{aligned} \tag{8.24}$$

式中，$\boldsymbol{\beta}=(\beta_1,\beta_2,\ldots,\beta_q)^{\top}$ 为可靠指标向量，$\boldsymbol{\rho}=[\rho_{ij}]_{q\times q}$ 为相关系数矩阵，$\Phi_q(\cdot)$

为 q 元标准正态分布函数，其表达式如式(8.35)所示。

因此，结构体系可靠度的计算，很关键的一个问题就是要计算二元及多元标准正态分布函数的值。

关于二元及多元正态分布函数的计算问题在 8.4节中有详细的阐述，其中列举了目前文献中常用的计算方法。不过，MATLAB 软件已给出了计算多元包括二元正态分布函数的统一函数命令 `mvncdf`。该函数对于二元或三元正态分布函数，使用对 Student's t-分布的概率密度函数做变换的自适应求积方法，默认的绝对误差容限为 1×10^{-8}，而对于四元及四元以上的正态分布函数，则采用准 Monte Carlo 积分算法，默认绝对误差限为 1×10^{-4}。本书仅 MATLAB 函数 `mvncdf` 进行有关结构体系可靠度的计算，而不再利用 8.4节中的那些方法，也不用其结果作各种比较。

8.3　串联结构体系和并联结构体系的失效概率的计算

串联结构体系的一种失效模式只有一个失效状态，故用体系失效概率的宽界限式(8.12)和窄界限式(8.16)计算串联结构体系的可靠度较为方便。因单失效模式的可靠指标比较容易获得，可将式中的失效概率用可靠指标表示。

若已知结构体系的两失效模式的可靠指标分别为 β_i 和 β_j，相关系数为 ρ_{ij}，则单失效模式失效的概率 $p_{\mathrm{f}i}$ 可表示为

$$p_{\mathrm{f}i}=\varPhi(-\beta_i) \tag{8.25}$$

两种失效模式同时失效的概率 $p_{\mathrm{f}ij}$ 可表示为

$$p_{\mathrm{f}ij}=\varPhi_2(-\beta_i,-\beta_j,\rho_{ij}) \tag{8.26}$$

下面讨论并联结构体系失效概率的界限。并联结构体系只有一种失效模式，由式(8.3)，或者直接由式(8.19)，得其失效概率为

$$\begin{aligned}p_{\mathrm{f}}&=\mathrm{P}(E)=\mathrm{P}(E_1)=\mathrm{P}(E^1E^2\cdots E^q)\\&=\mathrm{P}(E^1)\,\mathrm{P}(E^2\mid E^1)\,\mathrm{P}(E^3\mid E^1E^2)\cdots\mathrm{P}(E^q\mid E^1E^2\cdots E^{q-1})\end{aligned} \tag{8.27}$$

式中，q 为并联结构体系的失效状态数。

当各失效状态之间正相关时，有 $\mathrm{P}(E^i\mid E^1E^2\cdots E^{i-1})\geq \mathrm{P}(E^i)$ $(i=2,\ 3,$

$\ldots, q$)，仍然令 $p_{\mathrm{f}i} = \mathrm{P}(E^i)$，由式(8.27)可得

$$\prod_{i=1}^{q} p_{\mathrm{f}i} \leq p_{\mathrm{f}} \leq \min_{1\leq i\leq q} p_{\mathrm{f}i} \tag{8.28}$$

式(8.28)给出的并联结构体系的失效概率界限过宽，实际中很少采用。因为 $\mathrm{P}(E^1E^2\cdots E^q) \leq \mathrm{P}(E^iE^j)$，令 $p_{\mathrm{f}ij} = \mathrm{P}(E^iE^j)$，所以式(8.28)可以改进为

$$\prod_{i=1}^{q} p_{\mathrm{f}i} \leq p_{\mathrm{f}} \leq \min_{1\leq i,j\leq q} p_{\mathrm{f}ij} \tag{8.29}$$

如果已知并联结构体系的失效状态 E^i 所对应的可靠指标 β_i，则一个元件失效和两个元件同时失效的概率仍可分别用式(8.25)和式(8.26)计算。

例 8.1　考虑 4 个失效模式的串联结构体系，取 $\beta_1 = \beta_2 = 2.5$，$\beta_3 = 3.0$，$\beta_4 = 3.5$，$\rho_{ij} = 0.86\ (i \neq j)$。分别用宽界限方法和窄界限方法计算结构体系的失效概率。

解　利用宽界限式(8.12)以及式(8.25)的计算程序见清单 8.1。

清单 8.1　例 8.1 确定失效概率的宽界限的程序

```
clear; clc;
bbeta = [2.5;2.5;3;3.5];
pFi = normcdf(-bbeta);
pF = [max(pFi),1-prod(1-pFi)]
```

利用窄界限式(8.16)以及式(8.25)和式(8.26)的计算程序见清单 8.2。

清单 8.2　例 8.1 确定失效概率的窄界限的程序

```
clear; clc;
m = 4;
bbeta = [2.5;2.5;3;3.5];
rho = 0.86*(ones(4)-eye(4))+eye(4);
pFi = normcdf(-bbeta);
pFij = zeros(m-1);
for k1 = 1:m-1
    for k2 = k1+1:m
        b = -[bbeta(k1);bbeta(k2)];
```

```
        r = [1,rho(k1,k2);rho(k1,k2),1];
        pFij(k2-1,k1) = mvncdf(b.',0,r);
    end
end
pF = [pFi(1)+sum(max(pFi(2:m)-sum(pFij,2),0));...
    sum(pFi)-sum(max(pFij,[],2))]
```

如前指出，程序中只利用 MATLAB 函数 mvncdf 计算多元正态分布函数值。

如果采用 8.4节中的区间公式(8.39)时，按照式(8.26)得到的是 $p_{\mathrm{f}ij}$ 的上、下界。当用式(8.16)估算结构体系的失效概率的区间时，应注意把 $p_{\mathrm{f}ij}$ 的上界值代入式(8.16)的下界，下界值代入式(8.16)的上界；或者在式(8.16)中直接利用 $p_{\mathrm{f}ij}$ 的平均值。按照这种做法的计算程序见清单 8.3。

清单 8.3　例 8.1 利用式(8.26)和窄界限方法估计失效概率的程序

```
clear; clc;
m = 4;
bbeta = [2.5;2.5;3;3.5];
rho = 0.86*(ones(4)-eye(4))+eye(4);
pFi = normcdf(-bbeta);
pFijL = zeros(m-1); pFijU = pFijL; pFijM = pFijL;
for k1 = 1:m-1
    for k2 = k1+1:m
        b = -[bbeta(k1);bbeta(k2)]; r = rho(k1,k2);
        p = normcdf(b).*normcdf((flipud(b)-r*b)/sqrt(1-r^2));
        d = [max(p),sum(p);0,min(p)];
        t = d([r>=0,r>=0;r<0,r<0]);
        pFijL(k2-1,k1) = min(t);
        pFijU(k2-1,k1) = max(t);
        pFijM(k2-1,k1) = mean(t);
    end
end
pF1 = [pFi(1)+sum(max(pFi(2:m)-sum(pFijU,2),0));...
    sum(pFi)-sum(max(pFijL,[],2))]
pF2 = [pFi(1)+sum(max(pFi(2:m)-sum(pFijM,2),0));...
```

```
    sum(pFi)-sum(max(pFijM,[],2))]
```

清单 8.1 ~ 清单 8.3 程序运行结果汇总列于表 8.1。

表 8.1 例 8.1 的计算结果（$\times 10^{-3}$）

p_f	宽界限式(8.12)	窄界限式(8.16)		
		用 MATLAB 计算 p_{fij}	用式(8.39)计算 p_{fij}	
			界限值方法	平均值方法
下界	6.2097	9.6856	9.3593	10.1243
上界	13.9434	10.0898	11.5171	10.5908
界宽	7.7337	0.4042	2.1578	0.4665
平均值	10.0765	9.8877	10.4382	10.3575

例 8.2 某串联结构体系有 4 个失效模式，可靠指标 $\boldsymbol{\beta} = (2.50, 2.50, 3.25, 3.25)^{\top}$，相关系数 $\rho_{12} = \rho_{23} = \rho_{34} = 0.0$，$\rho_{13} = 0.2$，$\rho_{14} = 0.4$，$\rho_{24} = 0.9$。用宽界限方法和窄界限方法计算体系的失效概率。

解 利用宽界限式(8.12)、窄界限式(8.16)以及式(8.25)和式(8.26)的计算程序见清单 8.4。

清单 8.4 例 8.2 确定失效概率宽界限和窄界限的程序

```
clear; clc;
m = 4;
bbeta = [2.5;2.5;3.25;3.25];
rho = [1,0,0.2,0.4;0,1,0,0.9;0.2,0,1,0;0.4,0.9,0,1];
pFi = normcdf(-bbeta);
pF1 = [max(pFi);1-prod(1-pFi)]     % Uni-modal bounds
pFij = zeros(m-1);
for k1 = 1:m-1
    for k2 = k1+1:m
        b = -[bbeta(k1);bbeta(k2)];
        r = [1,rho(k1,k2);rho(k1,k2),1];
        pFij(k2-1,k1) = mvncdf(b',0,r);
    end
end
pF2 = [pFi(1)+sum(max(pFi(2:m)-sum(pFij,2),0));...
    sum(pFi)-sum(max(pFij,[],2))]     % Bi-modal bounds
```

计算得到结构体系失效概率 p_{f} 的区间估计结果如下：

(1) 宽界限范围为 $(6.2097\times10^{-3},1.3520\times10^{-2})$，界限宽度为 7.3105×10^{-3}，界限区间中心为 9.8649×10^{-3}。

(2) 窄界限范围为 $(1.2935\times10^{-2},1.2986\times10^{-2})$，界限宽度为 5.1622×10^{-5}，界限区间中心为 1.2961×10^{-2}。 □

由式(8.7)和式(8.24)，注意到此时 $m=q$，串联结构体系的失效概率

$$
\begin{aligned}
p_{\mathrm{f}} &= \mathrm{P}\left(\bigcup_{i=1}^{m} Z_i \le 0\right) \approx \mathrm{P}\left(\bigcup_{i=1}^{m} Z_{\mathrm{L}i} \le 0\right) \\
&= 1-\mathrm{P}\left(\bigcap_{i=1}^{m} Z_{\mathrm{L}i} > 0\right) = 1-\varPhi_m(\boldsymbol{\beta},\boldsymbol{\rho})
\end{aligned} \tag{8.30}
$$

由式(8.8)和式(8.24)，并联结构体系的失效概率

$$
p_{\mathrm{f}} = \mathrm{P}\left(\bigcap_{i=1}^{q} Z_i \le 0\right) \approx \mathrm{P}\left(\bigcap_{i=1}^{q} Z_{\mathrm{L}i} \le 0\right) = \varPhi_q(-\boldsymbol{\beta},\boldsymbol{\rho}) \tag{8.31}
$$

由式(8.30)和式(8.31)知，串联结构体系和并联结构体系的失效概率都归结为计算多元正态分布函数问题，而且如果功能函数间的相关系数 $\boldsymbol{\rho}$ 作为参数作同样的变化，对并联结构体系的失效概率影响较大，而串联结构体系失效概率对 $\boldsymbol{\rho}$ 的变化相对不敏感。

例 8.3　用式(8.30)计算例 8.2 中串联结构体系的失效概率。

解　计算程序见清单 8.5。

清单 8.5　例 8.2 计算串联结构体系失效概率的程序

```
clear; clc;
m = 4;
bbeta = [2.5;2.5;3.25;3.25];
rho = [1,0,0.2,0.4;0,1,0,0.9;0.2,0,1,0;0.4,0.9,0,1];
pF=1-mvncdf(bbeta.',0,rho,...
    statset('TolFun',1e-6,'MaxFunEvals',1e8))
```

程序运行结果为：失效概率 $p_{\mathrm{f}}=1.2951\times10^{-2}$。 □

例 8.4　图 8.4 所示单跨单层刚架受集中荷载 P 作用，假定各构件均为理想弹塑性材料，均可产生弯曲破坏，图中示出了可能的 4 个破坏机构。各截面的抵

抗弯矩 M_i 均服从对数正态分布，均值 $\mu_{M_1} = \mu_{M_5} = 75.0\,\text{kN·m}$，$\mu_{M_2} = \mu_{M_4} = 55.0\,\text{kN·m}$，$\mu_{M_3} = 80.0\,\text{kN·m}$，变异系数 $V_{M_i} = 0.15$。荷载 P 服从极值 I 型分布，$\mu_P = 20.0\,\text{kN}$，$V_P = 0.20$。试求刚架的失效概率。

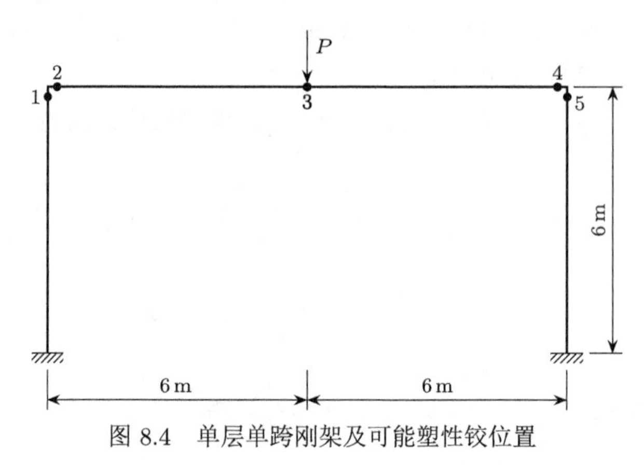

图 8.4　单层单跨刚架及可能塑性铰位置

解　图 8.4 中每一破坏机构的形成都会使刚架失效，因此刚架为串联结构体系。利用虚功原理，很容易建立各失效模式对应的功能函数。机构 1 ~ 机构 4 分别包含塑性铰 (1, 3, 4)、(1, 3, 5)、(2, 3, 4)、(2, 3, 5)，相应的功能函数分别为 $Z_1 = M_1 + 2M_3 + M_4 - 6P$, $Z_2 = M_1 + 2M_3 + M_5 - 6P$, $Z_3 = M_2 + 2M_3 + M_4 - 6P$ 和 $Z_4 = M_2 + 2M_3 + M_5 - 6P$。

设 $\boldsymbol{X} = (M_1, M_2, M_3, M_4, M_5, P)^\top$，功能函数的梯度分别为 $\nabla g_{X1}(\boldsymbol{X}) = (1, 0, 2, 1, 0, -6)^\top$，$\nabla g_{X2}(\boldsymbol{X}) = (1, 0, 2, 0, 1, -6)^\top$，$\nabla g_{X3}(\boldsymbol{X}) = (0, 1, 2, 1, 0, -6)^\top$，$\nabla g_{X4}(\boldsymbol{X}) = (0, 1, 2, 0, 1, -6)^\top$。

首先用一次二阶矩方法，如 JC 法求出功能函数 $Z_i = g_{Xi}(\boldsymbol{X})$ 的设计点 $\boldsymbol{x}_i^*$ 和可靠指标 β_i，以及在 $\boldsymbol{x}_i^*$ 处的单位灵敏度向量 $\boldsymbol{\alpha}_{Xi}$，再根据式(8.23)可得到 Z_i 和 Z_j 的相关系数矩阵 $\rho_{ij} = \boldsymbol{\alpha}_{Xi}^\top \boldsymbol{\alpha}_{Xj}$，最后就可用式(8.30)计算刚架的失效概率。

计算程序见清单 8.6。

清单 8.6　例 8.4 计算刚架串联结构体系失效概率的程序

```
clear; clc;
m = 4;
muX = [75;55;80;55;75;20]; cvX = [repmat(0.15,5,1);0.2];
sigmaX = cvX.*muX;
sLn = sqrt(log(1+cvX(1:5).^2)); mLn = log(muX(1:5))-sLn.^2/2;
aEv = sqrt(6)*sigmaX(6)/pi; uEv = -psi(1)*aEv-muX(6);
```

```
muX1 = muX; sigmaX1 = sigmaX;
z(1).g = @(x)x(1)+2*x(3)+x(4)-6*x(6);
z(2).g = @(x)x(1)+2*x(3)+x(5)-6*x(6);
z(3).g = @(x)x(2)+2*x(3)+x(4)-6*x(6);
z(4).g = @(x)x(2)+2*x(3)+x(5)-6*x(6);
z(1).gX = [1;0;2;1;0;-6];
z(2).gX = [1;0;2;0;1;-6];
z(3).gX = [0;1;2;1;0;-6];
z(4).gX = [0;1;2;0;1;-6];
for k = 1:m
    x = muX; x0 = repmat(eps,length(muX),1);
    while norm(x-x0)/norm(x0) > 1e-6
        x0 = x;
        g = z(k).g(x);
        gX = z(k).gX;
        cdfX = [logncdf(x(1:5),mLn,sLn);1-evcdf(-x(6),uEv,aEv)];
        pdfX = [lognpdf(x(1:5),mLn,sLn);evpdf(-x(6),uEv,aEv)];
        nc = norminv(cdfX);
        sigmaX1 = normpdf(nc)./pdfX;
        muX1 = x-nc.*sigmaX1;
        gs = gX.*sigmaX1; alphaX = -gs/norm(gs);
        bbeta = (g+gX.'*(muX1-x))/norm(gs);
        x = muX1+bbeta*sigmaX1.*alphaX;
    end
    aa(:,k) = alphaX;
    b(k) = bbeta;
end
rho = aa.'*aa;
pF = 1-mvncdf(b,0,rho,statset('TolFun',1e-6,'MaxFunEvals',1e9))
```

程序运行结果为：失效概率 $p_\mathrm{f} = 4.9333 \times 10^{-4}$。 □

例 8.5　已知某并联结构体系的可靠指标 $\boldsymbol{\beta} = (3.57, 3.41, 4.24, 5.48)^\mathrm{T}$，相关系数 $\rho_{12} = \rho_{14} = 0.62$，$\rho_{13} = 0.91$，$\rho_{23} = \rho_{24} = 0.58$，$\rho_{34} = 0.55$。试计算结构体

系的失效概率。

解 利用式(8.28)和式(8.29)分别计算，计算程序见清单 8.7。

清单 8.7 例 8.4 计算并联结构体系失效概率界限的程序

```
clear; clc;
q = 4;
bbeta = [3.57;3.41;4.24;5.48];
rho = [1,0.62,0.91,0.62;0.62,1,0.58,0.58;0.91,0.58,1,0.55;...
    0.62,0.58,0.55,1];
pFi = normcdf(-bbeta);
pF1 = [prod(pFi);min(pFi)]
pFij = ones(q-1);
for k1 = 1:q-1
    for k2 = k1+1:q
        b = -[bbeta(k1);bbeta(k2)];
        r = [1,rho(k1,k2);rho(k1,k2),1];
        pFij(k2-1,k1) = mvncdf(b',0,r);
    end
end
pF2 = [prod(pFi);min(min(pFij))]
```

清单 8.7 程序运行结果为：结构体系的失效概率 p_{f} 的下界为 1.3779×10^{-20}，上界分别为 2.1266×10^{-8} 和 1.8949×10^{-9}。

利用式(8.31)进行计算，计算程序见清单 8.8。

清单 8.8 例 8.4 计算并联结构体系失效概率的程序

```
clear; clc;
bbeta = [3.57;3.41;4.24;5.48];
rho = [1,0.62,0.91,0.62;0.62,1,0.58,0.58;0.91,0.58,1,0.55;...
    0.62,0.58,0.55,1];
pF = mvncdf(-bbeta.',0,rho,...
    statset('TolFun',1e-11,'MaxFunEvals',1e9))
```

清单 8.8 程序运行结果为：失效概率 $p_{\mathrm{f}}=1.3649\times10^{-9}$。

8.4　多元正态分布函数的计算

多元正态分布或多维正态分布(multivariate normal distribution, multivariate Gaussian distribution) 是一元正态分布向二元或多元变量的推广。它是一种相关随机变量组成的向量的概率分布，其中每个变量都服从一元正态分布。在最简单的情形，各变量之间不相关，向量的元素都是独立的一元正态随机变量。

多元正态分布的计算与很多应用，包括结构可靠度分析有密切的关系。很多结构可靠度方面的书籍仍以较多篇幅对此进行讨论，而且多与结构体系可靠度计算混杂在一起叙述，不够清晰明了。其实，可将多元正态分布函数的计算作为一个数学问题，而不要涉及其物理背景，这样做将使叙述简单的多。

设随机向量 $\boldsymbol{X}=(X_1,X_2,\ldots,X_n)^\top$ 服从正态分布，其均值为 $\boldsymbol{\mu}_X$，协方差矩阵为 $\boldsymbol{C}_X$，正态概率密度函数和累积分布函数分别为

$$f_{\mathrm{N}}(\boldsymbol{x}\mid\boldsymbol{\mu}_X,\boldsymbol{C}_X)=\frac{1}{(2\pi)^{n/2}\sqrt{\det\boldsymbol{C}_X}}\exp\left[-\frac{1}{2}(\boldsymbol{x}-\boldsymbol{\mu}_X)^\top\boldsymbol{C}_X^{-1}(\boldsymbol{x}-\boldsymbol{\mu}_X)\right] \tag{8.32}$$

$$F_{\mathrm{N}}(\boldsymbol{x}\mid\boldsymbol{\mu}_X,\boldsymbol{C}_X)=\int_{-\infty}^{\boldsymbol{x}}f_{\mathrm{N}}(\boldsymbol{s}\mid\boldsymbol{\mu}_X,\boldsymbol{C}_X)\,\mathrm{d}\boldsymbol{s} \tag{8.33}$$

式(8.33)表明，多元正态分布函数的计算是一个计算多重积分的问题，而多重积分与一重积分相比其处理难度和多样性都会大大增加。

设随机向量 $\boldsymbol{Y}=(Y_1,Y_2,\ldots,Y_n)^\top$ 服从标准正态分布，其均值 $\boldsymbol{\mu}_Y=\boldsymbol{0}$，协方差矩阵 $\boldsymbol{C}_Y=\boldsymbol{\rho}_Y$，其中 $\boldsymbol{\rho}_Y$ 为 $\boldsymbol{Y}$ 的相关系数矩阵，此处记作 $\boldsymbol{\rho}$，标准正态概率密度函数和累积分布函数分别为

$$\varphi_n(\boldsymbol{y}\mid\boldsymbol{\rho})=\frac{1}{(2\pi)^{n/2}\sqrt{\det\boldsymbol{\rho}}}\exp\left(-\frac{1}{2}\boldsymbol{y}^\top\boldsymbol{\rho}^{-1}\boldsymbol{y}\right) \tag{8.34}$$

$$\Phi_n(\boldsymbol{y}\mid\boldsymbol{\rho})=\int_{-\infty}^{\boldsymbol{y}}\varphi_n(\boldsymbol{s}\mid\boldsymbol{\rho})\,\mathrm{d}\boldsymbol{s} \tag{8.35}$$

例 8.6　正态随机变量 $\boldsymbol{X}$ 的均值为 $\boldsymbol{\mu}_X=(1,-1)^\top$，协方差矩阵为 $\boldsymbol{C}_X=\left[\begin{smallmatrix}0.9&0.4\\0.4&0.3\end{smallmatrix}\right]$。指定点 $\boldsymbol{x}=(1.5,2.5)^\top$，计算二元正态分布函数 $F_{\mathrm{N}}(\boldsymbol{x}\mid\boldsymbol{\mu}_X,\boldsymbol{C}_X)$ 的值。

解　MATLAB 软件提供了计算多元正态分布函数的函数 `mvncdf`，藉此可以按式(8.33)计算 $F_{\mathrm{N}}(\boldsymbol{x}\mid\boldsymbol{\mu}_X,\boldsymbol{C}_X)$，也可将正态随机变量 $\boldsymbol{X}$ 变换成标准正态随机变量 $\boldsymbol{Y}$，而按式(8.35)计算 $\Phi_2(\boldsymbol{y}\mid\boldsymbol{\rho})$。

计算程序见清单 8.9。

清单 8.9 例 8.6 用 MATLAB 函数计算二元正态分布函数的程序

```
clear; clc;
muX = [1;-1]; covX = [0.9,0.4;0.4,0.3]; x = [1.5;2.5];
cdfX = mvncdf(x.',muX.',covX)
[rho,sigmaX] = corrcov(covX);
y = (x-muX)./sigmaX;
cdfN = mvncdf(y.',0,rho)
```

程序运行结果为：$F_{\mathrm{N}}(\boldsymbol{x} \mid \boldsymbol{\mu}_X, \boldsymbol{C}_X) = \Phi_2(\boldsymbol{y} \mid \boldsymbol{\rho}) = 7.0092 \times 10^{-1}$。 □

正态分布函数(8.33)的计算总能化成相应的标准正态分布函数(8.35)的计算。因此，以下仅就多元标准正态分布函数(8.35)的计算问题进行阐述。

当 $n=2$ 时，由式(8.34)和式(8.35)，可分别得到二元标准正态分布 (bivariate standard normal distribution) 的概率密度函数和累积分布函数如下：

$$\varphi_2(y_1, y_2 \mid \rho_{12}) = \frac{1}{2\pi\sqrt{1-\rho_{12}^2}} \exp\left[-\frac{y_1^2 - 2\rho_{12}y_1y_2 + y_2^2}{2(1-\rho_{12}^2)}\right] \tag{8.36}$$

$$\Phi_2(y_1, y_2 \mid \rho_{12}) = \int_{-\infty}^{y_1}\int_{-\infty}^{y_2} \varphi_2(s_1, s_2 \mid \rho_{12})\, \mathrm{d}s_1 \mathrm{d}s_2 \tag{8.37}$$

容易验证

$$\frac{\partial^2 \varphi_2(y_1, y_2 \mid \rho_{12})}{\partial y_1 \partial y_2} = \frac{\partial \varphi_2(y_1, y_2 \mid \rho_{12})}{\partial \rho_{12}}$$

也可以将式(8.37)表示为下列一重积分

$$\Phi_2(y_1, y_2 \mid \rho_{12}) = \Phi(y_1)\,\Phi(y_2) + \int_0^{\rho_{12}} \varphi_2(y_1, y_2 \mid s)\,\mathrm{d}s \tag{8.38}$$

针对二元标准正态分布函数 $\Phi_2(y_1, y_2 \mid \rho_{12})$ 的计算，现已有一些近似计算公式，例如[58]

$$\begin{cases} \max(P_1, P_2) \le \Phi_2(y_1, y_2 \mid \rho_{12}) \le P_1 + P_2, & \rho_{12} \ge 0 \\ 0 \le \Phi_2(y_1, y_2 \mid \rho_{12}) \le \min(P_1, P_2), & \rho_{12} < 0 \end{cases} \tag{8.39}$$

式中，

$$\begin{cases} P_1 = \Phi(y_1)\,\Phi\left(\dfrac{y_2 - \rho_{12}y_1}{\sqrt{1-\rho_{12}^2}}\right) \\ P_2 = \Phi(y_2)\,\Phi\left(\dfrac{y_1 - \rho_{12}y_2}{\sqrt{1-\rho_{12}^2}}\right) \end{cases} \tag{8.40}$$

再如，当 $|y_1| \le |y_2|$ 时，有[2]

$$\Phi_2(y_1, y_2 \mid \rho_{12}) = \begin{cases} V_1 + V_2, & \dfrac{y_1}{y_2} \ge \rho_{12} \\ \Phi(y_2) + V_1 - V_2, & \dfrac{y_1}{y_2} < \rho_{12} \end{cases} \tag{8.41}$$

式中，V_i $(i = 1, 2)$ 由下式计算：

$$V_i = \begin{cases} \Phi(y_i)\,\Phi\left(-\sqrt{y_0^2 - y_i^2}\right) - \dfrac{4v_i}{\pi(2+v_i) - 4v_i^2}\,\Phi^2\left(-\dfrac{y_0}{\sqrt{2}}\right), & v_i < \dfrac{\pi}{4} \\ \dfrac{8v_i - 4\pi}{\pi^2 - 2\pi(2+3v_i) + 8v_i^2}\,\Phi^2\left(-\dfrac{y_0}{\sqrt{2}}\right), & v_i \ge \dfrac{\pi}{4} \end{cases} \tag{8.42}$$

式中，

$$y_0 = \sqrt{\frac{y_1^2 - 2\rho_{12}y_1y_2 + y_2^2}{1-\rho_{12}^2}}, \quad v_i = \arccos\left(-\frac{y_i}{y_0}\right)$$

又如[55]

$$\Phi_2(y_1, y_2 \mid \rho_{12}) = \begin{cases} \max(P_1, P_2) + \min(P_1, P_2)\,(1 - 2P_3)\,, & \rho_{12} \ge 0 \\ \min(P_1, P_2)2\,(1 - P_3)\,, & \rho_{12} < 0 \end{cases} \tag{8.43}$$

式中，P_1 和 P_2 用式(8.40)计算，$P_3 = (1/\pi)\arccos\rho_{12}$。

例 8.7　试计算下列二元标准正态分布函数 $\Phi_2(y_1, y_2 \mid \rho_{12})$ 的值：$\Phi_2(-1.8, -1.87 \mid 0.28)$，$\Phi_2(-2.5, -3 \mid 0.8)$，$\Phi_2(-3.56, -4.16 \mid 0.9)$ 和 $\Phi_2(-2.5, -3.25 \mid 0.9)$。

解　分别利用式(8.38)、式(8.39)、式(8.43)和式(8.41)进行计算，计算程序见清单 8.10。

清单 8.10　例 8.7 计算二元标准正态分布函数值及其区间的程序

```
clear; clc;
y = -[1.8;1.87]; rho12 = 0.28;
phi2 = @(r)exp(-(y.'*y-2*r*prod(y))/2./(1-r.^2))/...
```

```
    2/pi./sqrt(1-r.^2);
cdfN0 = prod(normcdf(y))+integral(phi2,0,rho12)
p = normcdf(y).*normcdf((flipud(y)-rho12*y)/sqrt(1-rho12^2));
d = [max(p),sum(p);0,min(p)];
cdfN1 = d([rho12>=0,rho12>=0;rho12<0,rho12<0])
t = acos(rho12)/pi;
d = [max(p)+min(p)*(1-2*t);min(p)*2*(1-t)];
cdfN2 = d([rho12>=0;rho12<0])
y0 = sqrt((y.'*y-2*rho12*prod(y))/(1-rho12^2));
v = acos(-y/y0);
t = (normcdf(-y0/sqrt(2)))^2;
v1 = normcdf(y).*normcdf(-sqrt(y0^2-y.^2))-...
    4*t*v./(pi*(2+v)-4*v.^2);
v2 = (8*v-4*pi)*t./(pi^2-2*pi*(2+3*v)+8*v.^2);
d = [v1,v2]; vv = d([v<pi/4,v>=pi/4]);
d = [sum(vv),normcdf(y(2))+vv(1)-vv(2)];
cdfN3 = d([y(1)/y(2)>=rho12,y(1)/y(2)<rho12])
```

程序是针对 $\Phi_2(-1.8,-1.87\mid 0.28)$ 的，全部计算结果见表 8.2。

表 8.2　例 8.7 的二元标准正态分布函数的计算结果（$\times10^{-4}$）

二元标准正态分布函数 $\Phi_2(y_1,y_2\mid\rho_{12})$	式(8.39)			式(8.43)	式(8.41)	式(8.38) (数值积分)
	下界	上界	平均值			
$\Phi_2(-1.8,-1.87\mid 0.28)$	28.2296	56.0326	42.1311	33.2527	34.7934	34.7890
$\Phi_2(-2.5,-3\mid 0.8)$	5.8561	8.8237	7.3399	7.6080	7.7413	7.7683
$\Phi_2(-3.56,-4.16\mid 0.9)$	0.10558	0.13181	0.11870	0.12428	0.12545	0.12547
$\Phi_2(-2.5,-3.25\mid 0.9)$	4.8195	5.4957	5.1576	5.3015	5.2979	5.2899

清单 8.11 中给出的程序则是利用了 MATLAB 函数 mvncdf，其运行结果与表 8.2 中式(8.38)的计算结果相同。　□

清单 8.11　例 8.7 用 MATLAB 函数计算二元标准正态分布函数的程序

```
clear; clc;
cdfN = [mvncdf(-[1.8,1.87],0,[1,0.28;0.28,1]);...
    mvncdf(-[2.5,3],0,[1,0.8;0.8,1]);...
```

```
mvncdf(-[3.56,4.16;2.5,3.25],0,[1,0.9;0.9,1])]
```

对于维数 $n \geq 3$ 的多元标准正态分布函数 $\Phi_n(\boldsymbol{y} \mid \boldsymbol{\rho})$ 的计算，在某些特殊情况下会得到简化。例如，当 $\boldsymbol{\rho}$ 的全部非对角元均相等为 ρ 时，有

$$\Phi_n(\boldsymbol{y} \mid \boldsymbol{\rho}) = \int_{-\infty}^{\infty} \varphi(s) \prod_{i=1}^{n} \Phi\left(\frac{y_i - \sqrt{\rho}\, s}{\sqrt{1-\rho}}\right) \mathrm{d}s \tag{8.44}$$

再如，当非对角元 $\rho_{ij} = \lambda_i \lambda_j$，$|\lambda_i| \leq 1$，$|\lambda_j| \leq 1$ $(i \neq j;\ i,j = 1,2,\ldots,n)$ 时，有

$$\Phi_n(\boldsymbol{y} \mid \boldsymbol{\rho}) = \int_{-\infty}^{\infty} \varphi(s) \prod_{i=1}^{n} \Phi\left(\frac{y_i - \lambda_i s}{\sqrt{1-\lambda_i^2}}\right) \mathrm{d}s \tag{8.45}$$

由 $\rho_{ij} = \lambda_i \lambda_j$ $(i \neq j;\ i,j = 1,2,\ldots,n)$ 可得到关于 n 个未知数 λ_i 的 $n(n-1)/2$ 个联立方程，方程比未知数多 $n(n-3)/2 \geq 0$，此外还有约束条件 $|\lambda_i| \leq 1$。可通过解以下约束优化问题得到最小二乘解 λ_i $(i = 1,2,\ldots,n)$：

$$\begin{aligned} \min \quad & \sum_{i=2}^{n} \sum_{j=1}^{i-1} (\lambda_i \lambda_j - \rho_{ij})^2 \\ \text{s.t.} \quad & -1 \leq \lambda_i \leq 1, \quad i = 1,2,\ldots,n \end{aligned} \tag{8.46}$$

引入当量相关系数[60] 矩阵 $\boldsymbol{\rho}_{\mathrm{e}}$，其非对角元均为

$$\rho = \frac{2}{n(n-1)} \sum_{i=2}^{n} \sum_{j=1}^{i-1} \rho_{ij}$$

则

$$\Phi_n(\boldsymbol{y} \mid \boldsymbol{\rho}) \approx \Phi_n(\boldsymbol{y} \mid \boldsymbol{\rho}_{\mathrm{e}}) \tag{8.47}$$

例 8.8　设结构有 10 个等可靠指标、等相关系数的失效模式，$\beta_i = 3.5$，$\rho_{ij} = \rho = 0.0 \sim 0.9$ $(i,j = 1,2,\ldots,10;\ i \neq j)$。试计算 $\Phi_{10}(\boldsymbol{\beta} \mid \boldsymbol{\rho})$ 的值。

解　利用式(8.44)进行计算，计算程序见清单 8.12，此主程序还需调用清单 8.13 中给出的自定义函数 phif。

清单 8.12　例 8.8 用式(8.44)计算多元标准正态分布函数的程序

```
clear; clc;
nD = 10;
```

```
y = repmat(3.5,nD,1); rho = 0.;
rs = sqrt(1-rho); a = sqrt(rho)/rs; yr = y/rs;
cdfN1 = integral(@(s)phif(s,yr,a,nD),-Inf,Inf)
r = repmat(rho,nD)+diag(repmat(1-rho,1,nD));
cdfN2 = mvncdf(y.',0,r,statset('TolFun',1e-6,'MaxFunEvals',1e8))
```

清单 8.13　例 8.8 和例 8.9 中调用的函数

```
function f = phif(s,yr,a,nD)
f = normpdf(s);
if length(a) == 1
    for k = 1:nD, f = f.*normcdf(yr(k)-a*s); end
else
    for k = 1:nD, f = f.*normcdf(yr(k)-a(k)*s); end
end
```

为了比较，清单 8.12 程序还利用 MATLAB 的函数 mvncdf 作了计算。对于 4 阶及其以上的维数，mvncdf 使用一种准 Monte Carlo 积分算法[61,62]。为减小计算结果的变动幅度，程序中对 mvncdf 的最大绝对误差容限和最大积分计算次数作了调整。这样在获得较高精度的同时也增加了计算时间。

清单 8.12 程序中的 $\rho=0$，改变 ρ 的输入值，可以计算其他要求的 $\Phi_{10}(\boldsymbol{\beta}\mid\boldsymbol{\rho})$ 值。当 $\rho=0.0, 0.2, 0.4, 0.6, 0.8, 0.9$ 时，式(8.44)和函数 mvncdf 的程序运行结果对比情况见表 8.3。

表 8.3　例 8.8 的多元正态分布函数的计算结果

相关系数 ρ	式(8.44)	MATLAB 函数 mvncdf
0.0	$1-2.3239\times10^{-3}$	$1-2.3239\times10^{-3}$
0.2	$1-2.3005\times10^{-3}$	$1-2.3003\times10^{-3}$
0.4	$1-2.1920\times10^{-3}$	$1-2.1920\times10^{-3}$
0.6	$1-1.8994\times10^{-3}$	$1-1.8998\times10^{-3}$
0.8	$1-1.3376\times10^{-3}$	$1-1.3369\times10^{-3}$
0.9	$1-9.2682\times10^{-4}$	$1-9.2671\times10^{-4}$

例 8.9　已知：(1) $\boldsymbol{y}=(3.2,3.4,3.6)^{\top}$，$\rho_{12}=\rho_{13}=0.8165$，$\rho_{23}=0.5$；(2) $\boldsymbol{y}=(2.5,2.5,3,3.5)^{\top}$，$\rho_{ij}=0.86$。试分别计算 $\Phi_n(\boldsymbol{y}\mid\boldsymbol{\rho})$ 的值。

解　利用式(8.45)进行计算。

(1) 计算程序见清单 8.14，此主程序需调用清单 8.13 和清单 8.15 分别给出的两个自定义函数 phif 和 lamrho。

清单 8.14　例 8.9(1) 用式(8.45)计算多元标准正态分布函数的程序

```
clear; clc;
nD = 3;
y = [3.2;3.4;3.6];
rho =[1,0.8165,0.8165;0.8165,1,0.5;0.8165,0.5,1];
lb = -ones(nD,1); ub = -lb; x0 = ub/10;
lambda = fmincon(@(x)lamrho(x,rho,nD),x0,[],[],[],[],lb,ub,[],...
    optimset('Algorithm','interior-point'));
t = sqrt(1-lambda.^2); yr = y./t; a = lambda./t;
cdfN1 = integral(@(s)phif(s,yr,a,nD),-Inf,Inf)
cdfN2 = mvncdf(y.',0,rho)
```

清单 8.15　例 8.9 中调用的函数

```
function f = lamrho(lambda,rho,nD)
f = 0;
for k = 2:nD
    for m = 1:k-1
        f = f+(lambda(k)*lambda(m)-rho(k,m))^2;
    end
end
```

运行程序，$\varPhi_3(\boldsymbol{y} \mid \boldsymbol{\rho})$ 由式(8.45)得 $1-1.0386\times10^{-3}$，而作为对比用的 MATLAB 函数 mvncdf 给出的结果为 $1-9.8926\times10^{-4}$。

(2) 计算程序见清单 8.16，此主程序需调用清单 8.13 和清单 8.15 分别给出的自定义的两个函数 phif 和 lamrho。

清单 8.16　例 8.9(2) 用式(8.45)计算多元标准正态分布函数的程序

```
clear; clc;
nD = 4;
y = [2.5;2.5;3;3.5];
rho = 0.86*(ones(4)-eye(4))+eye(4);
```

```
lb = -ones(nD,1); ub = -lb; x0 = ub/10;
lambda = fmincon(@(x)lamrho(x,rho,nD),x0,[],[],[],[],lb,ub,[],...
    optimset('Algorithm','interior-point'));
t = sqrt(1-lambda.^2); yr = y./t; a = lambda./t;
cdfN1 = integral(@(s)phif(s,yr,a,nD),-Inf,Inf)
t = sqrt(1-0.86); yr = y./t; a = sqrt(0.86)/t;
cdfN2 = integral(@(s)phif(s,yr,a,nD),-Inf,Inf)
cdfN3 = mvncdf(y.',0,rho,statset('TolFun',1e-7,'MaxFunEvals',1e8))
```

$\Phi_4(\boldsymbol{y} \mid \boldsymbol{\rho})$ 由式(8.45)得到的程序运行结果为 $1-9.8916\times10^{-3}$。作为比较，由式(8.44)和 MATLAB 函数 mvncdf 也都可给出 $1-9.8916\times10^{-3}$。 □

关于 $\Phi_n(\boldsymbol{y} \mid \boldsymbol{\rho})$ $(n \geq 3)$ 的计算，已有一些降维逼近算法，这里先介绍一种逼近算法，可称为**逐步变换降维算法** (dimensionality reduction by transformation, Hohenbichler-Rackwitz method)[63]。

首先将相关系数矩阵 $\boldsymbol{\rho}$ 作 Cholesky 分解，$\boldsymbol{\rho} = \boldsymbol{A}\boldsymbol{A}^\top$，其中 $\boldsymbol{A} = [a_{ij}]_{n\times n}$ 为对角元为正的下三角矩阵。作线性变换 $\boldsymbol{Y} = \boldsymbol{A}\boldsymbol{Z}$，则将标准正态随机变量 $\boldsymbol{Y}$ 变换成独立标准正态随机变量 $\boldsymbol{Z}$。注意到下三角矩阵 $\boldsymbol{A}$ 的第一个元素 $a_{11} = 1$，有 $Y_1 = Z_1$，于是

$$\begin{aligned}\Phi_n(\boldsymbol{y} \mid \boldsymbol{\rho}) &= \mathrm{P}\left(\bigcap_{i=1}^{n} Y_i \leq y_i\right) = \mathrm{P}\left(\bigcap_{i=2}^{n} Y_i \leq y_i \mid Y_1 \leq y_1\right)\mathrm{P}(Y_1 \leq y_1) \\ &= \Phi(y_1)\,\mathrm{P}\left(\bigcap_{i=2}^{n}\sum_{j=1}^{i} a_{ij}Z_j \leq y_i \mid Z_1 \leq y_1\right)\end{aligned} \tag{8.48}$$

注意到独立随机变量 $Z_2, Z_3, \ldots, Z_n$ 不受条件 $Z_1 \leq y_1$ 的影响，而条件累积分布函数为 $F_{Z_1|Z_1\leq y_1}(z_1 \mid Z_1 \leq y_1)$ 为

$$\begin{aligned}F_{Z_1|Z_1\leq y_1}(z_1 \mid Z_1 \leq y_1) &= \mathrm{P}(Z_1 \leq z_1 \mid Z_1 \leq y_1) \\ &= \frac{\mathrm{P}(Z_1 \leq z_1, Z_1 \leq y_1)}{\mathrm{P}(Z_1 \leq y_1)} = \min\left(\frac{\Phi(z_1)}{\Phi(y_1)}, 1\right)\end{aligned} \tag{8.49}$$

因此，引入新的标准正态随机变量 $\tilde{Z}_1$ 取代 Z_1，即令

$$\Phi(\tilde{Z}_1) = \frac{\Phi(Z_1)}{\Phi(y_1)} \tag{8.50}$$

由式(8.50)解出 Z_1 为

$$Z_1 = \Phi^{-1}\left[\Phi(y_1)\,\Phi(\tilde{Z}_1)\right] \tag{8.51}$$

则式(8.48)中的条件 $Z_1 \leq y_1$ 可以被去掉。将式(8.51)代入式(8.48)，得

$$\Phi_n(\boldsymbol{y} \mid \boldsymbol{\rho}) = \Phi(y_1)\,\mathrm{P}\left(\bigcap_{i=2}^{n} Z_i^{(2)} \leq 0\right) \tag{8.52}$$

式中，

$$Z_i^{(2)} = a_{i1}\Phi^{-1}[\Phi(y_1)\,\Phi(\tilde{Z}_1)] + \sum_{j=2}^{i} a_{ij}Z_j - y_i, \quad i = 2, 3, \ldots, n \tag{8.53}$$

比较失效概率 p_{f} 的定义式(2.9)以及 p_{f} 与可靠指标 β 的关系式(2.34)，可知若以式(8.53)的 $n-1$ 个 $Z_i^{(2)}$ 为功能函数，采用前述方法，如一次二阶矩方法分别得到 $n-1$ 个可靠指标 β_i 和 $n-1$ 维规则化灵敏度向量 $\boldsymbol{\alpha}_i$ $(i = 1, 2, \ldots, n-1)$，令新的 $n-1$ 维向量 $\boldsymbol{y}^{(2)} = -\boldsymbol{\beta} = -(\beta_1, \beta_2, \ldots, \beta_{n-1})^{\top}$ 和 $n-1$ 阶相关系数矩阵 $\boldsymbol{\rho}^{(2)} = [\rho_{ij}^{(2)}] = [\boldsymbol{\alpha}_i^{\top}\boldsymbol{\alpha}_j]$，从而有

$$\Phi_n(\boldsymbol{y} \mid \boldsymbol{\rho}) = \Phi(y_1)\,\Phi_{n-1}(\boldsymbol{y}^{(2)} \mid \boldsymbol{\rho}^{(2)}) \tag{8.54}$$

在得到式(8.54)过程中，要计算式(8.53)的导数，对原变量的导数无任何困难，这里给出对替代变量 $\tilde{Z}_1$ 的导数。由式(8.50)知，$\Phi(y_1)\varphi(\tilde{Z}_1)\mathrm{d}\tilde{Z}_1 = \varphi(Z_1)\mathrm{d}Z_1$。利用复合函数的求导方法以及式(8.51)，可以得到

$$\begin{aligned}\frac{\partial Z_i^{(2)}}{\partial \tilde{Z}_1} &= \frac{\partial Z_i^{(2)}}{\partial Z_1}\frac{\partial Z_1}{\partial \tilde{Z}_1} = a_{i1}\frac{\Phi(y_1)\,\varphi(\tilde{Z}_1)}{\varphi(Z_1)} \\ &= a_{i1}\frac{\Phi(y_1)\,\varphi(\tilde{Z}_1)}{\varphi\left\{\Phi^{-1}\left[\Phi(y_1)\Phi(\tilde{Z}_1)\right]\right\}}, \quad i = 2, 3, \ldots, n\end{aligned} \tag{8.55}$$

不断重复上述降维过程，最后可以得到

$$\Phi_n(\boldsymbol{y} \mid \boldsymbol{\rho}) = \Phi_n(\boldsymbol{y}^{(1)} \mid \boldsymbol{\rho}^{(1)}) = \Phi(y_1^{(1)})\,\Phi(y_1^{(2)})\cdots\Phi(y_1^{(n)}) \tag{8.56}$$

需要指出的是，在用式(8.56)计算 $\Phi_n(\boldsymbol{y} \mid \boldsymbol{\rho})$ 时，如果采用一次二阶矩方法，

对式(8.53)线性化可能导致迭代不收敛。此时，可以通过解以式(8.53)等于 0 为约束条件的优化问题 min $\beta_i^2 = \tilde{Z}_1^2 + Z_2^2 + \cdots + Z_i^2$ 来解决。

用逐步变换降维算法计算 $\Phi_n(\boldsymbol{y} \mid \boldsymbol{\rho})$ 的基本步骤如下：

(1) 取初值 $\boldsymbol{y}^{(1)} = \boldsymbol{y}$，$\boldsymbol{\rho}^{(1)} = \boldsymbol{\rho}$，并且令 $k = 1$。

(2) 计算 $\boldsymbol{A}$，通过 $\boldsymbol{\rho}^{(k)}$ 的 Cholesky 分解。

(3) 求解 $\beta_j^{(k+1)}$ 和 $\alpha_j^{(k+1)}$ $(j = 1, 2, \dots, n-k)$，利用一次二阶矩方法求解式(8.53) $(Z_i^{(2)} \to Z_i^{(k+1)}, n \to n-k+1)$ 中 $n-k$ 个功能函数的可靠度问题，其中计算功能函数的梯度时要用到式(8.55) $(Z_i^{(2)} \to Z_i^{(k+1)}$, $n \to n-k+1)$。

(4) 计算 $\boldsymbol{\rho}^{(k+1)}$，$\rho_{ij}^{(k+1)} = \alpha_i^{(k+1)}\alpha_j^{(k+1)}$ $(i, j = 1, 2, \dots, n-k)$。

(5) 计算 $\boldsymbol{y}^{(k+1)}$，$y_j^{(k+1)} = -\beta_j^{(k+1)}$ $(j = 1, 2, \dots, n-k)$。

(6) 若 $k < n-1$，以 $k+1$ 代替 k，重复步骤 (2) ~ 步骤 (5)；否则，计算 $\Phi_n(\boldsymbol{y} \mid \boldsymbol{\rho})$，利用式(8.56)。

例 8.10 利用逐步变换降维算法计算例 8.9 中的 $\Phi_n(\boldsymbol{y} \mid \boldsymbol{\rho})$ 的值。

解 (1) 计算程序见清单 8.17。

清单 8.17 例 8.10(1) 的逐步变换降维算法程序

```
clear; clc;
nD = 3;
y = [3.2;3.4;3.6];
rho = [1,0.8165,0.8165;0.8165,1,0.5;0.8165,0.5,1];
yy = y; r = rho;
cdfN = normcdf(y(1));
for m = 1:nD-1
    a = chol(r,'lower');
    cdfY1 = normcdf(yy(1));
    aa = zeros(nD-m+1,nD-m);
    for k = 2:nD-m+1
        z = yy(1:k); z0 = repmat(eps,k,1);
        while norm(z-z0)/norm(z0) > 1e-6
            z0 = z;
            t = norminv(cdfY1*normcdf(z(1)));
```

```
                g = a(k,1)*t+a(k,2:k)*z(2:k)-yy(k);
                gZ = [a(k,1)*cdfY1*normpdf(z(1))/normpdf(t);...
                    a(k,2:k).'];
                alphaZ = -gZ/norm(gZ);
                bbeta = (g-gZ.'*z)/norm(gZ);
                z = bbeta*alphaZ;
            end
            aa(1:k,k-1) = alphaZ;
            yy(k-1) = -bbeta;
        end
        cdfN = cdfN*normcdf(yy(1))
        r = aa.'*aa;
end
```

程序运行结果为：$\Phi_3(\boldsymbol{y} \mid \boldsymbol{\rho}) = 1 - 1.0794 \times 10^{-3}$。

(2) 此例在上述计算步骤 (3) 中用一次二阶矩方法不收敛，改用解最优化问题的方法。

计算程序见清单 8.18,此主程序需要调用清单 8.19 给出的自定义函数 gexmp3。

清单 8.18　例 8.10(2) 的逐步变换降维算法程序

```
clear; clc;
nD = 4;
y = [2.5;2.5;3;3.5];
rho = 0.86*(ones(4)-eye(4))+eye(4);
yy = y; r = rho;
cdfN = normcdf(y(1));
for m = 1:nD-1
    a = chol(r,'lower');
    cdfY1 = normcdf(yy(1));
    aa = zeros(nD-m+1,nD-m);
    for k = 2:nD-m+1
        z = fmincon(@(z)norm(z),yy(1:k),[],[],[],[],[],[],...
            @(z)gexmp3(z,a(k,1:k),cdfY1,yy(k),k),...
            optimset('Algorithm','interior-point'));
```

```
        t = norminv(cdfY1*normcdf(z(1)));
        gZ = [a(k,1)*cdfY1*normpdf(z(1))/normpdf(t);a(k,2:k).'];
        alphaZ = -gZ/norm(gZ);
        bbeta = alphaZ.'*z;
        aa(1:k,k-1) = alphaZ;
        yy(k-1) = -bbeta;
    end
    cdfN = cdfN*normcdf(yy(1))
    r = aa.'*aa;
end
```

清单 8.19　例 8.10(2) 中调用的函数

```
function [c,ceq] = gexmp3(z,a,cdfY1,yyk,k)
c = [];
ceq = a(1)*norminv(cdfY1*normcdf(z(1)))+a(2:k)*z(2:k)-yyk;
```

程序运行结果为：$\Phi_4(\boldsymbol{y} \mid \boldsymbol{\rho}) = 1 - 1.0960 \times 10^{-2}$。

利用式(8.56)计算二元标准正态分布函数 $\Phi_2(y_1, y_2 \mid \rho_{12})$ 的值，效果却并不理想。例如，若用逐步变换降维算法的计算程序完成例 8.7 的计算，所得结果均误差较大。 □

下面介绍另一种逼近方法，可称为**微分等效递归算法** (differential equivalent recursion, Gollwitzer-Rackwitz method)[64]。

在式(8.48)中，将事件两两作等效化处理，最终可化为一个等效事件，从而实现降维的目的，即假设

$$
\begin{aligned}
\Phi_n(\boldsymbol{y} \mid \boldsymbol{\rho}) &= \mathrm{P}\left(\bigcap_{i=1}^{n} Y_i \le y_i\right) = \mathrm{P}\left(\bigcap_{i=1}^{n}\sum_{j=1}^{i} a_{ij} Z_j \le y_i\right) \\
&= \mathrm{P}\left[(a_{11}Z_1 \le y_1) \cap \left(\sum_{j=1}^{2} a_{2j} Z_j \le y_2\right) \cap \left(\bigcap_{i=3}^{n}\sum_{j=1}^{i} a_{ij} Z_j \le y_i\right)\right] \\
&= \mathrm{P}\left[\left(\sum_{j=1}^{2} a_j^{(2)} Z_j \le y^{(2)}\right) \cap \left(\sum_{j=1}^{3} a_{3j} Z_j \le y_3\right) \cap \left(\bigcap_{i=4}^{n} Y_i \le y_i\right)\right] \\
&= \cdots = \mathrm{P}\left(\sum_{j=1}^{n} a_j^{(n)} Z_j \le y^{(n)}\right) = \Phi(y^{(n)})
\end{aligned}
\tag{8.57}
$$

式中，降维操作的关键是建立以下的事件等效关系：

$$\sum_{j=1}^{i} a_j^{(i)} Z_j \leq y^{(i)} = \left(\sum_{j=1}^{i-1} a_j^{(i-1)} Z_j \leq y^{(i-1)}\right) \cap \left(\sum_{j=1}^{i} a_{ij} Z_j \leq y_i\right), \quad i = 2,3,\ldots,n \tag{8.58}$$

式中，$a_1^{(1)} = a_{11}$，$y^{(1)} = y_1$。等效的原则是

$$\mathrm{P}\left(\sum_{j=1}^{i} a_j^{(i)} Z_j \leq y^{(i)}\right) = \mathrm{P}\left[\left(\sum_{j=1}^{i-1} a_j^{(i-1)} Z_j \leq y^{(i-1)}\right) \cap \left(\sum_{j=1}^{i} a_{ij} Z_j \leq y_i\right)\right], \quad i = 2,3,\ldots,n \tag{8.59}$$

即 $\Phi(y^{(i)}) = \Phi_2(y^{(i-1)}, y_i \mid \rho_{12}^{(i)})$，亦即

$$y^{(i)} = \Phi^{-1}\left[\Phi_2(y^{(i-1)}, y_i \mid \rho_{12}^{(i)})\right] \quad i = 2,3,\ldots,n \tag{8.60}$$

其中

$$\rho_{12}^{(i)} = \frac{\sum\limits_{j=1}^{i-1} a_j^{(i-1)} a_{ij}}{\sqrt{\sum\limits_{j=1}^{i-1} (a_j^{(i-1)})^2 \sum\limits_{j=1}^{i} a_{ij}^2}} \tag{8.61}$$

式中，可以注意到 $\boldsymbol{A} = [a_{ij}]$ 是相关系数矩阵 $\boldsymbol{\rho}$ 作 Cholesky 分解得到的下三角矩阵，有 $\sum_{j=1}^{i} a_{ij}^2 = 1\ (i = 1,2,\ldots,n)$。

由式(8.59)知，当 $\boldsymbol{\varepsilon} = (\varepsilon_1, \varepsilon_2, \ldots, \varepsilon_i)^{\top} \to \mathbf{0}$ 时下式成立：

$$\begin{aligned}&\mathrm{P}\left[\sum_{j=1}^{i} a_j^{(i)}(Z_j + \varepsilon_j) \leq y^{(i)}\right] \\ &= \mathrm{P}\left\{\left[\sum_{j=1}^{i-1} a_j^{(i-1)}(Z_j + \varepsilon_j) \leq y^{(i-1)}\right] \cap \left[\sum_{j=1}^{i} a_{ij}(Z_j + \varepsilon_j) \leq y_i\right]\right\}\end{aligned} \tag{8.62}$$

即

$$\Phi\left(y^{(i)}-\sum_{j=1}^{i}a_j^{(i)}\varepsilon_j\right)=\Phi_2\left(y^{(i-1)}-\sum_{j=1}^{i-1}a_j^{(i-1)}\varepsilon_j,y_i-\sum_{j=1}^{i}a_{ij}\varepsilon_j\,\middle|\,\rho_{12}^{(i)}\right)\tag{8.63}$$

对式(8.63)两端关于 ε_j 求导并令 $\boldsymbol{\varepsilon}\to\mathbf{0}$，左端可以化成 $-a_j^{(i)}\varphi(y^{(i)})$；对于右端，利用式(8.37)和变上限积分的求导公式，可以得到

$$-a_j^{(i-1)}\int_{-\infty}^{y_i}\varphi_2(y^{(i-1)},s_2\mid\rho_{12}^{(i)})\,\mathrm{d}s_2-a_{ij}\int_{-\infty}^{y^{(i-1)}}\varphi_2(s_1,y_i\mid\rho_{12}^{(i)})\,\mathrm{d}s_1$$

故

$$\begin{aligned}a_j^{(i)}=&\frac{1}{\varphi(y^{(i)})}\left\{a_j^{(i-1)}\varphi(y^{(i-1)})\Phi\left[\frac{y_i-\rho_{12}^{(i)}y^{(i-1)}}{\sqrt{1-(\rho_{12}^{(i)})^2}}\right]\right.\\&\left.+a_{ij}\varphi(y_i)\Phi\left[\frac{y^{(i-1)}-\rho_{12}^{(i)}y_i}{\sqrt{1-(\rho_{12}^{(i)})^2}}\right]\right\},\\&i=2,3,\ldots,n;\ j=1,2,\ldots,i-1\end{aligned}\tag{8.64}$$

式中，当 $j=i$ 时，则只有右端第二项。

用微分等效递归算法计算多元正态分布函数的过程为：

(1) 计算 $\boldsymbol{A}$，通过 $\boldsymbol{\rho}$ 的 Cholesky 分解。
(2) 取等效参数初值 $y^{(1)}=y_1$，$a_1^{(1)}=a_{11}$，并且令 $i=2$。
(3) 计算 $y^{(i-1)}$ 与 y_i 的相关系数 $\rho_{12}^{(i)}$，利用式(8.61)。
(4) 计算 $y^{(i)}$，利用式(8.60)。
(5) 计算 $a_j^{(i)}$ $(j=1,2,\ldots,i-1)$，利用式(8.64)。
(6) 若 $i<n$，用 $i+1$ 代替 i，重复步骤 (3) ~ 步骤 (5)；否则，计算 $\Phi_n(\boldsymbol{y}\mid\boldsymbol{\rho})$，利用式(8.57)。

上述步骤 (4) 中需要计算二元标准正态分布函数 $\Phi_2(y^{(i-1)},y_i\mid\rho_{12}^{(i)})$，为了减小计算误差的积累和向后传播，应当选用其精确的表达式如式(8.38)进行计算。

例 8.11　利用微分等效递归算法计算例 8.9 中的 $\Phi_n(\boldsymbol{y}\mid\boldsymbol{\rho})$ 的值。

解　(1) 计算程序见清单 8.20。

清单 8.20　例 8.11(1) 的微分等效递归算法程序

```
clear; clc;
nD = 3;
```

```
y = [3.2;3.4;3.6];
rho = [1,0.8165,0.8165;0.8165,1,0.5;0.8165,0.5,1];
a = chol(rho,'lower');
yE = y(1); aE(1) = a(1,1);
for k = 2:nD
    b = [yE;y(k)];
    rE12 = aE*a(k,1:k-1).'/norm(aE)/norm(a(k,1:k));
    phi2 = @(r)exp(-(b'*b-2*r*prod(b))/2./(1-r.^2))/...
        2/pi./sqrt(1-r.^2);
    cdf2 = prod(normcdf(b))+integral(phi2,0,rE12);
    yE = norminv(cdf2);
    p = normpdf(b).*normcdf((b(2:-1:1)-rE12*b)/sqrt(1-rE12^2));
    aE = ([aE*p(1),0]+a(k,1:k)*p(2))/normpdf(yE);
end
cdfN = normcdf(yE)
```

程序运行结果为：$\Phi_3(\boldsymbol{y} \mid \boldsymbol{\rho}) = 1 - 1.0042 \times 10^{-3}$。

(2) 计算程序见清单 8.21。

清单 8.21　例 8.11(2) 的微分等效递归算法程序

```
clear; clc;
nD = 4;
y = [2.5;2.5;3;3.5];
rho = (ones(4)-eye(4))*0.86+eye(4);
a = chol(rho,'lower');
yE = y(1); aE(1) = a(1,1);
for k = 2:nD
    b = [yE;y(k)];
    rE12 = aE*a(k,1:k-1).'/norm(aE)/norm(a(k,1:k));
    cdf2 = mvncdf(b',0,[1,rE12;rE12,1]);
    yE = norminv(cdf2);
    p = normpdf(b).*normcdf((b(2:-1:1)-rE12*b)/sqrt(1-rE12^2));
    aE = ([aE*p(1),0]+a(k,1:k)*p(2))/normpdf(yE);
end
```

```
cdfN = normcdf(yE)
```

程序运行结果为：$\Phi_4(\boldsymbol{y} \mid \boldsymbol{\rho}) = 1 - 9.8521 \times 10^{-3}$。

通过例 8.6、例 8.7 及例 8.9(1) 可知，对于二元和三元正态分布函数的计算，MATLAB 函数 `mvncdf` 具有很高的精度和效率，因此也可用在微分等效递归算法中。在例 8.11 的程序中，就是利用函数 `mvncdf` 来精确计算式(8.60)中的二元标准正态分布函数 $\Phi_2(y^{(i-1)}, y_i \mid \rho_{12}^{(i)})$。

第 9 章　结构可靠度的 Monte Carlo 方法

模拟 (simulation) 是基于对现实所做的假设和所构思的模型来复制真实世界的过程。模拟方法有理论的或试验的。理论模拟实际上是一种数值或计算机试验方法。在工程上，模拟可用于预测或考察一个系统关于系统参数或设计变量的性能或响应，从而评价替代设计或确定最优设计。随着计算机的发展，模拟方法已变得非常普遍。

当问题涉及已知概率分布的随机变量时，就需要进行 **Monte Carlo 模拟** (Monte Carlo simulation)。这包括重复的模拟过程，在每一次模拟中都利用由相应的概率分布生成的随机变量值，得到解的样本。Monte Carlo 模拟结果无疑能够作统计处理并作各种分析。因此，**Monte Carlo 方法** (Monte Carlo method, Monte Carlo experiment) 又称**随机模拟方法** (stochastic simulation) 或**统计试验方法** (method of statistical test, statistical hypothesis testing)。

如果已知或假设结构的功能函数以及基本随机变量的概率分布，利用 Monte Carlo 方法进行结构可靠度计算是很方便的，现已成为重要的结构可靠度分析手段[65–67]。Monte Carlo 方法能够应用于大型复杂结构系统，放松理论模型理想化的要求，生成更为真实的模拟模型，并且适合于并行计算，但不足之处是计算量大，常作为相对精确解来核实或验证近似解析解。

9.1　随机变量随机数的生成

Monte Carlo 方法首先要根据随机变量的概率分布，产生足够多的样本值即**随机数** (random numbers)，这一过程称为对该随机变量的**随机抽样** (random sampling)。不同分布的随机变量对应不同的随机序列。就随机数的产生而言，最基本的随机变量是区间 $(0,1)$ 上的均匀分布即标准均匀分布的随机变量 U，记作 $U \sim \mathrm{U}(0,1)$。U 的随机数 u，亦即标准均匀分布随机数，在不发生混淆时，也简称为随机数。服从其他分布的随机变量的随机数都可以用 U 的随机数变换得到。

产生 $(0,1)$ 上均匀分布随机数的方法有多种。在计算机上用数学方法产生 $(0,1)$ 上的均匀随机数是通过数学递推运算实现的。有限的随机数序列无法穷尽

无限总体 U，到一定长度后还会退化为零或出现周期现象，而且递推运算使得随机数之间并非严格独立而是具有一定的相关性，因此以这种完全确定的方式产生的随机数也称为**伪随机数** (pseudorandomness, pseudorandom number)。伪随机数只要能通过随机数要求的一系列统计检验，保证抽样为简单随机抽样、周期长度足够等，就可当作具有一定精度的真正的随机数使用。用数学方法产生伪随机数的方法较多，最为常用的是同余法，包括乘同余法、加同余法、混合同余法等。

服从其他概率分布的随机变量的抽样，即将 $(0,1)$ 上的均匀随机数变换为指定概率分布的随机数，其方法也有多种。**随机数直接生成** (direct generation of random numbers) 就是根据概率分布的定义来得到该分布的随机数。例如在区间 (a,b) 上服从均匀分布的随机数可通过修改同余法公式来生成，或者取 $(0,1)$ 上的均匀随机数 u，再通过变换 $(b-a)u+a$ 得到。以下两种方法是常用的基本方法。

反变换方法 (reverse transformation method, inversion sampling, inverse probability integral transform, Smirnov transform)：由概率论中的定理可知，若随机变量 X 的累积分布函数为 $F_X(x)$，$F_X(x)$ 为严格单调增加的函数，则随机变量 $U = F_X(x) \sim \mathrm{U}(0,1)$。据此，若产生 U 的随机数 u，对连续型随机变量 X，$F_X^{-1}(X)$ 存在，X 的随机数为 $x = F_X^{-1}(u)$；对离散型随机变量 X，其概率分布列为 $\mathrm{P}(x = x_i) = p_i \ (i = 1,2,\dots)$，$F_X(x) = \sum_{x_i \leq x} p_i$，用数值搜索找出最接近 u 的 $F_X(x_i)$，即 $u \leq F_X(x_1)$ 或 $F_X(x_{i-1}) < u \leq F_X(x_i)$ 成立，则 x_i 为 X 的随机数。 □

舍选法 (acceptance-rejection method, rejection sampling)：该法按一定的标准选择或舍弃 $(0,1)$ 上的均匀随机数，以得到随机变量 X 的随机数 x。

譬如，设 X 为区间 $[a,b]$ 上的随机变量，其概率密度函数为 $f_X(x)$，$f_X(x)$ 有上确界 $f_0 = \sup_{a \leq x \leq b} f_X(x)$，取 $(0,1)$ 上的两个均匀随机数 u_1 和 u_2，如果有条件 $f_0 u_2 < f\left[(b-a)u_1 + a\right]$ 成立，那么 $x = (b-a)u_1 + a$ 就可选作 X 的一个随机数。

再如，设随机变量 X 的概率密度函数为 $f_X(x)$，对于所有 x，有 $f_X(x) \leq cg(x)$，其中 c 是一个常数，取 $(0,1)$ 上的均匀随机数 u 和分布 $g(x)$ 的随机数 x，令 $r = cg(x)/f_X(x)$，若 $ur < 1$，则 x 也为 X 的一个随机数。 □

计算机一般都能够生成 $(0,1)$ 上均匀分布随机数，有些软件还带有其他常见分布的随机数生成器，可以直接利用。通常不必编制程序用数学方法产生 $(0,1)$ 均匀随机数，也不必按以上所述先产生 $(0,1)$ 上的均匀随机数再进行转换。对于特殊的或自定义的概率分布，其随机数只需先调用 $(0,1)$ 上均匀随机数生成器再利用上述变换方法即可得到。

以上是有关独立随机变量或单个随机变量随机数的产生，下面讨论相关随机向量的随机数的生成办法。

相关随机向量 $\boldsymbol{X} = (X_1, X_2, \ldots, X_n)^\top$ 的完整描述需要已知其联合累积分布函数 $F_X(\boldsymbol{x}) = F_X(x_1, x_2, \ldots, x_n)$ 或联合概率密度函数 $f_X(\boldsymbol{x}) = f_X(x_1, x_2, \ldots, x_n)$。变量 X_1，$X_2 \mid X_1$，…，$X_n \mid X_1, X_2, \ldots, X_{n-1}$ 是相互独立的，其概率密度函数和累积分布函数可分别由式(3.67)和式(3.68)确定。因此，已知 n 个 $\mathrm{U}(0,1)$ 随机数 $u_1, u_2, \ldots, u_n$，利用反变换方法即可得到随机向量 $\boldsymbol{X}$ 相应的样本值为

$$\begin{cases} x_1 = F_{X_1}^{-1}(u_1) \\ x_2 = F_{X_2|X_1}^{-1}(u_2 \mid x_1) \\ \quad\vdots \\ x_n = F_{X_n|X_1,X_2,\ldots,X_{n-1}}^{-1}(u_n \mid x_1, x_2, \ldots, x_{n-1}) \end{cases} \tag{9.1}$$

联合概率分布中，只有多元正态分布、多元 Student's t-分布、Dirichlet 分布等能给出表达式，但它们的边缘分布是属于同一类甚至是完全相同的。

正态随机向量的联合概率密度函数为式(8.32)，联合累积分布函数为式(8.33)，都是已知的。因此可以利用式(9.1)对相关正态变量直接进行随机抽样。

对于相关正态随机变量 $\boldsymbol{X}$ 的随机抽样，也可先产生独立标准正态分布变量 $\boldsymbol{Y}$ 的样本 $\boldsymbol{y}$，然后通过 $\boldsymbol{X}$ 的协方差矩阵 $\boldsymbol{C}_X$ 或相关系数矩阵 $\boldsymbol{\rho}_X$ 的 Cholesky 分解，利用线性变换式(3.22)或式(3.23)将其变成变量 $\boldsymbol{X}$ 的样本 $\boldsymbol{x}$。

相关非正态随机向量的随机抽样可采用类似 3.8节的正交变换方法。在 3.8节中，是将相关非正态随机变量 $\boldsymbol{X}$ 通过等概率正态变换(3.36)变为相关标准正态随机变量 $\boldsymbol{Y}$，其相关系数矩阵 $\boldsymbol{\rho}_Y$ 可以认为与 $\boldsymbol{\rho}_X$ 相同，也可以通过 Nataf 变换重新求解，然后再通过 $\boldsymbol{\rho}_Y$ 的 Cholesky 分解，利用线性变换式(3.84)将 $\boldsymbol{Y}$ 变成独立标准随机变量 $\boldsymbol{Z}$。将此过程倒过来，我们可先对独立标准正态随机变量 $\boldsymbol{Z}$ 进行线性变换变成相关标准正态随机变量 $\boldsymbol{Y}$，再通过等概率反正态变换将 $\boldsymbol{Y}$ 变成相关非正态随机变量 $\boldsymbol{X}$。

相关非正态变量的随机抽样可按以下步骤进行：

(1) 计算相关系数矩阵 $\boldsymbol{\rho}_Y$，直接取作 $\boldsymbol{\rho}_X$ 或利用式(3.58)求解。

(2) 计算下三角矩阵 $\boldsymbol{L}''$，通过 $\boldsymbol{\rho}_Y$ 的 Cholesky 分解。

(3) 产生独立标准正态变量 $\boldsymbol{Z}$ 的样本 $\boldsymbol{z}$。

(4) 产生相关标准正态变量 $\boldsymbol{Y}$ 的样本 $\boldsymbol{y}$，利用式(3.84)。

(5) 产生相关非正态变量 $\boldsymbol{X}$ 的样本 $\boldsymbol{x}$，利用式(3.37)。

也可直接对相关标准正态变量 $\boldsymbol{Y}$ 进行随机抽样，将所得样本再通过等概率正态变换变成相关非正态随机变量 $\boldsymbol{X}$ 的样本。这种相关非正态变量的随机抽样步骤为：

(1) 计算相关系数矩阵 $\boldsymbol{\rho}_Y$，直接取作 $\boldsymbol{\rho}_X$ 或利用式(3.58)求解。

(2) 产生相关标准正态变量 $\boldsymbol{Y}$ 的样本 $\boldsymbol{y}$，利用式(8.34)、式(8.35)和式(9.1)。

(3) 产生相关非正态变量 $\boldsymbol{X}$ 的样本 $\boldsymbol{x}$，利用式(3.37)。

下面介绍的 copula 函数可通过每个变量的边缘概率分布和变量间的相关性构建一个联合分布，亦可用于对相关随机向量的随机抽样。

在概率论和数理统计中，copula 是一个联合概率分布，其对每个变量的边缘概率分布都是均匀分布。copula 用于描述随机变量的相关性，实际上是将联合累积分布函数与它们各自的边缘累积分布函数连接在一起的函数。

假设随机向量 $\boldsymbol{X}=(X_1,X_2,\ldots,X_n)^\top$ 的所有边缘累积分布函数 $F_{X_i}(x_i)=\mathrm{P}(X_i\le x_i)$ $(i=1,2,\ldots,n)$ 都是连续函数，对每个分量 X_i 进行**概率积分变换** (probability integral transform) 变成标准均匀分布变量 U_i，即

$$U_i=F_{X_i}(X_i),\quad i=1,2,\ldots,n \tag{9.2}$$

其逆变换为

$$X_i=F_{X_i}^{-1}(U_i),\quad i=1,2,\ldots,n \tag{9.3}$$

则随机向量 $\boldsymbol{U}=(U_1,U_2,\ldots,U_n)^\top$ 的边缘分布均为 $\mathrm{U}(0,1)$。

定义随机向量 $\boldsymbol{X}$ 的 **copula** $C(\boldsymbol{u})=C(u_1,u_2,\ldots,u_n)$ 为均匀随机向量 $\boldsymbol{U}=(U_1,U_2,\ldots,U_n)^\top$ 的联合累积分布函数，即

$$\begin{aligned}
&C(\boldsymbol{u})=C(u_1,u_2,\ldots,u_n)\\
=\ &\mathrm{P}(U_1\le u_1,U_2\le u_2,\ldots,U_n\le u_n)\\
=\ &\mathrm{P}(U_1\le F_{X_1}^{-1}(x_1),U_2\le F_{X_2}^{-1}(x_2),\ldots,U_n\le F_{X_n}^{-1}(x_n))
\end{aligned} \tag{9.4}$$

copula C 包含了 $\boldsymbol{X}$ 的分量之间相依结构的全部信息。

Sklar 定理是 copula 应用的理论基础。Sklar 定理指出，令随机向量 $\boldsymbol{X}=(X_1,X_2,\ldots,X_n)^\top$ 的联合累积分布函数为 $F_X(x_1,x_2,\ldots,x_n)$，其边缘累积分布函

数为 $F_{X_i}(x_i) = \mathrm{P}(X_i \leq x_i)$，则存在一个 copula，使得

$$F_X(x_1, x_2, \ldots, x_n) = C(F_{X_1}(x_1), F_{X_2}(x_2), \ldots, F_{X_n}(x_n)) \tag{9.5}$$

若 $F_{X_i}(x_i)$ 为连续函数，则 copula 是唯一确定的。

Fréchet-Hoeffding 定理确定了 copula 的界限，即任何 copula $C\colon [0,1]^n \to [0,1]$，对于所有 $\boldsymbol{u} = (u_1, u_2, \ldots, u_n)^\top \in [0,1]^n$，满足

$$W(\boldsymbol{u}) \leq C(\boldsymbol{u}) \leq M(\boldsymbol{u}) \tag{9.6}$$

式中，Fréchet-Hoeffding 下界定义为

$$W(\boldsymbol{u}) = \max\left(1 - n + \sum_{i=1}^{n} u_i, 0\right) \tag{9.7}$$

Fréchet-Hoeffding 上界定义为

$$M(\boldsymbol{u}) = \min(u_1, u_2, \ldots, u_n) \tag{9.8}$$

从 copula 的定义可知，很多函数都可以作为 copula。椭圆 copula (elliptical copulas) 包括正态 copula 和 t-copula，容易推广至高维。阿基米德 copula (Archimedean copulas) 包括 Clayton, Frank, Gumbel, Ali-Mikhail-Haq, Joe 等 copula。

如果 copula 和边缘分布已知，相关随机变量 $\boldsymbol{X}$ 的抽样过程为：

(1) 从 copula C 中抽取样本 $\boldsymbol{u} = (u_1, u_2, \ldots, u_n)^\top \sim C$。
(2) 生成样本 $\boldsymbol{x} = (x_1, x_2, \ldots, x_n)^\top \sim F_X(\boldsymbol{x})$，利用式(9.3)。

Monte Carlo 模拟的主要任务之一就是从预先给定的概率分布产生相应的随机数。给定一组所生成的随机数，模拟过程是确定性的。

9.2　直接抽样 Monte Carlo 方法

直接通过随机抽样对结构的可靠度进行模拟计算，是结构可靠度 Monte Carlo 模拟的最基本的方法，可称为**直接抽样方法** (direct sampling method) 或**一般抽样方法** (general sampling method)。

设结构的功能函数为 $Z = g_X(\boldsymbol{X})$，基本随机变量 $\boldsymbol{X}$ 的概率密度函数为 $f_X(\boldsymbol{x})$。按 $f_X(\boldsymbol{x})$ 对 $\boldsymbol{X}$ 进行随机抽样，用所得样本值 $\boldsymbol{x}$ 计算功能函数值 $Z = g_X(\boldsymbol{x})$。若 $Z < 0$，则模拟中结构失效一次。若总共进行了 N 次模拟，$Z < 0$ 出现了 n_f 次，由概率论的大数定律中的 Bernoulli 定理可知，随机事件 $Z < 0$ 在 N 次独立试验中的频率 n_f/N 依概率收敛于该事件的概率 p_f，于是结构失效概率 p_f 的估计值为

$$\hat{p}_\mathrm{f} = \frac{n_\mathrm{f}}{N} \tag{9.9}$$

利用式(2.10)，结构失效概率

$$p_\mathrm{f} = \int_{g_X(\boldsymbol{x})\leq 0} f_X(\boldsymbol{x})\,\mathrm{d}\boldsymbol{x} = \int_{\mathbb{R}^n} \mathrm{I}\left[g_X(\boldsymbol{x})\right] f_X(\boldsymbol{x})\,\mathrm{d}\boldsymbol{x} = \mathrm{E}\left\{\mathrm{I}\left[g_X(\boldsymbol{x})\right]\right\} \tag{9.10}$$

式中，$\mathrm{I}(x)$ 为 x 的**指示函数** (indicator function) 或**示性函数** (characteristic function)，规定当 $x < 0$ 时为 $\mathrm{I}(x) = 1$，$x \geq 0$ 时为 $\mathrm{I}(x) = 0$。通过引入函数 $\mathrm{I}[g_X(\boldsymbol{x})]$，积分域从 $g_X(\boldsymbol{x}) \leq 0$ 的非规则失效域扩充至无穷大规则域 $\mathbb{R}^n$。

根据式(9.10)，设 $\boldsymbol{X}$ 的第 i 个样本值为 $\boldsymbol{x}_i$，则 p_f 的估计值为

$$\hat{p}_\mathrm{f} = \frac{1}{N}\sum_{i=1}^{N} \mathrm{I}\left[g_X(\boldsymbol{x}_i)\right] \tag{9.11}$$

$\mathrm{I}[g_X(\boldsymbol{x}_i)]$ $(i = 1, 2, \ldots, N)$ 是从总体 $\mathrm{I}[g_X(\boldsymbol{x})]$ 中得到的样本值，根据式(9.11)，这些样本的均值就是 $\hat{p}_\mathrm{f}$。由数理统计知，无论 $\mathrm{I}[g_X(\boldsymbol{x})]$ 服从什么概率分布，都有 $\mu_{\hat{p}_\mathrm{f}} = \mu_{\mathrm{I}[g_X(\boldsymbol{x})]}$，$\sigma^2_{\hat{p}_\mathrm{f}} = \sigma^2_{\mathrm{I}[g_X(\boldsymbol{x})]}/N$。由式(9.10)知，$\mu_{\hat{p}_\mathrm{f}} = p_\mathrm{f}$，说明 $\hat{p}_\mathrm{f}$ 是 p_f 的无偏估计量。

对于大样本（如 $N > 30$，Monte Carlo 模拟通常都能满足要求），根据概率论的中心极限定理，样本均值 $\hat{p}_\mathrm{f}$ 渐近服从正态分布。因此，总体 $\mathrm{I}[g_X(\boldsymbol{x})]$ 的参数 p_f 的置信区间长度的一半，即模拟的绝对误差可表为

$$\varDelta = |\hat{p}_\mathrm{f} - p_\mathrm{f}| \leq \frac{u_{\alpha/2}}{\sqrt{N}}\sigma_{\mathrm{I}[g_X(\boldsymbol{x})]} = u_{\alpha/2}\sigma_{\hat{p}_\mathrm{f}} \tag{9.12}$$

式中，$u_{\alpha/2} > 0$ 为标准正态分布的上 $\alpha/2$ 分位点，即 $\int_{u_{\alpha/2}}^{\infty} \varphi(x)\,\mathrm{d}x = \alpha/2 = \varPhi(-u_{\alpha/2})$。模拟的相对误差为

$$\varepsilon = \frac{\varDelta}{p_\mathrm{f}} = \frac{\varDelta}{\mu_{\hat{p}_\mathrm{f}}} \leq u_{\alpha/2} V_{\hat{p}_\mathrm{f}} \tag{9.13}$$

根据式(9.12)或式(9.13)，为减小 Monte Carlo 模拟的误差，可增加模拟次数，即样本容量 N；或采用**方差减缩** (variance reduction) 技术，即减缩失效概率估计值的方差 $\sigma_{\hat{p}_\mathrm{f}}^2$ 或变异系数 $V_{\hat{p}_\mathrm{f}}$。

随机试验值 $\mathrm{I}[g_X(\boldsymbol{x}_i)]$ 只有两个可能结果，出现的概率为 p_f，不出现的概率为 $p_\mathrm{r}=1-p_\mathrm{f}$，则 N 重独立试验 $\mathrm{I}[g_X(\boldsymbol{x}_i)]$ 为 Bernoulli 试验，服从二项分布 $\mathrm{B}(N,p_\mathrm{f})$。试验中发生 $n_\mathrm{f}=\sum_{i=1}^{N}\mathrm{I}[g_X(\boldsymbol{x}_i)]$ $(n_\mathrm{f}=0,1,\ldots,N)$ 次的均值为 $\mu_{n_\mathrm{f}}=Np_\mathrm{f}$，方差为 $\sigma_{n_\mathrm{f}}^2=Np_\mathrm{f}(1-p_\mathrm{f})$。根据式(9.11)，$\hat{p}_\mathrm{f}$ 的方差为

$$\sigma_{\hat{p}_\mathrm{f}}^2=\frac{\sigma_{n_\mathrm{f}}^2}{N^2}=\frac{1}{N}p_\mathrm{f}(1-p_\mathrm{f}) \tag{9.14}$$

$\hat{p}_\mathrm{f}$ 的变异系数

$$V_{\hat{p}_\mathrm{f}}=\frac{\sigma_{\hat{p}_\mathrm{f}}}{\mu_{\hat{p}_\mathrm{f}}}=\sqrt{\frac{1-p_\mathrm{f}}{Np_\mathrm{f}}} \tag{9.15}$$

利用式(9.12)和式(9.14)，或者式(9.13)和式(9.15)，当给定显著性水平 α 进而已知分位值 $u_{\alpha/2}$ 时（如 $\alpha=5\%$，$u_{0.025}=1.9600$)，可将 p_f 代以 $\hat{p}_\mathrm{f}$，估计一定模拟次数时的误差或指定模拟精度所需的模拟次数。例如，对于通常的实际工程结构，p_f 为 $10^{-3}\sim10^{-5}$ 量级，若误差小于 20% 的置信度为 95%，则所需模拟次数 $N=95\,940\sim9\,603\,551$。一般抽样方法的计算量是相当大的，故常用于模拟精度要求不高或 p_f 较大的情况。

例 9.1 已知结构的功能函数为 $Z=R-S$，R 服从正态分布，$\mu_R=20$，$\sigma_R=4$；S 服从极值 I 型分布，$\mu_S=14$，$\sigma_S=3.5$，用直接抽样 Monte Carlo 方法估算结构的失效概率。

解 计算程序见清单 9.1 或清单 9.2。

清单 9.1 例 9.1 的每次抽取一个样本点的直接抽样 Monte Carlo 方法程序

```
clear; clc;
bt = cputime;
muX = [20;14]; sigmaX = [4;3.5];
aEv = sqrt(6)*sigmaX(2)/pi; uEv = -psi(1)*aEv-muX(2);
nS = 1e6; nF = 0;
for k = 1:nS
    x = [normrnd(muX(1),sigmaX(1));-evrnd(uEv,aEv)];
    g = x(1)-x(2);
```

```
    if g < 0, nF = nF+1; end
end
pF = nF/nS
dt = cputime-bt
```

清单 9.2 例 9.1 的批量抽取样本点的直接抽样 Monte Carlo 方法程序

```
clear; clc;
t0 = cputime;
muX = [20;14]; sigmaX = [4;3.5];
aEv = sqrt(6)*sigmaX(2)/pi; uEv = -psi(1)*aEv-muX(2);
nS = 1e6;
x = [normrnd(muX(1),sigmaX(1),nS,1),-evrnd(uEv,aEv,nS,1)];
g = x(:,1)-x(:,2);
nF = length(find(g<0));
pF = nF/nS
dt = cputime-t0
```

清单 9.1 程序运行结果为失效概率 $\hat{p}_{\rm f} = 1.2670 \times 10^{-1}$，清单 9.2 程序运行结果为 $\hat{p}_{\rm f} = 1.2668 \times 10^{-1}$。在式(9.13)和式(9.15)中取 $p_{\rm f}$ 为 0.1 计算，模拟 100 万次，则两程序的模拟误差保守估计都有 95% 机会小于 0.59%。

清单 9.1 程序是每次抽取一个样本值 $\boldsymbol{x}_i$，做 N 次重复计算，节约计算机内存，但运行时间相当长。清单 9.1 程序则是一次生成足够的样本值 $\boldsymbol{x}_i\ (i = 1, 2, \ldots, N)$，进行向量或矩阵运算，占用内存多，但所用机时少。本例的 CPU 时间清单 9.1 程序为清单 9.2 程序的近两百倍。

MATLAB 是一种解释性语言，循环效率不高。提高 MATLAB 代码计算效率的常用措施之一就是不用循环，将数据数组化以提升速度。在使用 Monte Carlo 方法时，可在内存允许的条件下，尽量采用上述数组抽样方式。当模拟次数很多时，也可以分几批完成整个模拟，每批都按数组抽样，其具体做法如例 9.3 所示。 □

例 9.2 用直接抽样 Monte Carlo 方法模拟计算例 3.4 中结构的失效概率。

解 计算程序见清单 9.3。

清单 9.3 例 9.2 的直接抽样 Monte Carlo 方法程序

```
clear; clc;
```

```
muX = [21.6788;10.4;2.1325];
sigmaX = [2.6014;0.8944;0.5502];
rhoX = [1,0.8,0.6;0.8,1,0.9;0.6,0.9,1];
covX = diag(sigmaX)*rhoX*diag(sigmaX);
samplingChoice = 'lineartrans';
nD = length(muX);
switch samplingChoice
    case 'lineartrans', a = chol(covX,'lower');
end
nS = 1e10; nS1 = 1e6; nF = 0;
for k = 1:nS/nS1
    switch samplingChoice
        case 'copulasample'
            y = copularnd('gaussian',rhoX,nS1);
            for l = 1:nD
                x(:,l) = norminv(y(:,l),muX(l),sigmaX(l));
            end
        case 'lineartrans'
            y = randn(nS1,nD); x = y*a.';
            for k = 1:nD, x(:,k) = x(:,k)+muX(k); end
        otherwise
            x = mvnrnd(muX.',covX,nS1);
    end
    g = x(:,1)-sum(x(:,2:3),2);
    g1 = min(g,[],2);
    nF = nF+length(find(g1<0));
end
pF = nF/nS
bbeta = -norminv(pF)
```

程序运行结果为:失效概率 $\hat{p}_{\mathrm{f}} = 2.5460\times10^{-7}$,由此算出可靠指标 $\hat{\beta} = 5.0228$。

此结构的失效概率很低，因而需要的模拟次数很多。采用具有线性变换的抽样方法时，程序中若将 $\boldsymbol{X}$ 的抽样写成 `x = randn(nS1,nD)*a.';`，可节省计算

机内存。 □

结构体系的可靠度也可用 Monte Carlo 方法进行模拟。如果串联结构体系中第 i 个失效模式或并联结构体系中第 i 个失效状态的功能函数为 $Z_i = g_{Xi}(\boldsymbol{x})$，则根据式(8.7)，串联结构体系的示性函数为

$$\mathrm{I}[g_X(\boldsymbol{x})] = \prod_{i=1}^{m} \mathrm{I}\left[g_{Xi}(\boldsymbol{x})\right] = \mathrm{I}[\min_{1 \le i \le m} g_{Xi}(\boldsymbol{x})] \tag{9.16}$$

根据式(8.8)，并联结构体系的示性函数为

$$\mathrm{I}[g_X(\boldsymbol{x})] = 1 - \prod_{i=1}^{q} \{1 - \mathrm{I}\left[g_{Xi}(\boldsymbol{x})\right]\} = \mathrm{I}[\max_{1 \le i \le q} g_{Xi}(\boldsymbol{x})] \tag{9.17}$$

例 9.3 某串联结构体系有三个主要失效模式,相应的功能函数为 $Z_1 = (Y_1 + Y_2 - Y_3)/\sqrt{3} + 3.0$，$Z_2 = (Y_1 - Y_3)/\sqrt{2} + 3.4$，$Z_3 = (Y_2 - Y_3)/\sqrt{2} + 3.6$，其中 Y_1、Y_2 和 Y_3 为相互独立的标准正态随机变量。用直接抽样 Monte Carlo 方法估算结构体系的失效概率。

解 计算程序见清单 9.4。

清单 9.4 例 9.3 的直接抽样 Monte Carlo 方法程序

```
clear; clc;
t1 = sqrt(2); t2 = sqrt(3);
nS = 1e8; nS1 = 1e6; nF = 0;
for k = 1:nS/nS1
    y = randn(nS1,3);
    g = [(y(:,1)+y(:,2)-y(:,3))/t2+3,(y(:,1)-y(:,3))/t1+3.4,...
        (y(:,2)-y(:,3))/t1+3.6];
    g1 = min(g,[],2);
    nF = nF+length(find(g1<0));
end
pF = nF/nS
```

程序运行结果为：失效概率 $\hat{p}_\mathrm{f} = 1.5877 \times 10^{-3}$。 □

例 9.4 串联结构体系有三个失效模式，其功能函数分别为 $Z_1 = 4X_4 - X_1$，$Z_2 = 4X_5 - X_1 - X_2$，$Z_3 = 4X_6 - X_1 - X_2 - X_3$，其中 X_1、X_2 和 X_3 服从极值 I 型分

布，X_4、X_5 和 X_6 服从对数正态分布，均值 $\boldsymbol{\mu}_X = (10.0, 7.0, 5.5, 9.0, 13.0, 15.0)^\top$，标准差 $\boldsymbol{\sigma}_X = (4.0, 3.0, 2.0, 1.6, 2.0, 2.4)^\top$，相关系数 $\rho_{X_1X_2} = \rho_{X_2X_3} = 0.5$，$\rho_{X_1X_3} = 0.2$，$\rho_{X_4X_5} = \rho_{X_5X_6} = 0.3$。用直接抽样 Monte Carlo 方法计算该结构体系的失效概率。

解　线性相关系数表示随机变量间的线性相关性，当随机变量经过非线性变换后，所得到的随机变量间的线性相关性就会发生改变。正态化后变量 Y_i 和 Y_j 的相关系数 $\rho_{Y_iY_j}$，当 X_i 和 X_j 均服从对数正态分布时，用式(3.62)计算；当 X_i 和 X_j 均服从极值 I 型分布时，有[38]

$$R = \frac{\rho_{Y_iY_j}}{\rho_{X_iX_j}} \approx 1.064 - 0.069\rho_{X_iX_j} + 0.005\rho_{X_iX_j}^2 \tag{9.18}$$

也可以通过积分方程(3.58)解得，相应的求解函数 rhoevievi 见清单 9.5。

清单 9.5　两极值 I 型变量 Nataf 变换相关系数计算程序

```
function rhoYij = rhoevievi(muX,sigmaX,rhoX12)
aEv = sqrt(6)*sigmaX/pi; uEv = -psi(1)*aEv-muX;
f = @(r)integral2(@(yi,yj)1./sqrt(1-r.^2)/2/pi.*...
    exp(-(yi.^2-2*r.*yi.*yj+yj.^2)./(1-r.^2)/2).*...
    (-evinv(1-normcdf(yi),uEv(1),aEv(1))-muX(1))/sigmaX(1).*...
    (-evinv(1-normcdf(yj),uEv(2),aEv(2))-muX(2))/sigmaX(2),...
    -5,5,-5,5);
rhoYij = fzero(@(r)f(r)-rhoX12,rhoX12);
```

Kendall 秩相关系数或 Spearman 秩相关系数用秩度量相关性的大小，因此在任何单调变换如边缘变换下都保持不变。这一性质在利用 copula 的随机抽样中可以应用。

考察随机变量 X 和 Y，对于 n 个样本值 (x_i, y_i) $(i = 1, 2, \ldots, n)$，**Kendall 秩相关系数** (Kendall rank correlation coefficient, Kendall's tau) 定义为

$$\tau_{XY} = \frac{2(P_\mathrm{c} - P_\mathrm{d})}{n(n-1)} \tag{9.19}$$

式中，P_c 为一致的 (concordent) 数对总数，P_d 为不一致的 (discordant) 数对总数。对于数对 (x_i, y_i) 与 (x_j, y_j)，如果 $x_i > x_j$ 且 $y_i > y_j$，或者 $x_i < x_j$ 且 $y_i < y_j$，就是一致的；如果 $x_i > x_j$ 且 $y_i < y_j$，或者 $x_i < x_j$ 且 $y_i > y_j$，就是不一致的；

如果 $x_i = x_j$ 或 $y_i = y_j$，则既非一致也非不一致。

Spearman 秩相关系数 (Spearman rank correlation coefficient, Spearman's rho) 定义为

$$\rho_{XYS} = 1 - \frac{6}{n(n^2-1)} \sum_{i=1}^{n} d_i^2 \tag{9.20}$$

式中，$d_i = r_{X_i} - r_{Y_i}$，(r_{X_i}, r_{Y_i}) 为 (x_i, y_i) 对应的秩序数。

可以证明[68,69]，对于椭圆 copula，Kendall 秩相关系数 τ_{XY} 或 Spearman 秩相关系数 ρ_{XYS} 与 Pearson 线性相关系数 ρ_{XY} 存在以下关系：

$$\tau_{XY} = \frac{2}{\pi} \arcsin \rho_{XY} \tag{9.21}$$

$$\rho_{XYS} = \frac{6}{\pi} \arcsin \frac{\rho_{XY}}{2} \tag{9.22}$$

由此可得到变换所需的 ρ_{XY} 的非参数估计。

计算结构体系失效概率的程序见清单 9.6，其中调用了清单 9.5 中给出的自定义函数 `rhoevievi`。

清单 9.6 例 9.4 的直接抽样 Monte Carlo 方法程序

```
clear; clc;
muX = [10;7;5.5;9;13;15]; sigmaX = [4;3;2;1.6;2;2.4];
rhoX = [1,0.5,0.2,0,0,0;0.5,1,0.5,0,0,0;0.2,0.5,1,0,0,0;...
    0,0,0,1,0.3,0;0,0,0,0.3,1,0.3;0,0,0,0,0.3,1];
cvX = sigmaX./muX;
aEv = sqrt(6)*sigmaX(1:3)./pi; uEv = -psi(1)*aEv-muX(1:3);
sLn = sqrt(log(1+cvX(4:6).^2)); mLn = log(muX(4:6))-sLn.^2/2;
nD = length(muX);
samplingChoice = 'copulasampling';
switch samplingChoice
    case 'copulasampling'
        rhoY = copulaparam('gaussian',rhoX,'type','spearman');
    otherwise
        rhoY = zeros(nD);
        rhoY(1,2) = rhoevievi(muX(1:2),sigmaX(1:2),rhoX(1,2));
        rhoY(1,3) = rhoevievi(muX([1,3]),sigmaX([1,3]),rhoX(1,3));
```

```
        rhoY(4,5) = log(1+rhoX(4,5)*cvX(4)*cvX(5))/...
            sqrt(log(1+cvX(4)^2)*log(1+cvX(5)^2));
        rhoY(2,3) = rhoY(1,2); rhoY(5,6) = rhoY(4,5);
        rhoY = rhoY+rhoY.'+eye(nD);
end
switch samplingChoice
    case 'lineartrans', a = chol(rhoY,'lower');
end
nS = 1e8; nS1 = 1e6; nF = 0;
for k = 1:nS/nS1
    switch samplingChoice
        case 'copulasampling', y = copularnd('gaussian',rhoY,nS1);
        case 'lineartrans', z = randn(nS1,nD); y = z*a.';
        otherwise, y = mvnrnd(zeros(1,nD),rhoY,nS1);
    end
    switch samplingChoice
        case 'copulasampling', cdfY = y;
        otherwise, cdfY = normcdf(y);
    end
    for l = 1:3
        x(:,l) = -evinv(1-cdfY(:,l),uEv(l),aEv(l));
        x(:,l+3) = logninv(cdfY(:,l+3),mLn(l),sLn(l));
    end
    g = 4*x(:,4:6)-[x(:,1),sum(x(:,1:2),2),sum(x(:,1:3),2)];
    g1 = min(g,[],2);
    nF = nF+length(find(g1<0));
end
pF = nF/nS
```

程序运行结果为：失效概率 $\hat{p}_{\mathrm{f}} = 2.4112 \times 10^{-3}$。

对比可知，对标准正态随机向量 $\boldsymbol{Y}$ 抽样时，`y = randn(nS1,nD)*chol(rhoY)` 与 `y = mvnrnd(zeros(1,nD),rhoY,nS1)` 的抽样效果是一样的。 □

如果一个随机变量的各阶矩都是已知的，那么它的概率分布是完全清楚的。

随机变量的均值、标准差、偏度系数、峰度系数相对比较容易获得，比这四阶矩更高阶的矩则难以估算，对其统计得到与这四阶矩类似精度的估计值需要更大的样本，而且其意义不如这四阶矩那么容易理解和解释。尽管如此，随机变量的前四阶矩还是部分描述了随机变量的概率分布特征，仍然能够通过它们进行随机抽样，并利用 Monte Carlo 方法来模拟计算可靠度。

例 9.5 利用直接抽样 Monte Carlo 方法计算例 5.2 中结构的失效概率。

解 计算程序见清单 9.7。

清单 9.7 例 9.5 的直接抽样 Monte Carlo 方法程序

```
clear; clc;
muX = [1.2;2.4;50;25;10]; sigmaX = [0.36;0.072;3;7.5;5];
csX = zeros(5,1); ckX = repmat(3,5,1);
nD = length(muX);
nS = 1e7; nS1 = 1e6; nF = 0;
for k = 1:nS/nS1
    for l = 1:nD
        x(:,l) = pearsrnd(muX(l),sigmaX(l),csX(l),ckX(l),nS1,1);
    end
    g = (1e3*x(:,2)-7.51*x(:,3)+x(:,4)).*x(:,1)+...
        40*x(:,5)-x(:,3).^2/2;
    nF = nF+length(find(g<0));
end
pF = nF/nS
```

程序运行结果为：失效概率 $\hat{p}_\mathrm{f} = 2.0336 \times 10^{-2}$。 □

例 9.6 用直接抽样 Monte Carlo 方法计算例 5.3 中结构的失效概率。

解 计算程序见清单 9.8。

清单 9.8 例 9.6 的直接抽样 Monte Carlo 方法程序

```
clear; clc;
muX = [60;2000;24;50]; sigmaX = [6;74;1.2;10];
s = sigmaX(2:3)./muX(2:3); t = s.*s;
csX = [0;(3+t).*s;12*sqrt(6)*zeta(3)/pi^3];
ckX = [3;(1+t).^2.*(2+t).*(3+t)-3;27/5];
```

```
nD = length(muX);
nS = 1e7; nS1 = 1e6; nF = 0;
for k = 1:nS/nS1
    for l = 1:nD
        x(:,l) = pearsrnd(muX(l),sigmaX(l),csX(l),ckX(l),nS1,1);
    end
    g = x(:,2)-8100*(x(:,1)+x(:,4))./x(:,3).^2;
    nF = nF+length(find(g<0));
end
pF = nF/nS
```

程序运行结果为：失效概率 $\hat{p}_{\mathrm{f}} = 4.3627 \times 10^{-2}$。□

例 9.7 用直接抽样 Monte Carlo 方法计算例 5.6 中结构的失效概率。

解 计算程序见清单 9.9。

清单 9.9　例 9.7 的直接抽样 Monte Carlo 方法程序

```
clear; clc;
muX = [1;19.17;30;50;22.5;374;2e3;1e4];
cvX = [5;18;2;2;3;8;7;29]/100;
csX = [zeros(7,1);1.14]; ckX = [repmat(3,7,1);5.4];
sigmaX = cvX.*muX;
nD = length(muX);
nS = 1e8; nS1 = 1e6; nF = 0;
for k = 1:nS/nS1
    for l = 1:nD
        x(:,l) = pearsrnd(muX(l),sigmaX(l),csX(l),ckX(l),nS1,1);
    end
    g = prod(x(:,1:4),2)+x(:,1).*x(:,5).*x(:,6)-x(:,7)-x(:,8);
    nF = nF+length(find(g<0));
end
pF = nF/nS
```

程序运行结果为：失效概率 $\hat{p}_{\mathrm{f}} = 1.4732 \times 10^{-4}$。

9.3 重要抽样 Monte Carlo 方法

直接抽样方法所得 $\boldsymbol{X}$ 的样本点 $\boldsymbol{x}$ 多集中在概率密度函数 $f_X(\boldsymbol{x})$ 的最大值点附近，而该点一般比较靠近 $\boldsymbol{X}$ 的均值点 $\boldsymbol{\mu}_X$。实际结构的失效应为小概率事件，从而 $\boldsymbol{\mu}_X$ 处于可靠域而不在极限状态面上，在失效域内的样本点很少，实现一次 $Z<0$ 的机会很小。因此，对于结构失效概率很小的问题，直接抽样 Monte Carlo 方法效率和精度都较低。

通过改变随机抽样的中心，使样本点有较多机会落入失效域，增加使功能函数 $Z<0$ 的机会，这就是结构可靠度 Monte Carlo 模拟的**重要抽样方法** (importance sampling method) 的基本思想。

结构失效概率的表达式(9.10)可写成

$$p_{\mathrm{f}}=\int_{\mathbb{R}^n}\frac{\mathrm{I}[g_X(\boldsymbol{v})]f_X(\boldsymbol{v})}{p_V(\boldsymbol{v})}p_V(\boldsymbol{v})\,\mathrm{d}\boldsymbol{v}=\mathrm{E}\left\{\frac{\mathrm{I}[g_X(\boldsymbol{v})]f_X(\boldsymbol{v})}{p_V(\boldsymbol{v})}\right\} \tag{9.23}$$

式中，新的抽样所用的概率密度函数 $p_V(\boldsymbol{v})$ 可称为**重要抽样概率密度函数** (probability density function of importance sampling, biasing probability density function)。

选用 $p_V(\boldsymbol{v})$ 进行抽样，可能改变原抽样的重要区域，增加样本点落入失效域的机会，但若使绝大部分样本点落入失效域内也对求解不利。作为一种直观想法，可以将抽样中心取在失效域内对结构失效概率贡献最大的点 $\boldsymbol{v}^*$，即**最可能失效点** (most probable failure point, most probable point)[70]。$\boldsymbol{v}^*$ 可以通过求解以下约束优化问题得到:

$$\begin{aligned}&\max\quad f_X(\boldsymbol{v})\\&\mathrm{s.t.}\quad g_X(\boldsymbol{v})=0\end{aligned} \tag{9.24}$$

当功能函数 $Z=g_X(\boldsymbol{X})$ 为线性函数且 $\boldsymbol{X}$ 为正态随机变量，最大可能点就是设计点 $\boldsymbol{x}^*$。若功能函数在抽样中心处的非线性程度不很高，则由 $p_V(\boldsymbol{v})$ 抽取的样本点落入失效域和可靠域的概率大约各为 0.5。

若用 $p_V(\boldsymbol{v})$ 对 $\boldsymbol{V}$ 抽样，得到样本 $\boldsymbol{v}_i=(v_{i1},v_{i2},\ldots,v_{in})^{\top}$ $(i=1,2,\ldots,N)$，则 p_{f} 的无偏估计值为

$$\hat{p}_{\mathrm{f}}=\frac{1}{N}\sum_{i=1}^{N}\frac{\mathrm{I}[g_X(\boldsymbol{v}_i)]f_X(\boldsymbol{v}_i)}{p_V(\boldsymbol{v}_i)} \tag{9.25}$$

令 $h_V(\boldsymbol{v}) = \mathrm{I}[g_X(\boldsymbol{v})]f_X(\boldsymbol{v})/p_V(\boldsymbol{v})$，$h_V(\boldsymbol{v}_i)$ $(i = 1, 2, \ldots, N)$ 为从总体 $h_V(\boldsymbol{v})$ 得到的样本值，由式(9.25)知 $\hat{p}_\mathrm{f}$ 为样本均值，则根据数理统计理论，无论 $h_V(\boldsymbol{v})$ 服从何种分布，都有 $\mu_{\hat{p}_\mathrm{f}} = \mu_{h_V(\boldsymbol{v})}$，$\sigma^2_{\hat{p}_\mathrm{f}} = \sigma^2_{h_V(\boldsymbol{v})}/N$。因此，$\hat{p}_\mathrm{f}$ 的方差为

$$\begin{aligned}\sigma^2_{\hat{p}_\mathrm{f}} &= \frac{\sigma^2_{h_V(\boldsymbol{v})}}{N} = \frac{1}{N}\mathrm{E}\left\{\frac{\mathrm{I}[g_X(\boldsymbol{v})]f^2_X(\boldsymbol{v})}{p^2_V(\boldsymbol{v})}\right\} - \frac{1}{N}p^2_\mathrm{f} \\ &= \frac{1}{N}\int_{\mathbb{R}^n}\frac{\mathrm{I}[g_X(\boldsymbol{v})]f^2_X(\boldsymbol{v})}{p_V(\boldsymbol{v})}\,\mathrm{d}\boldsymbol{v} - \frac{1}{N}p^2_\mathrm{f}\end{aligned} \tag{9.26}$$

与式(9.14)相比，适当选取 $p_V(\boldsymbol{v})$ 可减缩方差 $\sigma^2_{\hat{p}_\mathrm{f}}$。$p_V(\boldsymbol{v})$ 的具体形式可取成与 $f_X(\boldsymbol{v})$ 相同的形式，或取为正态分布概率密度函数。$p_V(\boldsymbol{v})$ 的基本变量 $\boldsymbol{V}$ 的各分量为相互独立的正态随机变量，$\boldsymbol{V}$ 的方差可取对应的原随机变量 $\boldsymbol{X}$ 的方差的 $1 \sim 2$ 倍，$\boldsymbol{V}$ 的均值取成最大可能点 $\boldsymbol{v}^*$ 或一次二阶矩方法得到的设计点 $\boldsymbol{x}^*$。

比较式(9.10)和式(9.23)，可见重要性抽样比一般抽样的被积函数复杂。一般地，方差减缩可能使计算函数的时间增加。一种方法的优劣并非仅由方差大小决定，当然以计算量越少越好。

例 9.8　结构的极限状态方程为 $Z = R - G - Q = 0$，其中 R、G 和 Q 分别服从对数正态、正态和极值 I 型分布，其均值和变异系数分别为 $\mu_R = 319.52$，$V_R = 0.17$；$\mu_G = 53$，$V_G = 0.07$；$\mu_Q = 70$，$V_Q = 0.29$。用重要抽样 Monte Carlo 方法估算结构的失效概率。

解　利用重要抽样 Monte Carlo 方法时，抽样中心选在用一次二阶矩方法，如 JC 法计算得到的设计点 $\boldsymbol{x}^* = (r^*, g^*, q^*)^\top$。为此，计算功能函数的梯度为 $\nabla g(R, G, Q) = (1, -1, -1)^\top$。

当 $\boldsymbol{X}$ 的各变量 X_i 之间相互独立时，由式(9.25)，得

$$\hat{p}_\mathrm{f} = \frac{1}{N}\sum_{i=1}^{N}\mathrm{I}[g_X(\boldsymbol{v}_i)]\prod_{j=1}^{n}\frac{f_{X_j}(v_{ij})}{p_{V_j}(v_{ij})} \tag{9.27}$$

在本例中，$p_{V_j}(v)$ 取正态分布的概率密度函数，即

$$p_{V_j}(v) = \frac{1}{\sigma_{V_j}}\varphi\left(\frac{v - \mu_{V_j}}{\sigma_{V_j}}\right), \quad j = 1, 2, \ldots, n$$

$\boldsymbol{V}$ 的均值和标准差可分别取成 $\boldsymbol{\mu}_V = \boldsymbol{x}^*$，$\boldsymbol{\sigma}_V = \boldsymbol{\sigma}_X$。

计算程序见清单 9.10。

清单 9.10 例 9.8 的重要抽样 Monte Carlo 方法程序

```
clear; clc;
muX = [319.52;53;70]; cvX = [0.17;0.07;0.29];
sigmaX = cvX.*muX;
sLn = sqrt(log(1+cvX(1)^2)); mLn = log(muX(1))-sLn^2/2;
aEv = sqrt(6)*sigmaX(3)/pi; uEv = -psi(1)*aEv-muX(3);
muX1 = muX; sigmaX1 = sigmaX;    % JC method
x = muX; x0 = repmat(eps,length(muX),1);
while norm(x-x0)/norm(x0) > 1e-6
    x0 = x;
    g = x(1)-x(2)-x(3);
    gX = [1;-1;-1];
    cdfX = [logncdf(x(1),mLn,sLn);1-evcdf(-x(3),uEv,aEv)];
    pdfX = [lognpdf(x(1),mLn,sLn);evpdf(-x(3),uEv,aEv)];
    nc = norminv(cdfX);
    sigmaX1(1:2:3) = normpdf(nc)./pdfX;
    muX1(1:2:3) = [x(1:2:3)-nc.*sigmaX1(1:2:3)];
    gs = gX.*sigmaX1;
    alphaX = -gs/norm(gs);
    bbeta = (g+gX.'*(muX1-x))/norm(gs);
    x = muX1+bbeta*sigmaX1.*alphaX;
end
pF1 = normcdf(-bbeta)
nD = length(muX); % importance sampling
nS = 1e8; nS1 = 1e6; nF = 0;
for m = 1:nS/nS1
    for k = 1:nD, v(:,k) = normrnd(x(k),sigmaX(k),nS1,1); end
    g = v(:,1)-v(:,2)-v(:,3);
    fp = lognpdf(v(:,1),mLn,sLn).*...
        normpdf(v(:,2),muX(2),sigmaX(2)).*...
        evpdf(-v(:,3),uEv,aEv);
    for k = 1:nD, fp = fp./normpdf(v(:,k),x(k),sigmaX(k)); end
```

```
    nF = nF+sum(fp(find(g<0)));
end
pF2 = nF/nS
```

程序运行结果为：由一次二阶矩方法得失效概率 $p_{\mathrm{f}} = 1.0974 \times 10^{-4}$，用重要抽样 Monte Carlo 方法得 $\hat{p}_{\mathrm{f}} = 1.1191 \times 10^{-4}$。 □

现在进一步考察式(9.26)。将 $\boldsymbol{X}$ 变换为独立标准正态变量 $\boldsymbol{Y}$，则该式中的 $g_X(\boldsymbol{v})$ 和 $f_X(\boldsymbol{v})$ 分别以 $g_Y(\boldsymbol{v})$ 和 $\varphi_n(\boldsymbol{v}) = \prod_{i=1}^n \varphi(v_i)$ 代替，$p_V(\boldsymbol{v})$ 取为 $\varphi_n(\boldsymbol{v} - \boldsymbol{y}^*) = \prod_{i=1}^n \varphi(v_i - y_i^*)$，式(9.26)成为

$$
\begin{aligned}
\sigma_{\hat{p}_{\mathrm{f}}}^2 &= \frac{1}{N}\int_{\mathbb{R}^n} \frac{\mathrm{I}[g_Y(\boldsymbol{v})]\varphi_n^2(\boldsymbol{v})}{\varphi_n(\boldsymbol{v}-\boldsymbol{y}^*)}\,\mathrm{d}\boldsymbol{v} - \frac{1}{N}p_{\mathrm{f}}^2 \\
&= \frac{1}{N}\int_{\mathbb{R}^n} \frac{\mathrm{I}[g_Y(\boldsymbol{v})]}{(2\pi)^{n/2}} \exp\left[-\boldsymbol{v}^{\top}\boldsymbol{v} + \frac{1}{2}(\boldsymbol{v}-\boldsymbol{y}^*)^{\top}(\boldsymbol{v}-\boldsymbol{y}^*)\right]\mathrm{d}\boldsymbol{v} - \frac{p_{\mathrm{f}}^2}{N} \\
&= \frac{1}{N}\int_{\mathbb{R}^n} \frac{\mathrm{I}[g_Y(\boldsymbol{v})]\exp(\beta^2)}{(2\pi)^{n/2}} \exp\left[-\frac{1}{2}(\boldsymbol{v}+\boldsymbol{y}^*)^{\top}(\boldsymbol{v}+\boldsymbol{y}^*)\right]\mathrm{d}\boldsymbol{v} - \frac{p_{\mathrm{f}}^2}{N} \\
&= \frac{1}{N}\left[\exp(\beta^2)w(\boldsymbol{y}^*) - p_{\mathrm{f}}^2\right]
\end{aligned} \tag{9.28}
$$

式中，$\beta = \sqrt{\boldsymbol{y}^{*\top}\boldsymbol{y}^*}$ 为结构的可靠指标，而

$$
w(\boldsymbol{y}^*) = \int_{\mathbb{R}^n} \mathrm{I}[g_Y(\boldsymbol{v})]\varphi_n(\boldsymbol{v}+\boldsymbol{y}^*)\,\mathrm{d}\boldsymbol{v} = \int_{\mathbb{R}^n} \mathrm{I}[g_Y(\boldsymbol{u}-\boldsymbol{y}^*)]\varphi_n(\boldsymbol{u})\,\mathrm{d}\boldsymbol{u} \tag{9.29}
$$

比较式(9.10)知，式(9.29)为以 $g_Y(\boldsymbol{u} - \boldsymbol{y}^*)$ 作为功能函数的可靠度分析问题，其中 $\boldsymbol{U}$ 为独立标准正态随机变量。

在 $\boldsymbol{Y} \sim \mathrm{N}(\boldsymbol{0}, \boldsymbol{1})$ 空间的坐标系中，结构的功能函数为 $g_Y(\boldsymbol{v})$，设计点为 $\boldsymbol{y}^*$，可靠指标为 β。在 $\boldsymbol{U} \sim \mathrm{N}(\boldsymbol{0}, \boldsymbol{1})$ 空间的坐标系中，结构的功能函数为 $g_Y(\boldsymbol{u} - \boldsymbol{y}^*)$，设计点 $\boldsymbol{u}^* - \boldsymbol{y}^* = \boldsymbol{y}^*$，即 $\boldsymbol{u}^* = 2\boldsymbol{y}^*$，可靠指标为 $\sqrt{\boldsymbol{u}^{*\top}\boldsymbol{u}^*} = 2\beta$。因此，式(9.29)的一阶近似为

$$
w(\boldsymbol{y}^*) = \Phi(-2\beta) \tag{9.30}
$$

既然已经得到功能函数 $g_Y(\boldsymbol{v})$ 一阶近似的设计点 $2\boldsymbol{y}^*$ 和可靠指标 2β，则利用式(4.15)可得 $w(\boldsymbol{y}^*)$ 的二阶近似值，只要注意作相应的替换即可。

将式(9.30)代入式(9.28)，可得 $\hat{p}_{\mathrm{f}}$ 的方差 $\sigma_{\hat{p}_{\mathrm{f}}}^2$ 的近似表达式，进而可得 $\hat{p}_{\mathrm{f}}$ 的变异系数为

$$V_{\hat{p}_\mathrm{f}} = \frac{\sigma_{\hat{p}_\mathrm{f}}}{\mu_{\hat{p}_\mathrm{f}}} = \sqrt{\frac{\Phi(-2\beta)\exp(\beta^2) - p_\mathrm{f}^2}{N p_\mathrm{f}^2}} \tag{9.31}$$

式(9.31)中 p_f 可近似取一次二阶矩方法或二次二阶矩方法的解。若 p_f 近似取一次二阶矩方法的解，则该式成为

$$V_{\hat{p}_\mathrm{f}} = \sqrt{\frac{\Phi(-2\beta)\exp(\beta^2) - \Phi^2(-\beta)}{N\Phi^2(-\beta)}} \tag{9.32}$$

由式(9.32)可以确定在一定的模拟次数 N 时的模拟精度 $V_{\hat{p}_\mathrm{f}}$，或者当指定模拟精度 $V_{\hat{p}_\mathrm{f}}$ 后所需的模拟次数 N。N 值在实际模拟时还与具体的问题有关，可将由式(9.32)给出的 N 作为一个下限使用。

当抽样中心按式(9.24)确定，或重要抽样函数 $p_V(\boldsymbol{v})$ 取成与 $f_X(\boldsymbol{v})$ 相同的形式，式(9.32)也可作为参考，一般情况下相差不大。

对于线性功能函数及随机变量服从正态分布的情形，$p_\mathrm{f} = \Phi(-\beta)$ 为准确值，式(9.32)精确成立。设达到相同的模拟精度 $V_{\hat{p}_\mathrm{f}}$，直接抽样方法和重要抽样方法所需模拟的次数分别为 N_1 和 N_2，将式(9.15)和式(9.32)相比，得 $N_1/N_2 = \Phi(-\beta) - \Phi^2(-\beta)/[\Phi(-2\beta)\exp(\beta^2) - \Phi^2(-\beta)]$。当 $\beta = 0$ 时，两种方法的抽样中心相同，故 $N_1 = N_2$。当 $\beta = 0.5, 1.0, 1.5, 2.0, 2.5, 3.0, 3.5, 4.0, 4.5$ 时，N_1/N_2=1.97, 3.64, 7.47, 18.35, 56.14, 218.41, 1 090.16, 6 999.03, 57 819.88。可见随着 β 的增大，直接抽样方法的抽样中心远离重要区域，比值 N_1/N_2 迅速增长。

例 9.9 结构的极限状态方程为 $Z = g(\boldsymbol{X}) = X_2X_3X_4 - X_3^2X_4^2X_5/(X_6X_7) - X_1 = 0$，$X_1$ 至 X_7 均服从正态分布，均值 $\boldsymbol{\mu}_X = (0.01, 0.3, 360, 2.26\times10^{-4}, 0.5, 0.12, 40)^\top$，变异系数 $\boldsymbol{V}_X = (0.30, 0.05, 0.10, 0.05, 0.10, 0.05, 0.15)^\top$。试分别用直接抽样方法和重要抽样方法计算结构的失效概率。

解 直接抽样 Monte Carlo 方法计算程序见清单 9.11。

清单 9.11 例 9.9 的直接抽样 Monte Carlo 方法程序

```
clear; clc;
muX = [0.01;0.3;360;226e-6;0.5;0.12;40];
cvX = [0.3;0.05;0.1;0.05;0.1;0.05;0.15];
sigmaX = cvX.*muX;
nS = 1e7; nS1 = 1e6; nF = 0;
nD = length(muX);
```

```
for m = 1:nS/nS1
    for k = 1:nD, x(:,k) = normrnd(muX(k),sigmaX(k),nS,1); end
    g = x(:,2).*x(:,3).*x(:,4)-...
        x(:,5).*x(:,3).^2.*x(:,4).^2./x(:,6)./x(:,7)-x(:,1);
    nF = nF+length(find(g<0));
end
pF = nF/nS
```

在重要抽样 Monte Carlo 方法中先用一次二阶矩方法求得设计点 $\boldsymbol{x}^*$。为此，计算功能函数的梯度如下：

$$\nabla g(\boldsymbol{X}) = \left(-1, X_3X_4, X_2X_4 - \frac{2X_3X_4^2X_5}{X_6X_7}, X_2X_3 - \frac{2X_3^2X_4X_5}{X_6X_7},\right.$$
$$\left. -\frac{X_3^2X_4^2}{X_6X_7}, \frac{X_3^2X_4^2X_5}{X_6^2X_7}, \frac{X_3^2X_4^2X_5}{X_6X_7^2}\right)^{\top}$$

结构失效概率的估算式为式(9.27)。重要抽样函数 $p_V(\boldsymbol{v})$ 以及 $\boldsymbol{V}$ 的均值和标准差的取法与例 9.8 相同。

重要抽样 Monte Carlo 方法计算程序见清单 9.12。

清单 9.12　例 9.9 的重要抽样 Monte Carlo 方法程序

```
clear; clc;
muX = [0.01;0.3;360;226e-6;0.5;0.12;40];
cvX = [0.3;0.05;0.1;0.05;0.1;0.05;0.15];
sigmaX = cvX.*muX;
x = muX; x0 = repmat(eps,length(muX),1);     % FORM
while norm(x-x0)/norm(x0) > 1e-6
    x0 = x;
    s = x(3)*x(4); t = s*x(5)/x(6)/x(7);
    g = x(2)*s-s*t-x(1);
    gX = [-1;s;[x(4);x(3)]*(x(2)-2*t);-s^2/x(6)/x(7);...
        s*t./[x(6);x(7)]];
    gs = gX.*sigmaX;
    alphaX = -gs/norm(gs);
    bbeta = (g+gX.'*(muX-x))/norm(gs)
```

```
    x = muX+bbeta*sigmaX.*alphaX;
end
pF1 = normcdf(-bbeta)
nD = length(muX); % importance sampling
nS = 1e7; nS1 = 1e6; nF = 0; fp = 1;
for m = 1:nS/nS1
    for k = 1:nD, v(:,k) = normrnd(x(k),sigmaX(k),nS,1); end
    g = v(:,2).*v(:,3).*v(:,4)-...
        v(:,3).^2.*v(:,4).^2.*v(:,5)./v(:,6)./v(:,7)-v(:,1);
    for k = 1:nD
        fp = fp.*normpdf(v(:,k),muX(k),sigmaX(k))./...
            normpdf(v(:,k),x(k),sigmaX(k));
    end
    nF = nF+sum(fp(find(g<0))); fp = 1;
end
pF2 = nF/nS
```

清单 9.11 的直接抽样 Monte Carlo 方法程序运行结果为：失效概率 $\hat{p}_{\mathrm{f}} = 3.3978 \times 10^{-3}$。

清单 9.12 的重要抽样 Monte Carlo 方法程序运行结果如下：

一次二阶矩方法：失效概率 $p_{\mathrm{f}} = 3.2113 \times 10^{-4}$，可靠指标 $\beta = 3.4131$。

重要抽样 Monte Carlo 方法：$\hat{p}_{\mathrm{f}} = 3.3880 \times 10^{-3}$。

对于直接抽样 Monte Carlo 方法，失效概率 p_{f} 取 0.003，根据式(9.13)和式(9.15)，使 $\hat{p}_{\mathrm{f}}$ 的误差 95% 机会小于 10% 的模拟次数 $N_1 = 127\,665$，95% 机会小于 5% 的模拟次数 $N_1 = 510\,658$。

对于重要抽样 Monte Carlo 方法，失效概率 p_{f} 取 0.003，相应可靠指标 $\beta = -\Phi^{-1}(0.003)$，根据式(9.13)和(9.31)，使 $\hat{p}_{\mathrm{f}}$ 的误差 95% 机会小于 10% 的模拟次数 $N_2 = 1\,197$，95% 机会小于 5% 的模拟次数 $N_2 = 4\,785$。 □

用重要抽样方法模拟结构体系的可靠度时，所不同的是应注意到结构体系的可靠度问题涉及多个功能函数，重要抽样区域则可能不止一个。

对于串联结构体系，由式(8.7)和图 8.2 可知，对应于每个极限状态面，都有一个最大可能点或设计点及其临近的重要区域，都应选作抽样中心。考虑到各失效模式对体系失效概率的贡献不同，在进行抽样时可根据不同重要区域对体系失效概率贡献大小来分配抽样次数。设串联结构体系的失效模式有 m 个，第 i 个失效模式对应的功能函数为 $Z_i = g_{Xi}(\boldsymbol{X})$，失效概率为 $p_{\mathrm{f}i}$，可靠指标为 β_i，则以其设计点 $\boldsymbol{x}_i^*$ 为抽样中心进行抽样时分配的抽样次数为

$$N_i = \left\lceil \frac{p_{\mathrm{f}i} N}{\sum\limits_{i=1}^{m} p_{\mathrm{f}i}} \right\rceil = \left\lceil \frac{\Phi(-\beta_i) N}{\sum\limits_{i=1}^{m} \Phi(-\beta_i)} \right\rceil \tag{9.33}$$

式中，$\lceil \cdot \rceil$ 表示上取整函数 (ceiling function)，$\lceil x \rceil$ 为不小于 x 的最小整数。

串联结构体系多个抽样中心要求重要抽样概率密度函数 $p_V(\boldsymbol{v})$ 是具有多个极值点的多峰函数。设以第 i 个设计点 $\boldsymbol{x}_i^*$ 为抽样中心的概率密度函数为 $p_{Vi}(\boldsymbol{v})$，$p_V(\boldsymbol{v})$ 可表示为

$$p_V(\boldsymbol{v}) = \frac{1}{m} \sum_{i=1}^{m} p_{Vi}(\boldsymbol{v}) \tag{9.34}$$

由式(9.23)，得

$$\begin{aligned} p_{\mathrm{f}} &= \int_{\mathbb{R}^n} \frac{\mathrm{I}[g_X(\boldsymbol{v})] f_X(\boldsymbol{v})}{\frac{1}{m} \sum\limits_{j=1}^{m} p_{Vj}(\boldsymbol{v})} \frac{1}{m} \sum_{i=1}^{m} p_{Vi}(\boldsymbol{v}) \, \mathrm{d}\boldsymbol{v} \\ &= \sum_{i=1}^{m} \int_{\mathbb{R}^n} \frac{\mathrm{I}[g_X(\boldsymbol{v})] f_X(\boldsymbol{v})}{\sum\limits_{j=1}^{m} p_{Vj}(\boldsymbol{v})} p_{Vi}(\boldsymbol{v}) \, \mathrm{d}\boldsymbol{v} \end{aligned} \tag{9.35}$$

以 $p_{Vi}(\boldsymbol{v})$ 对 $\boldsymbol{V}$ 作 N_i 次抽样，其中第 j 个样本为 $\boldsymbol{v}_j^{(i)} = (v_{j1}^{(i)}, v_{j2}^{(i)}, \ldots, v_{jn}^{(i)})^\top$，由(9.25)，得串联结构体系失效概率 p_{f} 的估计值

$$\hat{p}_{\mathrm{f}} = \sum_{i=1}^{m} \frac{1}{N_i} \sum_{j=1}^{N_i} \frac{\mathrm{I}[g_X(\boldsymbol{v}_j^{(i)})] f_X(\boldsymbol{v}_j^{(i)})}{\sum\limits_{k=1}^{m} p_{Vk}(\boldsymbol{v}_j^{(i)})} = \sum_{i=1}^{m} \hat{p}_{\mathrm{f}i} \tag{9.36}$$

其中示性函数由式(9.16)给出。

对于并联结构体系，由式(8.8)和图 8.3，重要区域只有一个，就是并联结构体系联合设计点及其邻近区域，只需将联合设计点作为抽样中心即可。联合设计点由式(8.19)决定，示性函数由式(9.17)给出。

例 9.10　受竖向集中荷载 P 作用的两杆桁架如图 9.1 所示。两杆的轴向

承载力 R_1 和 R_2 均服从对数正态分布，其均值和变异系数分别为 $\mu_{R_1}=85\,\mathrm{kN}$，$V_{R_1}=0.15$；$\mu_{R_2}=75\,\mathrm{kN}$，$V_{R_2}=0.15$。$P$ 服从极值 I 型分布，其均值 $\mu_P=35\,\mathrm{kN}$，变异系数 $V_P=0.3$。用重要抽样 Monte Carlo 方法估计此桁架的失效概率。

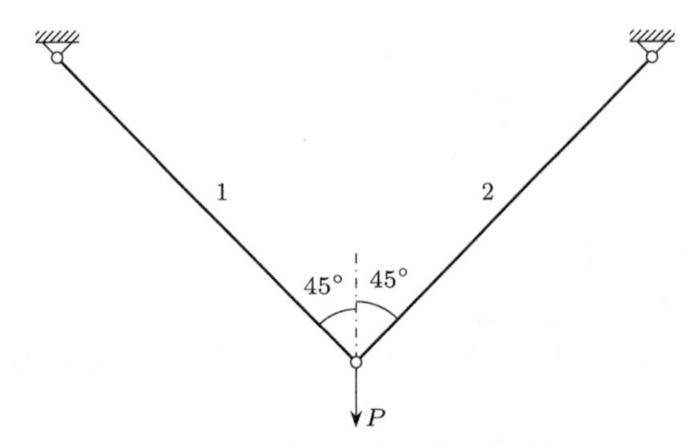

图 9.1　受集中力作用的两杆桁架

解　每根杆失效都会使桁架失效，因此该桁架为串联结构体系。很容易写出此结构体系的两个功能函数分别为 $Z_i=R_i-P/\sqrt{2}\ (i=1,2)$，它们均为线性形式，可写成 $Z_i=\boldsymbol{a}_i^{\top}\boldsymbol{X}\ (i=1,2)$，其中 $\boldsymbol{a}_i$ 为系数向量，$\boldsymbol{X}=(R_1,R_2,P)^{\top}$。

首先利用一次二阶矩方法，如 JC 法得到相应于功能函数 $Z_i\ (i=1,2)$ 的失效概率 $p_{\mathrm{f}i}$ 及设计点 $\boldsymbol{x}_i^*$。为此计算功能函数的梯度为 $\nabla g_{Xi}(\boldsymbol{X})=\boldsymbol{a}_i\ (i=1,2)$。

利用一次二阶矩方法的 $p_{\mathrm{f}1}$ 和 $p_{\mathrm{f}2}$，根据式(9.33)估算串联结构体系每个失效模态所需的模拟次数。

以式(9.36)估算串联结构体系的失效概率，其中当 $\boldsymbol{X}$ 为独立随机变量时，各失效模式的失效概率的估计值

$$\hat{p}_{\mathrm{f}i}=\frac{1}{N_i}\sum_{j=1}^{N_i}\frac{\mathrm{I}[g_X(\boldsymbol{v}_j^{(i)})]\prod\limits_{l=1}^{n}f_{X_l}(v_{jl}^{(i)})}{\sum\limits_{k=1}^{m}\prod\limits_{l=1}^{n}p_{V_lk}(v_{jl}^{(i)})},\quad i=1,2,\dots,m \tag{9.37}$$

在本例中，$p_{V_lk}(v)$ 取正态分布的概率密度函数，即

$$p_{V_lk}(v)=\frac{1}{\sigma_{V_lk}}\varphi\left(\frac{v-\mu_{V_lk}}{\sigma_{V_lk}}\right),\quad l=1,2,\dots,n;\ k=1,2,\dots,m$$

式中，对于第 k 个失效模式，$\boldsymbol{V}$ 的均值和标准差可分别取成 $\boldsymbol{\mu}_{Vk}=\boldsymbol{x}_k^*$，$\boldsymbol{\sigma}_{Vk}=\boldsymbol{\sigma}_X$。

重要抽样 Monte Carlo 方法计算程序见清单 9.13。

清单 9.13　例 9.10 两杆桁架的重要抽样 Monte Carlo 方法程序

```
clear; clc;
m = 2;
muX = [85;75;35];
cvX = [0.15;0.15;0.3];
sigmaX = cvX.*muX;
sLn = sqrt(log(1+cvX(1:2).^2)); mLn = log(muX(1:2))-sLn.^2/2;
aEv = sqrt(6)*sigmaX(3)/pi; uEv = -psi(1)*aEv-muX(3);
muX1 = muX; sigmaX1 = sigmaX;    % FORM
a = [1,0,-1/sqrt(2);0,1,-1/sqrt(2)];
for k = 1:m
    x = muX; x0 = repmat(eps,length(muX),1);
    while norm(x-x0)/norm(x0) > 1e-6
        x0 = x;
        g = a(k,:)*x;
        gX = a(k,:).';
        cdfX = [logncdf(x(1:2),mLn,sLn);1-evcdf(-x(3),uEv,aEv)];
        pdfX = [lognpdf(x(1:2),mLn,sLn);evpdf(-x(3),uEv,aEv)];
        nc = norminv(cdfX);
        sigmaX1 = normpdf(nc)./pdfX;
        muX1 = x-nc.*sigmaX1;
        gs = gX.*sigmaX1; alphaX = -gs/norm(gs);
        bbeta = (g+gX.'*(muX1-x))/norm(gs);
        x = muX1+bbeta*sigmaX1.*alphaX;
    end
    xD(:,k) = x;
    pFL(k) = normcdf(-bbeta);
end
nS = 1e7;    % importance sampling
nD = length(muX);
nSi = ceil(pFL/sum(pFL)*nS);
for l = 1:m
```

```
    for k = 1:nD
        v(:,k) = normrnd(xD(k,l),sigmaX(k),nSi(l),1);
    end
    g = min(v(:,1:2),[],2)-v(:,3)/sqrt(2);
    fp = lognpdf(v(:,1),mLn(1),sLn(1)).*...
        lognpdf(v(:,2),mLn(2),sLn(2)).*evpdf(-v(:,3),uEv,aEv);
    pvi(1:nSi(l),1:m) = 1;
    for k1 = 1:m, for k = 1:nD
        pvi(:,k1) = pvi(:,k1).*normpdf(v(:,k),xD(k,k1),sigmaX(k));
    end, end
    fp = fp./sum(pvi,2); clear v pvi;
    nFi = sum(fp(find(g<0)));
    pFi(l) = nFi/nSi(l);
end
pF = sum(pFi)
```

程序运行结果为：失效概率 $\hat{p}_{\mathrm{f}} = 4.8459 \times 10^{-4}$。

9.4 基于一次和二次可靠度的重要抽样 Monte Carlo 方法

重要抽样方法在一般抽样方法基础上所作的唯一改进是将抽样中心置于对结构失效概率贡献最大的重要区域。下面的方法则是保证在重要区域抽样的同时，能够考虑到极限状态面的形状[71,72]。

将基本随机变量 $\boldsymbol{X}$ 空间变换到独立标准正态随机变量 $\boldsymbol{Y}$ 空间，结构的功能函数由 $Z = g_X(\boldsymbol{X})$ 变成 $Z = g_Y(\boldsymbol{Y})$，由式(2.10)，结构失效概率表达式为

$$p_{\mathrm{f}} = \int_{g_Y(\boldsymbol{Y}) \leq 0} \varphi_n(\boldsymbol{y})\,\mathrm{d}\boldsymbol{y} \tag{9.38}$$

由一次二阶矩方法可求得结构的可靠指标 β 和设计点 $\boldsymbol{y}^*$，同时可得到极限状态面在 $\boldsymbol{y}^*$ 处的单位梯度向量，即灵敏度向量 $\boldsymbol{\alpha}_Y$，由式(4.3)确定。用 $\boldsymbol{\alpha}_Y$ 构造一正交矩阵 $\boldsymbol{H} = [\boldsymbol{h}_1 \quad \boldsymbol{h}_2 \quad \cdots \quad \boldsymbol{h}_{n-1} \quad \boldsymbol{\alpha}_Y]$，$\boldsymbol{H}^{\top}\boldsymbol{H} = \boldsymbol{I}_n$，作 $\boldsymbol{Y}$ 空间到另一标准正态变量 $\boldsymbol{U}$ 空间的旋转变换，即

$$\boldsymbol{Y} = \boldsymbol{H}\boldsymbol{U} = \tilde{\boldsymbol{H}}\tilde{\boldsymbol{U}} + U_n \boldsymbol{\alpha}_Y \tag{9.39}$$

式中，$\tilde{\boldsymbol{H}} = [\boldsymbol{h}_1 \quad \boldsymbol{h}_2 \quad \cdots \quad \boldsymbol{h}_{n-1}]$，$\tilde{\boldsymbol{U}} = (U_1, U_2, \ldots, U_{n-1})^\top$。

$\boldsymbol{U}$ 空间中的设计点为 $\boldsymbol{u}^* = \boldsymbol{H}^\top \boldsymbol{y}^*$，功能函数为 $Z = g_U(\boldsymbol{U}) = h_{\tilde{U}}(\tilde{\boldsymbol{u}}) - U_n$，极限状态面 $g_U(\boldsymbol{U}) = 0$ 在 $\boldsymbol{u}^*$ 处与 U_n 轴正交，且 U_n 轴的正向指向失效域。由 $Z = g_Y(\boldsymbol{Y}) \leq 0$ 可知失效域中的 $\boldsymbol{U}$ 须满足下面的关系：

$$U_n = U_n(\tilde{\boldsymbol{U}}) \geq h_{\tilde{U}}(\tilde{\boldsymbol{U}}) \tag{9.40}$$

在 $\boldsymbol{U}$ 空间中，式(9.38)变为

$$\begin{aligned} p_\mathrm{f} &= \int_{g_U(\boldsymbol{u}) \leq 0} \varphi_n(\boldsymbol{u})\,\mathrm{d}\boldsymbol{u} = \int_{\mathbb{R}^{n-1}} \{1 - \Phi[h_{\tilde{U}}(\tilde{\boldsymbol{u}})]\}\,\varphi_{n-1}(\tilde{\boldsymbol{u}})\,\mathrm{d}\tilde{\boldsymbol{u}} \\ &= \int_{\mathbb{R}^{n-1}} \Phi[-h_{\tilde{U}}(\tilde{\boldsymbol{u}})]\varphi_{n-1}(\tilde{\boldsymbol{u}})\,\mathrm{d}\tilde{\boldsymbol{u}} = \mathrm{E}\{\Phi[-h_{\tilde{U}}(\tilde{\boldsymbol{U}})]\} \end{aligned} \tag{9.41}$$

对标准正态随机变量 $\tilde{\boldsymbol{U}}$ 进行抽样，得到样本 $\tilde{\boldsymbol{u}}_i$ $(i = 1, 2, \ldots, N)$，则由式(9.41)得 p_f 的无偏估计值为

$$\hat{p}_\mathrm{f} = \frac{1}{N} \sum_{i=1}^{N} \Phi\left[-h_{\tilde{U}}(\tilde{\boldsymbol{u}}_i)\right] \tag{9.42}$$

注意到在设计点 $\boldsymbol{u}^* = (\tilde{\boldsymbol{u}}^{*\top}, u_n^*)^\top$ 处，$h_{\tilde{U}}(\tilde{\boldsymbol{u}}^*) = u_n^* = \beta$，式(9.42)是以 $\tilde{\boldsymbol{u}}^*$ 为抽样中心，按与一次结果 $p_\mathrm{fL} = \Phi(-\beta)$ 同样的方式得出的各抽样点处“失效概率”的平均值，避免了一次二阶矩方法计算结果可能的不准确性，是对一次二阶矩方法结果的改进。

利用重要抽样 Monte Carlo 方法改进结构的一次可靠度可以通过以下步骤来实现：

(1) 计算 $\boldsymbol{\alpha}_Y$，利用一次二阶矩方法。

(2) 确定 $\boldsymbol{H}$，采用正交规范化处理技术（如 Gram-Schmidt 正交化方法）。

(3) 随机抽样得样本 $\tilde{\boldsymbol{u}}_i$ $(i = 1, 2, \ldots, N)$。

(4) 计算 u_{ni} $(i = 1, 2, \ldots, N)$，通过解方程 $g_Y(\boldsymbol{y}_i) = g_Y(\tilde{\boldsymbol{H}}\tilde{\boldsymbol{u}}_i + u_{ni}\boldsymbol{\alpha}_Y) = 0$ $(i = 1, 2, \ldots, N)$。

(5) 计算 $\hat{p}_\mathrm{f}$，利用式(9.42) $(h_{\tilde{U}}(\tilde{\boldsymbol{u}}_i) \to u_{ni})$。

例 9.11 用重要抽样 Monte Carlo 方法改进例 4.1 中结构的一次失效概率。

解 计算程序见清单 9.14。

清单 9.14 例 9.11 的用重要抽样 Monte Carlo 方法改进一次可靠度的程序

```
clear; clc;
muX = [1;20;48]; sigmaX = [0.16;2;3];
sLn = sqrt(log(1+(sigmaX(1)/muX(1))^2)); mLn = log(muX(1))-sLn^2/2;
aEv = sigmaX(2)*sqrt(6)/pi; uEv = -psi(1)*aEv-muX(2);
t = 1+(sigmaX(3)/muX(3))^2;
s = fsolve(@(r)gamma(1+2*r)./gamma(1+r).^2-t,1,...
    optimset('TolFun',0));
eWb = muX(3)/gamma(1+s); mWb = 1/s;
x = muX; x0 = repmat(eps,length(muX),1);    % FORM
cdfX = [logncdf(x(1),mLn,sLn);1-evcdf(-x(2),uEv,aEv);...
    wblcdf(x(3),eWb,mWb)];
y = norminv(cdfX);
while norm(x-x0)/norm(x0) > 1e-6
    x0 = x;
    g = x(3)-sqrt(300*x(1)^2+1.92*x(2)^2);
    gX = [-300*x(1)/sqrt(300*x(1)^2+1.92*x(2)^2);...
        -1.92*x(2)/sqrt(300*x(1)^2+1.92*x(2)^2);1];
    pdfX = [lognpdf(x(1),mLn,sLn);evpdf(-x(2),uEv,aEv);...
        wblpdf(x(3),eWb,mWb)];
    xY = normpdf(y)./pdfX; gY = gX.*xY;
    alphaY = -gY/norm(gY);
    bbeta = (g-gY.'*y)/norm(gY);
    y = bbeta*alphaY;
    cdfY = normcdf(y);
    x = [logninv(cdfY(1),mLn,sLn);-evinv(1-cdfY(2),uEv,aEv);...
        wblinv(cdfY(3),eWb,mWb)];
end
h = [null(alphaY.'),alphaY];    % importance sampling
nS1 = 1e5; nS = 0; fs = 0;
nD = length(muX);
for k = 1:nS1
```

```
    uu = randn(nD-1,1); b = h(:,1:nD-1)*uu;
    fun = @(x)wblinv(normcdf(b(3)+alphaY(3)*x),eWb,mWb)-...
        sqrt(300*logninv(normcdf(b(1)+alphaY(1)*x),mLn,sLn)^2+...
        1.92*evinv(1-normcdf(b(2)+alphaY(2)*x),uEv,aEv)^2);
    [un,fv,exflg] = fsolve(fun,0.5,optimset('Display','Off'));
    if exflg == 1
        fs = fs+normcdf(-un); nS = nS+1;
    end
end
pF = fs/nS
```

程序运行结果为：失效概率 $\hat{p}_\mathrm{f} = 1.8523 \times 10^{-3}$。一次二阶矩方法的可靠指标 $\beta = 3.0845$，由此算出失效概率 $p_\mathrm{f} = 1.0195 \times 10^{-3}$。

本节的算法在每次循环中均需要求解方程。当抽样次数很多时计算时间会相当长，为了能缩短部分计算时间，程序在调试通过之后，可不再显示方程求解的过程信息。此外，程序在求解方程时可能会出现不收敛的情况，若不收敛则需要假设别的初值重试。作为一种简便措施，可以在计算抽样总数 N 时只计入求解收敛的次数。本例中每次求解方程都是收敛的。 □

下面讨论用重要抽样 Monte Carlo 方法对二次失效概率进行修正的方法。

首先需要求解式(4.9)中的 $n-1$ 阶对称正定矩阵 $\tilde{\boldsymbol{Q}} = (\boldsymbol{H}^\top \boldsymbol{Q} \boldsymbol{H})_{n-1}$ 的特征值问题 $\tilde{\boldsymbol{Q}}\boldsymbol{P} = \boldsymbol{P}\tilde{\boldsymbol{K}}$，即 $\boldsymbol{P}^\top \tilde{\boldsymbol{Q}} \boldsymbol{P} = \tilde{\boldsymbol{K}}$，其中 $\boldsymbol{Q}$ 为式(4.5)定义的规格化 Hesse 矩阵，$\boldsymbol{P}$ 的各列为 $\tilde{\boldsymbol{Q}}$ 的规格化特征向量，$\tilde{\boldsymbol{K}}$ 为包含 $\tilde{\boldsymbol{Q}}$ 的特征值 κ_i $(i = 1, 2, \ldots, n-1)$ 的对角矩阵。变换 $\tilde{\boldsymbol{U}} = \boldsymbol{P}\tilde{\boldsymbol{V}}$ 可将标准正态随机变量 $\tilde{\boldsymbol{U}}$ 变成标准正态随机变量 $\tilde{\boldsymbol{V}}$。这时极限状态方程成为 $Z = g_{\tilde{V}U_n}(\tilde{\boldsymbol{V}}, U_n) = 0$，由 $Z \le 0$ 可得到失效域中的变量须满足下面的关系：

$$U_n = U_n(\tilde{\boldsymbol{V}}) \ge h_{\tilde{V}}(\tilde{\boldsymbol{V}}) \tag{9.43}$$

式(9.41)变成

$$\begin{aligned} p_\mathrm{f} &= \int_{\mathbb{R}^{n-1}} \varPhi\left[-h_{\tilde{V}}(\tilde{\boldsymbol{v}})\right] \varphi_{n-1}(\tilde{\boldsymbol{v}})\,\mathrm{d}\tilde{\boldsymbol{v}} \\ &= \int_{\mathbb{R}^{n-1}} \frac{\varPhi[-h_{\tilde{V}}(\tilde{\boldsymbol{v}})]}{\exp\left(\dfrac{1}{2}\beta\tilde{\boldsymbol{v}}^\top \tilde{\boldsymbol{K}}\tilde{\boldsymbol{v}}\right)} \exp\left(\frac{1}{2}\beta\tilde{\boldsymbol{v}}^\top \tilde{\boldsymbol{K}}\tilde{\boldsymbol{v}}\right) \varphi_{n-1}(\tilde{\boldsymbol{v}})\,\mathrm{d}\tilde{\boldsymbol{v}} \end{aligned}$$

$$
\begin{aligned}
&= \int_{\mathbb{R}^{n-1}} \frac{\Phi[-h_{\tilde{V}}(\tilde{\boldsymbol{v}})]}{\exp\left(\frac{1}{2}\beta\tilde{\boldsymbol{v}}^\top\tilde{\boldsymbol{K}}\tilde{\boldsymbol{v}}\right)}\sqrt{\det[(\boldsymbol{I}_{n-1}-\beta\tilde{\boldsymbol{K}})^{-1}]} \\
&\quad\cdot\varphi_{n-1}[\tilde{\boldsymbol{v}},(\boldsymbol{I}_{n-1}-\beta\tilde{\boldsymbol{K}})^{-1}]\,\mathrm{d}\tilde{\boldsymbol{v}} \\
&= \frac{1}{\sqrt{\det(\boldsymbol{I}_{n-1}-\beta\tilde{\boldsymbol{K}})}}\int_{\mathbb{R}^{n-1}}\exp\left(-\frac{1}{2}\beta\tilde{\boldsymbol{v}}^\top\tilde{\boldsymbol{K}}\tilde{\boldsymbol{v}}\right)\Phi[-h_{\tilde{V}}(\tilde{\boldsymbol{v}})] \\
&\quad\cdot\varphi_{n-1}[\tilde{\boldsymbol{v}},(\boldsymbol{I}_{n-1}-\beta\tilde{\boldsymbol{K}})^{-1}]\,\mathrm{d}\tilde{\boldsymbol{v}} \\
&= \frac{1}{\sqrt{\det(\boldsymbol{I}_{n-1}-\beta\tilde{\boldsymbol{K}})}}\mathrm{E}\left\{\exp\left(-\frac{1}{2}\beta\tilde{\boldsymbol{V}}^\top\tilde{\boldsymbol{K}}\tilde{\boldsymbol{V}}\right)\Phi[-h_{\tilde{V}}(\tilde{\boldsymbol{V}})]\right\}
\end{aligned} \tag{9.44}
$$

以 $\varphi_{n-1}[\tilde{\boldsymbol{v}},(\boldsymbol{I}_{n-1}-\beta\tilde{\boldsymbol{K}})^{-1}]=\prod_{i=1}^{n-1}[\sqrt{1-\beta\kappa_i}\,\varphi(\sqrt{1-\beta\kappa_i}\,\tilde{v}_i)]$ 对 $\tilde{\boldsymbol{V}}$ 进行抽样，得样本 $\tilde{\boldsymbol{v}}_i\ (i=1,2,\ldots,N)$，则由式(9.44)得 p_f 的无偏估计值为

$$
\hat{p}_\mathrm{f}=\frac{1}{\sqrt{\det(\boldsymbol{I}_{n-1}-\beta\tilde{\boldsymbol{K}})}}\frac{1}{N}\sum_{i=1}^{N}\exp\left(-\frac{1}{2}\beta\tilde{\boldsymbol{v}}_i^\top\tilde{\boldsymbol{K}}\tilde{\boldsymbol{v}}_i\right)\Phi[-h_{\tilde{V}}(\tilde{\boldsymbol{v}}_i)] \tag{9.45}
$$

用重要抽样 Monte Carlo 方法改进二次可靠度可以通过以下步骤来实现：

(1) 计算 β，采用一次二阶矩方法。
(2) 计算 $\boldsymbol{\alpha}_Y$，利用式(4.3)。
(3) 确定 $\boldsymbol{H}$，采用正交规范化处理技术（如 Gram-Schmidt 正交化方法）。
(4) 计算 $\boldsymbol{Q}$ 进而 $\tilde{\boldsymbol{Q}}=(\boldsymbol{H}^\top\boldsymbol{Q}\boldsymbol{H})_{n-1}$，利用式(4.5)。
(5) 解 $\tilde{\boldsymbol{Q}}$ 的特征值问题 $\tilde{\boldsymbol{Q}}\boldsymbol{P}=\boldsymbol{P}\tilde{\boldsymbol{K}}$。
(6) 抽样得样本 $\tilde{\boldsymbol{v}}_i\ (i=1,2,\ldots,N)$。
(7) 计算 $u_{ni}\ (i=1,2,\ldots,N)$，通过解方程 $g_Y(\boldsymbol{y}_i)=g_Y(\tilde{\boldsymbol{H}}\tilde{\boldsymbol{P}}\tilde{\boldsymbol{v}}_i+u_{ni}\boldsymbol{\alpha}_Y)=0\ (i=1,2,\ldots,N)$。
(8) 计算 $\hat{p}_\mathrm{f}$，利用式(9.45) $(h_{\tilde{V}}(\tilde{\boldsymbol{v}}_i)\to u_{ni})$。

例 9.12 用重要抽样 Monte Carlo 方法改进例 4.1 中结构的二次失效概率。

解 计算程序见清单 9.15。

清单 9.15 例 9.12 的用重要抽样 Monte Carlo 方法改进二次可靠度的程序

```
clear; clc;
muX = [1;20;48]; sigmaX = [0.16;2;3];
sLn = sqrt(log(1+(sigmaX(1)/muX(1))^2)); mLn = log(muX(1))-sLn^2/2;
aEv = sigmaX(2)*sqrt(6)/pi; uEv = -psi(1)*aEv-muX(2);
```

```
t = 1+(sigmaX(3)/muX(3))^2;
s = fsolve(@(r)gamma(1+2*r)./gamma(1+r).^2-t,1,...
    optimset('TolFun',0));
eWb = muX(3)/gamma(1+s); mWb = 1/s;
x = muX; x0 = repmat(eps,length(muX),1);    % FORM
cdfX = [logncdf(x(1),mLn,sLn);1-evcdf(-x(2),uEv,aEv);...
    wblcdf(x(3),eWb,mWb)];
y = norminv(cdfX);
while norm(x-x0)/norm(x0) > 1e-6
    x0 = x;
    g = x(3)-sqrt(300*x(1)^2+1.92*x(2)^2);
    gX = [-300*x(1)/sqrt(300*x(1)^2+1.92*x(2)^2);...
        -1.92*x(2)/sqrt(300*x(1)^2+1.92*x(2)^2);1];
    pdfX = [lognpdf(x(1),mLn,sLn);evpdf(-x(2),uEv,aEv);...
        wblpdf(x(3),eWb,mWb)];
    xY = normpdf(y)./pdfX; gY = gX.*xY;
    alphaY = -gY/norm(gY);
    bbeta = (g-gY.'*y)/norm(gY);
    y = bbeta*alphaY;
    cdfY = normcdf(y);
    x = [logninv(cdfY(1),mLn,sLn);-evinv(1-cdfY(2),uEv,aEv);...
        wblinv(cdfY(3),eWb,mWb)];
end
nD = length(muX);    % SORM
h = [null(alphaY.'),alphaY];
gXX = [-x(2)^2,x(1)*x(2),0;x(1)*x(2),-x(1)^2,0;0,0,0]*...
    576/(300*x(1)^2+1.92*x(2)^2)^1.5;
fX = [(mLn-sLn^2-log(x(1)))/sLn^2/x(1);...
    (exp((-uEv-x(2))/aEv)-1)/aEv;...
    (mWb-1-mWb*(x(3)/eWb)^mWb)/x(3)].*pdfX;
gYY = xY*xY.'.*gXX-diag(gX.*(y.*xY+xY.^2.*fX./pdfX));
q = -gYY/norm(gY);
qt = h.'*q*h; q1 = qt(1:nD-1,1:nD-1);
```

```
[a,kappa] = eig(q1);
bk = bbeta*diag(kappa); s = 1./sqrt(1-bk);
nS1 = 1e5; nS = 0; fs = 0;     % importance sampling
for k = 1:nS1
    vv = normrnd(0,s); b = h(:,1:nD-1)*a*vv;
    fun = @(x)wblinv(normcdf(b(3)+alphaY(3)*x),eWb,mWb)-...
        sqrt(300*logninv(normcdf(b(1)+alphaY(1)*x),mLn,sLn)^2+...
        1.92*evinv(1-normcdf(b(2)+alphaY(2)*x),uEv,aEv)^2);
    [un,fv,exflg] = fsolve(fun,0.5,optimset('Display','Off'));
    if exflg == 1
        fs = fs+exp(-sum(bk.*vv.^2)/2)*normcdf(-un); nS = nS+1;
    end
end
pF = fs/nS/sqrt(prod(1-bk))
```

程序运行结果为：失效概率 $\hat{p}_{\mathrm{f}} = 1.8481 \times 10^{-3}$。

9.5 渐近重要抽样 Monte Carlo 方法

设结构的功能函数为 $Z = g_X(\boldsymbol{X})$，随机变量 $\boldsymbol{X} = (X_1, X_2, \ldots, X_n)^\top$ 的联合概率密度为 $f_X(\boldsymbol{x})$。令 $h_X(\boldsymbol{x}) = \ln f_X(\boldsymbol{x})$，则对结构失效概率贡献最大的点 $\boldsymbol{x}^*$ 由式(6.12)给出。将 $Z = g_X(\boldsymbol{X})$ 和 $h_X(\boldsymbol{X})$ 分别在 $\boldsymbol{x}^*$ 处展成 Taylor 级数并保留至二次项，即

$$Z_{\mathrm{Q}} = g_X(\boldsymbol{x}^*) + (\boldsymbol{X} - \boldsymbol{x}^*)^\top \nabla g_X(\boldsymbol{x}^*) + \frac{1}{2}(\boldsymbol{X} - \boldsymbol{x}^*)^\top \nabla^2 g_X(\boldsymbol{x}^*)(\boldsymbol{X} - \boldsymbol{x}^*) \tag{9.46}$$

$$\begin{aligned} h_X(\boldsymbol{X}) \approx\ & h_X(\boldsymbol{x}^*) + (\boldsymbol{X} - \boldsymbol{x}^*)^\top \nabla h_X(\boldsymbol{x}^*) \\ & + \frac{1}{2}(\boldsymbol{X} - \boldsymbol{x}^*)^\top \nabla^2 h_X(\boldsymbol{x}^*)(\boldsymbol{X} - \boldsymbol{x}^*) \end{aligned} \tag{9.47}$$

定义 $\boldsymbol{x}^*$ 点处的单位向量如下：

$$\boldsymbol{\alpha}_X = -\frac{\nabla g_X(\boldsymbol{x}^*)}{\|\nabla g_X(\boldsymbol{x}^*)\|} \tag{9.48}$$

根据式(6.13)，式(9.48)又可以写成

$$\boldsymbol{\alpha}_X = -\frac{\nabla h_X(\boldsymbol{x}^*)}{\|\nabla h_X(\boldsymbol{x}^*)\|} \tag{9.49}$$

对 $\boldsymbol{X}$ 作平移和旋转变换，即

$$\boldsymbol{X} = \boldsymbol{H}'\boldsymbol{Y} + \boldsymbol{x}^* \tag{9.50}$$

式中，$\boldsymbol{H}' = [\boldsymbol{h}_1' \quad \boldsymbol{h}_2' \quad \cdots \quad \boldsymbol{h}_{n-1}' \quad \boldsymbol{\alpha}_X]$ 为以单位向量 $\boldsymbol{\alpha}_X$ 为第 n 列元素的正交矩阵，$\boldsymbol{H}'^{\top}\boldsymbol{H}' = \boldsymbol{I}_{n-1}$。显然变换式(9.50)的 Jacobi 行列式为 $\det \boldsymbol{J}_{XY} = \det \boldsymbol{H}'^{\top} = 1$。$\boldsymbol{Y}$ 空间坐标系的原点为 $\boldsymbol{x}^*$，$\boldsymbol{Y}$ 空间中结构失效的最大可能点为 $\boldsymbol{y}^* = \boldsymbol{0}$。

利用复合函数的求导法则计算功能函数 $g_Y(\boldsymbol{Y})$ 在点 $\boldsymbol{y}^*$ 处的梯度，注意到式(9.48)和式(9.50)，有

$$\begin{aligned}\nabla g_Y(\boldsymbol{y}^*) &= \boldsymbol{J}_{XY}\nabla g_X(\boldsymbol{x}^*) = \boldsymbol{H}'^{\top}\nabla g_X(\boldsymbol{x}^*) \\ &= -\|\nabla g_X(\boldsymbol{x}^*)\|\boldsymbol{H}'^{\top}\boldsymbol{\alpha}_X = (0, 0, \ldots, 0, -\|\nabla g_X(\boldsymbol{x}^*)\|)^{\top}\end{aligned} \tag{9.51}$$

根据式(9.48)和式(9.49)，$\boldsymbol{\alpha}_X$ 指向函数 $g_X(\boldsymbol{X})$ 和 $h_X(\boldsymbol{X})$ 在点 $\boldsymbol{x}^*$ 的梯度的反方向。而根据式(9.51)，经过式(9.50)变换后，在点 $\boldsymbol{x}^*$ 处 $g_X(\boldsymbol{X})$ 和 $h_X(\boldsymbol{X})$ 函数值沿 Y_n 轴正向减小，沿其他 Y_i $(i = 1, 2, \ldots, n-1)$ 轴不变。

将式(9.50)代入式(9.46)，并注意到 $g_X(\boldsymbol{x}^*) = 0$，可得

$$\begin{aligned}Z_{\mathrm{Q}} &= \boldsymbol{Y}^{\top}\boldsymbol{H}'^{\top}\nabla g_X(\boldsymbol{x}^*) + \frac{1}{2}\boldsymbol{Y}^{\top}\boldsymbol{H}'^{\top}\nabla^2 g_X(\boldsymbol{x}^*)\boldsymbol{H}'\boldsymbol{Y} \\ &= -\|\nabla g_X(\boldsymbol{x}^*)\|Y_n + \frac{1}{2}\boldsymbol{Y}^{\top}\boldsymbol{H}'^{\top}\nabla^2 g_X(\boldsymbol{x}^*)\boldsymbol{H}'\boldsymbol{Y} \\ &= -\|\nabla g_X(\boldsymbol{x}^*)\|\left(Y_n + \frac{1}{2}\boldsymbol{Y}^{\top}\boldsymbol{Q}'\boldsymbol{Y}\right) \\ &\approx -\|\nabla g_X(\boldsymbol{x}^*)\|\left(Y_n + \frac{1}{2}\tilde{\boldsymbol{Y}}^{\top}\tilde{\boldsymbol{Q}}'\tilde{\boldsymbol{Y}}\right)\end{aligned} \tag{9.52}$$

式中，$\boldsymbol{Q}' = \boldsymbol{H}'^{\top}\boldsymbol{Q}_1'\boldsymbol{H}'$，而 $\boldsymbol{Q}_1' = -\nabla^2 g_X(\boldsymbol{x}^*)/\|\nabla g_X(\boldsymbol{x}^*)\|$；$\tilde{\boldsymbol{Y}} = (Y_1, Y_2, \ldots, Y_{n-1})^{\top}$，$\tilde{\boldsymbol{Q}}'$ 为 $\boldsymbol{Q}'$ 划掉其第 n 行和第 n 列后的 $n-1$ 阶矩阵。

设 $\boldsymbol{Y}$ 的联合概率密度函数为 $f_Y(\boldsymbol{y})$，将式(9.50)代入式(9.47)，得

$$\begin{aligned}h_Y(\boldsymbol{Y}) &= \ln f_Y(\boldsymbol{Y}) = h_X(\boldsymbol{X}) \\ &\approx h_X(\boldsymbol{x}^*) + \boldsymbol{Y}^{\top}\boldsymbol{H}'^{\top}\nabla h_X(\boldsymbol{x}^*) + \frac{1}{2}\boldsymbol{Y}^{\top}\boldsymbol{H}'^{\top}\nabla^2 h_X(\boldsymbol{x}^*)\boldsymbol{H}'\boldsymbol{Y}\end{aligned}$$

$$
\begin{aligned}
&= h_X(\boldsymbol{x}^*) - \|\nabla h_X(\boldsymbol{x}^*)\| Y_n + \frac{1}{2}\boldsymbol{Y}^\top \boldsymbol{H}'^\top \nabla^2 h_X(\boldsymbol{x}^*) \boldsymbol{H}'\boldsymbol{Y} \\
&= h_X(\boldsymbol{x}^*) - \|\nabla h_X(\boldsymbol{x}^*)\| \left(Y_n + \frac{1}{2}\boldsymbol{Y}^\top \boldsymbol{Q}''\boldsymbol{Y}\right) \\
&\approx h_X(\boldsymbol{x}^*) - \|\nabla h_X(\boldsymbol{x}^*)\| \left(Y_n + \frac{1}{2}\tilde{\boldsymbol{Y}}^\top \tilde{\boldsymbol{Q}}''\tilde{\boldsymbol{Y}}\right)
\end{aligned} \tag{9.53}
$$

式中，$\boldsymbol{Q}'' = \boldsymbol{H}'^\top \boldsymbol{Q}_1'' \boldsymbol{H}'$，而 $\boldsymbol{Q}_1'' = -\nabla^2 h_X(\boldsymbol{x}^*)/\|\nabla h_X(\boldsymbol{x}^*)\|$；$\tilde{\boldsymbol{Q}}''$ 为 $\boldsymbol{Q}''$ 划掉其第 n 行和第 n 列后的 $n-1$ 阶矩阵。

由式(9.52)可知，失效最大可能点处的渐近失效面 $Z_{\mathrm{Q}} = 0$ 也就是 $Y_n = -\tilde{\boldsymbol{Y}}^\top \tilde{\boldsymbol{Q}}'\tilde{\boldsymbol{Y}}/2$。选择使 $Z_{\mathrm{Q}} < 0$ 即 $Y_n > -\tilde{\boldsymbol{Y}}^\top \tilde{\boldsymbol{Q}}'\tilde{\boldsymbol{Y}}/2$ 的区域为抽样的重要区域，为此引入随机变量 $W > 0$，使得

$$
W = Y_n + \frac{1}{2}\tilde{\boldsymbol{Y}}^\top \tilde{\boldsymbol{Q}}'\tilde{\boldsymbol{Y}} \tag{9.54}
$$

对于任意 $w > 0$，$W > w$ 且 $Z_{\mathrm{Q}} < 0$ 的概率为

$$
\begin{aligned}
&\mathrm{P}(W > w, Z_{\mathrm{Q}} < 0) = \mathrm{P}(W > w) = 1 - F_W(w) \\
&= \mathrm{P}\left(Y_n > w - \frac{1}{2}\tilde{\boldsymbol{y}}^\top \tilde{\boldsymbol{Q}}'\tilde{\boldsymbol{y}}\right) \\
&= \int_{w-\tilde{\boldsymbol{y}}^\top \tilde{\boldsymbol{Q}}'\tilde{\boldsymbol{y}}/2}^{\infty} f_Y(\boldsymbol{y})\,\mathrm{d}y_n = \int_{w-\tilde{\boldsymbol{y}}^\top \tilde{\boldsymbol{Q}}'\tilde{\boldsymbol{y}}/2}^{\infty} \exp[h_Y(\boldsymbol{y})]\,\mathrm{d}y_n \\
&\approx f_X(\boldsymbol{x}^*) \int_{w-\tilde{\boldsymbol{y}}^\top \tilde{\boldsymbol{Q}}'\tilde{\boldsymbol{y}}/2}^{\infty} \exp\left[-\|\nabla h_X(\boldsymbol{x}^*)\| \left(y_n + \frac{1}{2}\tilde{\boldsymbol{y}}^\top \tilde{\boldsymbol{Q}}''\tilde{\boldsymbol{y}}\right)\right] \mathrm{d}y_n \\
&= \frac{f_X(\boldsymbol{x}^*)}{\|\nabla h_X(\boldsymbol{x}^*)\|} \exp\left\{-\|\nabla h_X(\boldsymbol{x}^*)\| \left[w + \frac{1}{2}\tilde{\boldsymbol{y}}^\top (\tilde{\boldsymbol{Q}}'' - \boldsymbol{Q}')\tilde{\boldsymbol{y}}\right]\right\}
\end{aligned} \tag{9.55}
$$

其中在推导倒数第二、三式时利用了式(9.53)。

由式(9.55)，得 W 的概率密度函数为

$$
\begin{aligned}
f_W(w) &= f_X(\boldsymbol{x}^*) \exp\left\{-\|\nabla h_X(\boldsymbol{x}^*)\| \left[w + \frac{1}{2}\tilde{\boldsymbol{y}}^\top (\tilde{\boldsymbol{Q}}'' - \boldsymbol{Q}')\tilde{\boldsymbol{y}}\right]\right\} \\
&= \frac{(2\pi)^{(n-1)/2}\sqrt{\det \boldsymbol{C}}\, f_X(\boldsymbol{x}^*)}{\|\nabla h_X(\boldsymbol{x}^*)\|} p_{\tilde{Y}W}(\tilde{\boldsymbol{y}}, w)
\end{aligned} \tag{9.56}
$$

式中，

$$
p_{\tilde{Y}W}(\tilde{\boldsymbol{y}}, w) = \varphi_{n-1}(\tilde{\boldsymbol{y}}, \boldsymbol{C}) \|\nabla h_X(\boldsymbol{x}^*)\| \exp\left[-\|\nabla h_X(\boldsymbol{x}^*)\|\, w\right] \tag{9.57}
$$

而 $\boldsymbol{C}$ 由下式确定：

$$\boldsymbol{C}^{-1} = \|\nabla h_X(\boldsymbol{x}^*)\|(\tilde{\boldsymbol{Q}}'' - \tilde{\boldsymbol{Q}}') \tag{9.58}$$

根据式(9.57)，可认为 $\tilde{\boldsymbol{Y}}$ 与 W 相互独立，$\tilde{\boldsymbol{Y}}$ 服从均值向量为 $\mathbf{0}$、协方差矩阵为 $\boldsymbol{C}$ 的正态分布，W 服从指数分布。指数分布 (exponential distribution, negative exponential distribution) 是 gamma 分布的特例，其概率密度函数和累积分布函数分别为

$$f_{\mathrm{Exp}}(w) = \frac{1}{\lambda}\exp\left(-\frac{w}{\lambda}\right), \quad w \geq 0;\ \lambda > 0 \tag{9.59}$$

$$F_{\mathrm{Exp}}(w) = 1 - \exp\left(-\frac{w}{\lambda}\right), \quad w \geq 0;\ \lambda > 0 \tag{9.60}$$

其均值为 λ，方差为 λ^2。

由式(9.23)，以 $f_W(w)$ 或 $p_{\tilde{Y}W}(\tilde{\boldsymbol{y}}, w)$ 为重要抽样概率密度函数，得结构的失效概率为

$$p_{\mathrm{f}} = \int_{\mathbb{R}^{n-1}} \int_0^\infty \frac{\mathrm{I}[g_X(\boldsymbol{x})] f_X(\boldsymbol{x})}{p_{\tilde{Y}W}(\tilde{\boldsymbol{y}}, w)} p_{\tilde{Y}W}(\tilde{\boldsymbol{y}}, w)\,\mathrm{d}w\mathrm{d}\tilde{\boldsymbol{y}} \tag{9.61}$$

式中，$\boldsymbol{x}$ 由 $\tilde{\boldsymbol{y}}$ 和 w 确定。

以 $p_{\tilde{Y}W}(\tilde{\boldsymbol{y}}, w)$ 对随机变量 $\tilde{\boldsymbol{Y}}$ 和 W 进行抽样，得到样本 $\tilde{\boldsymbol{y}}_i$ 和 w_i，进而可确定 $\boldsymbol{x}_i$ $(i = 1, 2, \ldots, N)$。如果二次失效面 $Z_{\mathrm{Q}} = 0$ 包含了整个失效域，则由式(9.61)得 p_{f} 的无偏估计值为

$$\hat{p}_{\mathrm{f}} = \frac{1}{N}\sum_{i=1}^{N} \frac{\mathrm{I}[g_X(\boldsymbol{x}_i)] f_X(\boldsymbol{x}_i)}{p_{\tilde{Y}W}(\tilde{\boldsymbol{y}}_i, w_i)} \tag{9.62}$$

上述方法将结构功能函数 $Z = g_X(\boldsymbol{X})$ 在失效的最大可能点 $\boldsymbol{x}^*$ 处作二次 Taylor 渐近展开成为 Z_{Q}，并以 $Z_{\mathrm{Q}} < 0$ 的区域作为重要抽样区域，称为**渐近重要抽样方法** (asymptotic importance sampling)[73]。

用渐近重要抽样 Monte Carlo 方法估算结构失效概率的主要步骤为：

(1) 计算 $\boldsymbol{x}^*$，求解约束最优化问题(6.12)。

(2) 计算 $\boldsymbol{\alpha}_X$，利用式(9.48)或式(9.49)。

(3) 生成 $\boldsymbol{H}'$，利用正交规范化处理技术（如 Gram-Schmidt 正交化方法）。

(4) 计算 $\boldsymbol{C}$，利用式(9.58)。

(5) 按式(9.57)抽样得样本 $\tilde{\boldsymbol{y}}_i$ 和 w_i $(i = 1, 2, \ldots, N)$。

(6) 计算 y_{ni} $(i=1,2,\ldots,N)$，利用式(9.54)。
(7) 计算 $\boldsymbol{x}_i$ $(i=1,2,\ldots,N)$，利用式(9.50)。
(8) 计算 $\hat{p}_{\mathrm{f}}$，利用式(9.62)，其中 $p_{\tilde{Y}W}(\tilde{\boldsymbol{y}}_i,w_i)$ 用式(9.57)计算。

例 9.13 结构的极限状态方程为 $Z=X_1^2+(X_2-4)^2-4=0$，其中 X_1 和 X_2 均服从标准正态分布，用渐近重要抽样 Monte Carlo 方法计算其失效概率。

解 功能函数的梯度为 $\nabla g(\boldsymbol{X})=(2X_1,2X_2-8)^{\top}$，Hesse 矩阵为 $\nabla^2 g(\boldsymbol{X})=2\boldsymbol{I}_2$。

对于独立随机变量 $\boldsymbol{X}$，函数 $h_X(\boldsymbol{X})$ 及其梯度和 Hesse 矩阵的一般形式分别为式(6.16) ~ 式(6.18)，其中正态概率密度函数的一阶导数由式(4.49)给出，二阶导数为

$$f''_{\mathrm{N}}(x\mid\mu_X,\sigma_X)=\frac{(x-\mu_X)^2-\sigma_X^2}{\sigma_X^4}f_{\mathrm{N}}(x\mid\mu_X,\sigma_X) \tag{9.63}$$

计算程序见清单 9.16，此主程序需调用清单 9.17 中给出的自定义函数 gcon。

清单 9.16 例 9.13 的渐近重要抽样 Monte Carlo 方法程序

```
clear; clc;
muX = [0;0]; sigmaX = [1;1];
nS = 1e5;
nD = length(muX); n1 = nD-1; fp = 0;
xD = fmincon(@(x)-log(prod(normpdf(x,muX,sigmaX))),muX,[],[],...
    [],[],[],[],@gcon,optimset('Algorithm','Interior-point'));
gX = 2*xD-[0;8]; gXX = 2*eye(2);
hX = (muX-xD)./sigmaX.^2;
fpp = ((xD-muX).^2-sigmaX.^2)./sigmaX.^4;
hXX = diag(fpp-hX.^2);
alphaX = -gX/norm(gX); h = [null(alphaX.'),alphaX];
lEx = 1/norm(hX);
q = -h.'*gXX/norm(gX)*h; q1 = q(1:n1,1:n1);
qq = -h.'*hXX/norm(hX)*h; qq1 = qq(1:n1,1:n1);
c1 = norm(hX)*(qq1-q1); c = inv(c1);
for k = 1:nS
    y1 = mvnrnd(zeros(1,n1),c).';
    w = exprnd(lEx);
```

```
    y = [y1;w-y1.'*q1*y1/2];
    x = h*y+xD;
    g = x.'*x-8*x(2)+12;
    if g < 0
        p = mvnpdf(y1.',0,c)*exppdf(w,lEx);
        fp1 = prod(normpdf(x,muX,sigmaX))/p;
        fp = fp+fp1;
    end
end
pF = fp/nS
```

清单 9.17 例 9.13 和例 9.15 中调用的函数

```
function [c,ceq] = gcon(x)
c = [];
ceq = x.'*x-8*x(2)+12;
```

程序运行结果为：失效概率 $\hat{p}_{\mathrm{f}} = 1.4720 \times 10^{-2}$。

利用式(2.11)可得到结构失效概率的精确解，即

$$
\begin{aligned}
p_{\mathrm{f}} &= \int_{Z\le 0} \varphi(x_1)\varphi(x_2)\,\mathrm{d}x_1\mathrm{d}x_2 \\
&= \int_0^{2\pi}\int_0^2 \varphi(r\cos\theta)\varphi(r\sin\theta+4)r\,\mathrm{d}r\mathrm{d}\theta \\
&= \int_{-2}^{2}\int_2^6 \mathrm{I}[x_1^2+(x_2-4)^2 \le 4]\varphi(x_1)\varphi(x_2)\,\mathrm{d}x_1\mathrm{d}x_2 \\
&= \int_{-2}^{2}\varphi(x_1)\int_{4-\sqrt{4-x_1^2}}^{4+\sqrt{4-x_1^2}} \varphi(x_2)\,\mathrm{d}x_2\mathrm{d}x_1 \\
&= \int_{-2}^{2}[\varPhi(4+\sqrt{4-x_1^2}\,)-\varPhi(4-\sqrt{4-x_1^2}\,)]\varphi(x_1)\,\mathrm{d}x_1
\end{aligned}
$$

利用上式的计算程序见清单 9.18。

清单 9.18 例 9.13 用定义计算失效概率的程序

```
clear; clc;
fun1 = @(x,y)normpdf(x).*normpdf(y);
```

```
fun2 = @(r,t)fun1(r.*cos(t),r.*sin(t)+4).*r;
pF1 = integral2(fun2,0,2,0,2*pi)
fun3 = @(x,y)fun1(x,y).*(x.^2+(y-4).^2<=4);
pF2 = integral2(fun3,-2,2,2,6)
ymin = @(x)4-sqrt(4-x.^2); ymax = @(x)4+sqrt(4-x.^2);
pF3 = integral2(fun1,-2,2,ymin,ymax)
fun4 = @(x)(normcdf(ymax(x))-normcdf(ymin(x))).*normpdf(x);
pF4 = integral(fun4,-2,2)
```

清单 9.18 程序运行结果为：利用示性函数的二重积分得到 $p_{\mathrm{f}} = 1.4725 \times 10^{-2}$，其他三个积分均得到 $p_{\mathrm{f}} = 1.4723 \times 10^{-2}$。使用示性函数的二重积分，其积分区域为矩形规则区域，被积函数不做改变，但计算时间明显增加，对示性函数中的判断条件是否包含等号等也比较敏感。 □

渐近重要抽样方法以 $Z_{\mathrm{Q}} < 0$ 为抽样条件，抽样点全部落入 $Z_{\mathrm{Q}} < 0$ 的区域内。$Z < 0$ 的区域若不完全包含在 $Z_{\mathrm{Q}} < 0$ 的区域中，其中部分区域将得不到抽样点。为使产生的抽样点有机会落入 $Z < 0$ 但 $Z_{\mathrm{Q}} \geq 0$ 的区域，可将曲面 $Z_{\mathrm{Q}} = 0$ 沿 Y_n 轴的负向平移适当距离，即

$$Y_n = W - \frac{1}{2}\tilde{\boldsymbol{Y}}^{\top}\tilde{\boldsymbol{Q}}'\tilde{\boldsymbol{Y}} + \varepsilon \tag{9.64}$$

令其中的 $W = 0$，再代入式(9.50)，可得到 ε 的方程形式为

$$g_X(\boldsymbol{X}) = g_X(\bar{\boldsymbol{X}} + \varepsilon\boldsymbol{\alpha}_X) = 0 \tag{9.65}$$

式中，$\bar{\boldsymbol{X}} = \boldsymbol{H}'\bar{\boldsymbol{Y}} + \boldsymbol{x}^*$，$\bar{\boldsymbol{Y}} = (\tilde{\boldsymbol{Y}}^{\top}, -\tilde{\boldsymbol{Y}}^{\top}\tilde{\boldsymbol{Q}}'\tilde{\boldsymbol{Y}}/2)^{\top}$。由于 $Z = g_X(\boldsymbol{X})$ 的特性主要由其前二次项反映，通常情况下 ε 将是一个小量。

需要说明的是，增加调节量 ε 后，式(9.57)已不再是以 $Z_{\mathrm{Q}} < 0$ 为条件的抽样密度函数，也不是以 $Z < 0$ 为条件的抽样密度函数，但仍按此式进行抽样对失效概率的模拟结果影响不大，因为重要抽样函数的好与不好是相对的，不存在准确与不准确的问题。

当按式(9.64)确定 Y_n 时，结构失效概率的估计式(9.62)成为

$$\hat{p}_{\mathrm{f}} = \frac{1}{N}\sum_{i=1}^{N}\frac{f_X(\boldsymbol{x}_i)}{p_{\tilde{Y}W}(\tilde{\boldsymbol{y}}_i, w_i)} \tag{9.66}$$

修改后的渐近重要抽样 Monte Carlo 方法的实施步骤与上述基本相同，主要变化是上述步骤 (6) 中确定 Y_n 的抽样值 y_{ni} $(i = 1, 2, \ldots, N)$ 时要先求解方程(9.65)得到相应的 ε_i，再按式(9.64)计算 y_{ni}。当然，上述步骤 (8) 中 $\hat{p}_{\mathrm{f}}$ 按式(9.66)计算。

例 9.14　用渐近重要抽样 Monte Carlo 方法式(9.66)计算例 6.2 中结构的失效概率。

解　计算程序见清单 9.19，此主程序需调用清单 6.4 中给出的自定义函数 gexmp2。

清单 9.19　例 9.14 的改进渐近重要抽样 Monte Carlo 方法程序

```
clear; clc;
nD = 2; nu = 4;
nS1 = 1e5;
n1 = nD-1; fp = 0; nS = 0;
g = @(x)20-sum(x-0.2*(x-10).^2);
f = @(x)prod(chi2pdf(x,nu));
xD = fmincon(@(x)-log(f(x)),ones(nD,1),[],[],[],[],[],[],...
    @gexmp2,optimset('Algorithm','interior-point'));
gX = 0.4*xD-5; gXX = 0.4*eye(2);
hX = (nu-2-xD)./xD/2;
fpp = (8-6*nu+nu^2+(4-2*nu)*xD+xD.^2)./xD.^2/4;
hXX = diag(fpp-hX.^2);
alphaX = -gX/norm(gX); h = [null(alphaX.'),alphaX];
lEx = 1/norm(hX);
q = -h.'*gXX/norm(gX)*h; q1 = q(1:n1,1:n1);
qq = -h.'*hXX/norm(hX)*h; qq1 = qq(1:n1,1:n1);
c1 = norm(hX)*(qq1-q1); c = inv(c1);
for k = 1:nS1
    y1 = mvnrnd(zeros(1,n1),c).';
    yb = [y1;-y1.'*q1*y1/2]; xb = h*yb+xD;
    fun = @(r)20-sum(xb+alphaX.*r-0.2*(xb+alphaX.*r-10).^2);
    [ep,fv,exflg] = fsolve(@(r)g(xb+alphaX*r),0,...
        optimset('Display','Off'));
```

```
    if exflg == 1
        w = exprnd(lEx);
        y = [y1;w-y1.'*q1*y1/2+ep]; x = h*y+xD;
        p = mvnpdf(y1.',0,c)*exppdf(w,lEx);
        fp = fp+f(x)/p; nS = nS+1;
    end
end
pF = fp/nS
```

程序运行结果为：失效概率 $\hat{p}_\mathrm{f} = 2.8037 \times 10^{-3}$。

在利用抽样值求解方程(9.65)时，并非每次都能收敛，这是因为给定求解初值 ε，随机抽样使得方程的迭代初值变化幅度较大。正如例 9.11 所述，简便的做法是把求解收敛的抽样作为有效抽样，估算失效概率时考虑有效抽样的总次数。□

例 9.15 用渐近重要抽样 Monte Carlo 方法式(9.66)计算例 9.13 中结构的失效概率。

解 计算程序见清单 9.20，此主程序需调用清单 9.17 中给出的自定义函数 gcon。

清单 9.20 例 9.15 的改进渐近重要抽样 Monte Carlo 方法程序

```
clear; clc;
muX = [0;0]; sigmaX = [1;1];
nS1 = 1e5;
nD = length(muX); n1 = nD-1; fp = 0; nS = 0;
g = @(x)sum((x-[0;4]).^2)-4;
f = @(x)prod(normpdf(x,muX,sigmaX));
xD = fmincon(@(x)-log(f(x)),muX,[],[],[],[],[],[],...
    @gcon,optimset('Algorithm','Interior-point'));
gX = 2*xD-[0;8]; gXX = 2*eye(2);
hX = (muX-xD)./sigmaX.^2;
fpp = ((xD-muX).^2-sigmaX.^2)./sigmaX.^4;
hXX = diag(fpp-hX.^2);
alphaX = -gX/norm(gX); h = [null(alphaX.'),alphaX];
lEx = 1/norm(hX);
q = -h.'*gXX/norm(gX)*h; q1 = q(1:n1,1:n1);
```

```
qq = -h.'*hXX/norm(hX)*h; qq1 = qq(1:n1,1:n1);
c1 = norm(hX)*(qq1-q1); c = inv(c1);
for k = 1:nS1
    y1 = mvnrnd(zeros(1,n1),c).';
    yb = [y1;-y1.'*q1*y1/2]; xb = h*yb+xD;
    [ep,fv,exflg] = fsolve(@(r)g(xb+alphaX*r),0,...
        optimset('Display','Off'));
    if exflg == 1
        w = exprnd(lEx);
        y = [y1;w-y1.'*q1*y1/2+ep]; x = h*y+xD;
        p = mvnpdf(y1.',0,c)*exppdf(w,lEx);
        fp = fp+f(x)/p; nS = nS+1;
    end
end
pF = fp/nS
```

程序运行结果为：失效概率 $\hat{p}_{\mathrm{f}} = 1.4802 \times 10^{-2}$。 □

以对失效贡献最大点 $\boldsymbol{x}^*$ 为原点的 $\boldsymbol{Y}$ 空间的直角坐标系，其原点 $\boldsymbol{y}^* = \boldsymbol{0}$ 也是二次超曲面 $Z_{\mathrm{Q}} = 0$ 的顶点；Y_n 轴是垂直于此曲面的主轴，其正向为 Z_{Q} 的梯度的负向；其他 $Y_i\ (i = 1, 2, \ldots, n-1)$ 轴与 Y_n 轴垂直，与此曲面相切，但各 Y_i 轴之间不一定正交。

如果矩阵 $\tilde{\boldsymbol{Q}}' \neq \boldsymbol{0}$，求解 $\tilde{\boldsymbol{Q}}'$ 的特征值问题 $\tilde{\boldsymbol{Q}}'\tilde{\boldsymbol{H}} = \tilde{\boldsymbol{H}}\boldsymbol{K}$，其中正交矩阵 $\tilde{\boldsymbol{H}}$ 由 $\tilde{\boldsymbol{Q}}'$ 的规格化特征向量组成，谱矩阵 $\boldsymbol{K}$ 的对角元为 $\tilde{\boldsymbol{Q}}'$ 的特征值 $\kappa_i\ (i = 1, 2, \ldots, n-1)$。作旋转变换 $\tilde{\boldsymbol{Y}} = \tilde{\boldsymbol{H}}\tilde{\boldsymbol{U}}$，可将子空间 $\tilde{\boldsymbol{Y}}$ 变成正交子空间 $\tilde{\boldsymbol{U}} = (U_1, U_2, \ldots, U_{n-1})^\top$。此时，式(9.52)中的二次型变成为标准型，即

$$Z_{\mathrm{Q}} \approx -\|\nabla g_X(\boldsymbol{x}^*)\|\left(Y_n + \frac{1}{2}\tilde{\boldsymbol{U}}^\top \boldsymbol{K}\tilde{\boldsymbol{U}}\right) = -\|\nabla g_X(\boldsymbol{x}^*)\|\left(Y_n + \frac{1}{2}\sum_{i=1}^{n-1}\kappa_i U_i^2\right) \tag{9.67}$$

而式(9.53)变成

$$h_U(\boldsymbol{U}) \approx h_X(\boldsymbol{x}^*) - \|\nabla h_X(\boldsymbol{x}^*)\|\left(Y_n + \frac{1}{2}\tilde{\boldsymbol{U}}^\top \tilde{\boldsymbol{H}}^\top \tilde{\boldsymbol{Q}}''\tilde{\boldsymbol{H}}\tilde{\boldsymbol{U}}\right) \tag{9.68}$$

现在可以再将各 $U_i\ (i = 1, 2, \ldots, n-1)$ 轴变换至曲面 $Z_{\mathrm{Q}} = 0$ 上，成为曲线

坐标轴 V_i。保持原点 $\boldsymbol{y}^* = \mathbf{0}$ 和 Y_n 轴不变，在 U_iY_n 坐标面内利用平面曲线弧微分公式，即 $\mathrm{d}V_i = \sqrt{1+(\mathrm{d}Y_n/\mathrm{d}U_i)^2}\,\mathrm{d}U_i = \sqrt{1+\kappa_i^2U_i^2}\,\mathrm{d}U_i$，积分时注意到 $U_i = 0$ 时 $V_i = 0$，可得 U_i 和 V_i 的关系为

$$V_i = \frac{1}{2}U_i\sqrt{1+\kappa_i^2U_i^2} + \frac{1}{2\kappa_i}\mathrm{arcsinh}(\kappa_iU_i), \quad \kappa_i \neq 0;\ i = 1,2,\ldots,n-1 \tag{9.69}$$

当 $\kappa_i = 0$ 时，U_i 本身可取任意值，为确定起见不妨令 $V_i = U_i$。$\tilde{\boldsymbol{U}}$ 到 $\tilde{\boldsymbol{V}} = (V_1, V_2, \ldots, V_{n-1})^\top$ 的变换的 Jacobi 行列式为

$$\det \boldsymbol{J}_{\tilde{U}\tilde{V}} = \det\left(\mathrm{diag}\left[\frac{\mathrm{d}U_1}{\mathrm{d}V_1}, \frac{\mathrm{d}U_2}{\mathrm{d}V_2}, \ldots, \frac{\mathrm{d}U_{n-1}}{\mathrm{d}V_{n-1}}\right]\right) = \prod_{i=1}^{n-1}\frac{1}{\sqrt{1+\kappa_i^2U_i^2}} \tag{9.70}$$

确定 Y_n 的式(9.64)又可写成

$$Y_n = W - \frac{1}{2}\tilde{\boldsymbol{U}}^\top\boldsymbol{K}\tilde{\boldsymbol{U}} + \varepsilon = W - \frac{1}{2}\sum_{i=1}^{n-1}\kappa_iU_i^2 + \varepsilon \tag{9.71}$$

将式(9.67)和式(9.68)以 $\tilde{\boldsymbol{V}}$ 和 Y_n 表示，即可采用前述相同的分析方法。

Y_n 轴和在 $\boldsymbol{x}^*$ 点处局部沿着曲面 $Z_\mathrm{Q} = 0$ 的曲线坐标轴 V_i $(i = 1,2,\ldots,n-1)$ 形成一个正交曲线坐标系，在此坐标系中抽样效率较高。重要抽样函数可表示为

$$p_{\tilde{V}W}(\tilde{\boldsymbol{v}}, w) = \varphi_{n-1}(\tilde{\boldsymbol{v}}, \boldsymbol{C})\|\nabla h_X(\boldsymbol{x}^*)\|\exp[-\|\nabla h_X(\boldsymbol{x}^*)\|\,w] \tag{9.72}$$

式中，$\tilde{\boldsymbol{V}}$ 的协方差矩阵 $\boldsymbol{C}$ 为对角矩阵，其逆矩阵为

$$\boldsymbol{C}^{-1} = \|\nabla h_X(\boldsymbol{x}^*)\|(\tilde{\boldsymbol{H}}^\top\tilde{\boldsymbol{Q}}''\tilde{\boldsymbol{H}} - \boldsymbol{K}) \tag{9.73}$$

结构失效概率的估计值为

$$\hat{p}_\mathrm{f} = \frac{1}{N}\sum_{i=1}^{N}\frac{f_X(\boldsymbol{x}_i)}{p_{\tilde{V}W}(\tilde{\boldsymbol{v}}_i, w_i)}\det\boldsymbol{J}_{\tilde{U}\tilde{V}} \tag{9.74}$$

估算结构失效概率的渐近重要抽样 Monte Carlo 方法主要包括以下步骤：

(1) 计算 $\boldsymbol{x}^*$，求解约束最优化问题(6.12)。

(2) 计算 $\boldsymbol{\alpha}_X$，利用式(9.48)或式(9.49)。

(3) 生成 $\boldsymbol{H}'$，利用正交规范化处理技术（如 Gram-Schmidt 正交化方法）。

(4) 计算 $\tilde{\boldsymbol{H}}$ 和 $\boldsymbol{K}$，通过求解特征值问题 $\tilde{\boldsymbol{Q}}'\tilde{\boldsymbol{H}} = \tilde{\boldsymbol{H}}\boldsymbol{K}$。

(5) 计算 $\boldsymbol{C}$，利用式(9.73)。

(6) 按式(9.72)抽样得样本 $\tilde{\boldsymbol{v}}_i$ 和 w_i $(i = 1, 2, \ldots, N)$。

(7) 计算 $\tilde{\boldsymbol{u}}_i$ $(i = 1, 2, \ldots, N)$，利用式(9.69)。

(8) 计算 $\tilde{\boldsymbol{y}}_i$ $(i = 1, 2, \ldots, N)$，通过变换 $\tilde{\boldsymbol{y}}_i = \tilde{\boldsymbol{H}}\tilde{\boldsymbol{u}}_i$。

(9) 计算 y_{ni} $(i = 1, 2, \ldots, N)$，利用式(9.64)或式(9.71)，其中 ε_i 由式(9.65)确定。

(10) 计算 $\boldsymbol{x}_i$ $(i = 1, 2, \ldots, N)$，利用式(9.50)。

(11) 计算 $\hat{p}_{\mathrm{f}}$，利用式(9.74)，其中 $\det \boldsymbol{J}_{\tilde{U}\tilde{V}}$ 用式(9.70)计算，$p_{\tilde{V}W}(\tilde{\boldsymbol{v}}_i, w_i)$ 用式(9.72)计算。

例 9.16　用渐近重要抽样 Monte Carlo 方法式(9.74)计算例 4.1 中结构的失效概率。

解　计算程序见清单 9.21，此主程序需调用清单 6.2 中给出的自定义函数 gexmp1。

清单 9.21　例 9.16 的改进渐近重要抽样 Monte Carlo 方法程序

```
clear; clc;
muX = [1;20;48]; sigmaX = [0.16;2;3];
sLn = sqrt(log(1+(sigmaX(1)/muX(1))^2)); mLn = log(muX(1))-sLn^2/2;
aEv = sigmaX(2)*sqrt(6)/pi; uEv = -psi(1)*aEv-muX(2);
t = 1+(sigmaX(3)/muX(3))^2;
s = fsolve(@(r)gamma(1+2*r)./gamma(1+r).^2-t,1,...
    optimset('TolFun',0));
eWb = muX(3)/gamma(1+s); mWb = 1/s;
nS1 = 1e5;
nD = length(muX); n1 = nD-1; fp = 0; nS = 0;
g = @(x)x(3)-sqrt([300,1.92]*(x(1:2)).^2);
f = @(x)lognpdf(x(1),mLn,sLn)*evpdf(-x(2),uEv,aEv)*...
    wblpdf(x(3),eWb,mWb);
xD = fmincon(@(x)-log(f(x)),muX,[],[],[],[],[],[],@gexmp1,...
    optimset('Algorithm','Interior-point'));
```

```
gX = [-300*xD(1)/sqrt(300*xD(1)^2+1.92*xD(2)^2);...
    -1.92*xD(2)/sqrt(300*xD(1)^2+1.92*xD(2)^2);1];
gXX = [-xD(2)^2,xD(1)*xD(2),0;xD(1)*xD(2),-xD(1)^2,0;0,0,0]*...
    576/(300*xD(1)^2+1.92*xD(2)^2)^1.5;
hX = [(mLn-sLn^2-log(xD(1)))/sLn^2/xD(1);...
    (exp((-uEv-xD(2))/aEv)-1)/aEv;...
    (mWb-1-mWb*(xD(3)/eWb)^mWb)/xD(3)];
fpp = [(2*sLn^4+mLn^2-sLn^2*(1+3*mLn)+...
    (3*sLn^2-2*mLn)*log(xD(1))+(log(xD(1)))^2)/sLn^4/xD(1)^2;...
    (1-3*exp((-xD(2)-uEv)/aEv)+exp(2*(-xD(2)-uEv)/aEv))/aEv^2;...
    (2-3*mWb*(1-(xD(3)/eWb)^mWb)+mWb^2*(1-3*(xD(3)/eWb)^mWb+...
    (xD(3)/eWb)^(2*mWb)))/xD(3)^2];
hXX = diag(fpp-hX.^2);
alphaX = -gX/norm(gX); h = [null(alphaX.'),alphaX];
lEx = 1/norm(hX);
q = -h.'*gXX/norm(gX)*h; q1 = q(1:n1,1:n1);
qq = -h.'*hXX/norm(hX)*h; qq1 = qq(1:n1,1:n1);
[a,kappa] = eig(q1);
c1 = norm(hX)*a.'*(qq1-q1)*a; c = inv(c1);
for k = 1:nS1
    v1 = mvnrnd(zeros(1,n1),c).';
    for  m = 1:n1
        d = kappa(m,m);
        if kappa(m,m) ~= 0
            fuv = @(u)u*sqrt(1+(d*u).^2)+asinh(d*u)/d-2*v1(m,1);
            u1(m,1) = fsolve(fuv,0,optimset('Display','Off'));
        else, u1(m,1) = v1(m,1);
        end
    end
    y1 = a*u1;
    yb = [y1;-y1.'*q1*y1/2]; xb = h*yb+xD;
    [ep,fv,exflg] = fsolve(@(r)g(xb+alphaX*r),0,...
        optimset('Display','Off'));
```

```
    if exflg == 1
        juv = 1/prod(sqrt(1+d.^2.*u1.^2));
        w = exprnd(lEx);
        y = [y1;w-y1.'*q1*y1/2+ep];
        x = h*y+xD;
        p = mvnpdf(v1.',0,c)*exppdf(w,lEx);
        fp = fp+f(x)/p*juv; nS = nS+1;
    end
end
pF = fp/nS
```

程序运行结果为：失效概率 $\hat{p}_{\mathrm{f}} = 1.8409 \times 10^{-3}$。

因 $\mathrm{d}V_i/\mathrm{d}U_i = \sqrt{1+\kappa_i^2 U_i^2} > 0$，式(9.69)中的函数 V_i 是整个 U_i 轴上的单值递增函数，有唯一的反函数。给定某一初值如 $U_i = 0$ 利用 MATLAB 软件总能求得方程(9.69)的解 U_i，所以以上程序中没有判断此方程的求解是否收敛。

例 4.1 的计算发现，方程(9.65)的解 ε 有时为负值，如果将此情形也当作方程求解失败而只计入 $\varepsilon \geq 0$ 的模拟结果，即将程序中的 `if exflg == 1` 改成 `if exflg == 1 && ep >= 0`，则最终所得的 p_{f} 的估计值精度很差，是错误的。这说明式(9.64)或式(9.71)中的参数 ε，是考虑到重点抽样区域 $Z_{\mathrm{Q}} < 0$ 与实际 $Z < 0$ 有出入而设置的，以使二次超曲面 $Z_{\mathrm{Q}} = 0$ 沿 Y_n 轴作适当平移，其值应当可正可负，起双向调节作用。

9.6　方向抽样 Monte Carolo 方法

设基本随机变量已经过变换成为独立标准正态随机变量 $\boldsymbol{Y}$。随机点 $\boldsymbol{Y} = (Y_1, Y_2, \ldots, Y_n)^{\top}$ 代表一个随机矢量，其极坐标表达式可写成

$$\boldsymbol{Y} = R\boldsymbol{A} \tag{9.75}$$

式中，随机变量 $R = \|\boldsymbol{Y}\|$ 代表 $\boldsymbol{Y}$ 的模；随机单位向量 $\boldsymbol{A} = (A_1, A_2, \ldots, A_n)^{\top}$ 表示 $\boldsymbol{Y}$ 的方向，满足 $\|\boldsymbol{A}\| = 1$。

令 $\tilde{\boldsymbol{A}} = (A_1, A_2, \ldots, A_{n-1})^{\top}$，注意到 $A_n \mathrm{d}A_n = -\sum_{i=1}^{n-1} A_i \mathrm{d}A_i$，$\partial A_n/\partial A_i = -A_i/A_n$ $(i = 1, 2, \ldots, n-1)$，变换式(9.75)的 Jacobi 行列式为

$$\det \boldsymbol{J}_{Y,R\tilde{A}} = \det \begin{bmatrix} A_1 & R & 0 & \cdots & 0 \\ A_2 & 0 & R & \cdots & 0 \\ \vdots & \vdots & \vdots & & \vdots \\ A_{n-1} & 0 & 0 & \cdots & R \\ A_n & -\dfrac{A_1 R}{A_n} & -\dfrac{A_2 R}{A_n} & \cdots & -\dfrac{A_{n-1} R}{A_n} \end{bmatrix}$$

$$= \frac{R^{n-1}}{A_n} \det \begin{bmatrix} \tilde{\boldsymbol{A}} & \boldsymbol{I}_{n-1} \\ A_n^2 & -\tilde{\boldsymbol{A}}^\top \end{bmatrix} = \frac{R^{n-1}}{A_n} \det \begin{bmatrix} \tilde{\boldsymbol{A}} & \boldsymbol{I}_{n-1} \\ 1 & \boldsymbol{0}_{1\times(n-1)} \end{bmatrix}$$

$$= (-1)^{n-1} \frac{R^{n-1}}{A_n} \tag{9.76}$$

结构的失效概率为

$$p_{\mathrm{f}} = \int_{g_Y(\boldsymbol{y})\le 0} \varphi_n(\boldsymbol{y})\,\mathrm{d}\boldsymbol{y} = \int_A \int_{g_{RA}(r\boldsymbol{a})\le 0} \varphi_n(r\boldsymbol{a}) \frac{(-1)^{n-1} r^{n-1}}{a_n}\,\mathrm{d}r\mathrm{d}\boldsymbol{a}$$

$$= \int_A \int_{g_{RA}(r\boldsymbol{a})\le 0} \frac{r^{n-1}}{(2\pi)^{n/2}} \exp\left[-\frac{1}{2}(r\boldsymbol{a})^\top r\boldsymbol{a}\right] \mathrm{d}r\, \frac{(-1)^{n-1}}{a_n}\,\mathrm{d}\boldsymbol{a} \tag{9.77}$$

式中，A 是所有方向的集合；r 是在方向 $\boldsymbol{A} = \boldsymbol{a}$ 上的矢径的模，即 $r = r_a$，由下式确定：

$$g_Y(r_a\boldsymbol{a}) = g_{RA}(r_a\boldsymbol{a}) = 0 \tag{9.78}$$

注意到 $\|\boldsymbol{A}\| = 1$，$\boldsymbol{A}(-1)^{n-1}/a_n$ 不改变方向集 A，式(9.77)又可写成

$$p_{\mathrm{f}} = \int_A \int_{R\ge r_a} \frac{r^{n-1}}{(2\pi)^{n/2}} \exp\left(-\frac{r^2}{2}\right) S\,\mathrm{d}r\, \frac{1}{S}\,\mathrm{d}\boldsymbol{a}$$

$$= \int_A \int_{r_a}^{\infty} \frac{2r^{n-1}}{\Gamma(n/2)2^{n/2}} \exp\left(-\frac{r^2}{2}\right) \mathrm{d}r\, f_A(\boldsymbol{a})\,\mathrm{d}\boldsymbol{a}$$

$$= \int_A \int_{r_a^2}^{\infty} \frac{(r^2)^{n/2-1}}{\Gamma(n/2)2^{n/2}} \exp\left(-\frac{r^2}{2}\right) \mathrm{d}r^2\, f_A(\boldsymbol{a})\,\mathrm{d}\boldsymbol{a}$$

$$= \int_A \left[1 - F_{\chi^2}(r_a^2)\right] f_A(\boldsymbol{a})\,\mathrm{d}\boldsymbol{a} \tag{9.79}$$

式中，$f_A(\boldsymbol{a}) = 1/S = \Gamma(n/2)/(2\pi^{n/2})$ 为 n 维空间中的单位超球体上的均匀方向概率密度函数，其中 S 为单位超球体的表面积；$F_{\chi^2}(\cdot)$ 表示 chi-平方分布的累积分布函数。

以 $f_A(\boldsymbol{a})$ 对单位方向矢量 $\boldsymbol{A}$ 进行抽样，得抽样值 $\boldsymbol{a}_i$ $(i=1,2,\ldots,N)$，进而由式(9.78)确定 r_{ai}，可得到 p_f 的无偏估计值为

$$\hat{p}_\mathrm{f}=\frac{1}{N}\sum_{i=1}^{N}\mathrm{I}(-r_{ai})\left[1-F_{\chi^2}(r_{ai}^2)\right] \tag{9.80}$$

式中，$\mathrm{I}(-r_{ai})$ 是考虑到对于某一抽样方向 $\boldsymbol{a}_i$，方程(9.78)无解或有解 $r_{ai}<0$，此时沿方向 $\boldsymbol{a}_i$ 的射线与极限状态面无交点。当式(9.78)在方向 $\boldsymbol{a}_i$ 上有多解时，应选择 $r_{ai}>0$ 的较小者。

上述抽样模拟方法称为**均匀方向抽样方法** (uniform direction sampling)[74]。抽样时亦可先从 $\boldsymbol{Y}$ 得到 $\boldsymbol{y}_i$，再由式(9.75)得到 $\boldsymbol{a}_i$。

若结构的极限状态面为球面 $R=\beta=\mathrm{const.}$，根据式(9.79)，结构的失效概率为 $p_\mathrm{f}=1-F_{\chi^2}(\beta^2)$，故仅需模拟一次即可。因此，均匀方向抽样方法特别适于极限状态面接近于球面的情形。

均匀方向抽样方法也适用于结构体系可靠度的模拟。由于结构体系存在多个极限状态面，在方向 $\boldsymbol{A}=\boldsymbol{a}$ 上可能求得的 r_a 也有多个，应结合具体问题选择。在应用式(9.80)时，对照图 8.2 和图 8.3，对于串联结构体系，应取诸 r_a 的较大者；对于并联结构体系，则应取诸 r_a 的较小者。

例 9.17　结构的功能函数为 $Z=4-(Y_1^2+Y_2^2+Y_3^2)/8-Y_4$，其中 Y_i $(i=1,2,3,4)$ 均为标准正态随机变量。用均匀方向抽样 Monte Carlo 方法估计结构的失效概率。

解　计算程序见清单 9.22。

清单 9.22　例 9.17 的均匀方向抽样 Monte Carlo 方法程序

```
clear; clc;
nS = 1e5; nD = 4;
fp = 0;
for k = 1:nS
    y = randn(nD,1); a = y/norm(y);
    [ra,fv,extflg] = fsolve(@(r)4-sum(r.^2.*a(1:3).^2)/8-r*a(4),...
        0,optimset('Display','Off'));
    if ra > 0 && extflg == 1, fp = fp+1-chi2cdf(ra^2,nD); end
end
pF = fp/nS
```

程序运行结果为：失效概率 $\hat{p}_{\mathrm{f}} = 4.0334 \times 10^{-4}$。 □

例 9.18 一门式框架受总重 $W = 50\,\mathrm{kN}$ 和等效静态地震荷载 KW 作用，其中 K 为地震荷载系数。框架的两柱高 $h = 4.5\,\mathrm{m}$，塑性极限弯矩均为 M_1；梁长 $l = 6\,\mathrm{m}$，塑性极限弯矩为 M_2。K、M_1 和 M_2 都是随机变量，均服从正态分布，其均值和标准差分别为 $\mu_K = 0.3$，$\sigma_K = 0.1$；$\mu_{M_1} = 45\,\mathrm{kN{\cdot}m}$，$\sigma_{M_1} = 6.75\,\mathrm{kN{\cdot}m}$；$\mu_{M_2} = 67.5\,\mathrm{kN{\cdot}m}$，$\sigma_{M_2} = 6.75\,\mathrm{kN{\cdot}m}$。主要失效模式的功能函数分别为 $g_{X1}(\boldsymbol{X}) = 4M_1 - KWh$，$g_{X2}(\boldsymbol{X}) = 4M_1 + 2M_2 - KWh - Wl/2$，$g_{X3}(\boldsymbol{X}) = 2M_1 + 2M_2 - Wl/2$，$g_{X4}(\boldsymbol{X}) = 2M_1 + 4M_2 - KWh - Wl/2$。用均匀方向抽样 Monte Carlo 方法估计该框架的失效概率。

解 计算程序见清单 9.23。

清单 9.23 例 9.18 的均匀方向抽样 Monte Carlo 方法程序

```
clear; clc;
muX = [0.3;45;67.5]; sigmaX = [0.1;6.75;6.75];
nS = 1e5; m = 4;
nD = length(muX); fp = 0;
w = 50; h = 4.5; b = 6;
s(1).g = @(x)4*x(2)-x(1)*w*h;
s(2).g = @(x)4*x(2)+2*x(3)-x(1)*w*h-w*b/2;
s(3).g = @(x)2*x(2)+2*x(3)-w*b/2;
s(4).g = @(x)2*x(2)+4*x(3)-x(1)*w*h-w*b/2;
for k = 1:nS
    y = randn(nD,1); a = y/norm(y);
    for l = 1:m
        [r(l),fv,extflg] = fsolve(@(r)s(l).g(muX+sigmaX.*a*r),...
            0,optimset('Display','Off'));
    end
    ra = r(find(r>0)); ra = min(ra);
    if isempty(ra) ~= 1 && extflg == 1
        fp = fp+1-chi2cdf(ra^2,nD);
    end
end
pF = fp/nS
```

程序运行结果为：失效概率 $\hat{p}_{\mathrm{f}} = 4.8540 \times 10^{-3}$。 □

均匀方向抽样是在整个空间中无重点地全方位抽样。如果将矢径集中指向对结构失效概率贡献大的重要区域，就成为**重要方向抽样方法** (directional importance sampling)[75,76]。

按照重要抽样方法的思想，结构失效概率的表达式(9.79)可写成

$$p_{\mathrm{f}} = \int_B \frac{[1 - F_{\chi^2}(r_b^2)]\, f_A(\boldsymbol{b})}{p_B(\boldsymbol{b})} p_B(\boldsymbol{b})\, \mathrm{d}\boldsymbol{b} \tag{9.81}$$

式中，$p_B(\boldsymbol{b})$ 为**重要方向抽样概率密度函数** (probability density function of directional importance sampling)。

以 $p_B(\boldsymbol{b})$ 对单位方向矢量 $\boldsymbol{B}$ 进行抽样，得抽样值 $\boldsymbol{b}_i$ $(i = 1, 2, \ldots, N)$，进而由式(9.78)得 r_{bi}，则可得到 p_{f} 的无偏估计值为

$$\hat{p}_{\mathrm{f}} = \frac{1}{N} \sum_{i=1}^{N} \mathrm{I}(-r_{bi}) \left[1 - F_{\chi^2}(r_{bi}^2)\right] \frac{f_A(\boldsymbol{b}_i)}{p_B(\boldsymbol{b}_i)} \tag{9.82}$$

用重要方向抽样模拟计算可靠度，需要确定重要区域和 $p_B(\boldsymbol{b})$ 的具体表达式。如果单纯用式(9.24)确定的最大可能点或一次二阶矩方法确定的设计点作为抽样中心 $\boldsymbol{y}^*$，再确定以此中心为原点的单位方向矢量 $\boldsymbol{b} + \boldsymbol{y}^*$，其中 $\|\boldsymbol{b}\| = 1$，则难以确定 $p_B(\boldsymbol{b})$。因此，可以采用下面的方法。

去掉式(4.4)中的二次项并利用式(9.75)，可得极限状态面 $Z = g_Y(\boldsymbol{Y}) = 0$ 在设计点 $\boldsymbol{y}^*$ 处的切平面方程为

$$Z_{\mathrm{L}} = \|\nabla g_Y(\boldsymbol{y}^*)\|(\beta - \boldsymbol{\alpha}_Y^{\top}\boldsymbol{Y}) = \|\nabla g_Y(\boldsymbol{y}^*)\|(\beta - R\boldsymbol{\alpha}_Y^{\top}\boldsymbol{B}) = 0 \tag{9.83}$$

式中，$\boldsymbol{\alpha}_Y$ 由式(4.3)给出。

由式(9.83)知，$Z_{\mathrm{L}} < 0$ 要求 $\boldsymbol{\alpha}_Y^{\top}\boldsymbol{B} > \beta/R > 0$，亦即只有满足 $\boldsymbol{\alpha}_Y^{\top}\boldsymbol{B} > 0$ 的方向 $\boldsymbol{B}$ 才能指向失效域。注意到 $p_{\mathrm{f}} = \Phi(-\beta)$，由式(9.81)得

$$\int_{\boldsymbol{\alpha}_Y^{\top}\boldsymbol{B}>0} \frac{1}{\Phi(-\beta)} \left\{1 - F_{\chi^2}\left[\frac{\beta^2}{(\boldsymbol{\alpha}_Y^{\top}\boldsymbol{b})^2}\right]\right\} f_A(\boldsymbol{b})\, \mathrm{d}\boldsymbol{b} = 1 \tag{9.84}$$

故可将重要方向抽样概率密度函数取作

$$f_B(\boldsymbol{b}) = \frac{1}{\Phi(-\beta)} \left\{1 - F_{\chi^2}\left[\frac{\beta^2}{(\boldsymbol{\alpha}_Y^{\top}\boldsymbol{b})^2}\right]\right\} f_A(\boldsymbol{b}), \quad \boldsymbol{\alpha}_Y^{\top}\boldsymbol{b} > 0 \tag{9.85}$$

当抽样方向 $\boldsymbol{B}$ 使得 $\boldsymbol{\alpha}_Y^{\top}\boldsymbol{B} > 0$ 时，按式(9.85)抽样，样本点全部落入 $Z_{\mathrm{L}} < 0$ 一侧。若 $Z < 0$ 的区域完全包含于 $Z_{\mathrm{L}} < 0$ 的区域时，不必考虑其他抽样方向；否则还需考虑 $\boldsymbol{\alpha}_Y^{\top}\boldsymbol{B} \leq 0$ 的方向 $\boldsymbol{B}$，以使 $Z_{\mathrm{L}} < 0$ 区域之外的 $Z < 0$ 的区域也能落入抽样点。一般情况下，综合了式(9.85)和均匀方向抽样函数 $f_A(\boldsymbol{b})$ 的重要方向抽样概率密度函数的形式可以是

$$f_B(\boldsymbol{b}) = \left\{p + \frac{1-p}{\varPhi(-\beta)}\left\{1 - F_{\chi^2}\left[\frac{\beta^2}{(\boldsymbol{\alpha}_Y^{\top}\boldsymbol{b})^2}\right]\right\}\right\} f_A(\boldsymbol{b}) \tag{9.86}$$

式中，组合系数 $0 < p < 1$ 的值可以根据极限状态面的凸凹程度确定。

按照 $f_B(\boldsymbol{b})$ 进行抽样时，可以先对 $\boldsymbol{Y}$ 进行抽样，这相当于均匀方向抽样，然后再对 $\boldsymbol{Y}$ 的抽样结果进行修正。如图 9.2 所示，矢径 $\boldsymbol{Y} - \boldsymbol{\alpha}_Y^{\top}\boldsymbol{Y}\boldsymbol{\alpha}_Y$ 位于过原点且与 $Z_{\mathrm{L}} = 0$ 平行的超平面上，如果按下面的分布

$$F_V(v) = \begin{cases} p\varPhi(v), & v \leq \beta \\ p\varPhi(v) + (1-p)\left[1 - \dfrac{\varPhi(-v)}{\varPhi(-\beta)}\right], & v > \beta \end{cases} \tag{9.87}$$

对随机变量 V 进行抽样，矢径 $\boldsymbol{Y} + (V - \boldsymbol{\alpha}_Y^{\top}\boldsymbol{Y})\boldsymbol{\alpha}_Y$ 就按式(9.86)规定的概率位于 $Z_{\mathrm{L}} = 0$ 的两侧。可以想象 $p = 0.5$ 时，抽样点落在 $Z_{\mathrm{L}} = 0$ 的两侧的概率各有 0.5。

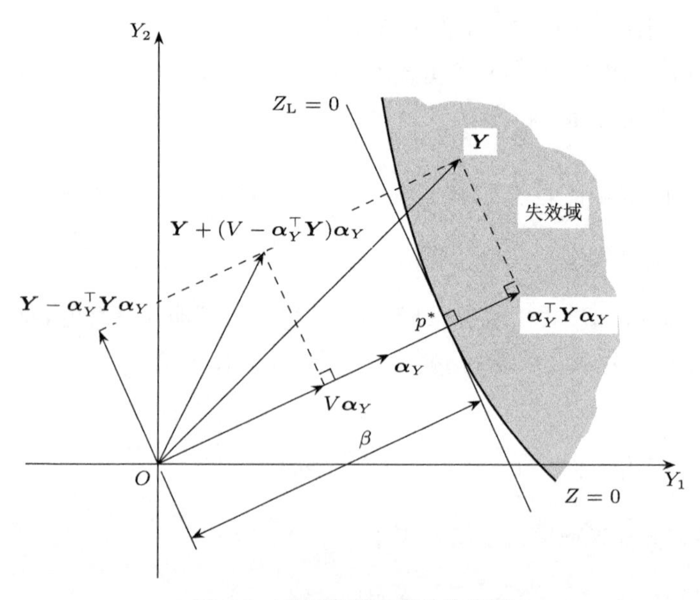

图 9.2 对标准正态变量的校正

式(9.87)所示的随机变量 V 的抽样函数 $F_V(v)$，是为获得重要抽样方向 $\boldsymbol{B}$ 而设计的。V 的抽样可以利用 9.1节所述的反变换方法，抽取区间 $(0,1)$ 上的均匀分布随机变量 U 的随机数 u，V 的抽样值则为 $v=F_V^{-1}(u)$，具体如下：

$$v=\begin{cases}\Phi^{-1}\left(\dfrac{u}{p}\right), & u\leq p\text{且}\Phi^{-1}\left(\dfrac{u}{p}\right)\leq\beta\\ -\Phi^{-1}\left[\dfrac{\Phi(-\beta)(1-u)}{1-p+p\Phi(-\beta)}\right], & \text{其他}u\end{cases}\tag{9.88}$$

重要方向抽样 Monte Carlo 方法模拟计算结构可靠度的步骤为：

(1) 计算 β 和 $\boldsymbol{\alpha}_Y$，通过一次二阶矩方法等方法求解 $g_Y(\boldsymbol{y})$ 的可靠度问题。
(2) 按标准正态分布抽样得样本 $\boldsymbol{y}_i$ $(i=1,2,\ldots,N)$。
(3) 按区间 $(0,1)$ 上的标准均匀分布抽样得样本 u_i $(i=1,2,\ldots,N)$。
(4) 假定 p 值，按式(9.88)得样本 v_i $(i=1,2,\ldots,N)$。
(5) 计算 $\boldsymbol{b}_i$ $(i=1,2,\ldots,N)$，利用 $\boldsymbol{b}'_i=\boldsymbol{y}_i+(v_i-\boldsymbol{\alpha}_Y^\top\boldsymbol{y}_i)\boldsymbol{\alpha}_Y$ 和 $\boldsymbol{b}_i=\boldsymbol{b}'_i/\|\boldsymbol{b}'_i\|$。
(6) 计算 $f_B(\boldsymbol{b}_i)$ $(i=1,2,\ldots,N)$，利用式(9.86)。
(7) 计算 $\hat{p}_\mathrm{f}$，利用式(9.82)。

例 9.19　用重要方向抽样 Monte Carlo 方法计算例 4.1 中结构的失效概率。

解　计算程序见清单 9.24。

清单 9.24　例 9.19 的重要方向抽样 Monte Carlo 方法程序

```
clear; clc;
muX = [1;20;48]; sigmaX = [0.16;2;3];
sLn = sqrt(log(1+(sigmaX(1)/muX(1))^2)); mLn = log(muX(1))-sLn^2/2;
aEv = sigmaX(2)*sqrt(6)/pi; uEv = -psi(1)*aEv-muX(2);
t = 1+(sigmaX(3)/muX(3))^2;
s = fsolve(@(r)gamma(1+2*r)./gamma(1+r).^2-t,1,...
    optimset('TolFun',0));
eWb = muX(3)/gamma(1+s); mWb = 1/s;
x = muX; x0 = repmat(eps,length(muX),1);      % FORM
cdfX = [logncdf(x(1),mLn,sLn);1-evcdf(-x(2),uEv,aEv);...
    wblcdf(x(3),eWb,mWb)];
```

```
y = norminv(cdfX);
while norm(x-x0)/norm(x0) > 1e-6
    x0 = x;
    g = x(3)-sqrt(300*x(1)^2+1.92*x(2)^2);
    gX = [-300*x(1)/sqrt(300*x(1)^2+1.92*x(2)^2);...
        -1.92*x(2)/sqrt(300*x(1)^2+1.92*x(2)^2);1];
    pdfX = [lognpdf(x(1),mLn,sLn);evpdf(-x(2),uEv,aEv);...
        wblpdf(x(3),eWb,mWb)];
    xY = normpdf(y)./pdfX; gY = gX.*xY;
    alphaY = -gY/norm(gY);
    bbeta = (g-gY.'*y)/norm(gY);
    y = bbeta*alphaY;
    cdfY = normcdf(y);
    x = [logninv(cdfY(1),mLn,sLn);-evinv(1-cdfY(2),uEv,aEv);...
        wblinv(cdfY(3),eWb,mWb)];
end
nS = 1e5; p = 0.3;     % Directional importance sampling
p1 = (1-p)/normcdf(-bbeta); p2 = p1+p;
nD = length(muX); fp = 0;;
for k = 1:nS
    y = randn(nD,1);
    u = rand; t = u/p; s = norminv(t);
    if t < 1 && s <= bbeta, v = s;
    else v = -norminv((1-u)/p2);
    end
    b = y+(v-alphaY.'*y)*alphaY; b = b/norm(b);
    pb = p+p1*(1-chi2cdf((bbeta/(alphaY.'*b))^2,nD));
    [rb,fv,extflg] = fsolve(@(r)wblinv(normcdf(r*b(3)),eWb,mWb)-...
        sqrt(300*logninv(normcdf(r*b(1)),mLn,sLn)^2+...
        1.92*(-evinv(1-normcdf(r*b(2)),uEv,aEv))^2),...
        0,optimset('Display','Off'));
    if rb > 0 && extflg == 1
        fp = fp+(1-chi2cdf(rb^2,nD))/pb;
```

```
    end
end
pF = fp/nS
```

程序运行结果为：失效概率 $\hat{p}_{\mathrm{f}} = 1.8452 \times 10^{-3}$。

9.7 Latin 超立方抽样 Monte Carlo 方法

前述 Monte Carlo 模拟中的随机抽样就是按照概率分布生成随机样本。这种抽样完全是随机的，在变量分布的范围内，样本可以落在任何位置。当然，样本更有可能从高发生概率的区域中抽取。每个随机样本使用累积分布区间 $[0,1]$ 上的一个随机数。当抽样数较少时，样本会聚集在高发生概率的局部区域，不能十分有效地用以估算结构失效概率这样的小概率。这个问题导致了分层抽样技术，如 Latin 超立方抽样。

Latin 超立方抽样 (Latin hypercube sampling, LHS) 需要先决定所需的抽样次数，对变量的概率分布进行分层，在累积概率尺度 $[0,1]$ 上把累积分布曲线分成相等的区间。然后从概率分布的每个区间或分层中抽取样本，并用来代表每个区间的值，这些区间上的值最后被用于重建变量的概率分布。

用 Latin 超立方抽样对随机向量 $\boldsymbol{X} = (X_1, X_2, \ldots, X_n)^\top$ 抽取 N 个样本 $\boldsymbol{x}_i = (x_{i1}, x_{i2}, \ldots, x_{in})^\top$ $(i = 1, 2, \ldots, N)$ 的方法如下：

(1) 将每个随机变量 X_j $(j = 1, 2, \ldots, n)$ 的范围分成 N 个相等的等概率区间，即将变量 X_j 的累积分布函数 $F_{X_j}(x_j)$ 的值域 $[0,1]$ 等分成 N 个相互不重叠的子区间 $[0, 1/N]$, $(1/N, 2/N]$, …, $(1-1/N, 1]$。

(2) 对每个变量 X_j，在它的所有 N 个子区间内各抽取一个样本。每一个子区间都仅产生一个随机数，作为区间的代表值。对第 i 区间，其区间代表值 u_i 当随机选取时，可先产生 $\mathrm{U}(0,1)$ 随机数 u，则 $u_i = (i-1+u)/N$；当取作区间中心时，$u_i = (i-1/2)/N$。用 9.1节的反变换方法即可由 u_i 得到 X_j 在第 i 个区间的样本值。

(3) 对每个变量 X_j 的 N 个样本值按所属区间的序号进行随机排列，然后按变量顺序放在一起。这相当于构造一个 N 行 n 列抽样序数矩阵 $\boldsymbol{R} = [r_{ij}]_{N\times n}$，变量顺序即列序，每一列都是序数 $1, 2, \ldots, N$ 的随机排列，且没有相同的列，每个变量的 N 个样本按照列中的数字排列。

由 Latin 超立方抽样的方法可知，对于任何一个随机变量，其累积分布的分层数目都等于抽样次数，每个分层都有一个样本被取出，而且一旦样本从某分层抽取之后，这个分层将不再被抽样，它的值在样本集中已经有代表了。

在统计抽样中，一个容纳样本位置的方形网格当每行每列只有一个样本时就是一个 **Latin 方** (Latin square)。**Latin 超立方** (Latin hypercube) 则是这一概念向任意多维的拓展，其中每个样本在每个坐标轴的超平面中是唯一的。上述 N 个样本点的放置满足 Latin 方的要求，可注意到这只有在每一个变量都做相同数目的划分才行。

Latin 超立方抽样的序数矩阵 $\boldsymbol{R}$ 是随机产生的，在其各列难免会引入了一定的统计相关，这可能影响模拟结果。一种减小统计相关的方法利用了序数矩阵 $\boldsymbol{R}$ 的 Spearman 秩相关系数[77]。序数矩阵 $\boldsymbol{R}$ 的各列间的相关性由 Spearman 秩相关矩阵 $\boldsymbol{\rho}_{\mathrm{S}} = [\rho_{ij\mathrm{S}}]_{n\times n}$ 描述，其第 i 列与第 j 列的 Spearman 秩相关系数利用式(9.20)可以求得，即

$$\rho_{ij\mathrm{S}} = 1 - \frac{6}{N(N^2-1)}\sum_{k=1}^{N}(r_{ki} - r_{kj})^2 \tag{9.89}$$

显然矩阵 $\boldsymbol{\rho}_{\mathrm{S}}$ 是对称的，且在各列不相关的情况下等于单位矩阵 $\boldsymbol{I}_n$。考虑到矩阵 $\boldsymbol{R}$ 的实现过程中没有排序相同的列，矩阵 $\boldsymbol{\rho}_{\mathrm{S}}$ 为正定的。

对称正定矩阵 $\boldsymbol{\rho}_{\mathrm{S}}$ 可用一个可逆矩阵 $\boldsymbol{P}$，通过合同变换变成单位阵 $\boldsymbol{I}_n$，即 $\boldsymbol{P}^{\top}\boldsymbol{\rho}_{\mathrm{S}}\boldsymbol{P} = \boldsymbol{I}_n$。对 $\boldsymbol{\rho}_{\mathrm{S}}$ 进行 Cholesky 分解，即 $\boldsymbol{\rho}_{\mathrm{S}} = \boldsymbol{Q}\boldsymbol{Q}^{\top}$，其中 $\boldsymbol{Q}$ 为下三角矩阵，进而可得矩阵 $\boldsymbol{P}$，$\boldsymbol{P}^{-1} = \boldsymbol{Q}^{\top}$。作变换

$$\boldsymbol{R}' = \boldsymbol{R}\boldsymbol{P}^{-1} = \boldsymbol{R}\boldsymbol{Q}^{\top} \tag{9.90}$$

矩阵 $\boldsymbol{R}'$ 各列间的统计相关由其按式(9.20)重新计算的相关矩阵 $\boldsymbol{\rho}'_{\mathrm{S}}$ 描述，可以证明矩阵 $\boldsymbol{\rho}'_{\mathrm{S}}$ 更接近于单位阵[78]。按 $\boldsymbol{R}'$ 中列元素的大小顺序重新排列 $\boldsymbol{R}$ 的相应列，$\boldsymbol{R}$ 中两列的序差与 $\boldsymbol{R}'$ 中相对应的两列的序差相同，此时 $\boldsymbol{R}$ 和 $\boldsymbol{R}'$ 的秩相关系数矩阵也相同，$\boldsymbol{\rho}_{\mathrm{S}} = \boldsymbol{\rho}'_{\mathrm{S}}$。反复进行以上过程, 可以使随机排列的序数矩阵 $\boldsymbol{R}$ 的 Spearman 秩相关系数矩阵 $\boldsymbol{\rho}_{\mathrm{S}}$ 越来越接近于单位阵，$\boldsymbol{R}$ 各列间的统计相关性得以减小。

Latin 超立方抽样将每个随机变量的范围做了相同数目的等概率层分，每层中只容纳一个样本点，从而保证抽样点遍布变量的整个范围，较少的抽样就能反映变量分布特征，这种设计对有效地模拟计算结构的失效概率是十分有利的。中心 Latin 超立方抽样 (centered Latin hypercube sampling, centered LHS) 和随机

Latin 超立方抽样 (randomized Latin hypercube sampling, randomized LHS) 都可应用于可靠度模拟中。

MATLAB 具有 Latin 超立方抽样设计函数 `lhsdesign`，可进行标准均匀分布随机抽样。对于两个服从 U(0, 1) 的随机变量 X_1 和 X_2，用不同方式的 Latin 超立方抽样在单位正方形中分别生成 5 个样本。图 9.3 所示为以概率子区间随机数为代表值时的一次设计，可以看到样本点的安排满足 Latin 方的要求，与简单随机抽样时样本点完全随机地分布在正方形中有显著的区别。图 9.4 所示为以概率子区间的中点为代表值时某次设计产生的样本点。图 9.5 为具有减小秩相关系数过程的中心 Latin 超立方设计产生的一组样本点，将 X_1 样本的序数 1, 4, 5, 2, 3，以及 X_2 样本的序数 2, 1, 4, 5, 3，代入式(9.20)，或者直接根据样本值用 MATLAB 函数 `corr` 计算 Spearman 秩相关系数矩阵，都能验证此时 Spearman 秩相关系数 $\rho_{12} = 0$。

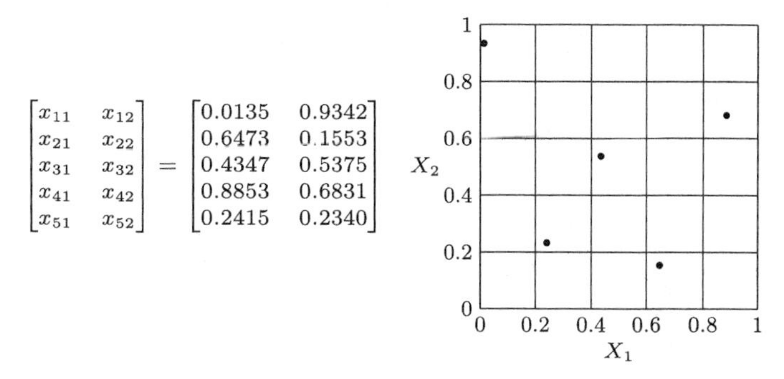

图 9.3　标准均匀分布变量 X_1 和 X_2 的 5 个随机 Latin 超立方样本

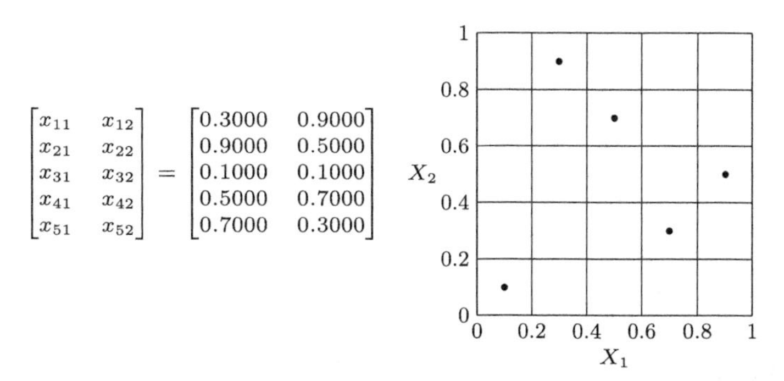

图 9.4　标准均匀分布变量 X_1 和 X_2 的 5 个中心 Latin 超立方样本

一旦利用 MATLAB 函数 `lhsdesign` 生成标准均匀分布样本，利用 9.1节的反变换方法可以使某一列样本服从任何指定的概率分布。

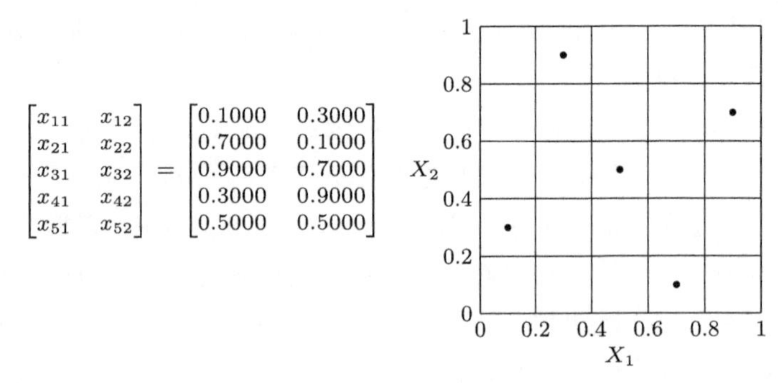

图 9.5 标准均匀分布变量 X_1 和 X_2 的 5 个减小秩相关后的中心 Latin 超立方样本

例 9.20 构件的弯曲强度极限状态方程为 $Z = F_{\mathrm{y}}W - M$，其中屈服应力 F_{y} 服从正态分布，均值 $\mu_{F_{\mathrm{y}}} = 262\,\mathrm{MPa}$，变异系数 $V_{V_{\mathrm{y}}} = 0.10$；截面模量 W 服从对数正态分布，$\mu_W = 8.2 \times 10^{-4}\,\mathrm{m}^3$，$V_W = 0.05$；截面弯矩 M 服从极值 II 型分布，$\mu_M = 0.113\,\mathrm{N{\cdot}m}$，$V_M = 0.30$。用 Latin 超立方抽样 Monte Carlo 方法计算构件的失效概率。

解 从式(4.29)可以求解极值 II 型分布的参数 k 和 v。求解参数 k 的方程为

$$\frac{\Gamma\left(1 - \dfrac{2}{k}\right)}{\left[\Gamma\left(1 - \dfrac{1}{k}\right)\right]^2} = 1 + \frac{\sigma_X^2}{\mu_X^2} = 1 + V_X^2, \quad k > 2 \tag{9.91}$$

MATLAB 没有关于极值 II 型分布的函数，其计算可借助广义极值分布的有关函数。比较式(4.27)与式(4.30)，或比较式(4.28)与式(4.31)，可知若利用广义极值分布解决有关极值 II 型分布的问题，须 $m_1 = 1/k$、$\alpha_1 = v/k$ 及 $u_1 = v$。

计算程序见清单 9.25。

清单 9.25 例 9.20 的 Latin 超立方抽样 Monte Carlo 方法程序

```
clear; clc;
muX = [262;82e-5;11.3e-2]; cvX = [0.1;0.05;0.3];
sigmaX = cvX.*muX;
sLn = sqrt(log(1+cvX(2)^2)); mLn = log(muX(2))-sLn^2/2;
t = 1+cvX(3)^2;
kk = fsolve(@(k)gamma(1-2/k)./gamma(1-1/k).^2-t,10);
mEv2 = 1/kk; v = muX(3)/gamma(1-mEv2); aEv2 = v/kk; uEv2 = v;
```

```
nS = 1e7; nS1 = 1e6; nF = 0;
for k =1:nS/nS1
    y = lhsdesign(nS1,3);
    x = [norminv(y(:,1),muX(1),sigmaX(1)),...
        logninv(y(:,2),mLn,sLn),gevinv(y(:,3),mEv2,aEv2,uEv2)];
    g = x(:,1).*x(:,2)-x(:,3);
    nF = nF+length(find(g<0));
end
pF = nF/nS
```

程序运行结果为：失效概率 $\hat{p}_{\rm f} = 2.0522 \times 10^{-2}$。

根据式(2.11)，失效概率的精确解为

$$
\begin{aligned}
p_{\rm f} &= \int_{f_{\rm y}w \le m} f_{F_{\rm y}}(f_{\rm y}) f_W(w) f_M(m)\,{\rm d}f_{\rm y}{\rm d}w{\rm d}m \\
&= \int_0^{\infty} f_W(w) \int_{-\infty}^{\infty} f_{F_{\rm y}}(f_{\rm y}) \int_{f_{\rm y}w}^{\infty} f_M(m)\,{\rm d}m\,{\rm d}f_{\rm y}{\rm d}w \\
&= 1 - \int_0^{\infty} f_W(w) \int_{-\infty}^{\infty} f_{F_{\rm y}}(f_{\rm y}) F_M(f_{\rm y}w)\,{\rm d}f_{\rm y}{\rm d}w
\end{aligned}
$$

利用上式的计算程序见清单 9.26。

清单 9.26　例 9.20 按定义计算失效概率的程序

```
clear; clc;
muX = [262;82e-5;0.113]; cvX = [0.1;0.05;0.3];
sigmaX = cvX.*muX;
sLn = sqrt(log(1+cvX(2)^2)); mLn = log(muX(2))-sLn^2/2;
c = 1+cvX(3)^2; k = fsolve(@(k)gamma(1-2/k)./gamma(1-1/k).^2-c,10);
mEv2 = 1/k; v = muX(3)/gamma(1-mEv2); aEv2 = v/k; uEv2 = v;
f0 = @(x,y)normpdf(x,muX(1),sigmaX(1)).*lognpdf(y,mLn,sLn);
f1 = @(x,y,z)f0(x,y).*gevpdf(z,mEv2,aEv2,uEv2);
zmin = @(x,y)x.*y;
pF1 = integral3(f1,-Inf,Inf,0,Inf,zmin,Inf,...
    'AbsTol',0,'RelTol',1e-10)
f2 = @(x,y)f0(x,y).*gevcdf(x.*y,mEv2,aEv2,uEv2);
```

```
pF2 = 1-integral2(f2,-Inf,Inf,0,Inf,'AbsTol',0,'RelTol',1e-10)
```

清单 9.26 程序运行结果为：失效概率 $p_\mathrm{f} = 2.0513 \times 10^{-2}$。 □

例 9.21 并联结构体系各失效状态的功能函数为 $Z_i = 2.5+0.25\cos(i\pi/5)-X_i - X_{i+1}$ $(i = 1,2,3,4)$，变量 X_i $(i = 1,2,\ldots,5)$ 之间相互独立，均服从标准正态分布。用 Latin 超立方抽样 Monte Carlo 方法计算结构体系的失效概率。

解 MATLAB 的统计学工具箱有正态分布 Latin 超立方抽样函数 `lhsnorm`，可直接应用。

计算程序见清单 9.27。

清单 9.27 例 9.21 的 Latin 超立方抽样 Monte Carlo 方法程序

```
clear; clc;
a = cos(pi/5*[1:4])/4+2.5;
nS = 1e8; nS1 = 1e6; nF = 0;
for k = 1:nS/nS1
    x = lhsnorm(zeros(5,1),eye(5),nS1);
    g = x(:,1:4)+x(:,2:5);
    for l = 1:4
        g(:,l) = a(l)-g(:,l);
    end
    g1 = max(g,[],2);
    nF = nF+length(find(g1<0));
end
pF = nF/nS
```

程序运行结果为：失效概率 $\hat{p}_\mathrm{f} = 1.7213 \times 10^{-4}$。 □

相关随机变量的 Latin 超立方抽样方法，与 9.2节的直接抽样 Monte Carlo 方法中给出的计算步骤是相同的，只需将其中关于独立或相关标准正态变量的简单随机抽样换作相应的 Latin 超立方抽样即可。

例 9.22 结构的功能函数为 $Z = 145-X_1-X_2-X_3$，其中 X_1、X_2 和 X_3 均服从正态分布，均值为 $\boldsymbol{\mu}_X = (40,15,50)^\top$，标准差为 $\boldsymbol{\sigma}_X = (10,5,10)^\top$。$X_1$、$X_2$ 和 X_3 受共同因素影响，预计会部分相关，设相关系数为 $\rho_{X_1X_2} = \rho_{X_1X_3} = \rho_{X_2X_3} = 0.5$。用 Latin 超立方抽样 Monte Carlo 方法计算失效概率。

解 计算程序见清单 9.28。

清单 9.28　例 9.22 的 Latin 超立方抽样 Monte Carlo 方法程序

```
clear; clc;
muX = [40;15;50]; sigmaX = [10;5;10];
rhoX = (ones(3)-eye(3))/2+eye(3);
covX = diag(sigmaX)*rhoX*diag(sigmaX);
samplingChoice = 'lineartrans';
switch samplingChoice
    case 'lineartrans'
        nD = length(muX);
        a = chol(covX,'lower');
end
nS = 1e7; nS1 = 1e6; nF = 0;
for k = 1:nS/nS1
    switch samplingChoice
        case 'lineartrans'
            y = lhsnorm(zeros(nD,1),eye(nD),nS1); x = y*a.';
            for l = 1:nD, x(:,l) = x(:,l)+muX(l); end
        otherwise, x = lhsnorm(muX.',covX,nS1);
    end
    g = 145-sum(x,2);
    g1 = min(g,[],2);
    nF = nF+length(find(g1<0));
end
pF = nF/nS
bbeta = -norminv(pF)
```

程序运行结果为:失效概率 $\hat{p}_{\mathrm{f}} = 2.6144\times10^{-2}$,由此算出可靠指标 $\hat{\beta} = 1.9404$。

根据式(2.36)和式(2.34)，可靠指标和失效概率的精确值分别为 $\beta = 1.9403$，$p_{\mathrm{f}} = 2.6173 \times 10^{-2}$。□

例 9.23　用 Latin 超立方抽样 Monte Carlo 方法计算例 9.4 中结构体系的失效概率。

解　计算程序见清单 9.29，此主程序需要调用清单 9.5 中给出的自定义函数 `rhoevievi`。

清单 9.29 例 9.23 的 Latin 超立方抽样 Monte Carlo 方法程序

```
clear; clc;
muX = [10;7;5.5;9;13;15]; sigmaX = [4;3;2;1.6;2;2.4];
rhoX = [1,0.5,0.2,0,0,0;0.5,1,0.5,0,0,0;0.2,0.5,1,0,0,0;...
    0,0,0,1,0.3,0;0,0,0,0.3,1,0.3;0,0,0,0,0.3,1];
cvX = sigmaX./muX;
aEv = sqrt(6)*sigmaX(1:3)./pi; uEv = -psi(1)*aEv-muX(1:3);
sLn = sqrt(log(1+cvX(4:6).^2)); mLn = log(muX(4:6))-sLn.^2/2;
nD = length(muX);
rhoY = zeros(nD);
rhoY(1,2) = rhoevievi(muX(1:2),sigmaX(1:2),rhoX(1,2));
rhoY(1,3) = rhoevievi(muX([1,3]),sigmaX([1,3]),rhoX(1,3));
rhoY(4,5) = log(1+rhoX(4,5)*cvX(4)*cvX(5))/...
    sqrt(log(1+cvX(4)^2)*log(1+cvX(5)^2));
rhoY(2,3) = rhoY(1,2); rhoY(5,6) = rhoY(4,5);
rhoY = rhoY+rhoY.'+eye(nD);
samplingChoice = 'lineartrans';
switch samplingChoice
    case 'lineartrans', a = chol(rhoY,'lower');
end
nS = 1e8; nS1 = 1e6; nF = 0;
for k = 1:nS/nS1
    switch samplingChoice
        case 'lineartrans'
            z = lhsnorm(zeros(1,nD),eye(nD),nS1); y = z*a.';
        otherwise, y = lhsnorm(zeros(1,nD),rhoY,nS1);
    end
    cdfY = normcdf(y);
    for l = 1:3
        x(:,l) = -evinv(1-cdfY(:,l),uEv(l),aEv(l));
        x(:,l+3) = logninv(cdfY(:,l+3),mLn(l),sLn(l));
    end
```

```
    g = 4*x(:,4:6)-[x(:,1),sum(x(:,1:2),2),sum(x(:,1:3),2)];
    g1 = min(g,[],2);
    nF = nF+length(find(g1<0));
end
pF = nF/nS
```

程序运行结果为：失效概率 $\hat{p}_{\mathrm{f}} = 2.4121 \times 10^{-3}$。

第 10 章　基于人工神经网络的结构可靠度计算方法

在进行结构可靠度分析时，如果功能函数已知，就可以直接应用一次二阶矩方法、二次二阶矩方法、Monte Carlo 方法等多种方法。但是很多结构的功能函数是隐含形式的，没有明确的解析表达式，结构的响应需要通过复杂的数值计算或通过试验来得到，这给结构可靠度的计算带来了困难。

人工神经网络[5] 具有信息的分布表示、运算的全局并行和局部操作、处理的非线性等特点，具有良好的学习功能和推理能力，适合处理对大量数据进行分类、建立复杂的非线性映射[79,80] 等问题。在设法获得有限的基本变量与结构响应数据后，即可利用人工神经网络来逼近结构的功能函数，用人工神经网络模拟真实的结构。基于人工神经网络可以平行地建立结构可靠度分析的一次二阶矩方法、二次二阶矩方法、Monte Carlo 方法等[81]。

基于人工神经网络的结构可靠度分析方法，解决了隐式功能函数问题，能够大大减少实际数值计算或试验的次数。

10.1　人工神经网络方法

人工神经网络 (artificial neural networks, ANNs)，或简称**神经网络** (neural networks, NNs)，是人脑及其活动的一类理论化的数学模型。一个人工神经网络由一系列处理单元通过适当的方式互联构成，是一个非线性自适应系统。

人工神经元 (artificial neuron) 是人工神经网络结构中的最基本的处理单元。人工神经元是生物神经元的近似模拟，具有生物神经细胞的最基本特征，如时空整合功能，兴奋和抑制两种状态，学习、遗忘和饱和效应。人工神经网络的结构和特性是由神经元的特性和它们之间的连接方式决定的，建立一个人工神经网络系统，首先要构造人工神经元模型。

人工神经元相当于一个多输入单输出的非线性阈值元件，神经元之间的连接强度称突触权或连接权，神经元输出信号的强度反映了该神经元对相邻神经元影响的强弱。设其输入向量为 $\boldsymbol{X} = (X_1, X_2, \ldots, X_n)^\top$，相应的连接权向量为 $\boldsymbol{W} = (W_1, W_2, \ldots, W_n)^\top$，阈值为 θ。称 $\sum_{i=1}^{n} W_i X_i = \boldsymbol{W}^\top \boldsymbol{X}$ 为激活值，表示该神经

元所获得的输入的累积效果。神经元的输出 Y 可表示成

$$Y = f\left(\sum_{i=1}^{n} W_i X_i - \theta\right) = f(\boldsymbol{W}^\top \boldsymbol{X} - \theta) \tag{10.1}$$

式中，$f(\cdot)$ 称为**传递函数** (transfer function) 或**激活函数** (activation function)。此时神经元模型如图 10.1(a) 所示。

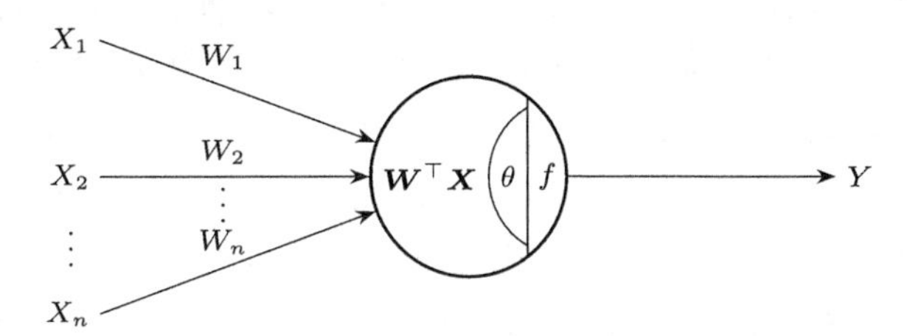

(a) 阈值显式表示的神经元

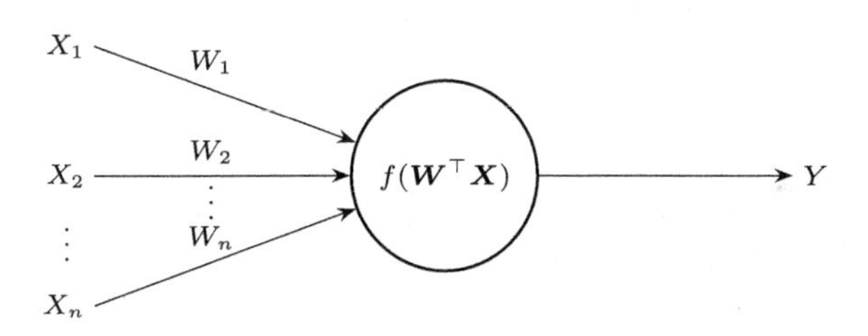

(b) 阈值作为连接权的神经元

图 10.1　人工神经元模型

阈值 θ 一般并不是一个常值，而是随着神经元的兴奋程度而变化的。通常假设实际输入变量为 $X_1, X_2, \ldots, X_{n-1}$，再设 $X_n = -1$，$W_n = \theta$，这样就将阈值也作为连接权来考虑，此时神经元模型如图 10.1(b) 所示，式(10.1)相应地简化成

$$Y = f\left(\sum_{i=1}^{n} W_i X_i\right) = f(\boldsymbol{W}^\top \boldsymbol{X}) \tag{10.2}$$

传递函数有多种形式，如常用的 sigmoid 函数 (sigmoid function) 为

$$f(x) = \frac{1}{1 + \exp(-x)} \tag{10.3}$$

人工神经元之间通过互联形成网络。当网络的连接权矩阵确定后，网络的连接

模式也就确定了，并且形成一定的拓扑结构。**前向型神经网络** (feedforward neural network) 将神经元分为层，每一层内的神经元之间没有信息交流，信息逐层向后传递。**反馈型神经网络** (recurrent neural network, RNN) 则将整个网络作为一个整体，神经元相互作用，神经元之间的连接形成一个有向循环，计算是整体的。

在人工神经网络中信息处理过程或存贮的改变是通过修改神经元之间的连接模式完成的，这一修改过程称作神经网络的**学习** (learning) 或**训练** (training)。人工神经网络的学习过程就是不断修改权矩阵的过程。对于一个特定的抽象学习任务，可采用不同的**学习规则** (learning paradigm)。在一组正确的输入输出结果的条件下，神经网络依据这些数据，调整并确定权值，使得网络输出同理想输出偏差尽量小的方法称为**监督学习** (supervised learning)。在只有输入数据而不知输出结果的前提下，确定权值的方法称**无监督学习** (unsupervised learning)。有很多**训练算法**用于训练神经网络，其大多都是直接应用优化理论和统计估计方法，通过改变网络参数，使某种形式的梯度下降。

在不同的人工神经网络算法中，应用最广的是采用误差逆传播算法的多层前向神经网络或称 **BP 神经网络** (backward propagation of errors, backpropagation)。

一般的 L 层 BP 神经网络如图 10.2 所示。记输入层为第 0 层，输出层为第 L 层，中间层或称隐层依次为第 1 层至第 $L-1$ 层。第 k 层的神经元数为 n_k，第 $k-1$ 层到第 k 层的权矩阵为 $\boldsymbol{W}_k=[W_{ij}^k]_{n_{k-1}\times n_k}$，其中 W_{ij}^k 表示第 $k-1$ 层第 i 个神经元与第 k 层第 j 个神经元的连接权。

假设网络的原始输入向量为 $\boldsymbol{X}=(X_1,X_2,\ldots,X_{n_0})^\top$，则第 1 层的接收值向量为 $\boldsymbol{Z}_1=\boldsymbol{W}_1^\top\boldsymbol{X}$，输出向量为 $\boldsymbol{Y}_1=(Y_1^1,Y_2^1,\ldots,Y_{n_1}^1)^\top$；第 k 层 $(k\geq 2)$ 的接收值向量为 $\boldsymbol{Z}_k=\boldsymbol{W}_k^\top\boldsymbol{Y}_{k-1}$，输出向量为 $\boldsymbol{Y}_k=(Y_1^k,Y_2^k,\ldots,Y_{n_k}^k)^\top$，其中

$$Y_i^k=f_i^k(Z_i^k),\quad i=1,2,\ldots,n_k;\ k=1,2,\ldots,L \tag{10.4}$$

式中，$f_i^k(\cdot)$ 为第 k 层第 i 个神经元的传递函数。

网络的学习就是要确定权矩阵 $\boldsymbol{W}_k$ $(k=1,2,\ldots,L)$，使得网络理想输出 $\boldsymbol{T}=(T_1,T_2,\ldots,T_{n_L})^\top$ 与实际输出 $\boldsymbol{Y}_L$ 的误差 e 最小。最终的误差 e 是逐层传播形成的，因而可以表示成

$$e(\boldsymbol{W}_1,\boldsymbol{W}_2,\ldots,\boldsymbol{W}_L)=\frac{1}{2}(\boldsymbol{Y}_L-\boldsymbol{T})^\top(\boldsymbol{Y}_L-\boldsymbol{T}) \tag{10.5}$$

式中的因子 1/2 是为了下面公式的推导方便而加上的。

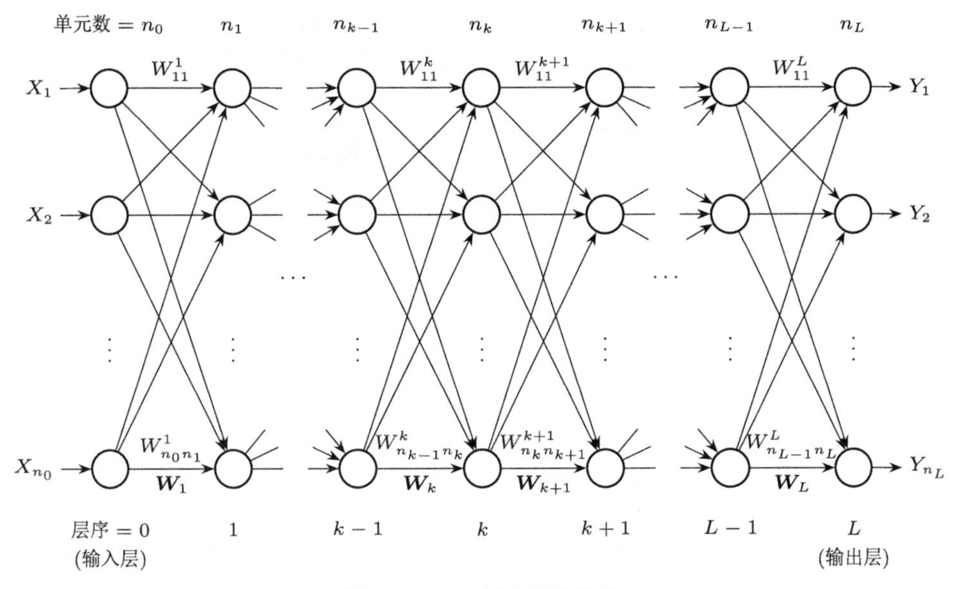

图 10.2　BP 神经网络结构

学习规则采用所谓 **delta 学习规则** (delta learning rule) 或 **Widrow-Hoff 学习规则** (Widrow-Hoff learning rule)，属于监督学习。它利用误差的负梯度来调整连接权，使网络输出误差单调减少。因此需确定误差函数(10.5)的梯度，即计算其对各层权矩阵的偏导数。

对于第 L 输出层，有

$$\frac{\partial e}{\partial W_{ij}^L} = (Y_j^L - T_j)\frac{\partial Y_j^L}{\partial W_{ij}^L} = (Y_j^L - T_j)\frac{\mathrm{d}Y_j^L}{\mathrm{d}Z_j^L}Y_i^{L-1} \tag{10.6}$$

对于第 $L-1$ 层，有

$$\begin{aligned}\frac{\partial e}{\partial W_{ij}^{L-1}} &= \sum_{m=1}^{n_L}(Y_m^L - T_m)\frac{\partial Y_m^L}{\partial W_{ij}^{L-1}} = \sum_{m=1}^{n_L}(Y_m^L - T_m)\frac{\mathrm{d}Y_m^L}{\mathrm{d}Z_m^L}\frac{\partial Z_m^L}{\partial W_{ij}^{L-1}} \\ &= \sum_{m=1}^{n_L}(Y_m^L - T_m)\frac{\mathrm{d}Y_m^L}{\mathrm{d}Z_m^L}\sum_{l=1}^{n_{L-1}} W_{lm}^L \frac{\partial Y_l^{L-1}}{\partial W_{ij}^{L-1}} \\ &= \sum_{m=1}^{n_L}(Y_m^L - T_m)\frac{\mathrm{d}Y_m^L}{\mathrm{d}Z_m^L}W_{jm}^L\frac{\mathrm{d}Y_j^{L-1}}{\mathrm{d}Z_j^{L-1}}Y_i^{L-2}\end{aligned} \tag{10.7}$$

同理，对第 k 层 $(1 \le k \le L-2)$，有

$$\frac{\partial e}{\partial W_{ij}^k} = \sum_{p=1}^{n_L} (Y_p^L - T_p) \frac{\mathrm{d}Y_p^L}{\mathrm{d}Z_p^L} \sum_{n=1}^{n_{L-1}} W_{np}^L \frac{\mathrm{d}Y_n^{L-1}}{\mathrm{d}Z_n^{L-1}} \cdots$$
$$\cdot \sum_{l=1}^{n_{k+1}} W_{lm}^{k+2} \frac{\mathrm{d}Y_l^{k+1}}{\mathrm{d}Z_l^{k+1}} W_{jl}^{k+1} \frac{\mathrm{d}Y_j^k}{\mathrm{d}Z_j^k} Y_i^{k-1} \tag{10.8}$$

式中，对于 $k=1$，$Y_i^0 = X_i \ (i=1,2,\ldots,n_0)$。

式(10.6) ~ 式(10.8)可以统一写成以下简洁的形式：

$$\frac{\partial e}{\partial \boldsymbol{W}_k} = \boldsymbol{Y}_{k-1} (\boldsymbol{Y}_L - \boldsymbol{T})^\top \boldsymbol{J}_{Y_L Z_L} \boldsymbol{W}_L^\top \boldsymbol{J}_{Y_{L-1} Z_{L-1}} \cdots$$
$$\cdot \boldsymbol{W}_{k+2}^\top \boldsymbol{J}_{Y_{k+1} Z_{k+1}} \boldsymbol{W}_{k+1}^\top \boldsymbol{J}_{Y_k Z_k}, \quad k = L, L-1, \ldots, 1 \tag{10.9}$$

式中，对于 $k=1$，$\boldsymbol{Y}_0 = \boldsymbol{X}$。

第 k 层接收值 $\boldsymbol{Z}_k$ 与输出值 $\boldsymbol{Y}_k$ 的关系由式(10.4)给出，由此得式(10.9)中的 Jacobi 矩阵

$$\boldsymbol{J}_{Y_k Z_k} = \frac{\partial \boldsymbol{Y}_k}{\partial \boldsymbol{Z}_k} = \mathrm{diag}\left[\frac{\mathrm{d}Y_1^k}{\mathrm{d}Z_1^k}, \frac{\mathrm{d}Y_2^k}{\mathrm{d}Z_2^k}, \ldots, \frac{\mathrm{d}Y_{n_k}^k}{\mathrm{d}Z_{n_k}^k}\right]$$
$$= \mathrm{diag}[f_1^{k\prime}(Z_1^k), f_2^{k\prime}(Z_2^k), \ldots, f_{n_k}^{k\prime}(Z_{n_k}^k)], \quad k = 1, 2, \ldots, L \tag{10.10}$$

式(10.10)要求 BP 神经网络中的传递函数必须是可微的。常采用 sigmoid 函数，如式(10.3)所示。

网络每得到一个样本，就会学习并更新连接权。当第 t 个学习样本 $\boldsymbol{X}^{(t)}$ 输入后，用已知的 $\boldsymbol{W}_k^{(t)}$ 可以依次得到 $\boldsymbol{Y}_k^{(t)}$ $(k=1,2,\ldots,L)$，对于第 $t+1$ 个样本的权矩阵 $\boldsymbol{W}_k^{(t+1)}$ 可以修正成

$$\boldsymbol{W}_k^{(t+1)} = \boldsymbol{W}_k^{(t)} + \delta \boldsymbol{W}_k^{(t)}, \quad k = L, L-1, \ldots, 1 \tag{10.11}$$

按照前述 delta 学习规则，按误差减少的方向修正权矩阵。权矩阵的调整量 $\delta \boldsymbol{W}_k^{(t)}$ 与本次网络误差 $e^{(t)}$ 的梯度的负值成正比例变化，即

$$\delta \boldsymbol{W}_k^{(t)} = -\eta_t \frac{\partial e^{(t)}}{\partial \boldsymbol{W}_k^{(t)}} \tag{10.12}$$

式中，η_t 为第 t 步的学习效率。

式(10.11)表明，连接权矩阵 $\boldsymbol{W}_k$ 的修正是按照误差逆传播进行修正的。从输

出层的权矩阵 $\boldsymbol{W}_L$ 开始，反向递推修正第 $L-1$ 层的 $\boldsymbol{W}_{L-1}$，同理一直修正到第 1 层的 $\boldsymbol{W}_1$。这是一个监督学习。

BP 神经网络的学习步骤为：

(1) 选定学习的样本集 $\{\boldsymbol{X}^{(t)}, \boldsymbol{T}^{(t)}\}$ $(t=1,2,\ldots,S)$，随机确定初始权矩阵 $\boldsymbol{W}_k^{(0)}$ $(k=1,2,\ldots,L)$。

(2) 用学习数据 $\boldsymbol{X}^{(t)}$ 计算 $\boldsymbol{Y}_k^{(t)}$ $(k=1,2,\ldots,L)$，利用式(10.4)，其中 $\boldsymbol{Z}_k^{(t)}=\boldsymbol{W}_k^{(t)\top}\boldsymbol{Y}_{k-1}^{(t)}$（$k=1$ 时，$\boldsymbol{Y}_0^{(t)}=\boldsymbol{X}^{(t)}$）。

(3) 反向计算偏导数 $\partial e^{(t)}/\partial \boldsymbol{W}_k^{(t)}$ $(k=L,L-1,\ldots,1)$，利用式(10.10)和式(10.9)。

(4) 反向修正 $\boldsymbol{W}_k^{(t)}$ 以得到 $\boldsymbol{W}_k^{(t+1)}$ $(k=L,L-1,\ldots,1)$，利用式(10.11)和式(10.12)。

(5) 重复步骤 (2) ∼ 步骤 (4)，直到学习完所有 S 组样本。

BP 神经网络的一个缺陷是可能收敛到局部最优解，这主要因为网络是按误差函数负梯度方向进行权矩阵的更新。BP 神经网络的收敛依赖于学习模式的初始位置，适当改进 BP 神经网络隐层的单元个数，或者在每个连接权上加上一个很小的随机数，都有可能避免收敛到局部最优解。此外，避免局部最优解的一个改进方案是将式(10.12)改成

$$\delta \boldsymbol{W}_k^{(t)}=-\eta_t\frac{\partial e^{(t)}}{\partial \boldsymbol{W}_k}+\gamma_t\delta \boldsymbol{W}_k^{(t-1)} \tag{10.13}$$

式中增加的第二项相当于一个势能惯性，惯性系数 γ_t 决定于权矩阵两次变化的比较，$0<\gamma_t<1$。

人工神经网络方法能够建立两组相关向量之间的数学关系式。可以证明，若采用 sigmoid 函数作为传递函数，则可以适当选择隐单元个数和初始权矩阵，使得 BP 神经网络以任意给定精度逼近一个给定的 n_0 维到 n_L 维的连续函数。这就给 BP 神经网络的广泛应用提供了理论保证，也说明多于一个隐层不是必要的。但是对于有些问题，更多的隐层有可能导致总的单元数减少，使网络更有效。

10.2 基于人工神经网络的 Monte Carlo 方法

当结构的功能函数 $Z=g(\boldsymbol{X})$ 很复杂或为隐式时，可以利用数值模拟或试验等手段得到结构的多组输入及其响应，以此作为人工神经网络的训练数据对神经

网络进行训练。经适当训练的人工神经网络能够较好地逼近结构的功能函数，在此基础上可以十分方便地利用 Monte Carlo 方法计算结构的可靠度。

利用基于人工神经网络的 Monte Carlo 方法求解结构可靠度可按照以下步骤进行：

(1) 生成人工神经网络训练用的数据 $\{\boldsymbol{x}_i, g(\boldsymbol{x}_i)\}$ $(i=1,2,\ldots,S)$，可通过数值分析或试验等得出结构在不同 $\boldsymbol{x}_i$ 下的响应 $g(\boldsymbol{x}_i)$。

(2) 设计人工神经网络的结构。

(3) 利用数据 $\{\boldsymbol{x}_i, g(\boldsymbol{x}_i)\}$ $(i=1,2,\ldots,S)$ 训练人工神经网络，训练过程如 10.1节所述。

(4) 随机抽样得 $\boldsymbol{x}_i$ $(i=1,2,\ldots,N)$。

(5) 利用训练好的人工神经网络模拟计算 $g(\boldsymbol{x}_i)$ $(i=1,2,\ldots,N)$。

(6) 计算失效概率 p_{f} 的估计值，利用式(9.11)。

在步骤 (2) 中，如要设计有一个隐层的三层 $(L=2)$ 人工神经网络，输入层的单元数就是 $\boldsymbol{X}$ 的维数 n，输出层的单元数就是功能函数的个数。

隐层单元数对人工神经网络学习训练的能力和网络的性能有很大影响。隐层单元太多，会导致网络训练时间过长，容易使网络训练过度，造成网络可能仅“记住”了训练样本，网络的泛化能力较差。隐层单元过少，训练误差达不到精度要求，网络形成的非线性关系的复杂性有限，不能保证逼近精度，致使网络处理复杂问题的能力降低。

对于函数拟合问题，目前还没有明确的办法来确定最佳网络隐层单元数。通常是在训练过程中调整网络结构，即通过增加或减少隐层单元数以得到满意的网络模型。可以先从一个较小规模的网络开始，在训练过程中逐步增加隐层单元，直到性能最佳为止。或者选用足够多的隐层单元数，在训练过程中逐步减少隐层单元，直到训练无法收敛到给定精度为止。

例 10.1 图 10.3 所示结构的极限状态方程为 $Z=a-u_3(A_1,A_2,P)=0$，其中 $a=0.01\,\mathrm{m}$ 为定值，u_3 为顶点 3 的水平位移，柱和梁的横截面积 A_1、A_2 以及荷载 P 都是随机变量。A_1 和 A_2 均服从对数正态分布，P 服从极值 I 型分布，其均值和变异系数分别为 $\mu_{A_1}=0.36\,\mathrm{m}^2$，$V_{A_1}=0.1$；$\mu_{A_2}=0.18\,\mathrm{m}^2$，$V_{A_2}=0.1$；$\mu_P=20\,\mathrm{kN}$，$V_P=0.25$。弹性模量为 $E=2.0\times10^6\,\mathrm{kN/m^2}$。梁和柱的截面惯性矩分别为 $I_1=A_1^2/12$ 和 $I_2=A_2^2/6$。用基于人工神经网络的 Monte Carlo 方法求结构的失效概率。

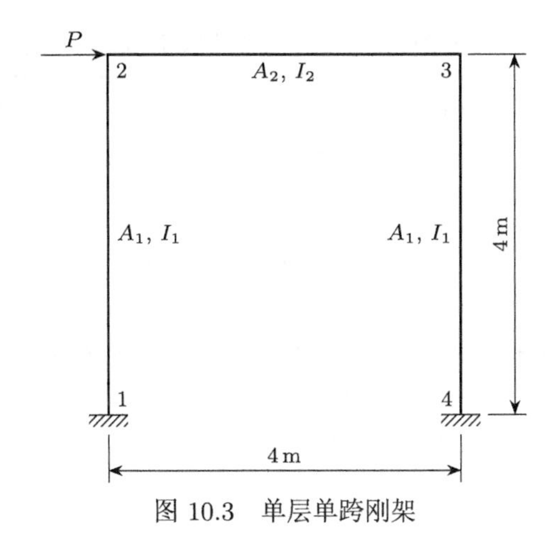

图 10.3 单层单跨刚架

解 由结构力学知识可以解得

$$u_3 = \frac{32I_1 + 48I_2}{3I_1 + 18I_2}\frac{P}{EI_1} \tag{a}$$

人工神经网络对函数的拟合效果与训练样本有明显的依赖关系。为了用人工神经网络对结构作出描述与预测，训练样本应足够多并且能充分反映结构的特性。本例抽样选取 1 000 个样本点 $\boldsymbol{x}_i = (A_{1i}, A_{2i}, P_i)^\top$，用式 (a) 来代替数值分析或试验，计算出结构的功能函数值 $z_i = 0.01 - u_3(\boldsymbol{x}_i)$，形成训练数据 $\{\boldsymbol{x}_i, z_i\}$ $(i = 1, 2, \ldots, 1\,000)$。

创建有一个隐层的 BP 神经网络，根据输入值、输出值的个数，其输入层有 3 个单元，输出层有 1 个单元。隐层单元数的取值默认为 10，如果网络的训练效果不佳，可以尝试增加，通过试算比较后取 20。

MATLAB 提供前馈型神经网络函数 `feedforwardnet`，可用于任何输入输出映射，此外还有专门用于函数逼近或回归问题的函数 `fitnet`。MATLAB 默认的传递函数在隐层为双曲正切 sigmoid 函数，即

$$f_{\text{tansig}}(x) = \tanh x \tag{10.14}$$

在输出层为线性函数，即

$$f_{\text{purelin}}(x) = x \tag{10.15}$$

计算程序见清单 10.1。

清单 10.1 例 10.1 的基于人工神经网络的 Monte Carlo 方法程序

```
clear all; close all; clc;
muX = [0.36;0.18;20]; cvX = [0.1;0.1;0.25];
sigmaX = cvX.*muX;
sLn = sqrt(log(1+(sigmaX(1:2)./muX(1:2)).^2));
mLn = log(muX(1:2))-sLn.^2/2;
aEv = sqrt(6)*sigmaX(3)/pi; uEv = -psi(1)*aEv-muX(3);
nP = 1e3;
x = [lognrnd(mLn(1),sLn(1),nP,1),lognrnd(mLn(2),sLn(2),nP,1),...
    -evrnd(uEv,aEv,nP,1)];
i1 = x(:,1).^2/12; i2 = x(:,2).^2/6; e = 2e6;
g = 0.01-(32*i1+48*i2)./(3*i1+18*i2).*x(:,3)/e./i1;
net = fitnet(20); % hidden layers
% set early stopping parameters
net.layers{1}.transferFcn = 'tansig';
net.layers{2}.transferFcn = 'purelin';
net.divideParam.trainRatio = 1.0; % training set [%]
net.divideParam.valRatio = 0.0; % validation set [%]
net.divideParam.testRatio = 0.0; % test set [%]
% train a neural network
net.trainParam.epochs = 200;
net = train(net,x.',g.');
view(net);  % view net
nS = 1e7; nS1 = 1e5; nF = 0;
for k = 1:nS/nS1
    x = [lognrnd(mLn(1),sLn(1),nS1,1),...
        lognrnd(mLn(2),sLn(2),nS1,1),-evrnd(uEv,aEv,nS1,1)];
    g = net(x.');
    nF = nF+length(find(g<0));
end
pF = nF/nS
```

程序运行结果为：失效概率 $\hat{p}_{\mathrm{f}} = 2.4076 \times 10^{-3}$。

MATLAB 在进行人工神经网络训练时，将输入网络的训练数据随机分成三组，其中训练样本集（占 70%）用于训练网络，验证样本集（占 15%）用于监视网络训练进程以避免过拟合，测试样本集（占 15%）用于对训练过的人工神经网络的泛化能力进行完全独立的测试。

如果人工神经网络训练过程中训练误差不断减小并且最终值很小；训练停止后验证误差和测试误差也都很小；在最佳验证点之后没有出现明显过度拟合；对于训练集、验证集和测试集，网络输出与相应目标值均很接近，则说明训练所得到的人工神经网络比较理想。

MATLAB 在网络训练开始后，会打开训练窗口。此窗口显示训练的进程，给出当前人工神经网络的结构示意图和算法，允许用户随时中断训练，同时还提供收敛信息和分析曲线等多种网络训练的评价手段。如果对于人工神经网络的模拟效果不够满意，可以重新试算，或增加神经元数量，或获取一个更大的训练数据集，每次都利用训练窗口进行综合评判，挑选合适的人工神经网络进行结构可靠度分析。

一个人工神经网络的每一次训练，都会因不同的初始权值和偏置值，以及对于训练样本集、验证样本集和测试样本集的不同划分，而产生不同的结果。因此，不同的人工神经网络对于同一问题的训练，即使输入相同也会给出不同的输出。为确保找出精度好的人工神经网络，可能需要训练数次。

为进行结果比较，对结构的失效概率进行直接 Monte Carlo 模拟计算，计算程序见清单 10.2。

清单 10.2　例 10.1 的直接抽样 Monte Carlo 方法程序

```
clear; clc;
muX = [0.36;0.18;20]; cvX = [0.1;0.1;0.25];
sigmaX = cvX.*muX;
sLn = sqrt(log(1+cvX(1:2).^2)); mLn = log(muX(1:2))-sLn.^2/2;
aEv = sqrt(6)*sigmaX(3)/pi; uEv = -psi(1)*aEv-muX(3);
a = 32/12; b = 48/6; c = 3/12*2e6/12; d = 18/6*2e6/12;
nS = 1e8; nS1 = 1e5; nF = 0;
for k = 1:nS/nS1
    x1 = lognrnd(mLn(1),sLn(1),nS1,1).^2;
    x2 = lognrnd(mLn(2),sLn(2),nS1,1).^2;
    x3 = -evrnd(uEv,aEv,nS1,1);
```

```
    g = 0.01-(a*x1+b*x2)./(c*x1.*x1+d*x1.*x2).*x3;
    nF = nF+length(find(g<0));
end
pF = nF/nS
```

清单 10.2 程序运行结果为：失效概率 $\hat{p}_\mathrm{f} = 2.4061 \times 10^{-3}$。在式(9.13)和式(9.15)中取 p_f 为 0.002 计算，模拟 1 亿次，则模拟误差保守估计有 95% 的机会小于 0.44%。

利用式(2.11)和式(a)，还可以得到刚架失效概率的精确解，即

$$
\begin{aligned}
p_\mathrm{f} &= \iiint_{u_3 \geq a} f_{A_1}(a_1) f_{A_2}(a_2) f_P(p)\, \mathrm{d}a_1 \mathrm{d}a_2 \mathrm{d}p \\
&= \int_0^\infty \int_0^\infty \int_{(3i_1+18i_2)aEi_1/(32i_1+48i_2)}^\infty f_{A_1}(a_1) f_{A_2}(a_2) f_P(p)\, \mathrm{d}p \mathrm{d}a_1 \mathrm{d}a_2 \\
&= \int_0^\infty \int_0^\infty f_{A_1}(a_1) f_{A_2}(a_2) \left[1 - F_P\left(\frac{3i_1 + 18i_2}{32i_1 + 48i_2} aEi_1\right)\right] \mathrm{d}a_1 \mathrm{d}a_2
\end{aligned}
$$

式中，$i_1 = a_1^2/12$，$i_2 = a_2^2/6$。

利用上式计算失效概率的程序见清单 10.3。

清单 10.3 例 10.1 用定义计算失效概率的程序

```
clear; clc;
muX = [0.36;0.18;20]; cvX = [0.1;0.1;0.25];
sigmaX = cvX.*muX;
sLn = sqrt(log(1+(sigmaX(1:2)./muX(1:2)).^2));
mLn = log(muX(1:2))-sLn.^2/2;
aEv = sqrt(6)*sigmaX(3)/pi; uEv = -psi(1)*aEv-muX(3);
a = 32/12; b = 48/6; c = 3/12*0.01*2e6/12; d = 18/6*0.01*2e6/12;
p1 = @(x,y)lognpdf(x,mLn(1),sLn(1)).*lognpdf(y,mLn(2),sLn(2));
p2 = @(x,y)x.^2.*(c*x.^2+d*y.^2)./(a*x.^2+b*y.^2);
f1 = @(x,y,z)p1(x,y).*evpdf(-z,uEv,aEv);
pF1 = integral3(f1,0,Inf,0,Inf,p2,Inf)
f2 = @(x,y)p1(x,y).*evcdf(-p2(x,y),uEv,aEv);
pF2 = integral2(f2,0,Inf,0,Inf)
```

清单 10.3 程序运行结果为：失效概率 $p_{\mathrm{f}} = 2.4053 \times 10^{-3}$。□

例 10.2　用基于人工神经网络的 Monte Carlo 方法计算例 9.22 中结构的失效概率。

解　计算程序见清单 10.4。

清单 10.4　例 10.2 的基于人工神经网络的 Monte Carlo 方法程序

```
clear all; close all; clc;
muX = [40;15;50]; sigmaX = [10;5;10];
rhoX = (ones(3)-eye(3))/2+eye(3);
covX = diag(sigmaX)*rhoX*diag(sigmaX);
nD = length(muX);
nP = 1e3;
samplingChoice = 'lineartrans';
switch samplingChoice
    case 'copulasampling'
        y = copularnd('gaussian',rhoX,nP);
        for k = 1:nD
            x1(:,k) = norminv(y(:,k),muX(k),sigmaX(k));
        end
    case 'lineartrans'
        a = chol(covX,'lower');
        y = randn(nP,nD); x1 = y*a.';
        for k = 1:nD, x1(:,k) = x1(:,k)+muX(k); end
    otherwise, x1 = mvnrnd(muX.',covX,nP);
end
g = 145-sum(x1,2);
net = fitnet(15);
net = train(net,x1.',g.');
nS = 1e7; nS1 = 1e5; nF = 0;
for k = 1:nS/nS1
    switch samplingChoice
        case 'copulasampling'
            y = copularnd('gaussian',rhoX,nS1);
```

```
            for l = 1:nD
                x(:,l) = norminv(y(:,l),muX(l),sigmaX(l));
            end
        case 'lineartrans'
            y = randn(nS1,nD); x = y*a.';
            for l = 1:nD, x(:,l) = x(:,l)+muX(l); end
        otherwise, x = mvnrnd(muX.',covX,nS1);
    end
    g = net(x.');
    nF = nF+length(find(g<0));
end
pF = nF/nS
bbeta = -norminv(pF)
```

程序运行结果为：失效概率 $\hat{p}_{\mathrm{f}} = 2.6170 \times 10^{-2}$，由此算出可靠指标 $\hat{\beta} = 1.9403$。□

用基于人工神经网络的 Monte Carlo 方法也可以对结构体系的可靠度进行分析。基本分析步骤仍如上所述，只须注意在步骤 (1) 至步骤 (5) 中，对应于每个样本点 $\boldsymbol{x}_i$，有多个功能函数值与之对应。在步骤 (6) 中计算失效概率的估计值 $\hat{p}_{\mathrm{f}}$ 时，对于串联结构体系用式(9.16)，对于并联结构体系用式(9.17)。

例 10.3　用基于人工神经网络的 Monte Carlo 方法估算例 9.3 中结构体系的失效概率。

解　计算程序见清单 10.5。

清单 10.5　例 10.3 的基于人工神经网络的 Monte Carlo 方法程序

```
clear all; close all; clc;
y = randn(100,3);
t1 = sqrt(2); t2 = sqrt(3);
g = [(y(:,1)+y(:,2)-y(:,3))/t2+3,(y(:,1)-y(:,3))/t1+3.4,...
    (y(:,2)-y(:,3))/t1+3.6];
net = fitnet;
net = train(net,y.',g.');
nS = 1e7; nS1 = 1e5; nF = 0;
for k = 1:nS/nS1
```

```
    y = randn(nS1,3);
    g = sim(net,y.');
    g1 = min(g).';
    nF = nF+length(find(g1<0));
end
pF = nF/nS
```

程序运行结果为：失效概率 $\hat{p}_{\mathrm{f}} = 1.5659 \times 10^{-3}$。 □

例 10.4　用基于人工神经网络的 Monte Carlo 方法计算例 9.4 中结构体系的失效概率。

解　计算程序见清单 10.6。

清单 10.6　例 10.4 的基于人工神经网络的 Monte Carlo 方法程序

```
clear; clc;
muX = [10;7;5.5;9;13;15]; sigmaX = [4;3;2;1.6;2;2.4];
rhoX = [1,0.5,0.2,0,0,0;0.5,1,0.5,0,0,0;0.2,0.5,1,0,0,0;...
    0,0,0,1,0.3,0;0,0,0,0.3,1,0.3;0,0,0,0,0.3,1];
cvX = sigmaX./muX;
aEv = sqrt(6)*sigmaX(1:3)./pi; uEv = -psi(1)*aEv-muX(1:3);
sLn = sqrt(log(1+cvX(4:6).^2)); mLn = log(muX(4:6))-sLn.^2/2;
nD = length(muX);
samplingChoice = 'lineartrans';
switch samplingChoice
    case 'copulasampling'
        rhoY = copulaparam('gaussian',rhoX,'type','spearman');
    otherwise
        rhoY = zeros(nD);
        rhoY(1,2) = rhoevievi(muX(1:2),sigmaX(1:2),rhoX(1,2));
        rhoY(1,3) = rhoevievi(muX([1,3]),sigmaX([1,3]),rhoX(1,3));
        rhoY(4,5) = log(1+rhoX(4,5)*cvX(4)*cvX(5))/...
            sqrt(log(1+cvX(4)^2)*log(1+cvX(5)^2));
        rhoY(2,3) = rhoY(1,2); rhoY(5,6) = rhoY(4,5);
        rhoY = rhoY+rhoY.'+eye(nD);
end
```

```
nP = 1e3;
switch samplingChoice
    case 'copulasampling', y = copularnd('gaussian',rhoY,nP);
    case 'lineartrans'
        a = chol(rhoY,'lower');
        z = randn(nP,nD); y = z*a.';
    otherwise, y = mvnrnd(zeros(1,nD),rhoY,nP);
end
switch samplingChoice
    case 'copulasampling', cdfY = y;
    otherwise, cdfY = normcdf(y);
end
for l = 1:3
    x1(:,l) = -evinv(1-cdfY(:,l),uEv(l),aEv(l));
    x1(:,l+3) = logninv(cdfY(:,l+3),mLn(l),sLn(l));
end
g = [4*x1(:,4)-x1(:,1),4*x1(:,5)-sum(x1(:,1:2),2),...
    4*x1(:,6)-sum(x1(:,1:3),2)];
net = fitnet(15);
net = train(net,x1.',g.');
nS = 1e8; nS1 = 1e6; nF = 0;
for k = 1:nS/nS1
    switch samplingChoice
        case 'copulasampling', y = copularnd('gaussian',rhoY,nS1);
        case 'lineartrans'
            z = randn(nS1,nD); y = z*a.';
        otherwise
            y = mvnrnd(zeros(1,nD),rhoY,nS1);
    end
    switch samplingChoice
        case 'copulasampling', cdfY = y;
        otherwise, cdfY = normcdf(y);
    end
```

```
    for l = 1:3
        x(:,l) = -evinv(1-cdfY(:,l),uEv(l),aEv(l));
        x(:,l+3) = logninv(cdfY(:,l+3),mLn(l),sLn(l));
    end
    g = net(x.');
    g1 = min(g).';
    nF = nF+length(find(g1<0));
end
pF = nF/nS
```

程序运行结果为：失效概率 $\hat{p}_{\mathrm{f}} = 2.4106 \times 10^{-3}$。

10.3　基于人工神经网络的一次二阶矩方法

假设对人工神经网络中同处一层的所有单元都采用相同的传递函数，第 k 层的传递函数为 $f_k(\cdot)$。式(10.4)表明，传递函数分别作用于当前层的每个单元，经传递函数变换后，接收值向量 $\boldsymbol{Z}_k$ 变成了同维数的输出值向量 $\boldsymbol{Y}_k$，即

$$\boldsymbol{Y}_k = f_k(\boldsymbol{Z}_k) = \left(f_k(Z_1^k), f_k(Z_2^k), \dots, f_k(Z_{n_k}^k)\right)^{\top}, \quad k = 1, 2, \dots, L \tag{10.16}$$

其中注意到 $\boldsymbol{Y}_0 = \boldsymbol{X}$，统一有 $\boldsymbol{Z}_k = \boldsymbol{W}_k^{\top} \boldsymbol{Y}_{k-1}$。

根据式(10.10)，变换式(10.16)的 Jacobi 矩阵为

$$\begin{aligned} \boldsymbol{J}_{Y_k Z_k} = \frac{\partial \boldsymbol{Y}_k}{\partial \boldsymbol{Z}_k} &= \operatorname{diag}\left[\frac{\mathrm{d}Y_1^k}{\mathrm{d}Z_1^k}, \frac{\mathrm{d}Y_2^k}{\mathrm{d}Z_2^k}, \dots, \frac{\mathrm{d}Y_{n_k}^k}{\mathrm{d}Z_{n_k}^k}\right] \\ &= \operatorname{diag}[f_k'(Z_1^k), f_k'(Z_2^k), \dots, f_k'(Z_{n_k}^k)], \quad k = 1, 2, \dots, L \end{aligned} \tag{10.17}$$

参照图 10.2，网络输出值的表达式可以写成

$$\begin{aligned} \boldsymbol{Y}_L &= f_L\left(\boldsymbol{W}_L^{\top} \boldsymbol{Y}_{L-1}\right) = f_L\left[\boldsymbol{W}_L^{\top} f_{L-1}(\boldsymbol{W}_{L-1}^{\top} \boldsymbol{Y}_{L-2})\right] = \cdots \\ &= f_L\left(\boldsymbol{W}_L^{\top} f_{L-1}\{\boldsymbol{W}_{L-1}^{\top} \cdots \boldsymbol{W}_3^{\top} f_2[\boldsymbol{W}_2^{\top} f_1(\boldsymbol{W}_1^{\top} \boldsymbol{X})]\}\right) \end{aligned} \tag{10.18}$$

从式(10.18)很明显地看出信息的正向传播过程。

现仅讨论人工神经网络用于拟合结构功能函数 $g(\boldsymbol{X})$ 的情况。此时第 L 输出层只有一个单元，其权矩阵 $\boldsymbol{W}_L = [W_{i1}^L]_{n_{L-1} \times 1}$ 是一个列矩阵，接收值 $\boldsymbol{Z}_L = Z_1^L$

是一个标量，Jacobi 矩阵 $\boldsymbol{J}_{Y_L Z_L} = f_L'(Z_1^L)$，输出值为 $g(\boldsymbol{X}) = Y_1^L$。

特别地，对于有一个隐层的人工神经网络，$L=2$，由式(10.18)和 $g(\boldsymbol{X}) = Y_1^L$ 知，结构的功能函数可表示为

$$g(\boldsymbol{X}) = f_2\left[\boldsymbol{W}_2^{\top} f_1(\boldsymbol{W}_1^{\top}\boldsymbol{X})\right] \tag{10.19}$$

以上借助人工神经网络可以确定结构的功能函数 $g(\boldsymbol{X})$，如果利用一次二阶矩方法计算结构的可靠度，还需要计算 $g(\boldsymbol{X})$ 的导数。

为了使下面的推导简便又不失一般性，假设网络具有两个隐层，$L=3$，此时利用式(10.18)和 $g(\boldsymbol{X}) = Y_1^L$，可得功能函数为

$$\begin{aligned} g(\boldsymbol{X}) &= f_3\{\boldsymbol{W}_3^{\top} f_2[\boldsymbol{W}_2^{\top} f_1(\boldsymbol{W}_1^{\top}\boldsymbol{X})]\} \\ &= f_3\left\{\sum_{k=1}^{n_2} W_{k1}^3 f_2\left[\sum_{j=1}^{n_1} W_{jk}^2 f_1\left(\sum_{i=1}^{n_0} W_{ij}^1 X_i\right)\right]\right\} \end{aligned} \tag{10.20}$$

利用复合函数的求导方法，由式(10.20)可以得到

$$\begin{aligned} \frac{\partial g}{\partial X_i} &= f_3'(Z_1^3)\sum_{k=1}^{n_2} W_{k1}^3 f_2'(Z_k^2)\sum_{j=1}^{n_1} W_{jk}^2 f_1'(Z_j^1) W_{ij}^1 \\ &= \left(\sum_{k=1}^{n_2}\left\{\sum_{j=1}^{n_1} W_{ij}^1[f_1'(Z_j^1)W_{jk}^2]\right\}[f_2'(Z_k^2)W_{k1}^3]\right) f_3'(Z_1^3) \end{aligned} \tag{10.21}$$

利用式(10.17)，式(10.21)可以写成下面较为简洁的形式：

$$\nabla g(\boldsymbol{X}) = \boldsymbol{W}_1 \boldsymbol{J}_{Y_1 Z_1} \boldsymbol{W}_2 \boldsymbol{J}_{Y_2 Z_2} \boldsymbol{W}_3 \boldsymbol{J}_{Y_3 Z_3} \tag{10.22}$$

将 $L=3$ 的结果式(10.22)推广至任意层人工神经网络的情形，可得

$$\nabla g(\boldsymbol{X}) = \boldsymbol{W}_1 \boldsymbol{J}_{Y_1 Z_1} \boldsymbol{W}_2 \boldsymbol{J}_{Y_2 Z_2} \boldsymbol{W}_2 \cdots \boldsymbol{J}_{Y_{L-1} Z_{L-1}} \boldsymbol{W}_L \boldsymbol{J}_{Y_L Z_L} \tag{10.23}$$

显然，对于有一个隐层的人工神经网络，$L=2$，有

$$\nabla g(\boldsymbol{X}) = \boldsymbol{W}_1 \boldsymbol{J}_{Y_1 Z_1} \boldsymbol{W}_2 \boldsymbol{J}_{Y_2 Z_2} \tag{10.24}$$

采用基于人工神经网络的一次二阶矩方法计算结构可靠度的基本过程可表述

如下：

(1) 生成人工神经网络训练用的数据 $\{\boldsymbol{x}_i, g(\boldsymbol{x}_i)\}$ $(i = 1, 2, \ldots, S)$，可通过数值分析或试验等得出结构在不同 $\boldsymbol{x}_i$ 下的响应 $g(\boldsymbol{x}_i)$。
(2) 设计人工神经网络的结构，有关说明见 10.2节。
(3) 利用数据 $\{\boldsymbol{x}_i, g(\boldsymbol{x}_i)\}$ $(i = 1, 2, \ldots, S)$ 训练人工神经网络，训练过程如 10.1节所述。
(4) 利用一次二阶矩方法，其中 $\nabla g(\boldsymbol{X})$ 用式(10.23)和式(10.17)计算。

例 10.5　用基于人工神经网络的一次二阶矩方法计算例 3.2 中结构的可靠指标和设计点。

解　计算程序见清单 10.7。

清单 10.7　例 10.5 的基于人工神经网络的一次二阶矩方法程序

```
clear all; close all; clc;
muX = [38;54]; sigmaX = [3.8;2.7];
nP = 500;
x = [normrnd(muX(1),sigmaX(1),nP,1),...
    normrnd(muX(2),sigmaX(2),nP,1)];
g = x(:,1).*x(:,2)-1140;
net = feedforwardnet(20);
net.input.processFcns = {'removeconstantrows'}; % or {}
net.output.processFcns = {'removeconstantrows'}; % or {}
net = train(net,x.',g.');
x = muX; x0 = repmat(eps,length(muX),1);
while norm(x-x0)/norm(x0) > 1e-6
    x0 = x;
    g = net(x);
    z1 = net.iw{1,1}*x+net.b{1};
    z2 = net.lw{2,1}*tansig(z1)+net.b{2};
    df1 = tansig('dn',z1); df2 = purelin('dn',z2);
    gX = (net.iw{1,1}).'*(df1.*(net.lw{2,1}).')*df2;
    gs = gX.*sigmaX; alphaX = -gs/norm(gs);
    bbeta = (g+gX.'*(muX-x))/norm(gs)
```

```
    x = muX+bbeta*sigmaX.*alphaX
end
```

一次二阶矩方法中需要用到传递函数的一阶导数，这在 MATLAB 中可以用相应的命令实现。在较低版本的 MATLAB 中，需要用户输入具体的导数表达式。由式(10.14)，得双曲正切 sigmoid 传递函数的导数为

$$f'_{\text{tansig}}(x) = \text{sech}^2 x \tag{10.25}$$

而对于式(10.15)的线性传递函数，其导数为

$$f'_{\text{purelin}}(x) = 1 \tag{10.26}$$

程序运算结果为：可靠指标 $\beta = 4.2617$；设计点坐标 $f^* = 22.5663$，$w^* = 50.5149$。 □

例 10.6 功能函数 $Z = fW - 1140 = 0$，f 服从对数正态分布，W 服从正态分布，其均值和变异系数分别为 $\mu_f = 38$，$\sigma_f = 3.8$；$\mu_W = 54$，$\sigma_W = 2.7$，用基于人工神经网络的一次二阶矩方法求可靠指标 β 和设计点坐标 f^*、w^*。

解 计算程序见清单 10.8。

清单 10.8 例 10.6 的基于人工神经网络的一次二阶矩方法程序

```
clear all; close all; clc;
muX = [38;54]; sigmaX = [3.8;2.7];
sLn = sqrt(log(1+(sigmaX(1)/muX(1))^2)); mLn = log(muX(1))-sLn^2/2;
nP = 1000;
x = [lognrnd(mLn,sLn,nP,1),normrnd(muX(2),sigmaX(2),nP,1)];
g = x(:,1).*x(:,2)-1140;
net = feedforwardnet(20);
net.input.processFcns = {'removeconstantrows'};
net.output.processFcns = {'removeconstantrows'};
net = train(net,x.',g.');
muX1 = muX; sigmaX1 = sigmaX;
x = muX; x0 = repmat(eps,length(muX),1);
while norm(x-x0)/norm(x0) > 1e-6
```

```
    x0 = x;
    g = sim(net,x);
    z1 = net.iw{1,1}*x+net.b{1};
    z2 = net.lw{2,1}*tansig(z1)+net.b{2};
    df1 = tansig('dn',z1); df2 = purelin('dn',z2);
    gX = (net.iw{1,1}).'*(df1.*(net.lw{2,1}).')*df2;
    cdfX = logncdf(x(1),mLn,sLn);
    pdfX = lognpdf(x(1),mLn,sLn);
    nc = norminv(cdfX);
    sigmaX1(1) = normpdf(nc)/pdfX;
    muX1(1) = x(1)-nc*sigmaX1(1);
    gs = gX.*sigmaX1; alphaX = -gs/norm(gs);
    bbeta = (g+gX.'*(muX1-x))/norm(gs)
    x = muX1+bbeta*sigmaX1.*alphaX
end
```

程序运行结果为：可靠指标 $\beta = 5.1192$；设计点坐标 $f^* = 25.1035$，$w^* = 45.7462$。

作为对比，直接利用 JC 法计算，为此计算功能函数的梯度为 $\nabla g(f, W) = (W, f)^{\top}$。计算程序见清单 10.9。

清单 10.9　例 10.6 的 JC 法程序

```
clear; clc;
muX = [38;54]; sigmaX = [3.8;2.7];
sLn = sqrt(log(1+(sigmaX(1)/muX(1))^2)); mLn = log(muX(1))-sLn^2/2;
muX1 = muX; sigmaX1 = sigmaX;
x = muX; x0 = repmat(eps,length(muX),1);
while norm(x-x0)/norm(x0) > 1e-6
    x0 = x;
    g = x(1)*x(2)-1140;
    gX = [x(2);x(1)];
    cdfX = logncdf(x(1),mLn,sLn);
    pdfX = lognpdf(x(1),mLn,sLn);
    nc = norminv(cdfX);
```

```
    sigmaX1(1) = normpdf(nc)/pdfX;
    muX1(1) = x(1)-nc*sigmaX1(1);
    gs = gX.*sigmaX1; alphaX = -gs/norm(gs);
    bbeta = (g+gX.'*(muX1-x))/norm(gs)
    x = muX1+bbeta*sigmaX1.*alphaX
end
```

清单 10.9 程序运行结果为：可靠指标 $\beta = 5.1508$；设计点坐标 $f^* = 24.2208$，$w^* = 47.0670$。

10.4 基于人工神经网络的二次二阶矩方法

在基于人工神经网络的二次二阶矩方法中，除了利用人工神经网络输出变量对输入变量的一阶导数外，还需要利用相应的二阶导数。10.3节已得到结构功能函数 $g(\boldsymbol{X})$ 的梯度 $\nabla g(\boldsymbol{X})$ 的表达式(10.23)，在此基础上再推导 Hesse 矩阵 $\nabla^2 g(\boldsymbol{X})$ 已不存在任何困难，只是在表达上会比较繁冗。

前已述及，只要适当选择隐层单元的个数，用一个隐层的 BP 神经网络就足以逼近任何形式的结构功能函数 $g(\boldsymbol{X})$。为了进一步简化 $\nabla^2 g(\boldsymbol{X})$ 的推导，本节只考虑具有一个隐层的人工神经网络的情形。

与 10.3节相同，人工神经网络每层的神经元传递函数相同。由式(10.24)，得

$$\frac{\partial g}{\partial X_i} = \left[\sum_{j=1}^{n_1} W_{ij}^1 f_1'(Z_j^1) W_{j1}^2\right] f_2'(Z_1^2) \tag{10.27}$$

注意到 $Z_k^1 = \sum_{i=1}^{n_0} W_{ik}^1 X_i, Z_1^2 = \sum_{l=1}^{n_1} W_{l1}^2 f_1(\sum_{m=1}^{n_0} W_{ml}^1 X_m)$，利用式(10.27)，可得

$$\begin{aligned}
\frac{\partial^2 g}{\partial X_i \partial X_j} &= \left[\sum_{k=1}^{n_1} W_{ik}^1 f_1''(Z_k^1) \frac{\partial Z_k^1}{\partial X_j} W_{k1}^2\right] f_2'(Z_1^2) \\
&\quad + \left[\sum_{k=1}^{n_1} W_{ik}^1 f_1'(Z_k^1) W_{k1}^2\right] f_2''(Z_1^2) \frac{\partial Z_1^2}{\partial X_j} \\
&= \left[\sum_{k=1}^{n_1} W_{ik}^1 f_1''(Z_k^1) W_{jk}^1 W_{k1}^2\right] f_2'(Z_1^2)
\end{aligned}$$

$$+\left[\sum_{k=1}^{n_1} W_{ik}^1 f_1'(Z_k^1) W_{k1}^2\right]\left[\sum_{l=1}^{n_1} W_{l1}^2 f_1'(Z_l^1) W_{jl}^1\right] f_2''(Z_1^2) \tag{10.28}$$

所有传递函数的二阶导数共同组成了以下对角矩阵：

$$\begin{aligned}\boldsymbol{J}_{Y_k Z_k}' &= \frac{\partial^2 \boldsymbol{Y}_k}{\partial \boldsymbol{Z}_k^2} = \mathrm{diag}\left[\frac{\mathrm{d}^2 Y_1^k}{\mathrm{d}Z_1^{k2}}, \frac{\mathrm{d}^2 Y_2^k}{\mathrm{d}Z_2^{k2}}, \dots, \frac{\mathrm{d}^2 Y_{n_k}^k}{\mathrm{d}Z_{n_k}^{k2}}\right] \\ &= \mathrm{diag}[f_k''(Z_1^k), f_k''(Z_2^k), \dots, f_k''(Z_{n_k}^k)], \quad k = 1, 2, \dots, L\end{aligned} \tag{10.29}$$

利用式(10.29)，可以将式(10.28)写成以下矩阵形式：

$$\begin{aligned}\nabla^2 g(\boldsymbol{X}) &= \boldsymbol{W}_1 \boldsymbol{J}_{Y_1 Z_1}' \boldsymbol{W}_1^\top \mathrm{diag}[\boldsymbol{W}_2] f_2'(\boldsymbol{Z}_2) \\ &\quad + \boldsymbol{W}_1 \boldsymbol{J}_{Y_1 Z_1}' \boldsymbol{W}_2 \left(\boldsymbol{W}_1 \boldsymbol{J}_{Y_1 Z_1}' \boldsymbol{W}_2\right)^\top f_2''(\boldsymbol{Z}_2)\end{aligned} \tag{10.30}$$

人工神经网络输出层的传递函数也常用式(10.15)给出的线性传递函数，其二阶导数恒为零，此时在式(10.28)和式(10.30)中因 $f_2''(Z_1^2) = 0$ 就只有第一项起作用。

利用基于人工神经网络的二次二阶矩方法计算结构可靠度的基本步骤为：

(1) 生成人工神经网络训练用的数据 $\{\boldsymbol{x}_i, g(\boldsymbol{x}_i)\}$ $(i = 1, 2, \dots, S)$，可通过数值分析或试验等得出结构在不同 $\boldsymbol{x}_i$ 下的响应 $g(\boldsymbol{x}_i)$。

(2) 设计人工神经网络的结构，有关说明见 10.2节。

(3) 利用数据 $\{\boldsymbol{x}_i, g(\boldsymbol{x}_i)\}$ $(i = 1, 2, \dots, S)$ 训练人工神经网络，训练过程如 10.1节所述。

(4) 利用一次二阶矩方法，其中 $\nabla g(\boldsymbol{X})$ 用式(10.23)和式(10.17)计算。

(5) 利用二次二阶矩方法对步骤 (4) 的可靠度进行修正，其中 $\nabla^2 g(\boldsymbol{X})$ 用式(10.30)和式(10.29)计算。

例 10.7　用基于人工神经网络的二次二阶矩方法计算例 3.2 中结构的失效概率。

解　计算程序见清单 10.10。

清单 10.10　例 10.7 的基于人工神经网络的二次二阶矩方法程序

```
clear all; close all; clc;
muX = [38;54]; sigmaX = [3.8;2.7];
nD = length(muX); nP = 500;
```

```
for k = 1:nD, y(:,k) = normrnd(0,1,nP,1); end
for k = 1:nD, x(:,k)=muX(k)+y(:,k)*sigmaX(k); end
g = x(:,1).*x(:,2)-1140;
net = feedforwardnet(20);
net.input.processFcns = {'removeconstantrows'};
net.output.processFcns = {'removeconstantrows'};
net = train(net,y.',g.');
y = zeros(nD,1); y0 = repmat(eps,nD,1);
while norm(y-y0)/norm(y0) > 1e-6
    y0 = y;
    g = sim(net,y);
    z1 = net.iw{1,1}*y+net.b{1};
    z2 = net.lw{2,1}*tansig(z1)+net.b{2};
    df1 = tansig('dn',z1); df2 = purelin('dn',z2);
    gY = (net.iw{1,1}).'*(df1.*(net.lw{2,1}).')*df2;
    alphaY = -gY/norm(gY);
    bbeta = (g-gY.'*y)/norm(gY)
    y = bbeta*alphaY;
end
h = [null(alphaY.'),alphaY];
ddf1 = -2*(sech(z1)).^2.*tanh(z1);
gYY = net.iw{1,1}.'*diag(ddf1.*net.lw{2,1}.')*net.iw{1,1}*df2;
q = -gYY/norm(gY); q = h.'*q*h; q1 = q(1:nD-1,1:nD-1);
pFQ = normcdf(-bbeta)/sqrt(det(eye(nD-1)-bbeta*q1))
```

程序运行结果为：可靠指标 $\beta = 4.2658$，二次失效概率 $p_{\mathrm{fQ}} = 1.0644 \times 10^{-5}$。

二次二阶矩方法需要用到传递函数的二阶导数。由式(10.14)，可得双曲正切 sigmoid 传递函数的二阶导数为

$$f''_{\mathrm{tansig}}(x) = -2\frac{\sinh x}{\cosh^3 x} = -2\,\mathrm{sech}^2\, x \tanh x \tag{10.31}$$

输出层传递函数为线性函数，$f''_{\mathrm{purelin}}(x) = 0$，故在程序中因 $f''_2(\boldsymbol{Z_2}) = 0$ 而不必计及式(10.30)中的第二项。

作为对比，利用二次二阶矩方法进行计算，其中用到的功能函数的 Hesse 矩阵为 $\nabla^2 g(\boldsymbol{X}) = \left[\begin{smallmatrix}0&1\\1&0\end{smallmatrix}\right]$，相应的计算程序见清单 10.11。

清单 10.11　例 10.7 的二次二阶矩方法程序

```
clear; clc;
muX = [38;54]; sigmaX = [3.8;2.7];
x = muX; x0 = repmat(eps,length(muX),1);
cdfX = normcdf(x,muX,sigmaX); y = norminv(cdfX);
while norm(x-x0)/norm(x0) > 1e-6
    x0 = x;
    g = x(1)*x(2)-1140;
    gX = [x(2);x(1)];
    pdfX = normpdf(x,muX,sigmaX);
    xY = normpdf(y)./pdfX; gY = gX.*xY;
    alphaY = -gY/norm(gY);
    bbeta = (g-gY.'*y)/norm(gY)
    y = bbeta*alphaY;
    cdfY = normcdf(y);
    x = norminv(cdfY,muX,sigmaX);
end    % FORM to SORM
nD = length(muX); nD1 = nD-1;
h = [null(alphaY.'),alphaY];
gXX = rot90(eye(2));
fX = (muX-x)./sigmaX.^2.*pdfX;
gYY = xY*xY.'.*gXX-diag(gX.*(y.*xY+xY.^2.*fX./pdfX));
q = -gYY/norm(gY); q1 = h.'*q*h;
pFQ = normcdf(-bbeta)/sqrt(det(eye(nD1)-bbeta*q1(1:nD1,1:nD1)))
```

清单 10.11 程序运行结果为：可靠指标 $\beta = 4.2614$，二次失效概率 $p_{\mathrm{fQ}} = 1.0862 \times 10^{-5}$。□

例 10.8　用基于人工神经网络的二次二阶矩方法计算例 10.6 中结构的失效概率。

解　计算程序见清单 10.12。

清单 10.12 例 10.8 的基于人工神经网络的二次二阶矩方法程序

```
clear all; close all; clc;
muX = [38;54];sigmaX = [3.8;2.7];
sLn = sqrt(log(1+(sigmaX(1)/muX(1))^2)); mLn = log(muX(1))-sLn^2/2;
nD = length(muX); nP = 500;
for k = 1:nD, y(:,k) = normrnd(0,1,nP,1); end
cdfY = normcdf(y);
x = [logninv(cdfY(:,1),mLn,sLn),...
    norminv(cdfY(:,2),muX(2),sigmaX(2))];
g = x(:,1).*x(:,2)-1140;
net = feedforwardnet;
net.input.processFcns = {'removeconstantrows'};
net.output.processFcns = {'removeconstantrows'};
net = train(net,y.',g.');
y = zeros(nD,1); y0 = repmat(eps,nD,1);
while norm(y-y0)/norm(y0) > 1e-6
    y0 = y;
    g = net(y);
    z1 = net.iw{1,1}*y+net.b{1};
    z2 = net.lw{2,1}*tansig(z1)+net.b{2};
    df1 = tansig('dn',z1); df2 = purelin('dn',z2);
    gY = (net.iw{1,1}).'*(df1.*(net.lw{2,1}).')*df2;
    alphaY = -gY/norm(gY);
    bbeta = (g-gY.'*y)/norm(gY)
    y = bbeta*alphaY;
end
h = [null(alphaY.'),alphaY];
ddf1 = -2*(sech(z1)).^2.*tanh(z1);
gYY = net.iw{1,1}.'*diag(ddf1.*net.lw{2,1}.')*net.iw{1,1}*df2;
q = -gYY/norm(gY); q = h.'*q*h; q1 = q(1:nD-1,1:nD-1);
pFQ = normcdf(-bbeta)/sqrt(det(eye(nD-1)-bbeta*q1))
```

程序运行结果为：可靠指标 $\beta = 5.1499$，二次失效概率 $p_{fQ} = 1.3034 \times 10^{-7}$。

下面直接利用二次二阶矩方法计算，为此计算原功能函数的 Hesse 矩阵为 $\nabla^2 g(\boldsymbol{X}) = \left[\begin{smallmatrix} 0 & 1 \\ 1 & 0 \end{smallmatrix}\right]$，相应的计算程序见清单 10.13。

清单 10.13　例 10.8 的二次二阶矩方法程序

```
clear; clc;
muX = [38;54]; sigmaX = [3.8;2.7];
sLn = sqrt(log(1+(sigmaX(1)/muX(1))^2));
mLn = log(muX(1))-sLn^2/2;
x = muX; x0 = repmat(eps,length(muX),1);
cdfX = [logncdf(x(1),mLn,sLn);normcdf(x(2),muX(2),sigmaX(2))];
y = norminv(cdfX);
while norm(x-x0)/norm(x0) > 1e-6
    x0 = x;
    g = x(1)*x(2)-1140;
    gX = [x(2);x(1)];
    pdfX = [lognpdf(x(1),mLn,sLn);normpdf(x(2),muX(2),sigmaX(2))];
    xY = normpdf(y)./pdfX; gY = gX.*xY;
    alphaY = -gY/norm(gY);
    bbeta = (g-gY.'*y)/norm(gY)
    y = bbeta*alphaY;
    cdfY = normcdf(y);
    x = [logninv(cdfY(1),mLn,sLn);muX(2)+y(2)*sigmaX(2)];
end
nD = length(muX); n1 = nD-1;
h = [null(alphaY.'),alphaY];
fX = [(mLn-sLn^2-log(x(1)))/sLn^2/x(1);-y(2)./sigmaX(2)].*pdfX;
gXX = flip(eye(2));
gYY = xY*xY.'.*gXX-diag(gX.*(y.*xY+xY.^2.*fX./pdfX));
q = -gYY/norm(gY); q = h.'*q*h; q1 = q(1:n1,1:n1);
pFQ = normcdf(-bbeta)/sqrt(det(eye(n1)-bbeta*q1))
```

清单 10.13 程序运行结果为：可靠指标 $\beta = 5.1508$，二次失效概率 $p_{\mathrm{fQ}} = 1.3753 \times 10^{-7}$。□

例 10.9　用基于人工神经网络的二次二阶矩方法计算例 4.1 中结构的失

效概率。

解 计算程序见清单 10.14。

清单 10.14 例 10.9 的基于人工神经网络的二次二阶矩方法程序

```
clear all; close all; clc;
muX = [1;20;48]; sigmaX = [0.16;2;3];
sLn = sqrt(log(1+(sigmaX(1)/muX(1))^2)); mLn = log(muX(1))-sLn^2/2;
aEv = sigmaX(2)*sqrt(6)/pi; uEv = -psi(1)*aEv-muX(2);
t = 1+(sigmaX(3)/muX(3))^2;
s = fsolve(@(r)gamma(1+2*r)./gamma(1+r).^2-t,1,...
    optimset('TolFun',0));
eWb = muX(3)/gamma(1+s); mWb = 1/s;
nD = length(muX); nP = 200;
for k = 1:nD, y(:,k) = normrnd(0,1,nP,1); end
cdfY = normcdf(y);
x = [logninv(cdfY(:,1),mLn,sLn),-evinv(cdfY(:,2),uEv,aEv),...
    wblinv(cdfY(:,3),eWb,mWb)];
g = x(:,3)-sqrt(300*x(:,1).^2+1.92*x(:,2).^2);
net = feedforwardnet(15);
net.input.processFcns = {'removeconstantrows'};
net.output.processFcns = {'removeconstantrows'};
net = train(net,y.',g.');
y = zeros(nD,1); y0 = repmat(eps,nD,1);
while norm(y-y0)/norm(y0) > 1e-6
    y0 = y;
    g = sim(net,y);
    z1 = net.iw{1,1}*y+net.b{1};
    z2 = net.lw{2,1}*tansig(z1)+net.b{2};
    df1 = tansig('dn',z1); df2 = purelin('dn',z2);
    gY = (net.iw{1,1}).'*(df1.*(net.lw{2,1}).')*df2;
    alphaY = -gY/norm(gY);
    bbeta = (g-gY.'*y)/norm(gY)
    y = bbeta*alphaY;
```

```
end
h = [null(alphaY.'),alphaY];
ddf1 = -2*(sech(z1)).^2.*tanh(z1);
gYY = net.iw{1,1}.'*diag(ddf1.*net.lw{2,1}.')*net.iw{1,1}*df2;
q = -gYY/norm(gY); q = h.'*q*h; q1 = q(1:nD-1,1:nD-1);
pFQ = normcdf(-bbeta)/sqrt(det(eye(nD-1)-bbeta*q1))
```

程序运行结果为：可靠指标 $\beta = 3.0849$，二次失效概率 $p_{\mathrm{fQ}} = 1.8861 \times 10^{-3}$。

第 11 章　结构模糊随机可靠度的分析方法

第 2 章所述结构随机可靠度的概念，以及在前述各种分析方法中，判断结构失效或极限状态的准则是明确的，因而结构的失效域是确定的，结构的可靠度只受基本变量随机性的影响。

除了随机性因素外，结构可靠度还可能受模糊性等因素的影响。本章仅考虑失效准则具有模糊性的情形，此情形会出现在与结构正常使用极限状态相关的可靠度分析中。结构的变形或裂缝等与其承载能力无直接联系，而是影响其正常使用和耐久性，相应的极限状态的标志常常不甚明显，只是变形或开裂的程度越大，人们不可接受的程度就会越大。在这种情况下，结构失效准则及其产生的失效域的边界是不明确的，具有模糊性，加之基本随机变量的影响，结构的可靠程度是一种模糊随机可靠度。

对于具有模糊失效准则的结构模糊随机可靠度问题，可以利用模糊随机事件的概率将其转化成随机可靠度问题，然后应用前述方法求解。

11.1　模糊集论初步

定义 1　被讨论的具有某种共同性质的事物的全体称为**论域** (domain of discourse, universe of discourse, universe) 或**空间** (space)，论域里的每个对象都称为**元素**或**元** (element, member)。**集合**（或称**集**）(set) 就是论域里一部分元素组成的整体。

不含任何元素的集称为**空集** (empty set, null set)，记为 $\varnothing$。含有论域中所有元素的集称为**全集** (universal set)，记为 U。

一个集就是一个事物或事件。集与概念密切相关。内涵和外延是概念的两个方面，相辅相成。外延实际上就是表现概念的一个集。 □

对于论域 U 中的集 A，规定其**指示函数** (indicator function) 或**示性函数** (characteristic function) $I_A(u)$ 的值当元 $u \in A$ 时为 1，当 $u \notin A$ 时为 0。由映射的观点，集 A 可表达为下面的映射：

$$A\colon U \to \{0,1\}\colon u \mapsto I_A(u) \tag{11.1}$$

意即 A 是从集 U 到集 $\{0,1\}$ 的一个映射，即一个法则，它使每个 $u \in U$ 有唯一的一个 $I_A(u) \in \{0,1\}$ 与之对应。 □

定义 2　从论域 U 到闭区间 $[0,1]$ 的一个映射

$$A\colon U \to [0,1]\colon u \mapsto \mu_A(u) \tag{11.2}$$

称为 U 的一个**模糊集** (fuzzy set)，u 称为**模糊元** (fuzzy member)，$\mu_A(\cdot)$ 称为模糊集 A 的**隶属函数** (membership function)，$\mu_A(u)$ 称为 u 对 A 的**隶属度** (grade of membership)，$\mu_A(u) \in [0,1]$。模糊集可用模糊符号"$\sim$"来强调说明，如用 $\underset{\sim}{A}$ 或 $\tilde{A}$ 来表示模糊集 A。 □

由式(11.1)和式(11.2)可知，普通集和模糊集都表示论域的一个映射，但映射的象域有所不同，前者的象域是二元集 $\{0,1\}$，后者的象域是实数区间 $[0,1]$。

设 A 和 B 为论域 U 中的模糊集，由模糊集的定义可以推知：

- $A = \varnothing \Leftrightarrow \mu_A(u) \equiv 0$，$A = U \Leftrightarrow \mu_A(u) \equiv 1$。
- $A \subseteq B \Leftrightarrow \mu_A(u) \le \mu_B(u)$。
- $A = B \Leftrightarrow \mu_A(u) = \mu_B(u)$。
- A 的补集（或余集）$\complement_U A \Leftrightarrow \mu_{\complement_U A} = 1 - \mu_A$。
- A 和 B 的交集 $A \cup B \Leftrightarrow \mu_{A\cup B} = \mu_A \vee \mu_B$。
- A 和 B 的并集 $A \cap B \Leftrightarrow \mu_{A\cap B} = \mu_A \wedge \mu_B$。

在以上叙述中，$u \in U$，按模糊集论中的习惯，采用 Zadeh 算子"$\vee$"和"$\wedge$"分别表示取最大值和最小值。

普通集由其指示函数所确定，模糊集也可由其隶属函数所确定。当隶属函数的值域为集 $\{0,1\}$ 时，模糊集便退化为普通集，隶属函数就等同于指示函数。模糊集是经典普通集的推广，普通集是模糊集的特例，是只有 0 和 1 两个隶属度的二价集 (bivalent set)，被特称为**明晰集** (crisp set)。在模糊集论中，除隶属度为 1 或 0 之外，通常"属于"或"不属于"、"包含"或"不包含"没有明确的含义。

按式(11.2)，模糊集的描述要求反映论域中的所有元素及其对应的隶属度。模糊集的表示方法有多种，常见的有 **Zadeh 表示法** (Zadeh notation)、**序偶表示法** (ordered pair notation) 和**隶属函数表示法** (membership function notation)。

对于论域 U 上的模糊集 A，采用 Zadeh 方法表示时，如果 U 为可列集，$U = \{u_1, u_2, \dots\}$，记为 $A = \sum_{i=1} \mu_A(u_i)/u_i$；对连续论域，记为 $A = \int_{u\in U} \mu_A/u$。

采用偶序方法表示论域 U 上的模糊集 A 时，如果 U 为可列集，记为 $A = \{(u_i, \mu_A(u_i)) \mid i = 1, 2, \ldots\}$；对连续论域，记为 $A = \{(u, \mu_A(u)) \mid u \in U\}$。

当论域为某个实数区间时，有时可方便地直接以隶属函数的函数解析式表示模糊集。

由式(11.2)知，建立模糊集或描述模糊性首先需要确定隶属度或隶属函数。因事物模糊性的产生一般与人的主观意识有关，隶属函数的确定通常带有一定的主观性。构造隶属函数的方法有多种，其中**模糊统计** (fuzzy statistics) 是一种基本的方法。如要确定 $u \in U$ 对 A 的隶属度 $\mu_A(u)$，可在 U 中构造一个边界可变的、可移动的普通集 S，S 往往取决于不同的人对于 A 的一种肯定性的评价，特定的 u 或属于或不属于 S。假设进行了 n 次模糊统计试验，其中有 m 次出现 u，则 m/n 称为 u 对 A 的隶属频率。随着 n 的增大，m/n 将趋于稳定值，可将此作为 $\mu_A(u)$。例如为在“年龄”论域中建立“年轻人”模糊集 A 的隶属函数 μ_A，进行抽样调查。每人可提出认为符合“年轻人”这一概念的最合适的年龄区间 S。根据 n 个人的调查结果，含有某一年龄 u 的 S 有 m 个，则 $\mu_A(u) = m/n$。

在实数域上的模糊集 A 的隶属函数也称为**模糊分布** (fuzzy probability distribution)。常用的模糊分布类型可归纳为降半型、升半型和中间型三种，其具体表达式可参见有关书籍。

定义 3　设 A 为论域 U 中的模糊集，$0 < \lambda \leq 1$，集

$$A_\lambda = \{u \mid \mu_A \geq \lambda\} \tag{11.3}$$

称为 A 的 λ **截集** (cut, cut set)，λ 称为**阈值** (threshold) 或**置信水平** (confidence level, significance level)。特别地，集 $A'_\lambda = \{u \mid \mu_A > \lambda\}$ 称为 A 的 λ **强截集** (strong cut)。

$A_1 = \{u \mid \mu_A(u) = 1\}$ 称为 A 的**核**(kernel)，记作 $\ker A$。如果 $\ker A \neq \varnothing$，则称 A 为**正规模糊集** (normal fuzzy set)，否则为**非正规模糊集** (subnormal fuzzy set)。$A'_0 = \{u \mid \mu_A(u) > 0\}$ 称为 A 的**支集** (support)，记作 $\operatorname{supp} A$ 或 A_{0^+}。支集只有一个点的模糊集称为**模糊单点** (fuzzy singleton)。图 11.1 所示为实数域上的正规模糊集 A 的梯形隶属函数 $\mu_A(x)$，其中直观地标示了 A 的各个截集。 □

λ 截集 A_λ 为普通集，它由论域中所有隶属度大于或等于 λ 的元素组成。λ 截集具有如下性质：

- 设 A 和 B 为模糊集，则 $(A \cup B)_\lambda = A_\lambda \cup B_\lambda$，$(A \cap B)_\lambda = A_\lambda \cap B_\lambda$。
- 设 A 为模糊集，$\lambda_1, \lambda_2 \in [0, 1]$ 且 $\lambda_1 \leq \lambda_2$，则 $A_{\lambda_1} \supseteq A_{\lambda_2}$。

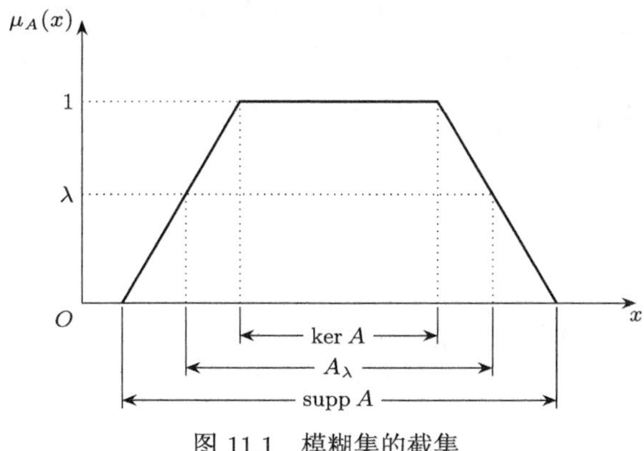

图 11.1 模糊集的截集

模糊是事件发生程度的不确定性，是一种确定的不确定性 (deterministic uncertainty)。随机是事件是否发生的不确定性。纯模糊事件不具有概率意义。

定义 4 在给定的概率空间 (Ω, W, P) 中，如果基本事件空间 Ω 的模糊子集 A 中的元素为一个随机变量，则称该变量为**模糊随机变量** (fuzzy random variable)，称 A 为**模糊随机事件** (fuzzy random event)。

模糊随机事件 A 的概率 $\mathrm{P}(A)$，如 Ω 为离散集，$A = \{(x_i, \mu_A(x_i)) \mid x_i \in \Omega\}$，其概率分布列为 $p_i = \mathrm{P}(X = x_i)$，则

$$\mathrm{P}(A) = \sum_{i=1} \mu_A(x_i) p_i \tag{11.4}$$

如 Ω 为实数集，$A = \{(x, \mu_A(x)) \mid x \in \Omega\}$，其概率密度函数为 $f(x)$，则

$$\mathrm{P}(A) = \int_{-\infty}^{\infty} \mu_A(x) f(x)\, \mathrm{d}x \tag{11.5}$$

由式(11.4)和式(11.5)知，模糊随机事件的概率为其隶属函数的数学期望。

11.2 结构的模糊随机可靠度

在结构可靠度分析中，即使基本变量仅具有随机性，但失效准则是模糊的，如正常使用极限状态的情形，结构的失效是一个模糊随机事件，结构的可靠度就是模糊随机事件的概率。

失效准则的模糊性，使得功能函数 $Z = g_X(\boldsymbol{X})$ 的值只是反映了结构适用性

程度的大小，其变化表示了结构适用性的损益。$Z<0$ 不意味着结构完全失效，$Z>0$ 不表示结构完全处于可靠状态，$Z=0$ 也并非结构可靠和失效状态的界限。

设 Z 是结构模糊随机事件空间 Ω 中的状态随机变量，结构失效模糊随机事件 E 可表示为

$$E=\{(z,\mu_E(z))\mid z\in\Omega\} \tag{11.6}$$

对照前述关于模糊随机事件截集的定义,采用清晰失效准则,即 $Z<0$、$Z>0$ 和 $Z=0$ 分别表示结构处于失效、可靠和极限状态，结构的失效对应于 E_1 的特例；而采用模糊失效准则，结构的失效考虑了 E_{0+}，即所有置信水平的截集的情况。在经典随机可靠度理论中，没有考虑 E_{0+} 至 E_1 的中间过渡区的失效状态，结构的失效是界限分明的事件，对应的集是式(11.1)那样的普通集。在模糊随机可靠度理论中，结构的失效事件是式(11.6)表示的模糊集。

设模糊随机变量 Z 的概率密度函数为 $f_Z(z)$，根据式(11.5)，结构失效事件 E 的概率为

$$p_{\mathrm{f}}=\int_{-\infty}^{\infty}\mu_E(z)f_Z(z)\,\mathrm{d}z \tag{11.7}$$

式中，$\mu_E(z)$ 应为 z 的递减函数，以使结构失效程度随 z 值减小而增大。

设基本随机变量 $\boldsymbol{X}=(X_1,X_2,\dots,X_n)^{\top}$ 的联合概率密度函数为 $f_X(\boldsymbol{x})$，结构失效事件 E 的概率可表为

$$p_{\mathrm{f}}=\int_{\mathbb{R}^n}\mu_E\left[g_X(\boldsymbol{x})\right]f_X(\boldsymbol{x})\,\mathrm{d}\boldsymbol{x} \tag{11.8}$$

若 $\boldsymbol{X}$ 是独立随机向量，设 X_i 的概率密度函数为 $f_{X_i}(x_i)$ $(i=1,2,\dots,n)$，式(11.8)又可写成

$$p_{\mathrm{f}}=\int_{-\infty}^{\infty}\cdots\int_{-\infty}^{\infty}\mu_E\left[g_X(\boldsymbol{x})\right]f_{X_1}(x_1)f_{X_2}(x_2)\cdots f_{X_n}(x_n)\,\mathrm{d}x_1\mathrm{d}x_2\cdots\mathrm{d}x_n \tag{11.9}$$

直接计算式(11.8)和式(11.9)的多重积分通常比较困难,可采用以下处理方法。

隶属函数 $\mu_E(z)$ 为递减函数且 $0\le\mu_E(z)\le1$，因此可将 $1-\mu_E(z)$ 看作某个随机变量，如 X_{n+1} 的累积分布函数 $F_{X_{n+1}}(x_{n+1})$。于是，式(11.8)变为

$$\begin{aligned}p_{\mathrm{f}}&=\int_{\mathbb{R}^n}\{1-F_{X_{n+1}}[g_X(\boldsymbol{x})]\}f_X(\boldsymbol{x})\,\mathrm{d}\boldsymbol{x}\\&=\int_{\mathbb{R}^n}\int_{g_X(\boldsymbol{x})}^{\infty}f_{X_{n+1}}(x_{n+1})f_X(\boldsymbol{x})\,\mathrm{d}x_{n+1}\mathrm{d}\boldsymbol{x}\end{aligned} \tag{11.10}$$

其中新的随机变量 X_{n+1} 的累积分布函数和概率密度函数分别为

$$F_{X_{n+1}}(x_{n+1}) = 1 - \mu_E(x_{n+1}) \tag{11.11}$$

$$f_{X_{n+1}}(x_{n+1}) = -\frac{\partial \mu_E(x_{n+1})}{\partial x_{n+1}} \tag{11.12}$$

上述做法将隶属函数的补函数视为一个新的随机变量的累积分布函数，类似于非正态随机变量的正态当量化，具有一定的普遍性。其实，在式(11.11)中，也可以直接令 $F_{X_{n+1}}(x_{n+1})$ 为标准正态分布函数 $\Phi(x_{n+1})$，相应地式(11.12)的 $f_{X_{n+1}}(x_{n+1})$ 为标准正态概率密度函数 $\varphi(x_{n+1})$，类似于等概率正态变换方法的处理，所得的 X_{n+1} 为标准正态分布变量。

式(2.9)表明，失效概率是功能函数的概率密度函数在失效域上的积分。由式(11.10)知，模糊随机可靠度问题(11.6)的失效域为 $\{\boldsymbol{x} \mid g_X(\boldsymbol{x}) \le x_{n+1}\}$，因此相应的等效功能函数为

$$Z_{\mathrm{e}} = g_X(\boldsymbol{X}) - X_{n+1} \tag{11.13}$$

于是，可以式(11.13)为结构的功能函数，以式(11.11)和式(11.12)为补充条件，应用随机可靠度分析方法计算模糊随机可靠度。

设模糊随机事件 E' 中基本随机变量 $\boldsymbol{X}$ 产生的诸如裂缝宽度、变形等的广义作用效应函数为 $S_X(\boldsymbol{X})$，其隶属函数为 $\mu_{E'}[s_X(\boldsymbol{x})]$。$S_X(\boldsymbol{X})$ 越大，失效的程度就越大，故 $\mu_{E'}[s_X(\boldsymbol{x})]$ 为一递增函数。可直接利用式(11.5)计算作用效应 $S_X(\boldsymbol{X})$ 产生的失效概率，即

$$p_{\mathrm{f}} = \int_{\mathbb{R}^n} \mu_{E'}[s_X(\boldsymbol{x})] f_X(\boldsymbol{x})\,\mathrm{d}\boldsymbol{x} \tag{11.14}$$

若 $\boldsymbol{X}$ 的各个分量相互独立，式(11.14)又可写成

$$p_{\mathrm{f}} = \int_{-\infty}^{\infty} \cdots \int_{-\infty}^{\infty} \mu_{E'}[s_X(\boldsymbol{x})] f_{X_1}(x_1) f_{X_2}(x_2) \cdots f_{X_n}(x_n)\,\mathrm{d}x_1 \mathrm{d}x_2 \cdots \mathrm{d}x_n \tag{11.15}$$

对式(11.14)或式(11.15)，也可用上述类似的变换变为随机可靠度理论的常见形式。此时需要将式(11.11)和式(11.12)分别改为

$$F_{X_{n+1}}(x_{n+1}) = \mu_{E'}(x_{n+1}) \tag{11.16}$$

$$f_{X_{n+1}}(x_{n+1}) = \frac{\partial \mu_{E'}(x_{n+1})}{\partial x_{n+1}} \tag{11.17}$$

式(11.13)改为

$$Z_{\mathrm{e}} = X_{n+1} - S_X(\boldsymbol{X}) \tag{11.18}$$

例 11.1　构件的功能函数为 $Z = 1 - K_{\mathrm{z}}K_{\mathrm{p}}K_{\mathrm{a}}/K_{\mathrm{w}}$，其中 K_{w}、K_{z}、K_{p} 和 K_{a} 均服从对数正态分布，其均值和变异系数分别为 $\mu_{K_{\mathrm{w}}} = 1.1$，$V_{K_{\mathrm{w}}} = 0.1$；$\mu_{K_{\mathrm{z}}} = 1.0$，$V_{K_{\mathrm{z}}} = 0.0$；$\mu_{K_{\mathrm{p}}} = 1.0$，$V_{K_{\mathrm{p}}} = 0.33$；$\mu_{K_{\mathrm{a}}} = 0.7324$，$V_{K_{\mathrm{a}}} = 0.2175$。将构件失效作为模糊随机事件 E，其隶属函数 $\mu_E(z)$ 取作降半梯形分布，即

$$\mu_E(z) = \begin{cases} 1, & z \le a \\ \dfrac{b-z}{b-a}, & a < z \le b \\ 0, & z > b \end{cases} \tag{11.19}$$

取 $a = -0.5$，$b = 0.5$。计算此构件的模糊随机可靠指标。

解　引入新的随机变量 X_5。由式(11.11)和式(11.12)知，X_5 服从区间 (a, b) 上的均匀分布，其概率密度函数和累积分布函数分别为

$$f_{\mathrm{U}}(x_5 \mid a, b) = \frac{1}{b-a}, \quad a < x_5 < b \tag{11.20}$$

$$F_{\mathrm{U}}(x_5 \mid a, b) = \begin{cases} 0, & x_5 < a \\ \dfrac{x_5 - a}{b-a}, & a \le x_5 < b \\ 1, & x_5 \ge b \end{cases} \tag{11.21}$$

X_5 的均值为 $\mu_{X_5} = (a+b)/2$，方差为 $\sigma_{X_5}^2 = (b-a)^2/12$。

据式(11.13)，可建立等效功能函数为 $Z_{\mathrm{e}} = 1 - K_{\mathrm{z}}K_{\mathrm{p}}K_{\mathrm{a}}/K_{\mathrm{w}} - X_5$。应用随机可靠度的计算方法，如 JC 法计算构件的可靠度。为此，计算 Z_{e} 的梯度为

$$\nabla g_{\mathrm{e}}(K_{\mathrm{w}}, K_{\mathrm{z}}, K_{\mathrm{p}}, K_{\mathrm{a}}, X_5) = -\left(-\frac{K_{\mathrm{z}}K_{\mathrm{p}}K_{\mathrm{a}}}{K_{\mathrm{w}}^2}, \frac{K_{\mathrm{p}}K_{\mathrm{a}}}{K_{\mathrm{w}}}, \frac{K_{\mathrm{z}}K_{\mathrm{a}}}{K_{\mathrm{w}}}, \frac{K_{\mathrm{z}}K_{\mathrm{p}}}{K_{\mathrm{w}}}, 1\right)^{\top}$$

计算程序见清单 11.1。

清单 11.1　例 11.1 计算模糊随机可靠度的 JC 法程序 1

```
clear; clc;
muX = [1.1;1;1;0.7324]; cvX = [0.1;1e-7;0.33;0.2175];
sigmaX = cvX.*muX;
```

```
sLn = sqrt(log(1+cvX(1:4).^2)); mLn = log(muX(1:4))-sLn.^2/2;
nD = length(muX);
aUn = -0.5; bUn = 0.5;
muX(nD+1) = (aUn+bUn)/2; sigmaX(nD+1) = (bUn-aUn)/sqrt(12);
x = muX; x0 = eps*x;
while norm(x-x0)/norm(x0) > 1e-6
    x0 = x;
    g = 1-prod(x(2:4))/x(1)-x(nD+1);
    gX = [prod(x(2:4))/x(1)^2;...
        -[x(3)*x(4);x(2)*x(4);x(2)*x(3)]/x(1);-1];
    cdfX = [logncdf(x(1:4),mLn,sLn);unifcdf(x(nD+1),aUn,bUn)];
    pdfX = [lognpdf(x(1:4),mLn,sLn);unifpdf(x(nD+1),aUn,bUn)];
    nc = norminv(cdfX);
    sigmaX1 = normpdf(nc)./pdfX;
    muX1 = x-nc.*sigmaX1;
    gs = gX.*sigmaX1; alphaX = -gs/norm(gs);
    bbeta = (g+gX.'*(muX1-x))/norm(gs)
    x = muX1+bbeta*sigmaX1.*alphaX;
end
```

由于 $V_{K_z}=0$，为避免计算溢出，清单 11.1 程序中给 σ_{K_z} 赋了一个很小的值。

其实也可认为 K_z 不是随机变量，而作为常数处理。在原功能函数 Z 中令 $K_z=\mu_{K_z}=1$，等效功能函数变为 $Z_e=1-K_pK_a/K_w-X_4$，其中 X_4 服从区间 (a,b) 上的均匀分布。Z_e 的梯度变为

$$\nabla g_e(K_w,K_p,K_a,X_4)=-\left(-\frac{K_pK_a}{K_w^2},\frac{K_a}{K_w},\frac{K_p}{K_w},1\right)^\top$$

这种处理的计算程序见清单 11.2。

清单 11.2　例 11.1 计算模糊随机可靠度的 JC 法程序 2

```
clear; clc;
muX = [1.1;1;0.7324]; cvX = [0.1;0.33;0.2175];
sigmaX = cvX.*muX;
```

```
sLn = sqrt(log(1+cvX(1:3).^2)); mLn = log(muX(1:3))-sLn.^2/2;
nD = length(muX);
aUn = -0.5; bUn = 0.5;
muX(nD+1) = (aUn+bUn)/2; sigmaX(nD+1) = (bUn-aUn)/sqrt(12);
x = muX; x0 = eps*x;
while norm(x-x0)/norm(x0) > 1e-6
    x0 = x;
    g = 1-x(2)*x(3)/x(1)-x(nD+1);
    gX = [x(2)*x(3)/x(1)^2;-[x(3);x(2)]/x(1);-1];
    cdfX = [logncdf(x(1:3),mLn,sLn);unifcdf(x(nD+1),aUn,bUn)];
    pdfX = [lognpdf(x(1:3),mLn,sLn);unifpdf(x(nD+1),aUn,bUn)];
    nc = norminv(cdfX); sigmaX1 = normpdf(nc)./pdfX;
    muX1 = x-nc.*sigmaX1;
    gs = gX.*sigmaX1; alphaX = -gs/norm(gs);
    bbeta = (g+gX.'*(muX1-x))/norm(gs)
    x = muX1+bbeta*sigmaX1.*alphaX;
end
```

清单 11.1 程序和清单 11.2 程序的运行结果相同，构件的模糊随机可靠指标为 $\beta = 0.8157$。

11.3　结构体系的模糊随机可靠度

结构体系可靠度是包含多种失效模式的问题。在此考虑的各失效模式及其包含的失效状态具有模糊随机性。

考虑具有 m 个模糊随机失效模式的结构体系。体系可靠就是所有 m 个失效模式都不出现，而任何失效模式发生体系都将失效。若第 i 个失效模式发生的模糊随机事件表示为 E_i，不发生的事件表示为 $\bar{E}_i$，体系失效模糊随机事件表示为 E，体系可靠事件表示为 $\bar{E}$，则

$$\bar{E} = \bigcap_{i=1}^{m} \bar{E}_i \tag{11.22}$$

$$E = \bigcup_{i=1}^{m} E_i \tag{11.23}$$

设第 i 个失效模式由 q_i 个相继发生的失效状态组成，其中第 j 个失效状态发生的模糊随机事件表示为 E_i^j，则第 i 个失效模式发生的模糊随机事件为

$$E_i = \bigcap_{j=1}^{q_i} E_i^j, \quad i = 1, 2, \ldots, m \tag{11.24}$$

设结构的基本随机变量为 $\boldsymbol{X} = (X_1, X_2, \ldots, X_n)^\top$，第 i 个失效模式第 j 个失效状态所对应的功能函数为

$$Z_j^{(i)} = g_{Xj}^{(i)}(\boldsymbol{X}) = g_{Xj}^{(i)}(X_1, X_2, \ldots, X_n) \quad j = 1, 2, \ldots, q_i \tag{11.25}$$

现在所考虑的是 $\boldsymbol{X}$ 为随机变量、判断 $Z_j^{(i)}$ 处于何种状态即事件 E_i^j 发生与否的准则是模糊的，由式(11.24)或式(11.23)，事件 E_i 或 E 具有模糊随机性。设 $\boldsymbol{X}$ 的联合概率密度函数为 $f_X(\boldsymbol{x})$，与事件 E 对应的功能函数为 $g_X(\boldsymbol{X})$，根据式(11.5)以及交集、并集的性质，理论上，体系的模糊失效概率为

$$\begin{aligned} p_\mathrm{f} = \mathrm{P}(E) &= \int_{\mathbb{R}^n} \mu_E[g_X(\boldsymbol{x})] f_X(\boldsymbol{x})\,\mathrm{d}\boldsymbol{x} \\ &= \mathrm{P}\left(\bigcup_{i=1}^{m}\bigcap_{j=1}^{q_i} E_i^j\right) = \int_{\mathbb{R}^n} \bigvee_{i=1}^{m}\bigwedge_{j=1}^{q_i} \mu_{E_i^j}[g_{Xj}^{(i)}(\boldsymbol{x})] f_X(\boldsymbol{x})\,\mathrm{d}\boldsymbol{x} \end{aligned} \tag{11.26}$$

式中，$\mu_{E_i^j}(z_j^{(i)})$ 为事件 E_i^j 的隶属函数，而事件 E 的隶属函数为

$$\mu_E[g_X(\boldsymbol{X})] = \bigvee_{i=1}^{m}\bigwedge_{j=1}^{q_i} \mu_{E_i^j}[g_{Xj}^{(i)}(\boldsymbol{X})] \tag{11.27}$$

式(11.26)的多重积分计算通常很困难，可经过与 11.2节相同的变换，然后利用结构体系随机可靠度的方法计算结构体系的模糊随机可靠度。

将隶属函数 $\mu_E[g_X(\boldsymbol{X})]$ 的补函数作为累积分布函数,引入新的随机变量 X_{n+1}。X_{n+1} 的累积分布函数和概率密度函数分别由式(11.11)和式(11.12)给出，事件 E 的失效概率的表达式则与式(11.10)相同。此时对应于式(11.25)的等效功能函数为

$$Z_{\mathrm{e}j}^{(i)} = g_{Xj}^{(i)}(\boldsymbol{X}) - X_{n+1}, \quad i = 1, 2, \ldots, m;\ j = 1, 2, \ldots, q_i \tag{11.28}$$

结构体系失效事件的发生概率又可表为

$$p_{\mathrm{f}}=\mathrm{P}\left[\bigcup_{i=1}^{m}\bigcap_{j=1}^{q_i}(Z_{\mathrm{e}j}^{(i)}<0)\right] \tag{11.29}$$

如果已知模糊随机事件 E'^{j}_{i} 相应的广义荷载效应函数 $S_{Xj}^{(i)}(\boldsymbol{X})$，以及事件 E' 的广义荷载效应 $S_X(\boldsymbol{X})$ 的隶属函数 $\mu_{E'}[s_X(\boldsymbol{x})]$，则仿照式(11.18)，结构体系的等效功能函数可写成

$$Z_{\mathrm{e}j}^{(i)}=X_{n+1}-S_{Xj}^{(i)}(\boldsymbol{X}),\quad i=1,2,\ldots,m;\ j=1,2,\ldots,q_i \tag{11.30}$$

体系的模糊失效概率仍如式(11.29)所示。

串联结构体系中的任一元件失效则结构失效，元件的一种失效状态就是一个失效模式。设各失效模式的功能函数为 $Z_{\mathrm{e}i}=g_{Xi}(\boldsymbol{X})$ $(i=1,2,\ldots,m)$，由式(11.26)和式(11.29)，串联结构体系的模糊失效概率为

$$\begin{aligned}p_{\mathrm{f}}&=\mathrm{P}(E)=\mathrm{P}\left(\bigcup_{i=1}^{m}E_i\right)\\&=\int_{\mathbb{R}^n}\bigvee_{i=1}^{m}\mu_{E_i}\left[g_{Xi}(\boldsymbol{x})\right]f_X(\boldsymbol{x})\,\mathrm{d}\boldsymbol{x}=\mathrm{P}\left[\bigcup_{i=1}^{m}(Z_{\mathrm{e}i}<0)\right]\end{aligned} \tag{11.31}$$

如果各失效模式的作用效应函数 $S_{Xi}(\boldsymbol{X})$ $(i=1,2,\ldots,m)$ 已知，可以将式(11.31)中 $g_{Xi}(\boldsymbol{x})$ 换成 $s_{Xi}(\boldsymbol{x})$，此时式(11.30)也得到简化。

并联结构体系中的全部元件都失效时结构才失效，失效模式规定只有一种。设结构的失效状态有 q 种，令 $Z_{\mathrm{e}j}^{(1)}=Z_{\mathrm{e}j}=g_{Xj}(\boldsymbol{X})$，由式(11.26)和式(11.29)，并联结构体系的模糊失效概率为

$$\begin{aligned}p_{\mathrm{f}}&=\mathrm{P}(E)=\mathrm{P}\left(\bigcap_{i=1}^{q}E^i\right)\\&=\int_{\mathbb{R}^n}\bigwedge_{i=1}^{q}\mu_{E^i}\left[g_{Xi}(\boldsymbol{x})\right]f_X(\boldsymbol{x})\,\mathrm{d}\boldsymbol{x}=\mathrm{P}\left[\bigcap_{i=1}^{q}(Z_{\mathrm{e}i}<0)\right]\end{aligned} \tag{11.32}$$

例 11.2 图 11.2 所示门式刚架的柱顶作用集中力 P，顶梁作用均布荷载 q。P 和 q 均服从极值 I 型分布，其均值和标准差分别为 $\mu_P=35.0\,\mathrm{kN}$，$\sigma_P=10.5\,\mathrm{kN}$；$\mu_q=6.0\,\mathrm{kPa}$，$\sigma_q=1.5\,\mathrm{kPa}$。为保证刚架的正常使用，需控制其柱顶水平位移 $\varDelta$ 和梁跨中挠度 f。经分析得知，$\varDelta=1.03\times10^{-4}P$，$f=4.18\times10^{-4}q$。柱顶水平位移和顶梁跨中变形的失效均为模糊事件，其隶属函数分别为

$$\mu_{E'_\Delta}(\Delta)=\begin{cases}0, & \Delta<0.005\\ \dfrac{\Delta-0.005}{0.01}, & 0.005\leq\Delta<0.015\\ 1, & \Delta\geq 0.015\end{cases}$$

$$\mu_{E'_f}(f)=\begin{cases}0, & f<0.003\\ \dfrac{f-0.003}{0.007}, & 0.003\leq f<0.01\\ 1, & f\geq 0.01\end{cases}$$

若柱顶水平位移和梁跨中挠度有一个失效则认为刚架失效，计算刚架的模糊失效概率。

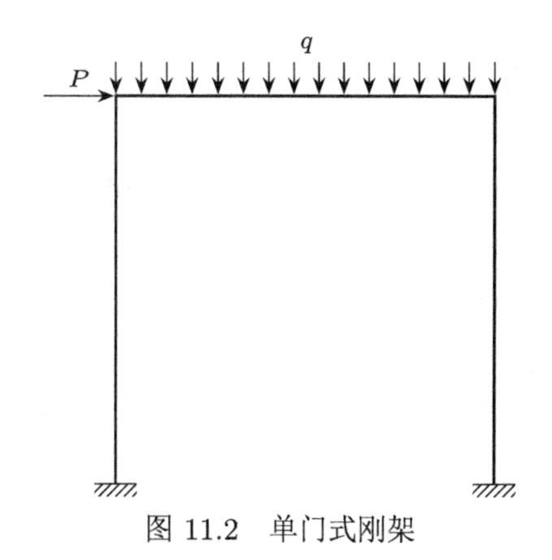

图 11.2　单门式刚架

解　基本随机变量 $\boldsymbol{X}=(P,q)^\top$ 所产生的效应为 Δ 和 f，它们的隶属函数均为以下升半梯形分布：

$$\mu_{E'}(x)=\begin{cases}0, & x<a\\ \dfrac{x-a}{b-a}, & a\leq x<b\\ 1, & x\geq b\end{cases}\tag{11.33}$$

广义效应函数 Δ 和 f 及其隶属函数已知，可按照式(11.16)和式(11.17)引入新变量 X_3。对比式(11.33)和式(11.21)，可知 X_3 服从均匀分布。

柱顶水平位移和横梁跨中挠度两个失效模式任何一个失效都会使刚架失效，因此这是一个串联结构体系问题。设扩展随机变量 $\boldsymbol{X}'=(P,q,X_3)^\top$，根据式(11.30)，可分别建立两个失效模式的等效功能函数分别为 $Z_{\rm e1} = g_{X'1}(\boldsymbol{X}') = X_3 - 1.03 \times 10^{-4}P$ 和 $Z_{\rm e2} = g_{X'2}(\boldsymbol{X}') = X_3 - 4.18 \times 10^{-4}q$，其梯度分别为 $\nabla g_{X'1}(\boldsymbol{X}') = (-1.03 \times 10^{-4}, 0, 1)^{\top}$ 和 $\nabla g_{X'2}(\boldsymbol{X}') = (0, -4.18 \times 10^{-4}, 1)^{\top}$。

从等效功能函数 $Z_{\rm e1}$ 和 $Z_{\rm e2}$ 出发，可利用 JC 法求解相应的可靠指标 $\boldsymbol{\beta} = (\beta_1, \beta_2)^{\top}$ 以及单位灵敏度向量 $\boldsymbol{\alpha}_{X'1}$ 和 $\boldsymbol{\alpha}_{X'2}$，进而得到 $Z_{\rm e1}$ 和 $Z_{\rm e2}$ 的相关系数矩阵 $\boldsymbol{\rho} = \boldsymbol{\alpha}_{X'1}^{\top}\boldsymbol{\alpha}_{X'2}$，再利用式(8.30)即可计算刚架的模糊失效概率 $p_{\rm f}$。

计算刚架模糊失效概率的程序见清单 11.3。

清单 11.3　例 11.2 计算刚架结构体系模糊随机可靠度的程序

```
clear; clc;
m = 2;
muX = [35;6]; sigmaX = [10.5;1.5];
aEv = sigmaX*sqrt(6)/pi; uEv = -psi(1)*aEv-muX;
aUn = [5;3]/1e3; bUn = [15;10]/1e3;
[mUn,sUn] = unifstat(aUn,bUn); sUn = sqrt(sUn);
z(1).g = @(x)x(3)-103e-6*x(1);
z(2).g = @(x)x(3)-418e-6*x(2);
z(1).gX = [-103e-6;0;1];
z(2).gX = [0;-418e-6;1];
nD = length(muX);
for k = 1:m
    muX0 = [muX;mUn(k)]; sigmaX0 = [sigmaX;sUn(k)];
    x = muX0; x0 = eps*x;
    while norm(x-x0)/norm(x0) > 1e-6
        x0 = x;
        g = z(k).g(x);
        gX = z(k).gX;
        cdfX = [1-evcdf(-x(1:2),uEv,aEv);...
            unifcdf(x(nD+1),aUn(k),bUn(k))];
        pdfX = [evpdf(-x(1:2),uEv,aEv);...
            unifpdf(x(nD+1),aUn(k),bUn(k))];
        cdfX(find(cdfX<eps)) = 0.001;
        cdfX(find(cdfX>0.999)) = 0.999;
```

```
        pdfX1 = pdfX; pdfX(find(pdfX<eps)) = 1;
        nc = norminv(cdfX);
        sigmaX1 = normpdf(nc)./pdfX;
        sigmaX1(find(pdfX1<eps)) = sigmaX0(find(pdfX1<eps));
        muX1 = x-nc.*sigmaX1;
        gs = gX.*sigmaX1; alphaX = -gs/norm(gs);
        bbeta = (g+gX.'*(muX1-x))/norm(gs);
        x = muX1+bbeta*sigmaX1.*alphaX;
    end
    aa(:,k) = alphaX;
    b(k) = bbeta;
end
rho = aa.'*aa;
pF = 1-mvncdf(b,0,rho)
```

程序运行结果为：模糊失效概率 $p_{\rm f} = 2.9738 \times 10^{-2}$。

例 11.2 在迭代过程中出现了概率密度函数值 $f_{X_{n+i}}(x^*_{n+i}) = 0$，以及累积分布函数值 $F_{X_{n+i}}(x^*_{n+i}) = 0$ 或 1 的情况，程序中采用了例 3.6 中建议的处理方法。

例 11.2 中刚架的模糊失效概率 $p_{\rm f}$ 也可以利用式(11.31)计算。

将 $\varDelta = 1.03 \times 10^{-4}P$ 代入隶属函数 $\mu_{E'_\Delta}(\varDelta)$，自变量 P 的区间划分点则为 $p_0 = 0.005/(1.03 \times 10^{-4})$ 和 $p_1 = 0.015/(1.03 \times 10^{-4})$。将 $f = 4.18 \times 10^{-4}q$ 代入隶属函数 $\mu_{E'_f}(f)$，自变量 q 的区间划分点则为 $q_0 = 0.003/(4.18 \times 10^{-4})$ 及 $q_1 = 0.01/(4.18 \times 10^{-4})$。

式(11.31)要求在整个积分域上都利用 $\mu_{E'_\Delta}(\varDelta)$ 和 $\mu_{E'_f}(f)$ 的较大者，只要它们不同时为零，就会对模糊失效概率 $p_{\rm f}$ 有贡献。图 11.3 中标示出了相应的积分区域。这两个隶属函数均为分段线性函数，故图中的交线均为直线。

根据式(11.31)，刚架的模糊失效概率为

$$
\begin{aligned}
p_{\rm f} &= \int_{-\infty}^{\infty}\int_{-\infty}^{\infty} \mu_{E'_\Delta}(\varDelta) \vee \mu_{E'_f}(f) f_P(p) f_q(q)\,{\rm d}p{\rm d}q \\
&= \int_{p_0}^{p_1}\int_{-\infty}^{k(p-p_0)+q_0} \mu_{E'_\Delta}(\varDelta) f_P(p) f_q(q)\,{\rm d}p{\rm d}q \\
&\quad + \int_{q_0}^{q_1}\int_{-\infty}^{(q-q_0)/k+p_0} \mu_{E'_f}(f) f_P(p) f_q(q)\,{\rm d}p{\rm d}q
\end{aligned}
$$

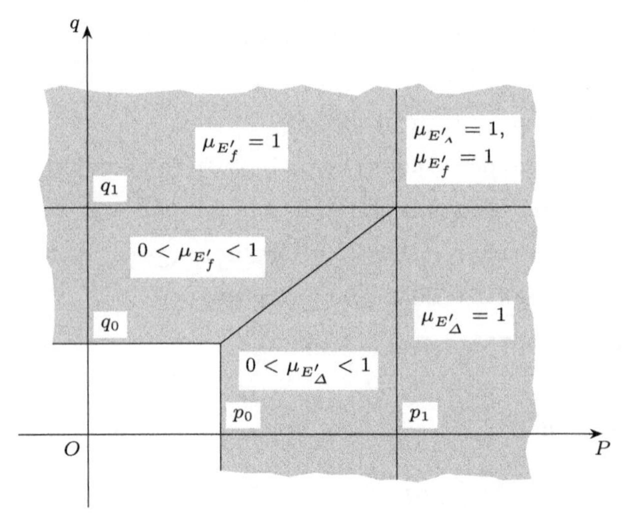

图 11.3　例 11.2 较大隶属函数所对应的区域

$$\begin{aligned}
&+1-\int_{-\infty}^{p_1}\int_{-\infty}^{q_1} f_P(p)f_q(q)\,\mathrm{d}p\mathrm{d}q\\
=&\int_{p_0}^{p_1}\mu_{E'_\Delta}(\varDelta)f_P(p)F_q[k(p-p_0)+q_0]\,\mathrm{d}p\\
&+\int_{q_0}^{q_1}\mu_{E'_f}(f)F_P[(q-q_0)/k+p_0]f_q(q)\,\mathrm{d}q+1-F_P(p_1)F_q(q_1)
\end{aligned}$$

式中，$k=(q_1-q_0)/(p_1-p_0)$。

根据上式的数值积分程序见清单 11.4。

清单 11.4　例 11.2 用定义计算模糊随机失效概率的程序

```
clear; clc;
muX = [35;6]; sigmaX = [10.5;1.5];
aEv = sigmaX*sqrt(6)/pi; uEv = -psi(1)*aEv-muX;
aUn = [5e-3;3e-3]; bUn = [0.015;0.01];
p0 = aUn(1)/1.03e-4; p1 = bUn(1)/1.03e-4;
q0 = aUn(2)/4.18e-4; q1 = bUn(2)/4.18e-4;
k = (q1-q0)/(p1-p0);
qp = @(p)(p-p0)*k+q0; pq = @(q)(q-q0)/k+p0;
f0 = @(p,q)evpdf(-p,uEv(1),aEv(1)).*evpdf(-q,uEv(2),aEv(2));
f1 = @(p,q)unifcdf(p,p0,p1).*f0(p,q);
```

```
f2 = @(q,p)unifcdf(q,q0,q1).*f0(p,q);
pF1 = integral2(f1,p0,p1,-Inf,qp)+integral2(f2,q0,q1,-Inf,pq)+...
    1-integral2(f0,-Inf,p1,-Inf,q1)
f3 = @(p)unifcdf(p,p0,p1).*evpdf(-p,uEv(1),aEv(1)).*...
    (1-evcdf(-qp(p),uEv(2),aEv(2)));
f4 = @(q)unifcdf(q,q0,q1).*...
    (1-evcdf(-pq(q),uEv(1),aEv(1))).*evpdf(-q,uEv(2),aEv(2));
pF2 = integral(f3,p0,p1)+integral(f4,q0,q1)+1-...
    (1-evcdf(-p1,uEv(1),aEv(1)))*(1-evcdf(-q1,uEv(2),aEv(2)))
```

清单 11.4 程序运行结果为：失效概率 $p_{\mathrm{f}} = 2.1685 \times 10^{-2}$。

比较可知，利用近似方法所得结果误差较大。

参 考 文 献

[1] Ang A H-S, Tang W H. Probability Concepts in Engineering Planning and Design. Volume II: Decision, Risk and Reliability. New York: John Wiley & Sons, 1984.

[2] 赵国藩. 工程结构可靠性原理与应用. 大连：大连理工大学出版社，1996.

[3] 贡金鑫. 工程结构可靠度计算方法. 大连：大连理工大学出版社，2003.

[4] Nakamura S. 科学计算引论——基于 MATLAB 的数值分析. 第 2 版. 梁恒，刘晓艳，等译. 北京：电子工业出版社，2002.

[5] 邢文训，谢金星. 现代优化计算方法. 第 2 版. 北京：清华大学出版社，2005.

[6] 杨纶标，高英仪. 模糊数学原理及应用. 第 4 版. 广州：华南理工大学出版社，2005.

[7] 国务院学位委员会办公室. 同等学力人员申请硕士学位水利工程学科综合水平全国统一考试大纲及指南. 北京：高等教育出版社，2000.

[8] Zhang M, Li Z K, Li Q B. Probabilistic volume element modelling in damage analysis of quasi-brittle materials // Proceedings of International Workshop on Constitutive Modelling – Development, Implementation, Evaluation, and Application. Hong Kong, China, Jan. 12-13, 2007.

[9] 张明，李仲奎，杨强，等. 准脆性材料声发射的损伤模型及统计分析. 岩石力学与工程学报，2006, 25(12):2 493–2 501.

[10] 张明，李仲奎. 准脆性材料破裂过程失稳的尖点突变模型. 岩石力学与工程学报，2006, 25(6):1 233–1 239.

[11] 张明,刘金勇,麦家煊. 土石坝边坡稳定可靠度分析与设计. 水力发电学报,2006, 25(2):103–107.

[12] 张明，李仲奎，苏霞. 准脆性材料弹性损伤分析中的概率体元建模. 岩石力学与工程学报，2005, 24(23):4 282–4 288.

[13] Zhang M, Wu Q G. Stochastic boundary element analysis of concrete gravity dam. Tsinghua Science and Technology, 2002, 7(3):254–257.

[14] 张明，麦家煊，吴清高. 随机边界元法及其在水工结构可靠度分析中的应用. 水力发电学报，2002, 1:46–53.

[15] 吴清高,张明,姚振汉. 混凝土重力坝边界元可靠度计算. 重庆大学学报,2000, 22(6):70–73.

[16] 张明，李仲奎. 结构可靠性分析的有效数值方案. 水利水电技术，1999, 30(5):52–54.

[17] 张明，廖松，谷兆祺. 径流过程随机模拟的混合模型及其应用. 水力发电学报，2005, 24(3):1–5.

[18] Zhang M, Wu Q G. Stochastic boundary element computation of the reliability of gravity dam // Honningsvag B, Midttomme G H, Repp K, et al. Hydropower in the

New Millennium. Rotterdam: A A Balkema Publishers, 2001:527–530.

[19] 张明，卢裕杰，毕忠伟，等. 利用神经网络的反馈分析方法及其在地下厂房中的应用. 岩石力学与工程学报，2010，29(11):2 211–2 220.

[20] 张明，卢裕杰，介玉新，等. 不同加载条件下岩石强度尺寸效应的数值模拟. 水力发电学报，2011, 30(4):147–154.

[21] 张明，卢裕杰，杨强. 准脆性材料的破坏概率与强度尺寸效应. 岩石力学与工程学报，2010, 29(9):1 782–1 789.

[22] 张明，王菲，杨强. 基于三轴压缩试验的岩石统计损伤本构模型. 岩土工程学报，2013, 35(11):1 965–1 971.

[23] 毕忠伟，张明，金峰，等. 岩体力学参数 Bayes 推断中验前信息的数量与融合技术研究. 铁道学报，2011, 33(2):96–100.

[24] Terada S, Takahashi T. Failure-conditioned reliability index. Journal of Structural Engineering, 1988, 114(4):942–952.

[25] Xu L, Cheng G D. Discussion on: moment methods for structural reliability. Structural Safety. 2003, 25(3):193–199.

[26] International Organization for Standardization. General principles on reliability for structures. ISO 2394, 1998.

[27] 工程结构可靠性设计统一标准 (GB 50153–2008). 北京：中国建筑工业出版社，2008.

[28] Hasofer A M, Lind N C. Exact and invariant second-moment code format. Journal of the Engineering Mechanics Division, ASME, 1974, 100(EM1):111–121.

[29] 李云贵，赵国藩，张保和. 广义随机空间内的一次可靠度分析方法. 大连理工大学学报，1993，33(增 1):1–5.

[30] 赵国藩，王恒栋. 广义随机空间内的结构可靠度实用分析方法. 土木工程学报，1996, 29(4):47–51.

[31] Rosenblatt M. Remarks on a multivariate transformation. Annals of Mathematical Statistics, 1952, 23(3):470–472.

[32] Rackwitz R, Fiessler B. Structural reliability under combined random load sequences. Computers & Structures, 1978, 9(5):489–494.

[33] Hohenbichler M, Rackwitz R. Non-normal dependent vectors in structural safety. Journal of the Engineering Mechanics Division, ASME, 1981, 107(6):1 227–1 238.

[34] Paloheimo E, Hannus H. Structural design based on weighted fractiles. Journal of the Structural Division, ASCE, 1974, 100(ST7):1 367–1 378.

[35] 赵国藩. 结构可靠度的实用分析方法. 建筑结构学报，1984, 5(3):1–10.

[36] Liu P L, Der Kiureghian A. Multivariate distribution models with prescribed marginals and covariances. Probabilistic Engineering Mechanics, 1986, 1(2):105–112.

[37] Montgomery D C, Runger G C, Hubele N F. 工程统计学. 第 3 版. 代金，魏秋萍译. 北京：中国人民大学出版社，2005.

[38] Ditlevsen O, Madsen H O. Structural Reliability Methods. Chichester: John Wiley & Sons, 1996.

[39] Noh Y, Choi K K, Du L. Reliability-based design optimization of problems with correlated input variables using a Gaussian Copula. Structural and Multidisciplinary Optimization, 2009, 38(1):1–16.

[40] Breitung K. Asymptotic approximation for multinormal integrals. Journal of Engineering Mechanics, 1984, 110(3):357–366.

[41] Breitung K. Asymptotic approximations for probability integrals. Probabilistic Engineering Mechanics, 1989, 4(4):187–190.

[42] Breitung K W. Asymptotic approximations for probability integrals. Berlin: Springer-Verlag, 1994.

[43] Siddall J N, Diab Y. The use in probabilistic design of probability curves generated by maximizing the Shannon entropy function constrained by moments. Journal of Engineering for Industry, ASME, 1975, 96:843–852.

[44] Tagliani A. On the existence of maximum entropy distributions with four and more assigned moments. Probabilistic Engineering Mechanics, 1990, 5(4):167–170.

[45] 李云贵，赵国藩. 结构可靠度的四阶矩分析法. 大连理工大学学报，1992, 32(4):455–459.

[46] 陈立周，何晓峰，翁海珊，等. 工程随机变量优化设计方法：原理与应用. 北京：科学出版社，1997.

[47] Breitung K. Probability approximations by log likelihood maximization. Journal of Engineering Mechanics, 1991, 117(3):457–477.

[48] Faravelli L. A response surface approach for reliability analysis. Journal of Engineering Mechanics, 1989, 115(12):2 763–2 781.

[49] Schuëller G I, Bucher C G, Bourgund U, et al. On efficient computational schemes to calculate structural failure probabilities. Probabilistic Engineering Mechanics, 1989, 4(1):10–18.

[50] Bucher C G, Bourgund U. A fast and efficient response surface approach for structural reliability problems. Structural Safety, 1990, 7(1):115–127.

[51] Kim S-H, Na S-W. Response surface method using vector projected sampling points. Structural Safety, 1997, 19(1):3–19.

[52] Das P K, Zheng Y. Cumulative formation of response surface and its use in reliability analysis. Probabilistic Engineering Mechanics, 2000, 15(4):309–315.

[53] Zheng Y, Das P K. Improved response surface method and its application to stiffened plate reliability analysis. Engineering Structures, 2000, 22(5):544–551.

[54] Thoft-Christensen P, Murotsu Y. Application of Structural Systems Reliability Theory. Berlin: Springer-Verlag, 1986.

[55] 董聪. 现代结构系统可靠性理论及其应用. 北京：科学出版社，2001.

[56] Cornell C A. Bounds on the reliability of structural systems. Journal of Structural Division, ASCE, 1967, 93(ST1):171–200.

[57] Kounias E G. Bounds for the probability of a union with applications. Annals of Mathematical Statistics, 1968, 39(6):2 154–2 158.

[58] Ditlevsen O. Narrow reliability bounds for structural systems. Journal of Structural Mechanics, 1979, 7(4):453–472.

[59] Greig G L. An assessment of high-order bounds for structural reliability. Structural Safety, 1992, 11(3–4):213–225.

[60] Thoft-Christensen P, Serensen J D. Reliability of structural systems with correlated elements. Applied Mathematical Modelling, 1982, 6(6):171–178.

[61] Genz A, Bretz F. Numerical computation of multivariate t probabilities with application to power calculation of multiple contrasts. Journal of Statistical Computation and Simulation, 1999, 63:361–378.

[62] Genz A. Numerical Computation of rectangular bivariate and trivariate normal and t probabilities. Statistics and Computing, 2004, 14(3):251–260.

[63] Hohenbichler M, Rackwitz R. First-order concepts in system reliability. Structural Safety, 1983, 1(3):177–188.

[64] Gollwitzer S, Rackwitz R. Equivalent components in first-order system reliability. Reliability Engineering, 1983, 5(2):99–115.

[65] Rubinstein R Y. Simulation and the Monte-Carlo Method. New York: Wiley, 1981.

[66] Rubinstein R Y, Kroese D P. Simulation and the Monte-Carlo Method. 2nd edition. New York: Wiley, 2007.

[67] Augusti G, Baratta A, Casciati F. Probabilistic Methods in Structural Engineering. London: Chapman and Hall, 1984.

[68] Nelsen R B. An Introduction to Copulas. 2nd ed. Springer Series in Statistics. New York: Springer-Verlag, 2006.

[69] Daul S, Giorgi E D, Lindskog F, et al. The grouped t-copula with an application to credit risk. Risk, 2003, 16(11):73–76.

[70] Shinozuka M. Basic analysis of structural safety. Journal of Structural Engineering, ASCE, 1983, 109(3):721–740.

[71] Fujita M, Rackwitz R. Updating first- and second-order reliability estimates by importance sampling. Structural Engineering/Earthquake Engineering, 1988, 5(1):53–59.

[72] Hohenbichler M, Rackwitz R. Improvement of second-order reliability estimates by importance sampling. Journal of Engineering Mechanics, 1988, 114(12):2 195–2 199.

[73] Maes M A, Breitung K, Dupuis D J. Asymptotic importance sampling. Structural Safety, 1993, 12(3):167–186.

[74] Bjerager P. Probability integration by directional simulation. Journal of Engineering

Mechanics, 1988, 114(8):1 288–1 302.

[75] Melchers R E. Radial importance sampling for structural reliability. Journal of Engineering Mechanics, 1990, 116(1):189–203.

[76] Ditlevsen O, Melchers R E, Gluver H. General multi-dimensional probability integration by directional simulation. Computers & Structures, 1990, 36(2):355–368.

[77] Florian A. An efficient sampling scheme: Updated Latin Hypercube Sampling. Probabilistic Engineering Mechanics, 1992, 7(2):123–130.

[78] Iman R, Conover W J. A distribution-free approach to inducing rank correlation among input variables. Communications in Statistics - Simulation and Computation. 1982, 11(3):311–334.

[79] Hornik K, Stinchcombe M, White H. Multilayer feedforward networks are universal approximators. Neural Networks, 1989, 2(5):359–366.

[80] Hornik K, Stinchcombe M, White H. Universal approximation of an unknown mapping and its derivatives using multilayer feedforward networks. Neural Networks, 1990, 3(5):551–560.

[81] Deng J, Gu D S, Li X B, et al. Structural reliability analysis for implicit performance functions using artificial neural network. Structural Safety, 2005, 27(1):25–48.

附录 A　程序中的标识符

标识符代表程序中的常量、变量、自定义的函数等的名称。本书在标识符命名时，除遵循通常程序设计的命名规则外，还考虑到结构可靠度分析方法的特点，并使全书的风格一致。

表 A.1 按照字母顺序列出了本书程序中一些常用的标识符及其意义。有些标识符如程序中用到的临时变量，或因意义明显，或能够根据表中所列标识符的命名方式得知其含义，就没有在表中列出。

表 A.1　程序中的标识符

标识符	意　义
`aEv`	极值 I 型分布的参数 α 的倒数
`alphaX`	功能函数 $g_X(\boldsymbol{X})$ 的单位灵敏度向量 $\boldsymbol{\alpha}_X$
`aUn`	均匀分布的参数 a
`bbeta`	可靠指标 β
`bUn`	均匀分布的参数 b
`cdfN`	多元标准正态分布函数 $\Phi_n(\boldsymbol{y} \mid \boldsymbol{\rho})$
`cdfX`	$\boldsymbol{X}$ 的边缘累积分布函数 $(F_{X_1}(x_1), F_{X_2}(x_2), \ldots, F_{X_n}(x_n))^\top$
`ckX`	$\boldsymbol{X}$ 的峰度系数向量 $\boldsymbol{C}_{\mathrm{k}X}$
`covX`	$\boldsymbol{X}$ 的协方差矩阵 $\boldsymbol{C}_X = [\mathrm{cov}(X_i, X_j)]$
`csX`	$\boldsymbol{X}$ 的偏度系数向量 $\boldsymbol{C}_{\mathrm{s}X}$
`cvX`	$\boldsymbol{X}$ 的变异系数向量 $\boldsymbol{V}_X$
`eWb`	Weibull 分布的参数 η
`fX`	$\boldsymbol{X}$ 的概率密度函数 $f_X(\boldsymbol{x})$ 的梯度 $\nabla f_X(\boldsymbol{x}) = \partial f_X / \partial \boldsymbol{X}$
`g`	功能函数 $Z = g(\boldsymbol{X})$
`gX`	功能函数 $g(\boldsymbol{X})$ 的梯度 $\nabla g(\boldsymbol{X}) = \partial g / \partial \boldsymbol{X}$
`gXX`	功能函数 $g(\boldsymbol{X})$ 的 Hesse 矩阵 $\nabla^2 g(\boldsymbol{X}) = \partial^2 g / \partial \boldsymbol{X}^2$
`lEx`	指数分布的参数 λ
`mLn`	对数正态分布的参数 $\xi = \mu_{\ln X}$

续表

标识符	意　义
muX	$\boldsymbol{X}$ 的平均值向量 $\boldsymbol{\mu}_X$
mWb	Weibull 分布的参数 m
nD	基本随机向量的维数 n
nF	随机模拟中出现结构失效的次数 n_{f}
nS	随机模拟总的次数 N
pdfX	$\boldsymbol{X}$ 的边缘概率密度函数 $(f_{X_1}(x_2), f_{X_2}(x_2), \ldots, f_{X_n}(x_n))^\top$
pF	失效概率 p_{f}
pFi	某个失效模式或失效状态的失效概率 $p_{\mathrm{f}i}$
pFij	两个失效模式或失效状态同时出现的失效概率 $p_{\mathrm{f}ij}$
pFL	一次失效概率 p_{fL}
pFQ	二次失效概率 p_{fQ}
rhoX	$\boldsymbol{X}$ 的相关系数矩阵 $\boldsymbol{\rho}_X = [\rho_{X_iX_j}]$
sigmaX	$\boldsymbol{X}$ 的标准差向量 $\boldsymbol{\sigma}_X$
sLn	对数正态分布的参数 $\zeta = \sigma_{\ln X}$
uEv	极值 I 型分布的参数 u 的负值
xD	设计点 p^* 的坐标 $\boldsymbol{x}^* = (x_1^*, x_2^*, \ldots, x_n^*)^\top$
xE	试验设计中试验点的坐标
xY	$\boldsymbol{X}$ 到 $\boldsymbol{Y}$ 的变换的 Jacobi 矩阵 $\boldsymbol{J}_{XY} = \partial\boldsymbol{X}/\partial\boldsymbol{Y}$

附录 B　程序中的 MATLAB 函数

MATLAB 语言在本书中用以实现结构可靠度程序设计，并非本书着意强调的重点，但了解程序中所用到的函数的意义和用法，对于透彻理解可靠度计算方法及其实现过程，无疑是十分必要的。

表 B.1 按照字母顺序列出了本书程序中用到的一些 MATLAB 及其统计学、最优化、神经网络等工具箱的函数，可作为了解其意义及一般的调用方法的快速参考，更为详细的分类和说明可以参考 MATLAB 的帮助文档。其他未列出的函数容易从程序的上下文判断其意义并了解其用法。

在利用表 B.1 时注意到以下几点是有益的：

(1) MATLAB 内部函数的一般形式为

```
[out1,out2,...,outN] = fun(in1,in2,...,inM)
```

其中 `fun` 是函数名，函数得到的输入参数为 `in1`, `in2`, ..., `inM`，返回的输出参数为 `out1`, `out2`, ..., `outN`。

用户自定义函数的语法也与 MATLAB 内部函数类似。以下语句声明一个名字为 `myfun` 的函数，其接受输入参数 `x1`, `x2`, ..., `xM`，返回输出参数 `y1`, `y2`, ..., `yN`：

```
function [y1,y2,...,yN] = myfun(x1,x2,...,xM)
```

(2) 名字全为大写字母的参数可以是矩阵，名字全为小写字母的参数可以是向量。用斜体字表示的是可选择的参数。

(3) 调用函数时，选择性参数均可作为函数的默认项。若从后向前连续默认时，可全部省略。若中间部分默认时，默认参数均以一对空方括号 `[]` 赋值即可。

表 B.1　程序中的 MATLAB 函数快速参考

函数名	意义及语法
abs	绝对值和复数的模 abs(X)

续表

函数名	意义及语法
acos	反余弦函数，结果为弧度 `Y = acos(X)`
asinh	反双曲正弦函数 `Y = asinh(X)`
bbdesign	Box-Behnken 设计 `[dBB,blocks] = bbdesign(n,param,val)`
blkdiag	构建块对角矩阵 `out = blkdiag(a,b,c,d,...)`
ccdesign	中心复合设计 `[dCC,blocks] = bbdesign(n,'name',value)`
corrcov	将协方差矩阵转换成相关系数矩阵 `[R,sigma] = corrcov(C)`
ceil	从正无穷大方向取最接近的整数 `B = ceil(A)`
chi2cdf	chi-平方分布的累积分布函数 `P = chi2cdf(X,V)`
chi2pdf	chi-平方分布的概率密度函数 `Y = chi2pdf(X,V)`

chol	Cholesky 分解
	`[R,p,s] = chol(A,'vector')`
	`[L,p,s] = chol(A,'lower','vector')`

clc	清除指令窗中显示内容 `clc`
clear	从工作空间删除项目，以腾出更多的系统内存 `clear name1 name2 name3 ...`
clf	清除当前图形窗中图形对象 `clf，clf('reset')`

close	关闭当前图形窗
	`close`
	`close all`

copularnd	copula 随机数
	`U = copularnd('Gaussian',rho,N)`
	`U = copularnd('t',rho,NU,N)`

续表

函数名	意义及语法
copulaparam	以秩相关为函数的 copula 参数 rho = copulaparam('Gaussian',R) rho = copulaparam('t',R,NU)
cputime	CPU 时间，以秒计 cputime
det	矩阵行列式 d = det(X)
diag	对角矩阵和矩阵的对角线 X = diag(v,*k*) v = diag(X,*k*)
eig	寻求特征值和特征向量 [*V*,D] = eig(A,*B*,*flag*)
eps	浮点相对精度，为 2^{-52}
evcdf	极小型极值 I 型累积分布函数 [P,*PLO*,*PUP*] = evcdf(X,mu,sigma,*pcov*,*alpha*)
evinv	极小型极值 I 型累积分布函数的逆函数 [X,*XLO*,*XUP*] = evinv(P,mu,sigma,*pcov*,*alpha*)
evpdf	极小型极值 I 型概率密度函数 Y = evpdf(X,mu,sigma)
evrnd	极小型极值 I 型分布的随机数 R = evrnd(mu,sigma,*m*,*n*)
exp	指数函数 Y = exp(X)
exppdf	指数概率密度函数 Y = exppdf(X,mu)
exprnd	指数分布的随机数 R = exprnd(mu,*m*,*n*)
eye	单位矩阵 Y = eye(m,*n*)
feedforwardnet	创建前馈后传播神经网络 net = feedforwardnet(hiddenSize,*trainFcn*)
find	找出非零元素的指标和数值 ind = find(X,k) [row,col,v] = find(X,...)

续表

函数名	意义及语法
fitnet	创建函数拟合神经网络 net = fitnet(hiddenSize,*trainFcn*)
flip	翻转元素的顺序 B = flip(A,*dim*)
flipud	上下倒装矩阵 B = flipud(A)
fmincon	寻求受约束非线性多变量函数的最小值 [x,*fval*,*exitflag*,*output*,*lambda*,*grad*,*hessian*] = fmincon(fun,x0,A,b,Aeq,beq,lb,ub,nonlcon,*options*)
fplot	在指定范围内作函数图象 fplot(fun,limits,*tol*,*LineSpec*)
fsolve	求解非线性方程组 [x,*fval*,*exitflag*,*output*,*jacobian*] = fsolve(fun,x0,*options*)
fzero	非线性函数的根 [x,*fval*,*exitflag*,*output*] = fzero(fun,x0,*options*)
gamcdf	gamma 分布的累积分布函数 [P,*PLO*,*PUP*] = gamcdf(X,A,B,*pcov*,*alpha*)
gamma	gamma 函数 Y = gamma(A)
gampdf	gamma 分布的概率密度函数 Y = gampdf(X,A,B)
hilb	Hilbert 矩阵 H = hilb(n)
Inf	无穷大 Inf, Inf(m,n)
integral	数值积分 q = integral(fun,xmin,xmax,*Name*,*Value*)
integral2	二重数值积分 q = integral2(fun,xmin,xmax,ymin,ymax,*Name*,*Value*)
integral3	三重数值积分 q = integral3(fun,xmin,xmax,ymin,ymax,zmin,zmax,*Name*,*Value*)
inv	矩阵求逆 Y = inv(X)

续表

函数名	意义及语法
isempty	确定数组是否为空数组 TF = isempty(A)
legend	图例 legend('string1','string2',...)
length	向量的长度或最大数组维数 n = length(X)
lhsdesign	Latin 超立方抽样 X = lhsdesign(n,p,'*smooth*','*off*','*criterion*',*criterion*)
lhsnorm	正态分布中的 Latin 超立方抽样 [X,*Z*] = lhsdesign(mu,sigma,n,*flag*)
log	自然对数 Y = log(X)
logncdf	对数正态累积分布函数 [P,*PLO*,*PUP*] = logncdf(X,mu,sigma,*pcov*,*alpha*)
logninv	对数正态累积分布函数的逆函数 [X,*XLO*,*XUP*] = logninv(P,mu,sigma,*pcov*,*alpha*)
lognpdf	对数正态概率密度函数 Y = lognpdf(X,mu,sigma)
lognrnd	对数正态分布的随机数 R = lognrnd(mu,sigma,*m*,*n*)
max	数组中的最大元素 [C,*I*] = max(A,*[]*,*dim*)
mean	数组的平均值 M = mean(A,*dim*)
min	数组中的最小元素 [C,*I*] = min(A,*[]*,*dim*)
minmax	矩阵行元素的范围 pr = minmax(P)
mvncdf	多元正态累积分布函数 [y,*err*] = mvncdf(X,*mu*,*SIGMA*,*options*)
mvnpdf	多元正态概率密度函数 y = mvnpdf(X,*MU*,*SIGMA*)

续表

函数名	意义及语法
mvnrnd	多元正态分布的随机数 `R = mvnrnd(MU,SIGMA,cases)`
norm	向量和矩阵的范数 `n = norm(A,p)`
normcdf	正态累积分布函数 `[P,PLO,PUP] = normcdf(X,mu,sigma,pcov,alpha)`
norminv	正态累积分布函数的逆函数 `[X,XLO,XUP] = norminv(P,mu,sigma,pcov,alpha)`
normpdf	正态概率密度函数 `Y = normpdf(X,mu,sigma)`
normrnd	正态分布的随机数 `R = normrnd(mu,sigma,m,n)`
null	零化空间，零空间 `Z = null(A,'r')`
ones	创建全 1 数组 `Y = ones(m,n,p,...)`
optimset	创建或编辑优化选项结构 `options = optimset('param1',value1,'param2',value2,...)`
pearsrnd	Pearson 系统随机数 `[r,type,coefs] = pearsrnd(mu,sigma,skew,kurt,m,n)`
pi	圆周率 π
plot	作二维曲线图 `plot(X1,Y1,LineSpec,...)`
polyval	多项式的值以及预测数的变化范围 `[Y,DELTA] = polyval(p,X,S)`
prod	数组元素的乘积 `B = prod(A,dim)`

purelin	线性神经元传递函数
	`A = purelin(N,FP)`
	`dA_dN = purelin('dn',N,A,FP)`

psi	psi (polygamma) 函数
	`Y = psi(X)`
	`Y = psi(k,X)`
	`Y = psi(k0:k1,X)`

续表

函数名	意义及语法
quadgk	采用自适应 Gauss-Kronrod 求积方法的数值积分 `[q,errbnd] = quad(fun,a,b,tol,trace)`

rand	单位区间上的均匀分布伪随机数
	`Y = rand`
	`Y = rand(m,n,p,...)`

randn	标准正态分布伪随机数
	`r = randn`
	`r = randn(m,n,p,...)`

repmat	复制并铺排数组 `B = repmat(A,m,n)`
rot90	矩阵旋转 90° `B = rot90(A,k)`
sqrt	平方根 `B = sqrt(X)`

sim	模拟神经网络
	`[Y,Pf,Af,E,perf] = sim(net,P,Pi,Ai,T)`
	`[Y,Pf,Af,E,perf] = sim(net,{Q,TS},Pi,Ai,T)`

statset	创建统计选项结构 `options = statset(fieldname1,val1,fieldname2,val2,...)`
sum	数组元素的和 `B = sum(A,dim)`
tansig	双曲正切 sigmoid 神经元传递函数 `A = tansig(N,FP)`, `dA_dN = tansig('dn',N,A,FP)`
train	训练神经网络 `[net,tr,Y,E,Pf,Af] = train(net,P,T,Pi,Ai,VV,TV)`
unifcdf	连续均匀累积分布函数 `P = unifcdf(X,A,B)`
unifpdf	连续均匀概率密度函数 `Y = unifpdf(X,A,B)`
unifstat	连续均匀分布的均值和方差 `[M,V] = unifstat(A,B)`
view	查看神经网络 `view(net)`

续表

函数名	意义及语法
wblcdf	Weibull 累积分布函数 [P,*PLO*,*PUP*] = wblcdf(X,A,B,*pcov*,*alpha*)
wblinv	Weibull 累积分布函数的逆函数 [X,*XLO*,*XUP*] = wblinv(P,A,B,*pcov*,*alpha*)
wblpdf	Weibull 概率密度函数 Y = wblpdf(X,A,B)
wblrnd	Weibull 分布的随机数 R = wblrnd(A,B,*m*,*n*)
xlabel	x 轴的标识 xlabel('string')
ylabel	y 轴的标识 ylabel('string')
zeros	创建全零数组 B = zeros(m,*n*)

索　　引

Y

Z

其他